普通高等学校地下水科学专业教材

地下水科学概论

（第二版·彩色版）

周训　胡伏生　何江涛　王旭升　方斌　编著

地质出版社
·北京·

内 容 提 要

本书为普通高等学校教材，共10章，着重论述了地下水科学的基本知识和基本理论，包括：地下水在地球表层的分布，地下水运动的基本规律，地下水参与地球表层水循环的补给、径流和排泄，地下水水化学基本原理，地下水系统及其动态特征和水均衡分析，孔隙水、裂隙水和岩溶水的基本特点，地下水资源特征及其利用，地下水与地质环境问题等。各章之后给出了相关的思考题，附录部分提供了练习题、基础实验以及中英文对照的专业名词术语。

本教材为地下水科学与工程、水文地质与工程地质、水文与水资源工程、地质工程等专业的教学用书，也可以作为从事相关专业的生产、科研和管理人员的参考用书。

图书在版编目（CIP）数据

地下水科学概论 / 周训等编著. —2版. —北京：
地质出版社，2014.4（2022.11）
ISBN 978-7-116-08760-6

Ⅰ.①地… Ⅱ.①周… Ⅲ.①地下水资源—高等学校—教材 Ⅳ.①TV211.1

中国版本图书馆CIP数据核字（2014）第065556号

责任编辑：李惠娣　魏智如
责任校对：黄苏晔
出版发行：地质出版社
社址邮编：北京市海淀区学院路31号，100083
电　　话：(010)66554646（邮购部）；(010)66554579（编辑室）
网　　址：http://www.gph.com.cn
印　　刷：河北京平诚乾印刷有限公司
开　　本：787mm×1092mm　1/16
印　　张：18.25　插页：4页
字　　数：440千字
版　　次：2014年4月北京第2版
印　　次：2022年11月河北第2次印刷
定　　价：50.00元
书　　号：ISBN 978-7-116-08760-6

（版权所有·侵权必究；如本书有印装问题，本社负责调换）

前 言

地下水科学概论是地下水科学与工程本科专业以及水文与水资源工程、水文地质、环境地质、地质工程、岩土工程等本科专业教学的专业基础课程。通过该课程的教学，可以使学生了解和掌握地下水科学的基本概念和基本理论，深刻理解其内容实质，以及灵活运用地下水科学的基本知识去分析和解决实际问题，为后续专业课程的教学和学生以后开展地下水科学研究奠定坚实的基础。

本教材第一版于2009年出版后，被许多高等院校用作专业课教材或教学参考书，也被许多相关专业的技术人员用作专业参考书。近几年的教学实践表明，本教材的内容体系、章节安排和主要内容是合理的，但也发现了一些需要修改的地方。本次修订，目的在于查缺补漏，进一步彰显特色，提高教材的实用性。主要在以下几方面作了重要的变动。

第一，对部分章节作了改动，对全书进行修订，对部分内容与文字作了增加、删减和调整。

第二，在每章的结尾增加了思考题。在正文之后增加了练习题，部分练习题给出了答案。

第三，附录部分增加了5个实验指导，以便于学生对地下水科学基本概念和基本原理的理解。

第四，书后增加了教材中出现的名词术语的中英文索引，便于读者在学习本课程的同时熟悉这些专业术语，为学习专业英语和查阅英语文献奠定基础。

第五，为了直观地展现各种野外地质、水文地质现象，各章节增加了彩色照片和彩色插图，全书采用铜版纸彩色印刷。

本书由周训教授主持编写、修订。其中，绪言、第1章、第2章和第3章由周训编写，第4章由何江涛副教授编写，第5章第1节和第2节由周训编写，第5章第3节由王旭升教授编写，第6章和第7章由胡伏生教授编写，第8章由周训、胡伏生编写，第9章和第10章由王旭升编写。思考题、练习题和名词术语中英文索引由周训编写，基础实验部分由方斌老师编写。感谢本教材第一版的作者之一赵亮老师，他的工作仍凝结在本书之中。前辈老师许涓铭教授对本书插图提出了许多宝贵的意见和建议，编者向他致以衷心的感谢！本书编写过程中，引用了大量他人的成果，包括部分未公开出版的资料，编者已尽力注明出处；这些成果的引用为本书增色，编者谨向这些成果的拥有者致以谢意。

本教材的出版，得到了高等学校国家级特色专业地下水科学与工程建设项目，北京市特色专业地下水科学与工程建设项目，北京市重点学科水文学及水资源建设项目，北京市重点学科遴选重点支持学科水文学及水资源建设项目，北京市地下水科学与工程专业综合改革试点项目和地下水循环与环境演化教育部重点实验室，水资源与环境工程北京市重点实验室的资助，编者谨致谢意。

欢迎读者对本教材提出意见和建议以利我们进一步修改和完善。

联系地址：北京市海淀区学院路29号中国地质大学（北京）水资源与环境学院；邮编：100083；E-mail：zhouxun@cugb.edu.cn。

周　训

2013年12月

第一版前言

我国地下水科学与工程本科专业于2007年开始招生，为了满足该专业开设地下水科学概论课程教学需要，我们编写了《地下水科学概论》教材。地下水科学概论课程是地下水科学与工程本科专业教学的第一门专业基础课，通过该课程的教学，可以使学生了解和掌握地下水科学的基本概念和基本原理，深刻理解它们的实质，以及灵活运用地下水科学的基本知识去分析和解决实际问题，提高专业技能，为后续专业课程的教学和学生今后开展地下水科学领域的研究工作奠定坚实的基础。

地下水科学与工程专业的前身是水文地质专业，《地下水科学概论》教材的前身是《水文地质学基础》及类似教材。自20世纪50年代以来，国内外出版了多个版本的《水文地质学基础》教材或类似的教材，对于水文地质专业人才的培养起到了重要的作用。与此同时，地下水科学领域的研究也取得了迅速的发展，在基本概念、基本原理、研究方法、现代技术的应用等多方面都取得了重要的进展。在编写本教材的过程中，我们力求继承前人教材的经典内容，同时尽可能补充本学科所取得的新成果。

本教材共分10章。第1章介绍地下水在地球表层的分布，着重介绍与地下水分布有关的基本概念。第2章介绍地下水运动的基本定律及相关的基本概念，重点是对达西定律的理解和灵活运用。第3章介绍地下水参与地球表层水循环的各个环节及相关的概念和原理。第4章介绍地下水化学成分及其形成作用以及相关表示方法等。第5章介绍地下水系统的基本概念、分析方法和地下水系统的动态特征及水均衡分析。第6章、第7章和第8章分别介绍赋存于不同含水介质的地下水——孔隙水、裂隙水和岩溶水的基本特征。第9章和第10章分别介绍地下水对于人类活动的有利方面和不利方面。

本教材由周训主持编写，其中绪言、第1章、第2章和第3章由周训编写，第4章由何江涛编写，第5章第1节和第2节由周训、赵亮编写，第5章第3节由王旭升编写，第6章和第7

章由胡伏生编写，第8章由周训、胡伏生和赵亮编写，第9章和第10章由王旭升编写。初稿完成后，由周训进行修改、统编和定稿。

由于编者在编写过程中时间仓促，本教材的疏漏和不当之处在所难免，恳请读者予以指正。联系地址：北京市海淀区学院路29号中国地质大学（北京）水资源与环境学院；邮编：100083；E-mail: zhouxun@cugb.edu.cn。

编　者

2009年8月

目 录

前　言
第一版前言

绪　言 ··· (1)
　　思考题 ··· (4)

第1章　地下水的分布 ·· (5)
1.1　地下水的存在形式和物理性质 ··· (5)
　　1.1.1　地下水的存在形式 ··· (5)
　　1.1.2　地下水的物理性质 ··· (7)
1.2　多孔介质的空隙类型 ·· (8)
　　1.2.1　孔隙 ··· (10)
　　1.2.2　裂隙 ··· (13)
　　1.2.3　溶穴 ··· (14)
1.3　多孔介质的水理性质 ·· (15)
　　1.3.1　容水性、持水性和给水性 ··· (16)
　　1.3.2　透水性（渗透性） ··· (17)
　　1.3.3　毛细性 ··· (18)
1.4　地下垂直剖面上的水分分带 ·· (20)
　　1.4.1　包气带 ··· (21)
　　1.4.2　饱水带 ··· (21)
1.5　含水层、隔水层和弱透水层 ·· (22)
　　1.5.1　含水层和隔水层 ··· (22)
　　1.5.2　弱透水层 ·· (23)
　　1.5.3　含水岩段、含水岩组和含水带 ··· (23)
1.6　潜水、承压水和上层滞水 ··· (24)
　　1.6.1　潜水 ··· (24)
　　1.6.2　承压水 ··· (29)
　　1.6.3　上层滞水 ·· (32)

1.7 储水构造和岩层的富水程度 ………………………………………… (33)
  1.7.1 储水构造 ……………………………………………………… (33)
  1.7.2 岩层的富水程度 ……………………………………………… (37)
思考题 ……………………………………………………………………… (40)

第 2 章 地下水运动的基本规律 ………………………………………… (41)
2.1 基本概念和术语 ……………………………………………………… (41)
2.2 渗流基本规律 ………………………………………………………… (43)
  2.2.1 达西定律 ……………………………………………………… (43)
  2.2.2 达西定律应用举例 …………………………………………… (46)
  2.2.3 达西定律适用范围与非达西流 ……………………………… (48)
2.3 流网 …………………………………………………………………… (49)
  2.3.1 流网的绘制方法 ……………………………………………… (49)
  2.3.2 流网的性质和用途 …………………………………………… (50)
  2.3.3 典型流网图 …………………………………………………… (51)
2.4 非饱和带水的运动 …………………………………………………… (53)
  2.4.1 非饱和带水的能态 …………………………………………… (53)
  2.4.2 非饱和带水分特征曲线 ……………………………………… (55)
  2.4.3 非饱和带水的运动与零通量面 ……………………………… (55)
2.5 其他地下水运动模型简介 …………………………………………… (57)
  2.5.1 平行板模型 …………………………………………………… (57)
  2.5.2 圆管模型 ……………………………………………………… (58)
  2.5.3 变密度地下水运动 …………………………………………… (59)
思考题 ……………………………………………………………………… (60)

第 3 章 地下水的循环 …………………………………………………… (61)
3.1 地球上的水循环 ……………………………………………………… (61)
  3.1.1 水文循环 ……………………………………………………… (61)
  3.1.2 影响水循环的自然地理因素 ………………………………… (63)
  3.1.3 地下水的起源 ………………………………………………… (65)
3.2 地下水的补给 ………………………………………………………… (66)
  3.2.1 大气降水的入渗补给 ………………………………………… (66)
  3.2.2 地表水的补给 ………………………………………………… (69)
  3.2.3 凝结水的补给 ………………………………………………… (71)
  3.2.4 含水层之间的补给 …………………………………………… (71)
  3.2.5 地下水的人工补给 …………………………………………… (73)

3.2.6 其他类型的补给 ……………………………………………………………… (74)
3.3 地下水的排泄 ……………………………………………………………………… (75)
　　　3.3.1 泉 ……………………………………………………………………………… (75)
　　　3.3.2 泄流 …………………………………………………………………………… (82)
　　　3.3.3 蒸发排泄 ……………………………………………………………………… (84)
　　　3.3.4 人工排泄 ……………………………………………………………………… (85)
3.4 地下水的径流 ……………………………………………………………………… (86)
　　　3.4.1 径流方向、径流强度和影响径流的因素 …………………………………… (86)
　　　3.4.2 地下径流量与地下径流模数 ………………………………………………… (88)
3.5 区域地下水的循环简述 …………………………………………………………… (89)
　　　3.5.1 河间地块 ……………………………………………………………………… (89)
　　　3.5.2 基岩山区和山间盆地 ………………………………………………………… (90)
　　　3.5.3 基岩山区和洪冲积平原 ……………………………………………………… (91)
　　　3.5.4 滨海含水层和海岛含水层 …………………………………………………… (91)
　　　3.5.5 内陆河流域（盆地） ………………………………………………………… (92)
　　　3.5.6 大型沉积盆地 ………………………………………………………………… (94)
思考题 ……………………………………………………………………………………… (94)

第4章 地下水水化学基本原理 …………………………………………………………… (95)
4.1 天然地下水的化学组成 …………………………………………………………… (95)
　　　4.1.1 主要组分和次要组分 ………………………………………………………… (96)
　　　4.1.2 微量组分和特殊组分 ………………………………………………………… (98)
　　　4.1.3 气体成分 ……………………………………………………………………… (99)
　　　4.1.4 同位素组分 …………………………………………………………………… (101)
　　　4.1.5 综合指标 ……………………………………………………………………… (101)
4.2 天然地下水的成因类型及水化学成分形成作用 ………………………………… (105)
　　　4.2.1 天然地下水的成因类型 ……………………………………………………… (105)
　　　4.2.2 天然地下水化学组分的形成作用 …………………………………………… (108)
4.3 天然地下水化学成分的表示法、分类及分带性 ………………………………… (112)
　　　4.3.1 水化学图示法 ………………………………………………………………… (112)
　　　4.3.2 舒卡列夫分类 ………………………………………………………………… (114)
　　　4.3.3 地下水水化学的水平分带 …………………………………………………… (115)
4.4 污染地下水水化学特征 …………………………………………………………… (117)
　　　4.4.1 地下水污染基本概念 ………………………………………………………… (119)
　　　4.4.2 常见地下水污染类型 ………………………………………………………… (124)
思考题 ……………………………………………………………………………………… (126)

第5章 地下水系统及其动态与均衡 (127)

5.1 地下水系统 (127)
5.1.1 地下水系统的含义 (127)
5.1.2 地下水含水系统与地下水流动系统 (128)

5.2 地下水系统的动态 (132)
5.2.1 地下水系统动态的概念及分类 (132)
5.2.2 地下水动态的成因及影响因素 (133)
5.2.3 典型地下水位与泉流量动态 (139)

5.3 地下水系统的均衡 (143)
5.3.1 均衡要素与均衡方程 (143)
5.3.2 地下水均衡分析方法 (145)
5.3.3 地下水系统均衡状态的演变 (148)

思考题 (150)

第6章 孔隙水 (151)

6.1 洪积物中的地下水 (151)
6.1.1 洪积扇的沉积特征 (151)
6.1.2 洪积扇中地下水分带 (152)
6.1.3 山前倾斜平原 (153)

6.2 冲积物中的地下水 (156)
6.2.1 冲积物的沉积特征 (156)
6.2.2 河谷地下水 (158)
6.2.3 冲积平原地下水 (159)

6.3 三角洲地下水 (160)

6.4 黄土高原地下水 (161)

思考题 (163)

第7章 裂隙水 (164)

7.1 裂隙的成因类型 (164)
7.1.1 成岩裂隙 (164)
7.1.2 构造裂隙 (164)
7.1.3 风化裂隙 (165)

7.2 裂隙的水力性质 (166)
7.2.1 裂隙的几何特征 (166)
7.2.2 裂隙的发育特征 (167)

7.3 裂隙水的埋藏类型 ……………………………………………………………… (171)
    7.3.1 风化壳状裂隙水 ………………………………………………………… (171)
    7.3.2 层状裂隙水 ……………………………………………………………… (173)
    7.3.3 脉状裂隙水 ……………………………………………………………… (175)
思考题 ………………………………………………………………………………… (177)

第8章 岩 溶 水 …………………………………………………………………… (178)

8.1 岩溶发育的基本条件与岩溶动力系统 ………………………………………… (178)
    8.1.1 岩石的可溶性 …………………………………………………………… (179)
    8.1.2 岩石的透水性 …………………………………………………………… (179)
    8.1.3 水的溶蚀性 ……………………………………………………………… (180)
    8.1.4 水的流动性 ……………………………………………………………… (181)
    8.1.5 岩溶动力系统 …………………………………………………………… (181)

8.2 岩溶发育特征 …………………………………………………………………… (182)
    8.2.1 岩溶形态特征 …………………………………………………………… (182)
    8.2.2 理想的岩溶发育和岩溶水系统演化过程 ……………………………… (185)
    8.2.3 岩溶发育的分带与分层 ………………………………………………… (187)
    8.2.4 岩溶发育的影响因素 …………………………………………………… (188)
    8.2.5 表层岩溶、深部岩溶和古岩溶 ………………………………………… (191)

8.3 岩溶水的基本特征 ……………………………………………………………… (193)
    8.3.1 岩溶水的分布与运动 …………………………………………………… (193)
    8.3.2 岩溶水的补给、排泄、径流与动态 …………………………………… (194)
    8.3.3 岩溶水系统的"三水"转化 …………………………………………… (195)

8.4 我国南方和北方的岩溶和岩溶水 ……………………………………………… (196)
    8.4.1 南方的岩溶和岩溶水 …………………………………………………… (196)
    8.4.2 北方的岩溶和岩溶水 …………………………………………………… (198)
思考题 ………………………………………………………………………………… (201)

第9章 地下水资源及其利用 ……………………………………………………… (202)

9.1 地下水资源的概念和特征 ……………………………………………………… (202)
9.2 地下水资源评价简介 …………………………………………………………… (204)
    9.2.1 地下水资源（量）的分类 ……………………………………………… (204)
    9.2.2 地下水资源评价方法简述 ……………………………………………… (205)
    9.2.3 流域水资源评价要点 …………………………………………………… (206)
9.3 地下水资源的可持续利用 ……………………………………………………… (207)
    9.3.1 地下水可持续利用的含义 ……………………………………………… (207)

9.3.2　过量开采地下水的后果 …………………………………………（208）
　　9.3.3　地下水开发工程的科学管理 ……………………………………（209）
思考题 ……………………………………………………………………………（211）

第10章　地下水与地质环境 ……………………………………………………（212）
10.1　劣质地下水的危害与控制 ………………………………………………（212）
　　10.1.1　劣质地下水的类型及其危害 ……………………………………（212）
　　10.1.2　劣质地下水的调查评价 …………………………………………（213）
　　10.1.3　劣质地下水的利用与控制 ………………………………………（214）
10.2　地下水与地质灾害 ………………………………………………………（215）
　　10.2.1　地下水开采引发的地质灾害 ……………………………………（215）
　　10.2.2　地下水与斜坡稳定性 ……………………………………………（216）
　　10.2.3　地下水与盐渍化和沙漠化问题 …………………………………（218）
10.3　地下水与工程建设 ………………………………………………………（219）
　　10.3.1　矿坑和地下洞室的涌水 …………………………………………（219）
　　10.3.2　建筑基坑降水 ……………………………………………………（220）
思考题 ……………………………………………………………………………（221）

参 考 文 献 …………………………………………………………………………（222）

附录A　练习题 ……………………………………………………………………（226）
附录B　基础实验 …………………………………………………………………（256）
附录C　名词术语中英文索引 ……………………………………………………（275）

附　图
　　附图1　沙河地区潜水等水位线图
　　附图2　东王村地区水文地质图

绪　言

地下水科学的研究对象无疑是地下水，主要研究内容包括：①地下水在地球表层的分布、运动、循环和形成特点及规律；②地下水在天然条件和人为因素的影响下，其水量和水质随空间和时间的变化特点；③地下水与地下多孔介质及地质环境、生态环境等的相互作用；④人类如何保护、合理有效地开发和可持续利用地下水资源，以及如何防范地下水对人类活动造成的危害等（周训等，2009）。地下水科学既研究地下水及与之有联系的其他水体，也研究赋存地下水的地下多孔介质；既探索与地下水有关的客观规律，也探讨地下水科学的各种研究方法。

水以液态、固态和气态的形式分布于地球表层的水圈、岩石圈、生物圈和大气圈中，地球表面上约71%的面积被水覆盖。据估计，地球表层分布的水体积约为 1.36×10^{18} m^3，其中海洋中的水约占97.2%，陆地上的水约占2.8%，地下水仅约占总水体积的0.61%。地球表层的水中只有少部分是可供人类利用的淡水，在可利用的淡水中约98%来自地下水。可见，地下水是极其宝贵的自然资源。

人们最早通过泉水和井水来了解、认识和利用地下水。在地形条件、地质条件和地下水分布适当处，地下水可以以泉水的形式天然涌出地面，在适当的地方打井也可以揭露和抽取地下水。但是，由于地下水分布于地下岩石空隙中，不像地表水那样容易观察到，而且地下水的分布也是不均匀的，所以在一些地方地下水较为丰富，而在另一些地方可能极其贫乏。赋存地下水的多孔介质主要包括孔隙介质、裂隙介质和岩溶介质，地下多孔介质的性质对地下水的分布和运动有着重要的影响，这与地表水的情形有着很大的不同。大多数地下水在地下岩层中处于运动状态，地下水在含水介质空隙中的流动比地表水的流动缓慢得多。大多数地下水参与地球表层的水循环，大部分地下水来源于大气降水，以泉、泄流、蒸发等方式排泄到地表或进入大气中。受各种天然条件和人为因素的影响，地下水的流量、水位、水温和化学组分等不仅可以随空间变化，而且也随时间发生变化。地下水与其赋存的多孔介质接触会表现出容水、给水、储水、导水等一系列物理性质，它们随着多孔介质的不同而差异甚大。地下水与其流经的多孔介质可以发生水-岩相互作用，致使地下水的化学组分在空间和时间上也存在差异。地下水是自然界长期演化的产物，其水量、水质在时间和空间上分布不均匀，受人为因素影响也越来越明显。了解和掌握地下水科学的基本概念、基本原理、基本结论，把握地下水储存、运动的客观规律，将有助于人们分析和解决与之有关的实际问题。

水是人类生存和发展所依赖的自然资源，在水资源日益短缺的今天显得更加宝贵。

与地表水一样，地下水资源是重要的供水水源，可用于饮用、市政、工业、农业等方面，在人类生活、国民经济建设和社会发展中发挥着重要作用。研究地下水分布和形成的客观规律最重要的目的，首先在于如何合理开发和可持续利用地下水资源。在水资源相对贫乏的地区，寻找丰富优质的地下水，仍然是当前面临的艰巨任务。在地下水分布和循环比较清楚的地区，需要合理开发利用地下水资源，并尽可能减少由于开采地下水引发的地质环境问题。一些特殊类型的地下水有着特殊的用途。例如，含有一些特殊化学成分的地下水对于人体有医疗保健功效，可以作为矿泉水开发利用。某些化学成分含量较高的地下水具有工业原料利用价值，可以作为矿水开发。温度较高的地下热水可以用于洗浴、医疗保健、休闲旅游、取暖、温室种植和养殖等，某些高温地下热水甚至可以用来发电。高浓度的地下卤水和盐湖晶间卤水可以制盐和提取钾、锂、锶、钡、溴、碘等成分。流量较大的泉、温泉和泉华（钙华），配合其他自然或人文景观，可以成为重要的旅游资源。

　　另一方面，在某些情况下地下水对人类生产和生活活动存在危害，研究地下水客观规律的目的还在于尽可能降低以至消除地下水的危害。一些煤矿和金属矿位于地下水位以下，为了矿山的安全生产，必须进行矿坑排水降低地下水位。过去因为矿坑涌水、突水或透水造成的矿山安全事故时有发生。在地下洞室和工程基坑施工之前和施工过程中，也需要排水或降水使地下水的危害达到最小。一些水库大坝或河道堤坝的坝下或坝肩岩层存在渗透性，致使水库或河道存在渗漏，需要尽可能减少这种渗漏。在一些地形低平的平原地区或山间盆地，地下水位埋藏浅，在干旱半干旱的气候条件下，由于蒸发强烈，导致土壤盐渍化的发生；在另外一些地方由于排水不畅，可能出现土壤沼泽化现象，不利于农业生产。有些地方存在水土异常，特别是水质异常，例如地下水中砷、硒、碘含量过高或过低，长期饮用这类地下水的人们容易患上各种地方病。地下水通常还是引发崩塌、滑坡、泥石流等地质灾害的活跃因素。

　　人类活动对地下水的不利影响越来越明显，并引起人们的日益重视。过度砍伐植被、迅速发展的城镇建设及过量开采地下水等，都可以改变天然状态下地下水的补给、径流和排泄条件。人类排放的污水、固体废物以及核废物，可以污染或有可能污染地下水，改变地下水的水质。地下水一旦被污染，治理起来颇为不易。地下水污染及其控制与治理，成为地下水科学研究的重要方面。

　　人类很早就知道利用地下水，只是在古代无论是利用天然出露的泉水还是通过水井抽取地下水，用水量都不大。自20世纪上半叶以来，特别是在最近几十年里，由于人口增长和经济的快速发展，地下水开采量迅速增加，由此引发的环境地质问题或地质灾害屡有发生。例如，大规模开采地下水，会导致地下水位持续下降和区域地下水位降落漏斗的扩大，导致泉水流量减小乃至断流；在碳酸盐岩分布区的矿区或水源地集中开采地下水，有可能导致岩溶地面塌陷；在松散沉积物分布区大量开采中、深部地下水，有可能出现地面沉降；在滨海地区海岸带过度开采地下水，可能引起海水入侵。此外，某些地区地表出现地裂缝、土地沙漠化加剧等现象，也都与不合理开采地下水有关。

　　地下水又是一种地质营力、溶剂和信息载体，在地质环境的演化过程中成为活跃的环境因子。地下水可以传递应力，可以吸纳和传输热量。地下水与其周围岩石存在水-岩相互作用，不断改变地下水和岩石的成分。在沉积盆地的演化过程中，地下水对石油、天然气的聚集起着重要作用。地下水的物理和化学性状的变化记录着地质环境演化的历史。地下水的水位、流量、温度、化学成分等的变化可反映地震、固体潮、地下矿床及地球深部能量等方面的信息。地下水对核废物在地下的迁移起着重要作用。利用地下含水层可以储存热量，利用地下包气带可以去除污染物，利用地下低渗透岩石储存核废物等，在这些方面，地下水科学具有广阔的研究和应用前景。

研究地下水，需要对地下水和地下多孔介质开展野外调查、采样测试、模拟实验及定量计算等工作。通过地面调查、钻探和物探等方法手段，查清地下含水层和隔水层的空间分布，了解地下水的循环状况及与外界的水力联系；通过抽水试验等方法可以求取含水介质参数，在野外可以直接观测地下水和多孔介质的某些物理、化学指标；开展地下水动态观测可以掌握地下水的变化状况。采集地下水及相关水体的样品和岩石样品进行室内测试，以便获取反映地下水分布、形成等的物理、化学等方面信息。开展室内模拟实验，可以有助于探讨地下水分布、运动、形成等方面的物理或化学机理，揭示其内在规律。在获取地下水和地下多孔介质及相关研究对象大量的第一手数据的基础上，可以开展不同目的的地下水水量和水质的定量计算和评价。

地下水水量和水质的定量研究一直是地下水科学的核心内容。1856年，达西定律的提出标志着地下水定量研究的开始并奠定了地下水流计算的理论基础。随后，地下水稳定流动的计算得到了迅速发展。1935年，泰斯公式的提出大大促进了地下水非稳定井流的计算并推进了向实际应用的发展。100多年来，地下水稳定流和非稳定流的解析解法有了很大的发展。随着开采规模的扩大，需要对实际含水系统的地下水流动进行研究。20世纪60年代以来，随着计算机的应用，人们开始应用数值解法模拟地下水的流动，使解析法难以完成的具有复杂含水层结构、非均质、边界不规则和复杂源汇项的地下水系统的计算成为可能，解决了大量生产实际问题。最近30年来，多种地下水数值模拟软件（例如MODFLOW）的出现，使地下水数值模拟得到了普及，从局部含水层到盆地（流域）尺度的地下水系统的数值模拟都能得以实现。溶质运移、热量运移等的数值模拟计算也得到了迅速发展。与此同时，水化学模拟软件（例如PHREEQC）的出现也极大地促进了地下水系统水-岩相互作用的研究。

最近几十年来，现代技术和方法在地下水科学领域的运用促进了人们对地下水的深入研究。同位素技术的应用对于分析地下水的起源、补给区信息、混合程度、流动路径、年龄等提供了丰富的信息和方法手段。遥感技术的应用为人们判别区域地下水的分布、包气带含水量的变化和地表蒸发信息，提供了优越的研究手段。地理信息系统的应用为人们分析在空间分布上有关联的地下水信息提供了便利手段。此外，各种物理指标和化学成分的测试设备和仪器的发明改进（例如各种质谱仪、色谱仪、加速器的使用），大大提高了样品测试的精度和速度，在促进地下水科学进步方面发挥了重要作用。

随着学科的交叉、渗透，其他学科的理论在地下水科学中得到应用，也促进了地下水科学的发展。例如，系统论的思想方法有助于地下水系统理念的建立。运筹学方法为建立和求解地下水资源管理模型，提出地下水优化开采方案奠定了基础。地质统计学方法对分析具有空间变化的许多地下水有关参数提供了便利条件。将来，地下水科学的服务和研究领域还将不断扩大和深化，地下水科学的理论将会得到不断丰富、完善和发展。

作为自然界演化的产物并受人类活动影响的地下水及与之相关的各种现象和问题，吸引着一代又一代科学工作者开展了广泛、深入的研究，并取得了巨大的进展。当代的地下水科学，无论是研究内容还是研究方法，还存在一系列的科学问题和工程技术问题，有待现在和将来的地下水科学工作者去探索和解决。

1. 地下水科学有哪些主要研究内容？
2. 地下水对人类活动有哪些有利的方面和不利的方面？
3. 人类是如何认识地下水和开展地下水科学研究的？

第1章　地下水的分布

地下水分布在地下岩石的空隙之中。由于沉积、成岩、构造等地质作用，在地壳表层数千米厚的岩石内或多或少地存在空隙，为地下水的赋存创造了条件。但是，地壳表层岩石内并非处处都赋存有地下水。实际上，地下水的分布在空间上是不均匀的，在一些地区或部位地下水丰富，而在另外一些地区或部位则可能相当贫乏。岩石的空隙性质、构造条件和地形条件等，对地下水的分布有着重要的影响。因此，有必要了解和分析地下岩石的空隙性质和水理性质，以及地下水在地下岩石空隙中的赋存和在地壳表层中的空间分布。

1.1　地下水的存在形式和物理性质

1.1.1　地下水的存在形式

1.1.1.1　气态水、液态水和固态水

地下水可以以气态水、液态水和固态水的形式存在于地下岩石的空隙中，其中液态水分布最广，是地下水科学的主要研究对象。

气态水和空气分布在未被水饱和的岩石空隙之中，可以随空气一起流动，也可以由绝对湿度大的地方向绝对湿度小的地方迁移。气态水在一定温度和压力下与液态水相互转化。在夏天，当白天的气温高于岩石的温度时，水汽将由大气向岩石空隙中运动、聚集并凝结成水。气态水对干旱地区地下水的补给具有一定的意义。一般来说，气态水不能被直接利用，也不能被植物根系吸收（章至洁等，1995）。

固态水主要以冰的形式分布于岩石空隙之中，这时岩石的温度低于0℃。在多年冻土（多年平均气温低于0℃）分布地区，例如我国东北和青藏高原的一些地区，地下存在冻结层，赋存其中的地下水在多年中保持固态。多年冻土地区液态水和固态水共同存在，受气候变化影响明显，冬季冻结，地下水为固态水；夏季表层或浅部固态水融化为液态水，深部仍为冻结的固态水。

液态水分布于地下被水饱和或未被水饱和的岩石空隙之中。在岩石空隙中，靠近岩石（固体颗粒）表面分布有结合水，远离颗粒表面分布有重力水。此外，在由细小颗粒组成的沉积物中，在饱水带上部由于毛细作用，往往分布有毛细水。

1.1.1.2　结合水、重力水和毛细水

（1）结合水

结合水是由于固体颗粒表面的静电作用而吸附在颗粒表面上的水（图1.1）。固体颗

粒和岩石裂隙表面带有电荷，水分子是偶极体，因而固相表面具有吸附水分子的能力。显然，这种吸附能力随着远离固相表面而减小，在某一距离处，水分子将不受静电引力作用，只受重力作用。这一距离的长短随颗粒的大小而改变（de Marsily，1986），颗粒越细小，距离越长。结合水分子受固相表面的引力大于水分子自身的重力，被吸附于固相表面，不能在重力作用下运动。

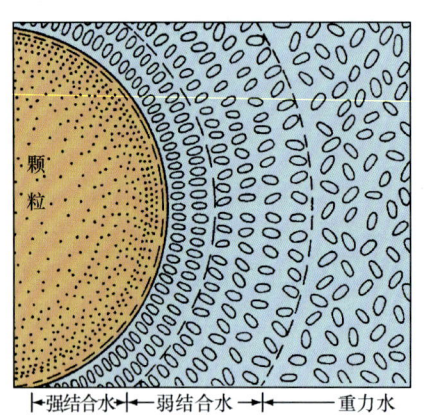 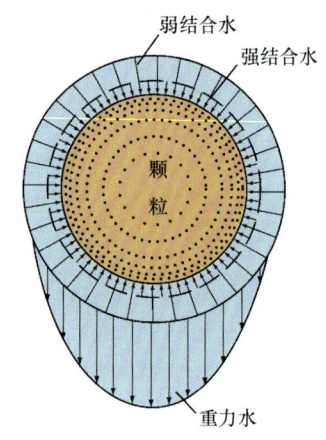

图 1.1　结合水和重力水截面示意图

（据王大纯等，1995）

最接近固相表面受静电引力作用最大的结合水称为强结合水，在其外层受静电引力作用较小的结合水称为弱结合水（图1.1）。强结合水又称为吸着水，水分子排列紧密整齐，其厚度可达约0.1 μm，水分子所受到的引力可达 10^{12} Pa，但这种引力随远离固相表面迅速减小。强结合水具有较强的黏滞性和抗剪强度，其密度达1.5~2.0 g/cm^3，不能自由流动，当加热到105~110 ℃使其转化为气态水时才能流动。弱结合水又称为薄膜水，分布在距离固相表面0.1~0.5 μm的结合水外层，其水分子排列不如强结合水紧密和规则，其黏滞性、抗剪强度和密度均小于强结合水。弱结合水可以由水膜厚处向水膜薄处移动，直到厚度相等为止。在非饱和带中，弱结合水分布不连续，所以不能传递静水压力；在饱和带中，若施加一定的外力使之大于弱结合水的抗剪强度，则弱结合水发生流动。对于黏性土层或黏土层中的弱结合水，若存在足够大的水头差，也可以发生流动。

（2）重力水

结合水层以外的水分子，颗粒表面对其的吸引力可以忽略不计，在重力作用下可以自由流动，这部分液态水称为重力水（图1.1）。通过泉排泄或者井孔揭露的地下水都属于重力水。重力水可以被植物吸收，也可以被人类开发利用，是地下水科学的主要研究对象。

岩石空隙中结合水和重力水的多少主要取决于岩石颗粒的大小。颗粒越细小，其比表面积越大，固相表面吸附的结合水就越多。因此，颗粒细小的黏土和黏性土含有较多的结合水，而由颗粒粗大的砂砾石、宽大的裂隙或溶隙构成的介质则很少含有结合水，大多为重力水。

（3）毛细水

毛细水分布在地下水面以上的非饱和带中。岩石中的细小空隙起到毛细管的作用，在毛细力的作用下，水从地下水面沿着细小空隙上升到一定高度，形成一个毛细水带。在毛细水带，毛细水充满全部孔隙，能做垂直方向的运动，能被植物根系吸收。根据形成特点，毛细水可以分为三种类型。在毛细水带下部的毛细水有地下水面支持，因此称为支持毛细水（图1.2a）。在细颗粒层之下有粗颗粒层，当原来在细颗粒层内的地下水位下降到粗颗粒层时，在细颗粒层中会保留与地下水面不连接的毛细水，称为悬挂毛细水（图1.2b）。在颗粒接触处的孔隙大小有可能达到毛细管程度，此处的水形成弯液面将水滞留在孔角上，称为孔角毛细水（图1.2c）。地下水的蒸发作用和土壤盐渍化现象等与毛细水及毛细作用有关。

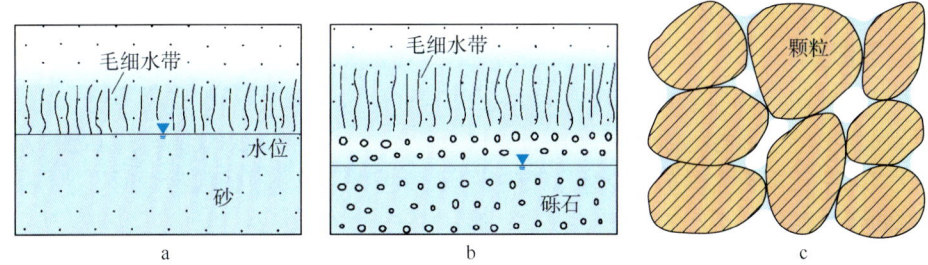

图1.2 支持毛细水剖面（a）、悬挂毛细水剖面（b）和孔角毛细水截面（c）示意图

1.1.2 地下水的物理性质

地下水的物理性质包括密度与容重、压缩性、黏滞性、表面张力、温度、颜色、透明度、臭、味、导电性和放射性等，这里只介绍与地下水分布与运动有关的物理性质。

1.1.2.1 密度与容重

水的密度（ρ_w）定义为单位体积水的质量，常用单位为 g/cm³ 或 kg/m³。水的密度随水的温度、压力和含盐量而发生微小的变化。纯水的密度在 0～20 ℃ 和大气压力下为 0.998～1.000 g/cm³，纯水在 4 ℃ 时密度最大，其值为 1.00 g/cm³。随着水温升高，水的密度降低。例如，当水温为 40 ℃、60 ℃、80 ℃ 和 100 ℃ 时，水的密度分别为 0.99221 g/cm³、0.98321 g/cm³、0.97180 g/cm³ 和 0.95835 g/cm³（Matthess，1982）。当压力增大时，水的密度有所升高。例如，当井口处压力为大气压力、水的密度为 1000.0 kg/m³ 且井水水温为 10 ℃ 时，井深 500 m 处水的密度升高至 1002.3 kg/m³（Fitts，2002）。当水的含盐量升高时，水的密度也会增大。例如，当地下水总溶解固体为 1 g/L、5 g/L、10 g/L 和 100 g/L 时，其密度分别为 1.0007 g/cm³、1.0036 g/cm³、1.0072 g/cm³ 和 1.0720 g/cm³（Nonner，2003）。海水的含盐量约为 35 g/L，其密度为 1.025 g/cm³；含盐量为 325 g/L 的高浓度卤水的密度可达 1.345 g/cm³。因此，在研究深层地下水、地下热水和含盐量较高的地下水的分布和运动时，需要考虑水的密度变化。

水的容重（γ）定义为单位体积水的重力。容重的单位为 kg/(m²·s²) 或 N/m³。容重与密度的关系如下：

$$\gamma = \rho_w g \tag{1.1}$$

式中：g 为重力加速度常数，取值为 9.81 m/s²；ρ_w 为水的密度。

1.1.2.2 压缩性

水通常被认为是不可压缩的。但是,在压力升高时,水仍然具有轻微的压缩性,用压缩系数(β)来表征。水的压缩系数是水承受的法向压力变化时其体积(和密度)变化的度量,可以定义为

$$\beta = \frac{1}{\rho_w}\frac{d\rho_w}{dP} = -\frac{1}{V_w}\frac{dV_w}{dP} \tag{1.2}$$

式中:P 为水承受的法向压力;V_w 为水的体积;其他符号意义同前。水的压缩系数变化通常很小,在水温为 0 ℃时,水的压缩系数为 4.9×10^{-10} m²/N,10 ℃时为 4.7×10^{-10} m²/N,20 ℃时为 4.5×10^{-10} m²/N。当压力降低时,水会轻微膨胀。

1.1.2.3 黏滞性

水是只要施加任何切应力都能引起连续变形的物质,这种连续变形就是水的流动。而水阻止任何变形的性质称为水的黏滞性,它是处于运动状态的水阻止其产生切变的性质的度量。设想两平行平板之间的薄层水,当一平板相对于另一平板侧向滑动时,水层产生阻抗这种切向运动的阻抗力,平板滑动越快,阻抗力越大。阻抗力(F)可以表示为

$$F = A\mu\frac{dv}{dz} \tag{1.3}$$

式中:A 为平板间水层的面积;v 为平板间相对滑动速度;z 为水层厚度;μ 称为动力黏滞系数,是表征水的黏滞性的参数,其单位为 g/(cm·s) 或 kg/(m·d)。

水的黏滞性通常随水温的升高而降低。当水温为 0 ℃时,水的动力黏滞系数为 154.66 kg/(m·d),20 ℃时为 87.26 kg/(m·d)。

另一个表征水的黏滞性的参数是运动黏滞系数(ν)。运动黏滞系数与动力黏滞系数的关系为

$$\nu = \frac{\mu}{\rho_w} \tag{1.4}$$

运动黏滞系数的单位为 cm²/s 或 m²/d。

1.1.2.4 表面张力

水分子是极性分子,水分子之间相互吸引。因此,一小簇水具有吸着力使其聚集在一起。在雨滴或水珠的表面(水汽界面)像是有一层弹性薄膜将水包围住,而不让水散开。这种作用实际上是在水汽界面施加的一个张力——表面张力。表面张力作用于与水面平行的所有方向,是单位长度上施加的力,单位为 N/m 或 g/s²。对于给定的水汽界面,表面张力是一个常数。表面张力只随温度而变化,在水温为 20 ℃和大气压力下,水的表面张力为 71.97×10^{-3} N/m。

表面张力作用的结果是使水体的自由表面积减小到最小。对于给定体积的水体来说,球状体的表面积最小。雨滴在落下过程中呈球体状,水滴在光滑的表面上呈珠状。表面张力对于研究毛细现象具有重要的意义。

1.2 多孔介质的空隙类型

地下岩石中没有被固体颗粒或固体骨架占据的那一部分空间称为空隙。岩石空隙的类

型包括松散沉积物中的孔隙、坚硬岩石中的裂隙和可溶岩石中的溶穴（图1.3）。岩石空隙也可以分为：①在岩石形成过程中的地质作用下产生的原生空隙（主要出现在沉积岩和火成岩中）；②在岩石形成以后生成的次生空隙（如裂隙、溶蚀通道等）。岩石空隙的大小相差悬殊，可以从肉眼难以辨认的显微孔隙到可溶岩中的巨大溶洞。岩石空隙既有连通良好的，也有连通性很差甚至相互孤立的。岩石空隙是地下水的储存场所和运移通道。岩石的空隙特征如空隙的大小、多少、形状、连通状况等对地下水的分布、运动等都具有重要的影响。

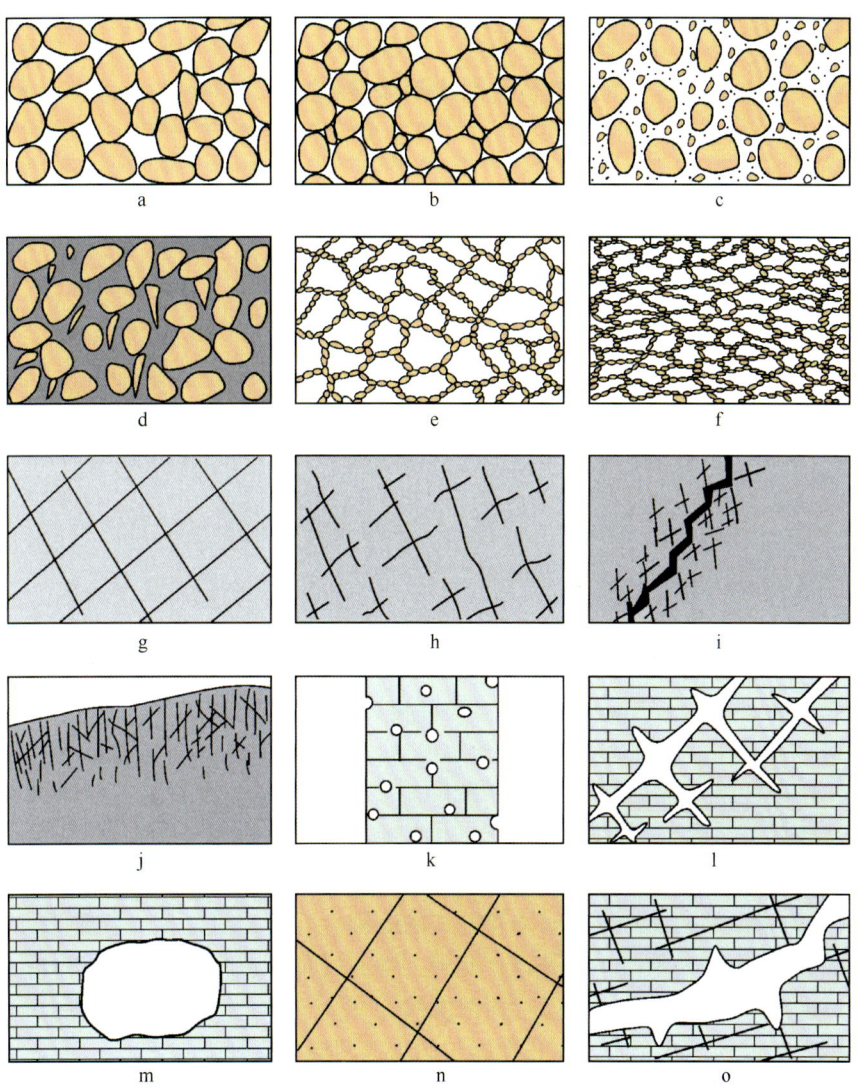

图1.3 岩石空隙的类型

（a—d 据 Meinzer，1923，转引自 Freeze 等，1979，有改动；e 和 f 据王大纯等，1995）

a—分选较好排列疏松的颗粒；b—分选较好排列紧密的颗粒；c—分选差、大小颗粒混杂的沉积物；d—大部分被胶结的颗粒；e—具有结构性孔隙的黏土；f—经过压实的黏土；g—发育规则裂隙的岩石；h—具有裂隙的岩石；i—裂隙呈条带状发育的岩石；j—在表层发育裂隙的岩石；k—发育溶孔的石灰岩（钻孔岩心）；l—石灰岩中的溶隙；m—石灰岩中的溶洞；n—发育孔隙和裂隙的岩石；o—发育裂隙和溶穴的石灰岩含有空隙的固体称为多孔介质。多孔介质中包含有固体骨架和空隙空间，固体骨架应遍及整个多孔介质所占据的范围，而构成空隙空间的空隙相对比较狭窄。此外，在多孔介质中至少某些孔洞应是相互连通的（Bear，1972）。由松散沉积物构成的多孔介质称为孔隙介质，裂隙发育的坚硬岩石构成裂隙介质，而岩溶化的可溶岩石（主要是碳酸盐岩）可以构成岩溶介质。有些岩石既存在孔隙，又发育有裂隙（图1.3n），有些同时存在裂隙和溶穴（图1.3o），前者称为孔隙裂隙介质，后者为裂隙岩溶介质，都可以称为双重介质。如果岩石同时存在孔隙、裂隙和溶穴，则称为三重介质。

1.2.1 孔隙

松散的（或未固结的）固体颗粒之间或固体颗粒集合体之间的空隙称为孔隙。孔隙的分布相对比较均匀，连通性也比较好。对地下水的储存和运移有重要影响的是孔隙的多少和孔隙的大小。

衡量孔隙多少的指标是孔隙度（又称孔隙率及总孔隙度）。孔隙度（n）为某一体积孔隙介质中孔隙体积与孔隙介质体积之比，用小数或百分数表示：

$$n = \frac{V_v}{V} \quad \text{或} \quad n = \frac{V_v}{V} \times 100\% \tag{1.5}$$

式中：V 为孔隙介质的体积；V_v 为孔隙介质内孔隙的体积。另一个表征孔隙多少的指标是孔隙比。孔隙比（e）为某一体积孔隙介质内孔隙体积与固体颗粒体积之比，用小数或百分数表示：

$$e = \frac{V_v}{V_s} \quad \text{或} \quad e = \frac{V_v}{V_s} \times 100\% \tag{1.6}$$

式中：V_s 为孔隙介质中固体颗粒的体积。显然，孔隙度与孔隙比有如下关系：

$$n = \frac{e}{1+e} \quad \text{及} \quad e = \frac{n}{1-n} \tag{1.7}$$

孔隙介质的孔隙度大小取决于固体颗粒的排列方式、分选程度、颗粒的形状和胶结情况等。一般来说，孔隙介质的孔隙度数值可以从接近零变化到75%左右。

为了了解固体颗粒的排列方式对孔隙度的影响，首先应该分析简单和理想的模型。Graton 等（1935）研究了等直径的圆球在不同排列时的孔隙度，结果表明，以最松散的立方体排列时孔隙度约为47.64%（图1.4a，a'），以最紧密的菱形六面体排列时孔隙度约为25.94%（图1.4c，c'），其他排列方式的孔隙度介于二者之间，例如以斜方体排列时孔隙度约为39.54%（图1.4b，b'）。此外，等直径的圆棒以立方体排列时孔隙度约为21.46%（图1.5a），以斜方体排列时孔隙度约为9.31%（图1.5b）。上述由等直径的圆球或圆棒颗粒组成的多孔介质，其孔隙度与圆球或圆棒的排列方式有关，而与圆球或圆棒的直径大小无关（图1.6）。

在实际的松散沉积物中，固体颗粒很少是等直径的圆球体或圆棒。固体颗粒的分选程度随沉积环境的不同而有所差异。分选程度越好的松散沉积物，其固体颗粒越接近等直径的圆球体，则孔隙介质的孔隙度越大；固体颗粒分选程度越差，粗大颗粒之间的空隙被细小颗粒充填，则孔隙介质的孔隙度就会降低。仍以上述理想模型为研究对象，当立方体排列的等直径球体的孔隙被另一种等直径球体充填时孔隙度降低为27.1%，斜方体排列的

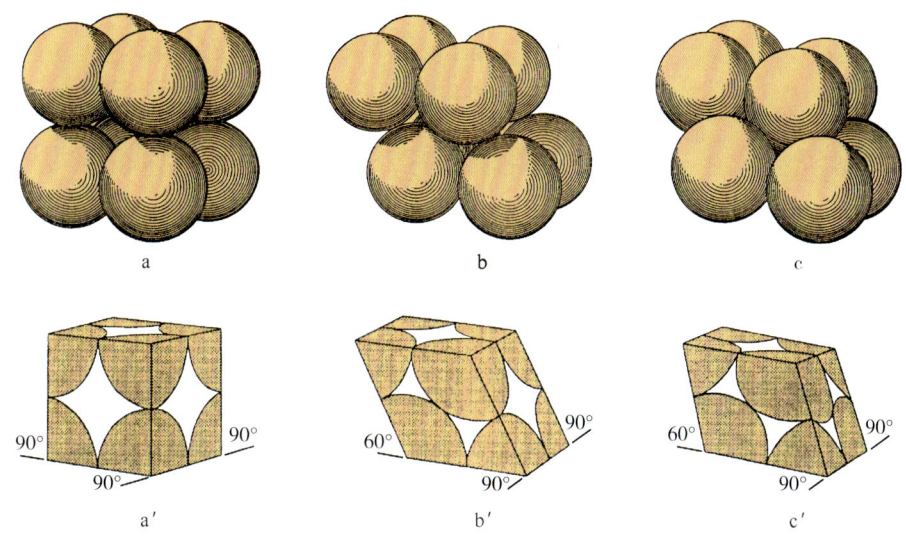

图 1.4　等直径球体排列方式及其孔隙

（据 Graton 等，1935）

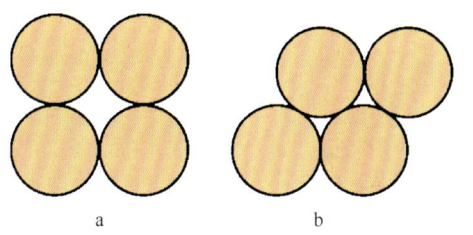

图 1.5　等直径圆棒（横截面）的立方体
　　　　排列（a）和斜方体排列（b）及其孔隙

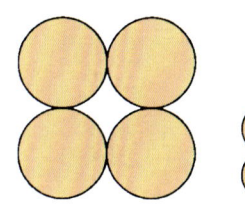

图 1.6　三种不同直径的等球体（横截面）以
　　　　相同的立方体排列时的孔隙度和孔隙大小

等直径球体的孔隙被另一种直径最大的等直径球体充填时孔隙度降低为 30.96%，立方体排列的等直径圆棒的孔隙被另一种等直径圆棒充填时孔隙度为 7.999%，而斜方体排列的等直径圆棒的孔隙被另一种等直径圆棒充填时孔隙度降低到 4.952%。

松散沉积物中的固体颗粒的形状可以是不规则的，不同颗粒的磨圆度也存在差异。磨圆度好的颗粒接近球体状，排列较紧密，孔隙度较低。形状不规则、棱角明显的颗粒彼此之间有可能撑顶架空，使其排列不紧密，这类孔隙介质具有较大的孔隙度。

黏土的情形比较特殊，其孔隙度可以高于上述理论上最大的孔隙度数值。细小的黏土颗粒常带有电荷，使颗粒聚合成链状颗粒集合体，形成体积比颗粒大得多的结构孔隙（图 1.3e，f）；某些板状或片状的黏土矿物表面存在电荷的吸引使黏土颗粒彼此平行排列而使孔隙增大。有些情况下黏土中还发育有虫孔、根孔、裂隙等次生空隙。

孔隙介质如果被其他物质胶结（图 1.3d）或受到压实，其孔隙度会大大减小。

孔隙介质中并非所有的孔隙对地下水的运移都具有实际意义，地下水只能在相互连通的孔隙中流动，而不能在那些孤立的孔隙或者死端孔隙（图 1.7）中流动。相互连通而能使水流通过的孔隙称为有效孔隙。一定体积的孔隙介质中有效孔隙体积与孔隙介质体积之比称为有效孔隙度（n_e）。多孔介质的有效孔隙度通常小于其总孔隙度。

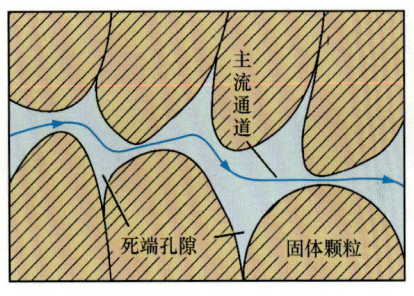
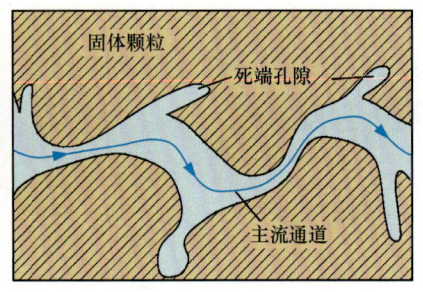

图 1.7 实际孔隙通道与死端孔隙截面示意图

表 1.1 给出了部分孔隙介质的孔隙度和有效孔隙度的常见数值。

孔隙的大小取决于固体颗粒的大小和排列方式以及颗粒形状和胶结程度。孔隙越大，可以赋存的重力水越多，地下水在其中的流动越通畅。

表 1.1 天然沉积物的孔隙度和有效孔隙度

沉积物	孔隙度/%	有效孔隙度/%	沉积物	孔隙度/%	有效孔隙度/%
砾石	30~40		粉砂	40~50	
砂砾石	30~35		黏土	40~60	
中粗粒混合砂	35~40		砂岩	5~30	0.5~10
均质砂	30~40		粉砂岩	20~40	
中细粒混合砂	30~35		页岩	0~10	0.5~5
细砂	25~50		石灰岩、白云岩	0~20	0.1~5

（据 Bear，1972；Domenico 等，1990）

固体颗粒的大小对孔隙大小有着很大的影响。一般来说，颗粒越粗大，所构成的孔隙介质中的孔隙越大（图 1.6），例如由粗大的砾石构成的孔隙远大于由粉砂构成的孔隙。

固体颗粒的排列方式也影响着孔隙的大小，颗粒排列愈松散，孔隙愈大。在图 1.4 和图 1.5 的理想模型中，孔隙的大小可以用孔隙通道的内切球的直径表示。等直径（D）的圆球以立方体排列时所构成的孔隙的内切球最大直径为 $0.732D$，最小直径为 $0.414D$；以斜方体排列时孔隙内切球最大直径为 $0.414D$，最小直径为 $0.155D$；以菱形六面体排列时孔隙内切球最大直径为 $0.288D$，最小直径为 $0.155D$。等直径（D）圆棒以立方体排列时所构成的孔隙内切球直径（d）为 $0.414D$（图 1.8a），而以斜方体排列时孔隙内切球直径（d）为 $0.155D$（图 1.8b）。

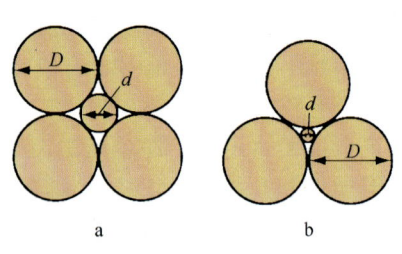

图 1.8 等直径圆棒（横截面）的立方体排列（a）和斜方体排列（b）及其孔隙大小

固体颗粒分选程度差，两种大小悬殊的颗粒混杂在一起时，由于细小颗粒充填由粗大颗粒构成的孔隙，致使实际孔隙变小，这时孔隙的大小主要取决于细小颗粒的直径。

颗粒的形状越不规则，颗粒之间会相互架空，可以形成较大的孔隙。胶结可以使孔隙变小甚至完全消失。

此外，在研究孔隙介质的吸附作用时，其比表面积具有重要意义。孔隙介质的比表面积（M）定义为一定体积的孔隙介质中所有颗粒的总表面积与孔隙介质体积之比：

$$M = \frac{A_s}{V} \tag{1.8}$$

式中：A_s 为颗粒总表面积；V 为孔隙介质体积。在图 1.4 和图 1.5 的理想模型中，以立方体排列的等直径球体（半径为 R）组成的孔隙介质，其比表面积为 $\pi/(2R)$，以斜方体排列的等直径球体（半径为 R）的孔隙介质的比表面积为 $\pi/(\sqrt{3}R)$，以立方体排列的等直径圆棒（半径为 R）组成的孔隙介质的比表面积为 $\pi/(2R)$，以斜方体排列的等直径圆棒（半径为 R）的孔隙介质比表面积为 $\pi/(\sqrt{3}R)$。孔隙介质的比表面积与颗粒的半径成反比，颗粒越小，比表面积越大。因此，细粒介质的比表面积比粗粒介质的比表面积要大得多。例如，等粒粗砂的比表面积为 31.42～44.44 cm^2/cm^3，细砂达 251.33～355.48 cm^2/cm^3，黏土可达 1.61×10^4 cm^2/cm^3 以上。

1.2.2 裂隙

固结和坚硬的岩石在成岩过程中或成岩以后由于受到一些地质营力的作用而形成的沿一定平面方向展布的空隙称为裂隙。火成岩（如玄武岩）在成岩过程中由于冷凝收缩常形成垂直的柱状裂隙，这类裂隙称为成岩裂隙。岩石形成以后由于受到后来的构造作用而发生碎裂，这类裂隙称为构造裂隙。地壳表层的岩石在长期的风化作用下也可以发生破碎，形成风化裂隙。

多数裂隙（特别是构造裂隙）是沿着一个平面或近似平面展布的。裂隙发育具有方向性，同一个方向或接近同一个方向发育的裂隙属于同一组裂隙，另一个方向发育的裂隙为另一组裂隙，它们是同一时期形成的不同方向的两组裂隙（图 1.3g，h）。两组裂隙往往交叉切割形成一个裂隙网络。有时沿层面也发育有一组裂隙。有些裂隙延伸长度大，可以切过若干岩层，有些裂隙只在刚性岩层（如砂岩）中发育，而在柔性岩层（如泥岩、页岩）中不发育或发育微弱。在刚性岩层中的裂隙多为张开的裂隙，有一定的隙宽，而在柔性岩层中的裂隙则往往为闭合的。有些裂隙（特别是风化裂隙）的发育可以是极不规则的。

裂隙的调查内容包括裂隙的延伸方向、倾角、延伸长度、隙宽、隙间距或密度（即一定长度内裂隙的条数）、连通性、胶结或充填情况和裂隙面的粗糙度等。延伸长、宽度大、隙间距小、连通好的裂隙有利于地下水的运移和储存。

衡量裂隙多少的指标是裂隙率（又称体积裂隙率或体裂隙率）。裂隙率（n_f）定义为一定体积的裂隙介质内裂隙的体积（V_f）与裂隙介质体积（V）之比：

$$n_f = \frac{V_f}{V} \quad \text{或} \quad n_f = \frac{V_f}{V} \times 100\% \tag{1.9}$$

裂隙多少也可以用面裂隙率和线裂隙率表示。

面裂隙率（n_a）定义为某一面积裂隙介质内裂隙面积与裂隙介质面积之比，可用下式估算：

$$n_a = \frac{\sum_{i=1}^{n}(b_i \cdot l_i)}{A} \quad \text{或} \quad n_a = \frac{\sum_{i=1}^{n}(b_i \cdot l_i)}{A} \times 100\% \tag{1.10}$$

式中：b_i 和 l_i 为测量面积内第 i 条裂隙的宽度和长度；A 为该测量面的面积；n 为裂隙条数。

线裂隙率（n_l）定义为在与裂隙走向垂直方向上的某一长度内裂隙宽度总和与测量长度之比，可用下式估算：

$$n_l = \frac{\sum_{i=1}^{n} b_i}{L} \quad \text{或} \quad n_l = \frac{\sum_{i=1}^{n} b_i}{L} \times 100\% \tag{1.11}$$

式中：b_i 为测量长度内第 i 条裂隙的宽度；L 为测量线段的长度；n 为裂隙条数。表 1.2 列出了部分岩石的裂隙率。

表 1.2 岩石的裂隙率

岩石	裂隙率/%	岩石	裂隙率/%
碎屑岩	3～30	岩浆岩	2～5
石灰岩、白云岩	5～15	变质岩	2～5
裂隙发育的结晶岩	5～10	玄武岩	1～12
风化的结晶岩	20～40	凝灰岩	4～40

裂隙介质的比表面积取决于裂隙的密度或岩石的破碎程度。岩石裂隙越密集或破碎程度越高，则其比表面积越大。在图 1.9a 中，假设一个立方体的岩石块体的边长为 a，则其比表面积为 $6/a$；如果该立方体被裂隙等分为 8 个边长为 $a/2$ 的立方体（图 1.9b），此时的比表面积为 $12/a$，比原来的立方体的比表面积增加了 100%。

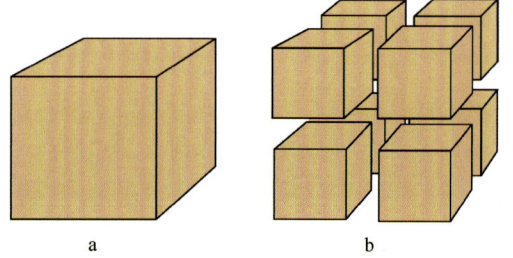

图 1.9 岩石块体与其比表面积
（据 Fetter，2001）

1.2.3 溶穴

地壳表层或浅部有些地方分布有可溶的沉积岩，如盐岩、石膏、碳酸盐岩（主要是石灰岩和白云岩），其中又以碳酸盐岩分布最为广泛。可溶岩在地下水的溶蚀作用（常伴随有机械冲蚀作用）下产生的空隙称为溶穴。溶穴的大小和形态差别很大，可以从细小的溶孔到较粗大的溶隙到巨大的溶洞（图 1.3k，l，m；图 1.10b）。溶穴的分布极不均匀，在巨大的延伸很远的岩溶管道不远处的同一可溶岩中可以不发育任何溶穴。

衡量溶穴多少的指标是岩溶率（或溶穴率），又称体积岩溶率。岩溶率（n_k）定义为一定体积岩溶介质内溶穴的体积与岩溶介质体积之比：

$$n_k = \frac{V_k}{V} \quad \text{或} \quad n_k = \frac{V_k}{V} \times 100\% \tag{1.12}$$

式中：V_k 为溶穴体积；V 为岩溶介质体积。与裂隙的情形相仿，也可以定义面岩溶率和线岩溶率。此外，有时也可以用点岩溶率或钻孔见洞率来粗略地描述溶穴发育程度。点岩溶率指的是单位面积内溶穴空间形态的个数。钻孔见洞率指的是在一定深度或岩层范围内，揭露到孔洞的钻孔个数与勘探孔总数之比。

对溶穴的调查内容包括溶穴的形态、大小、延伸方向、分布高程、分层性和洞穴沉积物等。

实际上，多孔介质中的空隙分布往往比较复杂。有些松散沉积物如黄土（以黏性土为主）主要发育孔隙，但在干燥收缩后可以产生裂隙，多呈垂直延伸。有些碎屑岩既发育裂隙，又存在原生孔隙。玄武岩在冷凝收缩过程中不仅形成垂直裂隙（图1.10c），而且形成大量孔洞（气孔）（图1.10d）。岩溶化碳酸盐岩中有的部分发育溶穴，有的部分存在裂隙，有的部分甚至还保留有原生的孔隙。较为粗大且连通好的空隙成为地下水有效的储容空间和运移通道，对于供水和排水有实际意义。肉眼无法辨认的微孔隙和微裂隙对供水和排水没有实际意义，但是对于研究石油、天然气的赋存和核废物的迁移，则应该给予足够的重视。

图1.10 （a）砂岩中的构造裂隙；（b）石灰岩中的溶洞（据Zhu，1988）；
（c）玄武岩中的垂直柱状裂隙；（d）玄武岩中的气孔

1.3 多孔介质的水理性质

多孔介质的水理性质是指多孔介质与水接触后所表现出来的物理性质。这里只介绍与地下水的储容和运移有关的水理性质。多孔介质的空隙大小、多少和连通状况不同，介质能够容纳、保持和释放水的性能就有所不同，其允许水透过的能力和毛细作用也不相同，因而具有不同的容水性、持水性、给水性及透水性和毛细性等水理性质。

1.3.1 容水性、持水性和给水性

容水性是指多孔介质能够容纳一定数量的水的性能，用容水度表示。容水度（C_w）定义为一定体积的多孔介质完全被水饱和时所能容纳的水的体积与多孔介质体积之比：

$$C_w = \frac{V_m}{V} \quad 或 \quad C_w = \frac{V_m}{V} \times 100\% \tag{1.13}$$

式中：V_m 为孔隙完全被水饱和时多孔介质容纳的水的体积；V 为多孔介质总体积。显然，容水度在数值上与空隙度❶相同，这在大多数多孔介质中均如此。但是对于具有膨胀性的某些黏土来说，由于饱水后其体积扩大，故其容水度可以大于孔隙度。

多孔介质有时未必完全被水饱和，此时其实际保留水分的状况用含水量（含水率）来表示，含水量包括体积含水量和质量含水量。体积含水量（W_v）定义为一定体积多孔介质内所含的水的体积与多孔介质体积之比：

$$W_v = \frac{V_w}{V} \quad 或 \quad W_v = \frac{V_w}{V} \times 100\% \tag{1.14}$$

式中：V_w 为多孔介质内所含水的体积；V 为包括空隙在内的多孔介质的总体积。质量含水量（W_g）定义为一定体积多孔介质内所含的水的质量与干燥多孔介质质量之比：

$$W_g = \frac{G_w}{G_s} \quad 或 \quad W_g = \frac{G_w}{G_s} \times 100\% \tag{1.15}$$

式中：G_w 为多孔介质内所含水的质量；G_s 为多孔介质干燥时的质量。

多孔介质完全饱水时的含水量称为饱和含水量，其数值与容水度及孔隙度相同。饱和含水量与实际的含水量之间的差值称为饱和差。实际含水量与饱和含水量之比称为饱和度。饱和度（R_s）也可以定义为一定体积多孔介质内容纳的水的体积与空隙体积之比：

$$R_s = \frac{V_w}{V_v} \tag{1.16}$$

式中：V_w 为多孔介质中容纳的水的体积；V_v 为多孔介质中空隙的体积。饱和度反映了多孔介质被水饱和的程度。

体积含水量与质量含水量之间具有如下关系：

$$W_v = \frac{\rho_s}{\rho_w} W_g \tag{1.17}$$

式中：ρ_w 为水的密度；ρ_s 为多孔介质的干密度；其他符号意义同前。干密度（ρ_s）定义为干燥多孔介质的质量（M_s）与多孔介质体积（V）之比：

$$\rho_s = \frac{M_s}{V} \tag{1.18}$$

多孔介质的固体颗粒密度（ρ_m）定义为多孔介质中颗粒的质量（M_s）与颗粒体积之比：

$$\rho_m = \frac{M_s}{V_s} \tag{1.19}$$

---

❶ 空隙度或空隙率为一定体积多孔介质内所有空隙体积与多孔介质体积之比。空隙度在孔隙介质、裂隙介质和岩溶介质中分别与孔隙度、裂隙率和岩溶率相当。

式中：V_s 为多孔介质中颗粒的体积。由孔隙度的定义式（1.5）及 $V = V_v + V_s$ 可得

$$n = \frac{V - V_s}{V} = 1 - \frac{V_s}{V} \tag{1.20}$$

由于 $V = M_s/\rho_s$ 及 $V_s = M_s/\rho_m$，式（1.20）可以改写为：

$$n = 1 - \frac{\rho_s}{\rho_m} \tag{1.21}$$

式（1.21）为计算多孔介质孔隙度的另一公式。

持水性是指饱水的多孔介质在重力释水后能够保持住一定水量（主要是结合水和部分毛细水）的性能，用持水度表示。持水度（C_r）定义为一定体积的饱水多孔介质在重力释水后能够保持住的水的体积与多孔介质体积之比：

$$C_r = \frac{V_r}{V} \quad \text{或} \quad C_r = \frac{V_r}{V} \times 100\% \tag{1.22}$$

式中：V_r 为饱水多孔介质在释水后保持在介质中的水的体积；V 为多孔介质总体积。

给水性是指饱水多孔介质在重力作用下能够自由给出一定数量的水的性能，用给水度表示。给水度（C_y）定义为一定体积的饱水多孔介质在重力作用下释放出的水的体积与多孔介质体积之比：

$$C_y = \frac{V_y}{V} \quad \text{或} \quad C_y = \frac{V_y}{V} \times 100\% \tag{1.23}$$

式中：V_y 为在重力作用下饱水多孔介质释放出的水的体积；V 为多孔介质总体积。

依据上述定义，可以得到容水度、持水度和给水度三者之间的关系式：

$$C_w = C_r + C_y \tag{1.24}$$

多孔介质空隙的大小对持水度和给水度有重要的影响。黏土所含的几乎都是结合水，重力作用很难将其释放出，故其给水度很小。在粗大颗粒的孔隙介质以及发育粗大裂隙和溶穴的介质中，结合水和毛细水很少，它们的给水度接近或等于容水度或空隙度。显然，多孔介质的给水度总是小于（至多等于）其空隙度。

值得指出的是，上述容水度（及含水率）、持水度和给水度的定义是在理想的情况下给出的，没有考虑野外存在的各种影响因素。野外实际的含水层情形会有所不同，将在 1.6.1.3 和 1.6.2.3 中予以介绍。

1.3.2 透水性（渗透性）

透水性是指多孔介质能够透过水的性能，表征多孔介质透水性能的定量指标是渗透系数（将在 2.2.1 中进行介绍）。相互连通的空隙才可以允许水在其中透过。不同多孔介质的透水性能差别很大，透水性越好的多孔介质地下水在其中流动越通畅。影响多孔介质透水性能的因素主要是空隙的大小，其次是空隙的多少，以及空隙通道沿程直径的变化和弯曲程度等。

设想水在孔隙通道为理想的圆管内的流动，其纵截面如图 1.11 所示。在圆管内壁面通常分布有结合水，中央部分为重力水。由于吸附在壁面上的结合水对于重力水存在摩擦阻力，以及重力水质点之间存在摩擦阻力，结果靠近壁面的重力水流速最小，中心部分重力水流速最大（图 1.11a）。可见，圆管直径越大，重力水流速越大；圆管直径越小，结

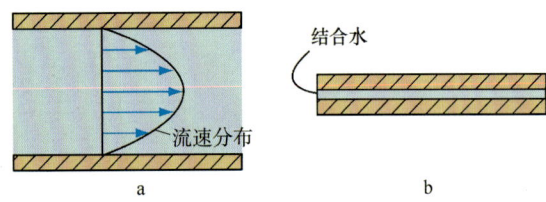

图 1.11　理想圆管与流速（纵截面图）
（a 图中箭头长短表示流速大小）

合水占据的空间越大，实际渗流断面越小，透水性越差（图 1.11b）。当圆管直径小于两倍结合水层厚度时，在通常条件下就不透水了（王大纯等，1995）。粗大的砾石组成的孔隙介质和发育粗大裂隙和溶穴的介质，透水性能好；黏土孔隙充满结合水，一般条件下为不透水的；发育闭合裂隙的沉积岩和结晶岩，其透水性也很差。

如果把孔隙介质中的全部孔隙通道概化为沿某一方向延伸的相互平行的等径圆管，则不难推断，当孔隙度越大时，则圆管通道的数量越多，有效渗透断面越大，透水能力越强；反之，孔隙度越小，有效渗透断面越小，透水能力就越差。可见，在孔隙大小达到一定程度时，介质孔隙度越大，透水性越好。

但是，实际孔隙通道并不是等径圆管，而是直径变化、断面形状复杂且频繁分叉的管道系统（见图 1.7）。多孔介质的透水能力并不取决于通道的最大直径或平均直径，而在很大程度上取决于通道的最小直径。此外，实际孔隙通道也不是直线，而是弯曲曲折的。孔隙通道越曲折，水质点实际流程就越长，水质点流动克服摩擦阻力所要消耗的能量就越大。分选差的孔隙介质，除了孔隙度小以外，孔隙通道沿程直径变化大且曲折明显，其透水能力往往较差。

多孔介质特别是裂隙介质和岩溶介质，由于裂隙和溶穴发育的不均匀性，不同地点以及同一地点的不同方向的透水性可以存在差异。黄土状亚黏土由于存在垂向裂隙和大孔隙，其垂直方向的透水性好于水平方向；砂岩和页岩呈近似水平互层分布时，整体岩层在水平方向的透水性可以好于垂直方向的透水性。

1.3.3　毛细性

毛细性（或毛细作用）是指多孔介质连通的空隙起到毛细管作用，其结果是常在地下水面以上形成一个毛细水带。毛细现象发生在气相、液相和固相的分界面上，是水分子之间的吸引力与水分子和固体分子之间的吸引作用的结果。在水汽分界面上存在表面张力和附加表面压力。

设想一种理想的情形，将一根细小的玻璃管（毛细管）插入到水中，管中的水面会上升到一定高度后停止下来（图 1.12a）。这是因为在玻璃管内壁面处玻璃分子对水分子的吸引力大于水分子相互之间的吸引力，在管内的水面形成一个向下凹的曲面（称为弯液面）。由于表面张力的作用，弯液面会对液面以内的液体产生附加表面压力（P_c），可以用拉普拉斯公式表示：

$$P_c = P_0 + \delta\left(\frac{1}{R_1} + \frac{1}{R_2}\right) \quad (1.25)$$

式中：P_0 为大气压力，一般取其为基准压力，即 $P_0 = 0$；δ 为表面张力；R_1 和 R_2 分别为弯液面的两个主要曲率半径。附加表面压力的方向总是指向液面曲率中心方向。当弯液面为凸形时，R_1 和 R_2 为正值，$P_c > 0$，即凸形弯液面对液面以内的液体施加一个正的表面压力；当弯液面为凹形时，R_1 和 R_2 为负值，$P_c < 0$，即凹形弯液面对液面以内的液体施加一个负的表面压力；当 $1/R_1 = 1/R_2 = 0$ 时，液面为平面，$P_c = 0$，即平的液面不产生附加表面压力；当 $R_1 = R_2 = R$ 时，即弯液面是半径为 R 的半球面时，$P_c = 2\delta/R$。图 1.12a 中管内的凹形弯液面对液面以内的液体施加一个负的表面压力，引起水面上升，直到负压力与管内水柱压力达到平衡为止。弯液面的曲率半径通常很小，所以弯液面只能在直径很小的毛细管中才可以形成，而且毛细管直径越小，弯液面越接近半球面。当毛细管直径较大时，仅在管壁附近形成弯液面，在管内中央仍为平面（图 1.12b）。

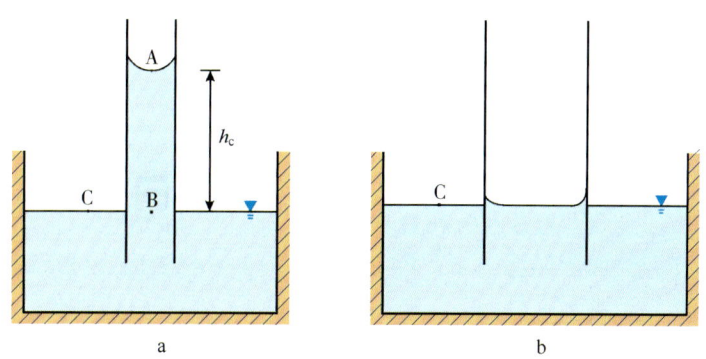

图 1.12 毛细作用示意图（截面图）

假设毛细管内的弯液面曲率半径（R）大于管的半径（r）（此时水与壁面的接触角 θ 小于 90°），其产生的负压力使水面上升到一定高度（h_c）（图 1.13）。此时在接近半球面的弯液面上的负压力为 $2\delta/R$。弯液面形成的负压力应与管内水柱压力平衡（de Marsily，1986；Price，1996），即

$$\frac{2\delta}{R} = \rho_w g h_c \qquad (1.26)$$

式中：ρ_w 为水的密度；g 为重力加速度常数；其他符号意义同前。由于 $R = r/\cos\theta$，代入式（1.26），得

$$h_c = \frac{2\delta \cos\theta}{r \rho_w g} \qquad (1.27)$$

式（1.27）称为茹林公式。

对于纯水和清洁的玻璃来说，接触角（θ）接近于 0°，因而 $R = r$，此时弯液面为半球面；在 18 ℃时，$\delta = 73$ g/s²，$\rho_w = 0.999$ g/cm³，取 $g = 9.81$ m/s²，则式（1.27）成为

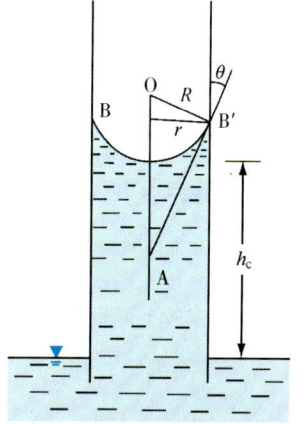

图 1.13 毛细上升高度示意图（截面图）

（据罗戴，1964，有改动）

$$h_c = \frac{0.15}{r} \qquad (1.28)$$

式中：h_c 和 r 的单位均为 cm。由此可以判断，毛细管的毛细上升高度与毛细管的半径成反比。

毛细管内凹形弯液面产生的附加压力是负压，称为毛细压力。在毛细管内水的压力是负压，即在图 1.12a 中自 B 点至 A 点一段为负压，而在 B 点和液面 C 点的压力相等，等于大气压力。

多孔介质中相互连通的空隙类似于毛细管，在地下水面以上由于毛细作用而存在毛细水。毛细水带的厚度取决于空隙的大小，空隙越小，毛细水带厚度越大。对于孔隙介质来说，颗粒越小，形成的孔隙直径越小，毛细上升高度越大。所以地下水在孔隙介质中的毛细水带的厚度大体上与颗粒直径成反比（表1.3）。

表 1.3　孔隙介质毛细上升高度

名称	粒径/cm	孔隙半径/cm	毛细上升高度/cm
细砾石	0.2～0.5	0.1	1.5～2.5
粗砂	0.05～0.2	0.01～0.04	4～15
中砂	0.03	0.006	12～24
细砂	0.0075～0.015	0.0015～0.003	50～100
粉砂	0.008～0.0025	0.0002～0.0005	300～750
黏性土	0.0001	—	650～1200

（据余钟波等，2008；章至洁等，1995；沈照理等，1985）

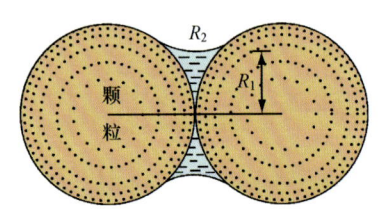

图 1.14　两个颗粒之间的水膜示意图
（据罗戴，1964）

在毛细水带以上的多孔介质中也有因毛细作用而保持的水，例如孔角毛细水。在孔隙介质中，当水分较少时不足以充满颗粒间的所有孔隙，而是在颗粒接触处聚集。假定有两个圆球体的颗粒，则在接触处形成双凹透镜状的水体（水环或水膜），液面是凸形和凹形的，曲率半径分别为 R_1 和 R_2（图1.14），其表面压力为 $\delta (1/R_1 - 1/R_2)$。由于 R_2 总是小于 R_1，所以表面压力总为负值，致使水分总是保持在接触处附近，并使颗粒紧贴在一起。因此，含水的砂总比干燥的砂密实。

当存在悬挂毛细水时，设想有一根直立的毛细管，管内毛细水柱上、下端由两个不同曲率的弯液面支持着，上端弯液面的曲率半径应小于下端弯液面的曲率半径，下端弯液面的表面压力大于上端弯液面的表面压力。上、下端弯液面形成的表面压力差与毛细水柱的重力达到平衡时，就能支持住一定高度的水柱。如果毛细水柱自上端获得补给而增长，则下端弯液面的曲率半径减小，由凹形的变成平的再到凸形的，直至一部分水形成重力水滴向下运动，最后到达新的平衡。

1.4　地下垂直剖面上的水分分带

地下水分布在地面以下的多孔介质中，但是在地面以下不同深度处的多孔介质中的水分类型和含水量是存在差异的。水在重力作用下运移和聚集，会在某些不透水岩层之上一定厚度的多孔介质中充满所有相互连通的空隙，而在靠近地面的一段多孔介质中的空隙没有被水充满，其中同时含有气体。按照水在空隙空间中含水的相对比例可以将地下垂直剖面上的水分分布自上而下分为两个带，即包气带和饱水带，它们以地下水面（潜水面）为分界面（图1.15）。

1.4.1 包气带

包气带是指地下从潜水面向上延伸至地面的地带，其中的空隙空间含有气体而没有完全被水饱和，又称为非饱和带。包气带通常由三个亚带组成，自上而下分为土壤水带、过渡带（中间带）和毛细水带。

土壤水带靠近地表，自地面向下延伸通过植物根系带，厚度一般为几十厘米至几米。地面的各种水（如大气降水、灌溉水、凝结水等）入渗后可以通过该带向下运移，而蒸发与植物的蒸腾作用则使水通过该带向上运动。在地表存在入渗的短时期内，该带土壤可以暂时完全为水所饱和，其中大部分为重力水。在地表没有入渗的情况下经过长期排水后残留于土壤中的水分有结合水和毛细水，在土壤颗粒周围或接触点形成水膜。

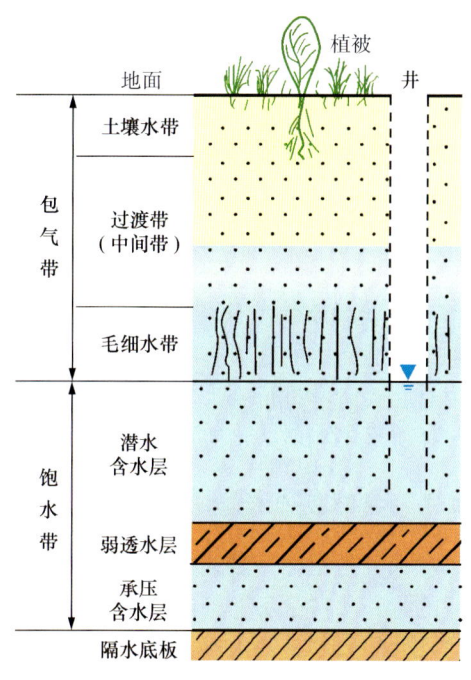

图 1.15　包气带和饱水带示意剖面图

中间带自土壤水带下缘延伸到毛细水带上缘。中间带的空隙中停留有结合水和毛细水，重力水可以暂时通过该带自上而下运动。如果潜水面埋深较小，致使毛细水带扩展到土壤水带，甚至到达地表时，中间带便不存在。

毛细水带自潜水面向上扩展，厚度从几厘米至 2～3 m 或更高，取决于多孔介质空隙的大小及其均匀性。一般来说，毛细水带内的含水量随距潜水面高度的增加而逐渐减小。稍高出潜水面的孔隙实际上是饱和的；再向上延伸，只有较小的连通孔隙是饱水的；再往更高的地方，只有那些最小的连通孔隙能被水饱和。因此，毛细水带的上界面是不规则的。在毛细水带水分靠毛细力保持，可以认为毛细水带的多孔介质是饱和的和接近饱和的。另外，在毛细水带压力小于大气压力时，即呈负压状态。当潜水面以下饱和带的厚度比毛细水带大得多时，毛细水带通常可以忽略。但在研究非饱和带水流、农田排水及蒸发作用时，毛细水带的水流动具有重要的意义。

上述包气带的三个亚带的划分和水分分带状态，随着多孔介质空隙大小的多变性、潜水面的深浅、隔水层的存在以及暂时性渗入水的流动而呈现复杂多样的情况。例如在由粗大的砾石组成的孔隙介质和岩溶化程度高的岩溶介质中可能不存在毛细水带，而潜水面很浅时可能不存在中间带，甚至不存在土壤水带等。

1.4.2 饱水带

饱水带是指自地下水面（潜水面）往下的地带，其中的空隙空间全部充满着水，又称为饱和带。在饱水带内的水是连续分布的，能传递压力，水在重力作用下能自由流动，或在井孔抽水时能向井孔中运动。饱水带内含水量达 100%。饱水带上面为潜水面，潜水面上的压力等于大气压力，自潜水面往下，水的压力大于大气压力且随深度增加而增大。饱水带内可以包含有潜水含水层、弱透水层和承压含水层，饱水带的下界为不透水地层。

一口井打入潜水面基本上为水平的饱水带中，则只有当井揭露潜水面时，井中才见到水，井中水面就是潜水面，而井从地面打到潜水面之上的包气带时，井中并没有水。泉、井和某些河流是靠来自饱水带的水补给的。

饱水带中的水对于供水和排水具有实际意义，也是地下水科学研究的重要对象。

1.5 含水层、隔水层和弱透水层

地壳浅部分布有不同岩性的岩石，或者说有不同空隙类型的多孔介质，它们赋存、给出和透过地下水的能力有明显的差异，在地下水科学的理论研究和供水、排水等的实际应用中有必要对其进行分类。岩层按透水性（渗透性）通常分为透水层和不透水层，透水层包括含水层和弱透水层；不透水层通常是隔水层。

1.5.1 含水层和隔水层

含水层是指在一般的野外条件下能够给出和透过相当数量的水的岩层。隔水层则是在一般的野外条件下不能给出和透过水，或者给出和透过很少水量的岩层。具有良好给水性和透水性的岩层是透水层。透水层有时是不饱水的，含水层是饱水的透水层。既不含水也不允许水透过的岩层称为不透水层。即使由于持水性良好而含水但给水性和透水性很差的岩层也是隔水层。

构成含水层的岩层应具备的条件包括：①空隙（孔隙、裂隙或溶穴）发育；②有一定的空间规模（厚度与展布面积）和储集地下水的条件（地质和地形条件）；③具有良好的给水能力和透水能力。粗大颗粒的孔隙介质如卵石、砾石、砂可以构成良好的含水层。坚硬的沉积岩如砂岩、砾岩虽然由于固结其原生孔隙不发育，但如果裂隙发育则可以构成含水层。岩溶化的碳酸盐岩（石灰岩和白云岩）是良好的含水层。火山岩（如玄武岩、流纹岩、凝灰岩）孔隙性变化大，含有气孔和发育垂直节理的火山岩可以构成含水层。侵入岩（如花岗岩、闪长岩）只有裂隙发育的部位可以构成局部含水层。变质岩（如片岩、片麻岩、石英岩）在浅部风化带发育密集的裂隙时可以构成局部含水层。我国北方的寒武-奥陶系碳酸盐岩含水层，美国的Florida石灰岩含水层和Dakota砂岩含水层，都是当地重要的含水层。

黏土由于孔隙很小，给水和透水能力极差，一般被认为是隔水层。泥岩、页岩及泥灰岩通常是隔水层。裂隙不发育的致密结晶岩，例如侵入岩、火山岩和变质岩，也被认为是隔水层。

在上述含水层和隔水层的定义中并没有给出给水性和透水性的定量数值，因而含水层和隔水层之间并没有截然的界限，二者具有相对性（或二重性），二者是通过比较而存在的，并在一定条件下可以相互转化。在各种不同情况下，人们所定义的含水层和隔水层可以是变化的。岩性相同、渗透性完全一样的岩层，在某些地方可以认为是隔水层，而在另一些地方可以认为是含水层。例如，在我国北方黄土高原分布较广的黄土主要是一种亚黏土，在我国南方数省广泛分布有红层（主要为红色的砂岩、泥质砂岩和砂质泥岩、泥岩），它们的给水性和透水性均很差，对于需水量很大的地区不能满足供水的需要，可视为隔水层，但在其他水源缺乏、需水量又不大的地区，黄土和红层也可以看作是含水层。岩性相同、渗透性一样的岩层，例如泥质砂岩、泥质粉砂岩和砂质泥岩，从供水的角度来看，可能被看作隔水层，而从水库渗漏的角度，在此类岩层之上修建的水库长时间渗漏量可观，又应看作含水层或弱透水层。有些在天然状态下可以看作是隔水层的岩层在开采条件下可能转变为含水层或透水层。例如，在我国北方煤矿区，在石炭系和二叠系煤系地层中的砂页岩由于裂隙和断层闭合或被充填，在天然条件下是良好隔水层，随着矿井抽排疏干煤系地层之下的奥陶系石灰岩含水层和煤系地层中薄层石灰岩含水层的地下水，形成很大水头差，在巷道附近的砂页岩由于其裂隙和断层变成导水的，实际上起不到隔水作用。

单个含水层的规模差距很大，在一些沉积盆地中通常分布有展布面积或厚度巨大的含水层。分布在美国中北部的 Dakota 砂岩承压含水层，其补给区在南达科他州西南部山区，地下水向东部径流，排泄区距补给区有 300～500 km 之遥（Back 等，1988）。

孔隙介质、裂隙介质和岩溶介质都可以称为含水介质。由孔隙介质、裂隙介质和岩溶介质构成的含水层分别称为孔隙含水层、裂隙含水层和岩溶含水层。赋存于孔隙含水层、裂隙含水层和岩溶含水层中的地下水分别称为孔隙水、裂隙水和岩溶水，将在第 6 章、第 7 章和第 8 章中分别予以介绍。

1.5.2　弱透水层

实际上，在地壳浅部很少有绝对不发生渗透的岩层，在过去很长时间内人们认为是不透水不释水的某些岩层，在一定的野外条件或人为条件下也能透过一定数量的水，可以归为弱透水层。所谓弱透水层是指渗透性很差的岩层，从一般的供水和排水的角度来看，由于其自身能提供的水量很少而有可能被看作是隔水层，但当位于其上、下的含水层存在水头差而使地下水在其中发生越流时，因为越流通过的过水断面面积很大而存在相当大的越流量，因而不能看作是隔水层。松散沉积物中的黏土和黏性土、裂隙发育稀少的泥岩和页岩（或砂质泥岩、砂质页岩、泥质砂岩、泥质粉砂岩等），在通常情况下都可以看作是隔水层，如果其上、下存在含水层且水头差较大，可以克服黏土或黏性土中结合水的抗剪强度，或使页岩、泥岩中的闭合裂隙变得张开，水能在其中透过而成为弱透水层。弱透水层本身的释水量也许可以忽略不计，但是通过其中的越流量不能忽视。

弱透水层的重要性随着研究问题的目的性、时间尺度和开采条件的变化而越来越受到人们的重视。在分析石油、天然气二次运移这种时间尺度很大和核废物处置选址这种要求核废物不发生地下迁移的渗流问题时，即使是渗透性极差的岩层，也不能忽视岩层的渗透性能。我国煤层的上部或下部往往存在含水层，如南方二叠系煤层上部为长兴组石灰岩和茅口组石灰岩含水层，北方石炭系煤层下伏有奥陶系石灰岩含水层，而煤层的顶、底板一般为页岩和粉砂岩隔水层，在天然条件下隔水层将采煤层与含水层阻隔，但在煤层开采条件下存在巨大水头差，隔水层会变为弱透水层甚至局部变成透水层，使含水层中的地下水涌向矿井，所以必须对含水层进行疏干排水才能保证煤矿的安全开采。

1.5.3　含水岩段、含水岩组和含水带

在一些地区存在厚度很大的含水层，但是由于组成含水层的岩性并非很均一，在不同层段其裂隙或岩溶发育程度有差异，致使不同层段之间的给水性或透水性差异明显，而各层段之间通过裂隙或断层有较好的水力联系。故可以根据不同岩性划分为不同含水岩段，为供水、排水和渗漏等的研究提供更详细的资料。

多个成因类型相同的含水层在空间上可以组合在一起，构成一个含水岩组。含水岩组内的各含水层地下水通过弱透水层发生水力联系，具有相近的水化学特征。例如，冲洪积或冲湖积平原地下往往有多个砂或砂砾石含水层，它们之间存在黏性土弱透水层或者黏土隔水层或隔水透镜体，不论是含水层还是弱透水层、隔水层，厚度均不大，含水层之间有水力联系，可以将它们归并为一个或几个含水岩组。

含水层的概念对于空间上呈层状分布的松散沉积物和沉积岩显然是十分适用的。但是，由于沉积作用或构造作用的影响，致使松散沉积物的分布特别是坚硬岩石中裂隙的发育和溶穴的分布具有带状特点，构成沿某一个方向给水性和透水性相当好的带状含水体（称为含水带），含水带内空隙发育，含水带两侧逐渐过渡到弱透水或不透水岩层或岩石。含水带既可以分布在同一岩性的岩层或岩石中，也可以贯穿不同岩层或岩石中。在冲积平原的古河道中常分布粗大颗粒的砂砾石，构成良好的含水带。在基岩山区，张性断层及其破碎带、岩脉发育带、侵入岩与围岩接触带以及岩溶水径流带等，通常是良好的含水带。

除了层状和带状以外，含水层有时呈块状、透镜体状等，可以称为含水体。同样，隔水层也并非总是呈层状分布，有些呈带状、块状、透镜体状或不规则状，这时称为隔水体就更恰当些。

1.6 潜水、承压水和上层滞水

含水层在地下所处的部位及受隔水层的限制情况的不同，决定了地下水埋藏条件的差异。根据含水层埋藏条件的不同可以将含水层划分为潜水含水层、承压含水层和上层滞水含水层（图1.16），赋存其中的地下水分别称为潜水、承压水和上层滞水。这三种地下水都是饱水带中的水，而包气带中的水已在1.4.1节中进行了部分介绍。

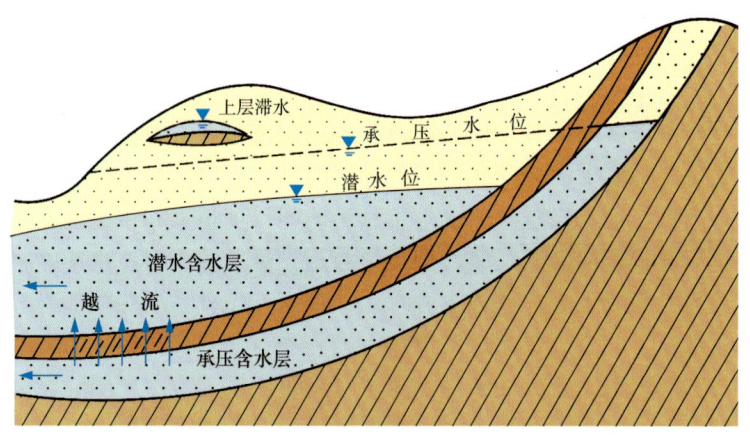

图1.16 含水层的类型示意剖面图

1.6.1 潜水

1.6.1.1 潜水的埋藏条件与基本特征

潜水含水层是埋藏在地面以下第一个稳定隔水层之上具有自由水面的含水层，赋存于潜水含水层中的地下水称为潜水（图1.17）。潜水含水层之下的隔水层称为潜水含水层的隔水底板。潜水的表面是一个自由表面，只承受大气压力，称为潜水面。从地面到潜水面的距离称为潜水埋藏深度，从潜水面到隔水底板的距离称为潜水含水层的厚度；潜水面上任意一点到平均海平面的距离，称为该点潜水位高程。显然，当潜水面上升时，潜水面埋藏深度变小而潜水含水层厚度变大以及潜水位高程增大；当潜水面下降时，则潜水埋藏深度变大，潜水含水层厚度变小以及潜水位高程降低。

由于潜水面之上不存在隔水顶板，或者只存在范围有限的隔水顶板或弱透水层，潜水可以在其分布范围内接受大气降水、地表水等自地面通过包气带的入渗补给，所以潜水的分布区通常与其补给区一致。潜水在重力的作用下总体上是由潜水位高

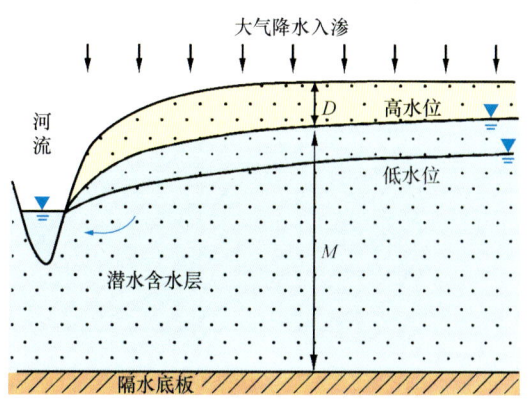

图1.17 潜水示意剖面图
D—潜水埋藏深度；M—潜水含水层厚度

的地方向潜水位低的地方径流，在地形低洼处以泉的形式排泄出地表或泄流到地表水体中，在潜水面埋藏深度较小时也可能通过蒸发的排泄方式进入大气中。

潜水由于埋藏浅且上面没有连续的隔水层，使之与大气圈、地表水圈等具有密切的联系，气象、水文因素及人类活动对潜水的水量、水位、水质有显著影响。潜水积极参与地球表层的水循环，潜水的动态具有明显的季节性变化特点。潜水被人们广泛利用，尤其是民井大多打在潜水含水层中。对于露天开采的矿坑和工程基坑则需要排除潜水的影响。

1.6.1.2　水头与潜水面形状

潜水面的形状需要根据多个揭露潜水面的观测孔中的水位来确定。一个钻孔中的水位与该孔揭露不同深度的地点的水头有关。

含水层中任意一点的水头可以理解为该点单位重量的地下水具有的机械能，包括位能、压能和动能。如图1.18a所示的潜水含水层，假定空气中大气压力值为零，并取其为基准压力，则在孔底A点质量为m、体积为V的水所具有的总机械能（E）可以表示为

$$E = mgz + PV + \frac{mv^2}{2} \tag{1.29}$$

式中：g为重力加速度常数；z为A点到任意基准面（隔水底板）的距离；P为A点处的水柱压力；v为A点处地下水的流速。式（1.29）中等号右端第一项为位能，表示将质量为m的水从基准面提升到A点所需的能量；第二项为压能，表示将质量为m、体积为V的水从基准压力提升到A点处的水柱压力所需的能量；第三项为动能，表示将质量为m的水由静止状态提速到A点处的流速所需的能量。在大多数情况下，地下水的流速很小，则式（1.29）中等号右端第三项的动能可以忽略不计。式（1.29）可以改写为

$$E = mgz + PV \tag{1.30}$$

将式（1.30）的等号两端除以m，并注意到$\rho_w = m/V$，得

$$\Phi = \frac{E}{m} = gz + \frac{P}{\rho_w} \tag{1.31}$$

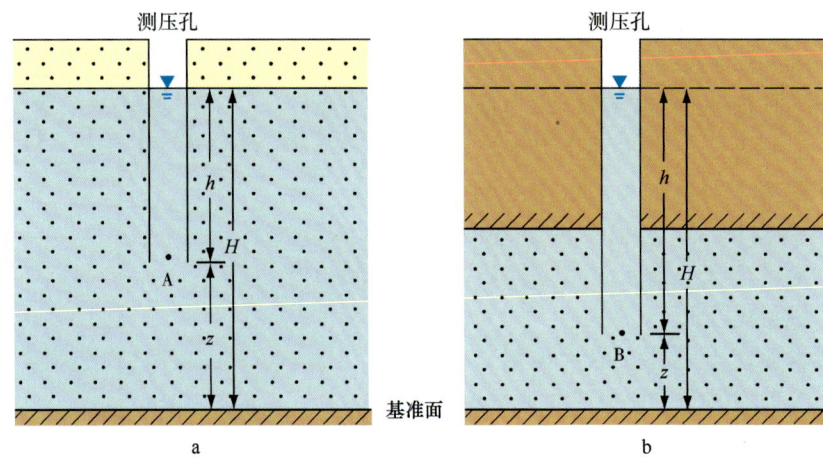

图 1.18 潜水含水层（a）和承压含水层（b）任意点的水头（剖面图）

式中：ρ_w 为水的密度；Φ 为 A 点单位质量的水具有的能量，称为 A 点具有的势（Hubbert，1940）；其他符号意义同前。将式（1.30）的等号两端除以 mg，得

$$\frac{E}{mg} = z + \frac{P}{\rho_w g} = z + h \tag{1.32}$$

式中：$h = P/(\rho_w g)$，h 为 A 点到孔内水位的水柱高度；其他符号意义同前。定义水头 $H = E/(mg) = \Phi/g$，有

$$H = z + h \tag{1.33}$$

式（1.33）表明，A 点的水头（H）是 A 点的 z（可以称为位置高度或位置水头）和 h（可以称为压力高度或压力水头）之和。如果有一个测压孔孔底揭露 A 点，或者一个带套管的观测孔（仅在孔底一段有滤水管）孔底在 A 点处，则 A 点的水头为 A 点到基准面的距离与测压孔或观测孔内水位到 A 点距离之和，或者简单地说，就是测压孔或观测孔内水位到基准面的距离。如果选择平均海平面作为基准面，则 A 点水头就是测压孔内水位的高程。

当潜水含水层内潜水面为水平时，地下水不流动，处于静水状态，则含水层内所有点的水头相同。当潜水面为倾斜时，地下水处于流动状态，含水层内各点水头不一定相同，同一钻孔揭露不同深度的点的水头也未必相同。如果观测孔未安装套管，则孔中水位高程为孔内各点水头的平均值。当潜水流动较慢时，无论是通过测压孔还是通过未安装套管的观测孔，所测得的孔中水位高程都能近似代表观测孔所在位置的潜水面高程。显然在潜水含水层中，地下水通常是从水头高的地方向水头低的地方流动。

潜水面的形状通常是起伏变化的，并且与地形的起伏接近一致，只是比地形的起伏更为缓和。潜水面的坡度在山区（百分之几甚至更大）比平原区（千分之几甚至更小）大。在雨季，潜水获得大气降水入渗补给后潜水面上升，潜水面的起伏大于干旱季节潜水面的起伏。在靠近河流的地方，河水位的涨落对两岸潜水位的变化也有明显的影响。潜水面的变化也受到含水层透水性和厚度变化的影响，一般来说，当含水层的透水性由弱变强或厚度由小变大时，潜水面的坡度由陡变缓；相反，当含水层的透水性由强变弱或厚度由大变小时，潜水面的坡度由缓变陡。

潜水面的形状可以用同一时刻的等水位线图（图 1.19）或地下水剖面图上的水位线表示。潜水等水位线可以根据多个观测孔水位资料运用手工方法或计算机软件等绘制。利用潜水等水位线图，可以：①确定潜水的流向，即垂直于等水位线由高水位线指向低水位线的方向；②确定潜水面某一处的水力梯度，近似为潜水流向上两根等水位线之间的水位差与其距离之比；③判断潜水与地表水体的补给或排泄关系（图 1.20）；④推断地形和含

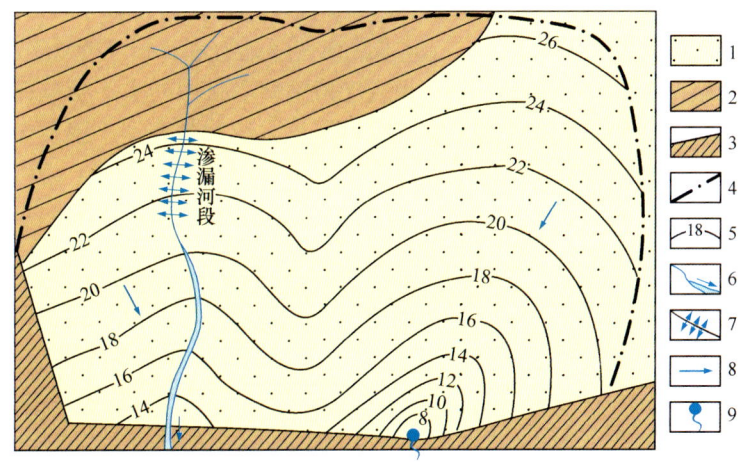

图 1.19 潜水等水位线（平面图）

1—潜水含水层；2—隔水层；3—隔水边界；4—地表分水岭；5—等水位线（m）；
6—河流及流向；7—河流渗漏地段；8—地下水流向；9—泉

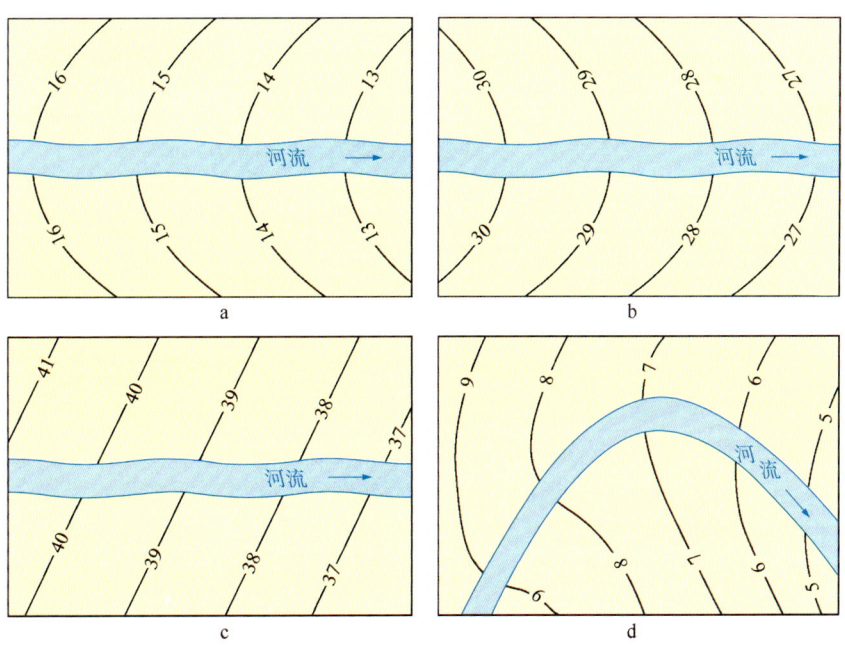

图 1.20 潜水与河流的补给或排泄关系（平面图）

a—潜水补给河流；b—河流补给潜水；c—北侧潜水补给河流，河流补给南侧潜水；
d—潜水和河流的补给、排泄关系随河段而变化

水层透水性或厚度的变化；⑤根据不同季节的潜水等水位线图判断天然补给或排泄对潜水面埋深和潜水流向的影响；⑥根据开采前和开采后的潜水等水位线图分析人工开采形成的潜水面降落漏斗的变化情况等。

1.6.1.3 潜水含水层的重力释水与其给水度

潜水通过补给获得水量后，表现为潜水面上升，致使潜水含水层的体积增大（主要体现为含水层厚度增大）；当补给停止后，由于排泄作用，使潜水面下降，潜水含水层体积减小（主要体现为含水层厚度减小）。潜水面在下降过程中，由于重力作用，致使潜水面以上原来饱水的含水层中的重力水以及相应支持毛细水带中的水不断被释放出来，直到不能释放为止。潜水含水层的这种给水性能可以用重力给水度表示。潜水含水层的重力给水度是指当潜水位下降一个单位时，从地下水位延伸至地面的单位水平面积含水层柱体中释放出来的水的体积（图1.21a）。潜水含水层的重力给水度通常简称为给水度，是表征潜水含水层给水能力的参数。

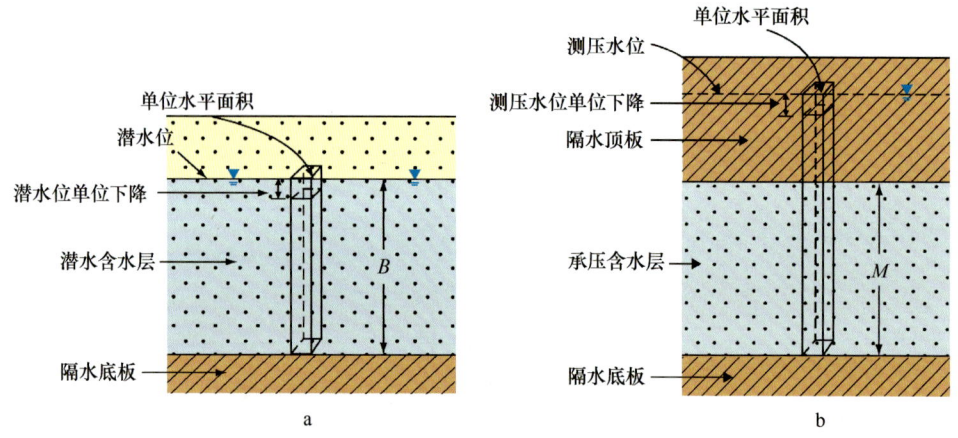

图1.21 重力给水度（a）和弹性给水度（b）示意图（剖面图）
（据Ferris，1962，转引自Singhal等，1999）
B—潜水含水层厚度；M—承压含水层厚度

潜水含水层的重力释水并非瞬时完成的，而是一个缓慢的过程，往往滞后于水位下降。因而在野外测得的给水度的大小，与潜水含水层的岩性、初始地下水位埋藏深度及地下水位下降速率等因素有关。对于颗粒粗大的松散沉积物、裂隙宽大的坚硬岩石和溶穴发育的可溶岩，在重力释水时，滞留于空隙内的水极少，所测得的给水度接近空隙度。对于空隙细小的介质，重力释水时一部分水会以结合水的形式滞留于空隙中，所测得的给水度一般比较小。当初始地下水位埋藏深度较小时，在水位下降后，原来饱水带中的一部分重力水转化为支持毛细水滞留于地下水位以上，致使所测得的潜水含水层的给水度偏小。当地下水位下降速率较大时，由于重力释水的滞后现象，特别是在细小空隙中形成悬挂毛细水不能释出或不能很快释出时，致使所测得的给水度数值偏小。因此，对于空隙细小的多孔介质，只有当初始地下水位埋藏深度足够大、水位下降十分缓慢且经过长时间释水时，所测得的给水度才达到或极其接近其理论数值。表1.4列出了部分多孔介质的给水度数值。

表 1.4 多孔介质给水度数值

名称	最大值/%	最小值/%	平均值/%
黏土	5	0	2
亚砂土	12	3	7
粉砂	19	3	18
细砂	28	10	21
中砂	32	15	26
粗砂	35	20	27
砾砂	35	20	25
细砾	35	21	25
中砾	26	13	23
粗砾	26	12	22

（据 Johnson，1967，转引自 Fetter，2001）

1.6.2 承压水

1.6.2.1 承压水的埋藏条件与基本特征

承压含水层是指埋藏在两个稳定隔水层（或弱透水层）之间的含水层。充满于承压含水层中的地下水称为承压水（图 1.22）。位于承压含水层上部和下部的隔水层（或弱透水层）分别称为隔水顶板和隔水底板。隔水顶、底板之间的距离为承压含水层的厚度。从地面到隔水顶板底界的距离为承压含水层的埋藏深度。

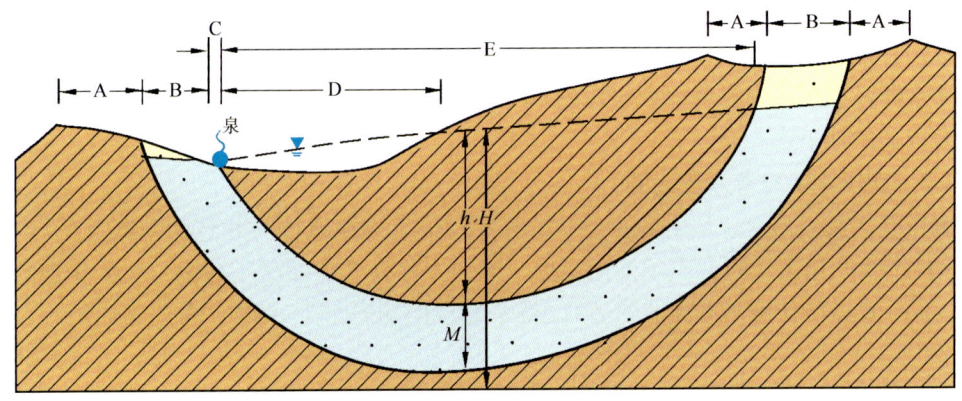

图 1.22 承压水示意剖面图

A—间接补给区；B—直接补给区；C—排泄区；D—自流区；E—承压区
h—承压高度；H—测压水头；M—承压含水层厚度

承压水具有承压性，即承压含水层承压区内任意一点的水承受大气压力以外的附加压力。一个钻井自地面往下在揭穿隔水顶板以前井中并没有水，在揭露承压含水层后，钻井中的水位会上升到隔水顶板底界之上一定高度，这种钻井称为承压井。在有些情况下，钻井水位会高于地表，地下水会自流出地面，这种井称为自流井（图 1.23）。

图 1.23 自流井

当承压含水层的隔水顶、底板隔水性能良好时,承压水主要通过承压含水层的出露区获得大气降水、地表水等的补给,在排泄区通过泉或其他方式排泄,这时承压水的分布区与其补给区往往不一致。当隔水顶、底板为弱透水层时,承压水还可能通过弱透水层获得上、下含水层的越流补给,或者向上、下含水层发生越流排泄。

承压水可以传递水压力,在补给区与排泄区的水头差作用下发生流动。由于受隔水顶板的限制,承压水受气象、水文因素的影响相对较小,其动态相对比较稳定,参与水循环不如潜水那样积极。在有些埋藏很深的承压含水层中,承压水几乎不与外界发生联系,还保留有很老的地下水。

1.6.2.2 测压水头与等水压线图

测压孔揭露承压含水层中的一点 B(图 1.18b),孔中水位与 B 点的距离为 h,高度为 h 的水柱产生的压力代表 B 点承受的压力,因而 h 称为 B 点的测压高度,加上 B 点的位置高度 z(即 B 点与任意基准面的距离),就是 B 点的测压水头(H),表达式如下:

$$H = z + h \tag{1.34}$$

测压孔中的水位到平均海平面的距离就是 B 点的测压水头高程。

显然,当承压水为静止不流动时,测压水位线是水平的,而且承压含水层所有点的测压水头均相同。当承压水为流动时,承压含水层不同点的测压水头未必相同。

利用揭穿承压含水层隔水顶板的观测孔的同一时刻的测压水位,可以绘制承压含水层的等水压线图(即等测压水位线图)。等水压线图表示的承压水测压水面实际上只是一个虚构的面(图 1.24)。利用等水压线图,可以:①确定承压水的流向和水力梯度(确定方法与潜水相同);②推断承压含水层透水性或厚度的变化;③结合潜水等水位线图及其他资料判断承压水与潜水的补给、排泄关系及与地表水体的关系等。

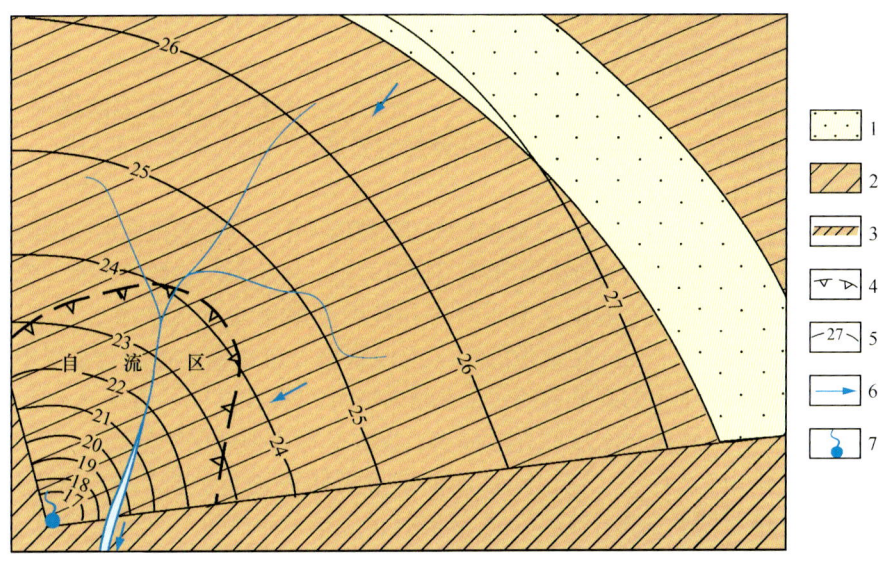

图 1.24 承压水等测压水位线图（平面图）
1—承压含水层（出露区）；2—隔水层；3—隔水边界；4—自流区；
5—等测压水位线（m）；6—地下水流向；7—泉

1.6.2.3 承压含水层的弹性释水与储水系数

承压含水层由于受到隔水顶、底板的限制，当通过补给获得水量时，并不是像潜水含水层那样通过加大含水层的体积（主要是增大含水层厚度）来容纳增加的水量。获得水量后，承压含水层内水的压力增大（表现为测压水位升高），可以导致含水层中的水被少量压缩而增大密度，同时也可以使含水层骨架发生轻微膨胀而增加含水层孔隙度。相反，承压含水层若失去水量（例如通过钻井抽水），则含水层内水压力降低，会引起水体积的轻微膨胀，同时也会造成含水层骨架发生轻微压缩而减小含水层的孔隙度。

在承压含水层内部钻井附近任选一水平单元面 AB（图 1.25），作用在 AB 上固体骨架和水的全部重量形成的总应力（δ）应与骨架承受的应力（δ'）和水承受的压力（P）之和平衡，表达式如下：

$$\delta = \delta' + P \qquad (1.35)$$

式（1.35）中三项的每一项都是作用力除以所研究平面的面积的一种力。式（1.35）表明 AB 平面上覆荷载产生的总应力由 AB 平面上固体骨架与水共同承受。由于水承受一部分压力（称为孔隙水压力），所以固体骨架承受的压力小于总应力。实际作用于固体骨架上的应力称为有效应力。有效应力等于总应力减去孔隙水压力，这就是 Terzaghi 有效应力原理。

AB 平面上覆荷载（δ）改变时，δ' 和 P 也会随之改变。若保持 δ 不变，只改变水的压力（例如从承压

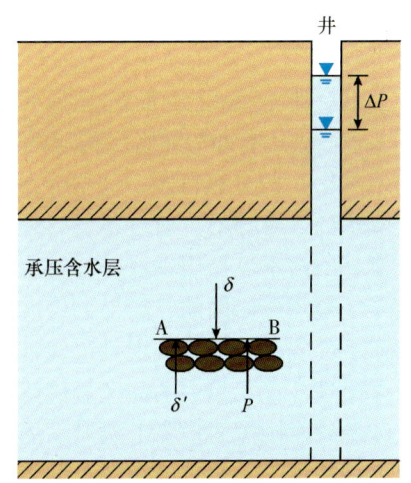

图 1.25 承压含水层中的应力和压力示意图（剖面图）

含水层中抽水或进行人工补给）时，设水的压力变化为 $\Delta P = dP$，则有

$$d\delta = 0 = d\delta' + dP \quad \text{或} \quad d\delta' = -dP \quad (1.36)$$

式（1.36）意味着降低（增大）水的压力会引起含水层骨架承受的压力的增加（减小）。由于含水层固体骨架是弹性的，在此情况下会发生变形，包括固体颗粒的位移和颗粒的重新排列，因而可以改变介质的孔隙度。

承压含水层的水是可以压缩的，尽管水的压缩系数值很小，这在承压含水层中仍然具有重要意义。因此，当承压含水层中水的压力增大（降低）时，水会发生轻微的压缩（膨胀）。

上述两种作用即水的微量膨胀（或压缩）和孔隙度微量减小（或增大）共同使得从承压含水层的储存量中释放出一定数量的水（或者储存一定数量的水到含水层中）。这种由于承压含水层地下水压力的降低导致水的膨胀和含水层孔隙度变小而从含水层中释放一定数量的水的现象称为承压含水层的弹性释水；反之，称为弹性储水。

描述承压含水层弹性释水（储水）性能的定量指标是储水系数。承压含水层的储水系数定义为测压水头下降（或升高）一个单位时，从单位水平面积的承压含水层柱体中释放（或储存）的水的体积（见图1.21b）。储水系数也称为释水系数，是表征承压含水层储水（或释水）能力的参数。虽然承压含水层的储水系数与潜水含水层的（重力）给水度在定义上相似，但是这两种含水层的储水（或释水）的性质却不相同。在潜水含水层中，大部分水是从潜水面下降段的空隙空间中排出的，而在承压含水层中，是属于水和固体骨架存在压缩性（或膨胀性）的结果。为了与潜水含水层的重力给水度相对应，也有研究者将承压含水层的储水系数称为弹性给水度。

显然，在其他条件相同的情况下，当存在同样的水头降低时，从承压含水层中弹性释放出来的水量远比从潜水含水层中的疏干释放出来的水量少。承压含水层的储水系数值一般为 $10^{-3} \sim 10^{-7}$ 数量级，比潜水含水层的给水度小若干个数量级。据此不难理解，开采承压含水层地下水往往会导致测压水位大幅度下降和形成大面积水位降落漏斗，长期开采还可能导致承压含水层地下水位持续下降。

1.6.3 上层滞水

上层滞水是指分布在包气带中局部隔水层（或弱透水层）之上的地下水（见图1.16）。其下部的隔水层构成其隔水底板。上层滞水的分布范围取决于局部隔水层（或弱透水层）的分布范围，一般分布范围不大。上层滞水的分布最接近地表，容易接受大气降水的入渗补给，通过蒸发自地表向大气排泄，或沿隔水底板（或弱透水层）的边缘下渗补给潜水。在雨季获得补给后，其水位上升，积聚一定的水量；在旱季水量逐渐消耗直至完全消失。因此，如果上层滞水分布范围小且不能经常获得补给时，不会常年有水。当其下部隔水层范围较大且包气带厚度较大时，上层滞水存在的时间也比较长。上层滞水通常出现在包气带中的黏土透镜体之上，在缺水地区可以成为小型或暂时性供水水源，在工程基坑中则需要排除上层滞水的影响。

作为地下水按照埋藏条件分类的上层滞水、潜水和承压水，它们之间的界限是明确的。但是，实际情况往往是复杂的，它们在某些自然条件和人为因素的影响下，是可以转化的。例如，当隔水底板范围较大且经常获得补给而常年有水时，上层滞水也可以看成潜水。一个潜水含水层在其分布范围内不能保证常年有水时，潜水也可以看成是上层滞水。

承压含水层的补给区往往是无压的，分布有潜水，或者由潜水含水层通过越流获得补给，可以说承压水是由潜水转化而来的（图1.26）。深层承压水也可以通过越流补给浅部潜水含水层从而转化为潜水。在开采条件下，可以出现承压含水层的测压水位部分或全部降低到隔水顶板之下，从而由原来的承压水转变为无压水（潜水）；反之，原来承压含水层的无压区（潜水）随着水位的上升也可以变成承压区（承压水）。有时，承压含水层沿着水流方向可以由承压状态变为无压状态（图1.27）。

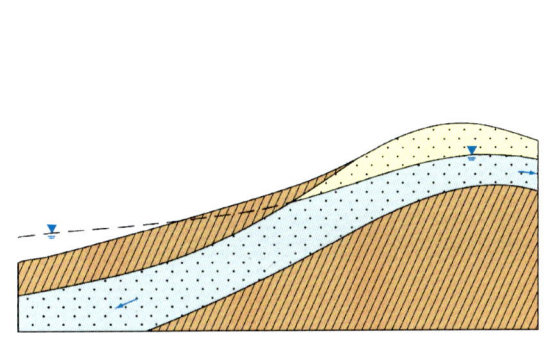

图1.26 潜水向承压水的转化示意剖面图

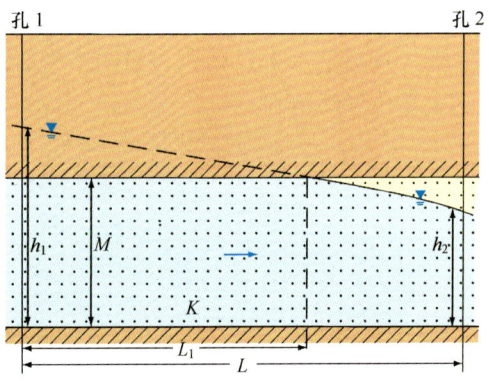

图1.27 承压水向潜水的转化示意剖面图

h_1、h_2—孔1和孔2的地下水位；M—承压含水层厚度；K—承压含水层渗透系数；L_1—孔1至承压、无压分区界线的距离；L—孔1至孔2的距离

1.7 储水构造和岩层的富水程度

1.7.1 储水构造

地下水的分布除了取决于地下岩层的空隙条件外，还受到地质构造条件的影响。设想一个透水层如果没有适当的地质构造和有利的地形条件，也不能储集地下水。含水层的规模或空间展布及与隔水层（弱透水层）的组合形式对地下水的储集具有重要意义，而含水层的空间展布及其与隔水层的组合关系是由当地地质构造条件决定的。储水构造是指由透水层（含水层）和隔水层（弱透水层）组合而成的能够富集和储藏地下水的地质构造。一个储水构造的基本组成要素包括：①一个或多个透水（含水）的岩层或岩体；②相对隔水（或弱透水）的岩层或岩体。此外，一个储水构造中的地下水应有其补给来源和排泄去路。构成储水构造的地质构造，不仅包括由各种构造运动形成的地质构造，也包括沉积物在原生沉积环境下形成的地质构造（沈照理等，1985）。地壳表层有一部分地下水分布在一些储水构造中，认识分布有地下水的储水构造，对于寻找地下水和建立地下水定量计算模型都具有重要的意义。

1.7.1.1 水平岩层储水构造

水平或近似水平展布的透水层和隔水层（弱透水层）在适宜的地形条件和补给、排泄条件下构成水平岩层储水构造（图1.28）。这是最简单也是比较常见的一种储水构造。

含水层和隔水层（弱透水层）成层叠置（图1.28a），地面以下的第一个含水层分布有潜水（局部还可能有上层滞水），往下可以有多个承压含水层。在平原地区由冲积物和湖积物组成的相互叠置的多个砂或砂砾石含水层与黏土、黏性土隔水层（弱透水层）也可以看成是一种水平岩层储水构造（图1.28b）。在基岩分布地区，石灰岩及泥灰岩、泥岩、页岩夹层，砂岩及泥岩、页岩夹层，火山岩中的玄武岩及凝灰岩夹层等，均有可能构成水平岩层储水构造。水平岩层储水构造中浅部的含水层可以全部或部分位于当地侵蚀基准面之上，也可以部分或全部位于当地侵蚀基准面之下。由于含水层和隔水层（弱透水层）呈水平（或近似水平）展布，描述水平岩层储水构造中地下水流动的各种数学模型是地下水定量计算的基础。

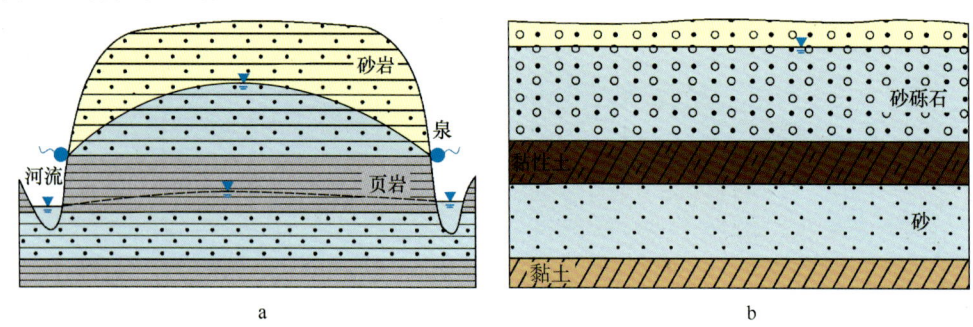

图1.28　水平岩层储水构造示意剖面图

（b图潜水位与承压水位重合）

1.7.1.2　单斜储水构造

由倾斜的透水层（含水层）和隔水层（阻水体）在适当的地形条件和补给、排泄条件下可以构成单斜储水构造（图1.29）。除了含水层和隔水层倾斜展布外，单斜储水构造的一个主要特征是在其倾没端具有阻水条件，使得单斜储水构造在有限范围内展布。单斜储水构造在倾没端的阻水条件包括：①含水层岩性发生相变逐渐变为不透水的岩层（图1.29a）；②含水层尖灭（图1.29a）；③断层切割使含水层与隔水层接触（图1.29b）；④不透水岩体或岩脉的阻挡（图1.29c）；⑤由于地层不整合使含水层与其他不透水岩层接触等。单斜储水构造的倾没端可以大部分或部分被隔水层覆盖，地下水呈承压状态，另一端不被隔水层覆盖的部分出露地表成为补给区，地下水呈无压状态。地下水的排泄可以在倾没端通过导水断层等以泉的形式排泄，或者通过上、下弱透水层越流排泄。如果倾没端是封闭的，也可以在裸露地区以泉等形成排泄。单斜储水构造可以是单一倾斜的含水层，也可以是被断层切割了的向斜含水层的一翼。在山前的冲洪积物具有向平原方向的倾斜状分布，靠近山前沉积物颗粒粗大，为潜水含水层；向平原方向颗粒逐渐变细，单一潜水含水层逐渐被黏性土分隔成多个承压含水层，承压含水层趋于尖灭或呈透镜体状（图1.29d）。在单斜储水构造的倾没端承压水的测压水头有时高于地表，形成自流水斜地。

1.7.1.3　向斜储水构造和背斜储水构造

当透水层（含水层）和隔水层（弱透水层）呈向斜或背斜展布时，在适宜的地形条件和补给、排泄条件下可以构成向斜储水构造（图1.30a，b）或背斜储水构造（图1.30c，d）。它们主要出现于沉积岩分布区以及层状、似层状变质岩和火山岩地区。

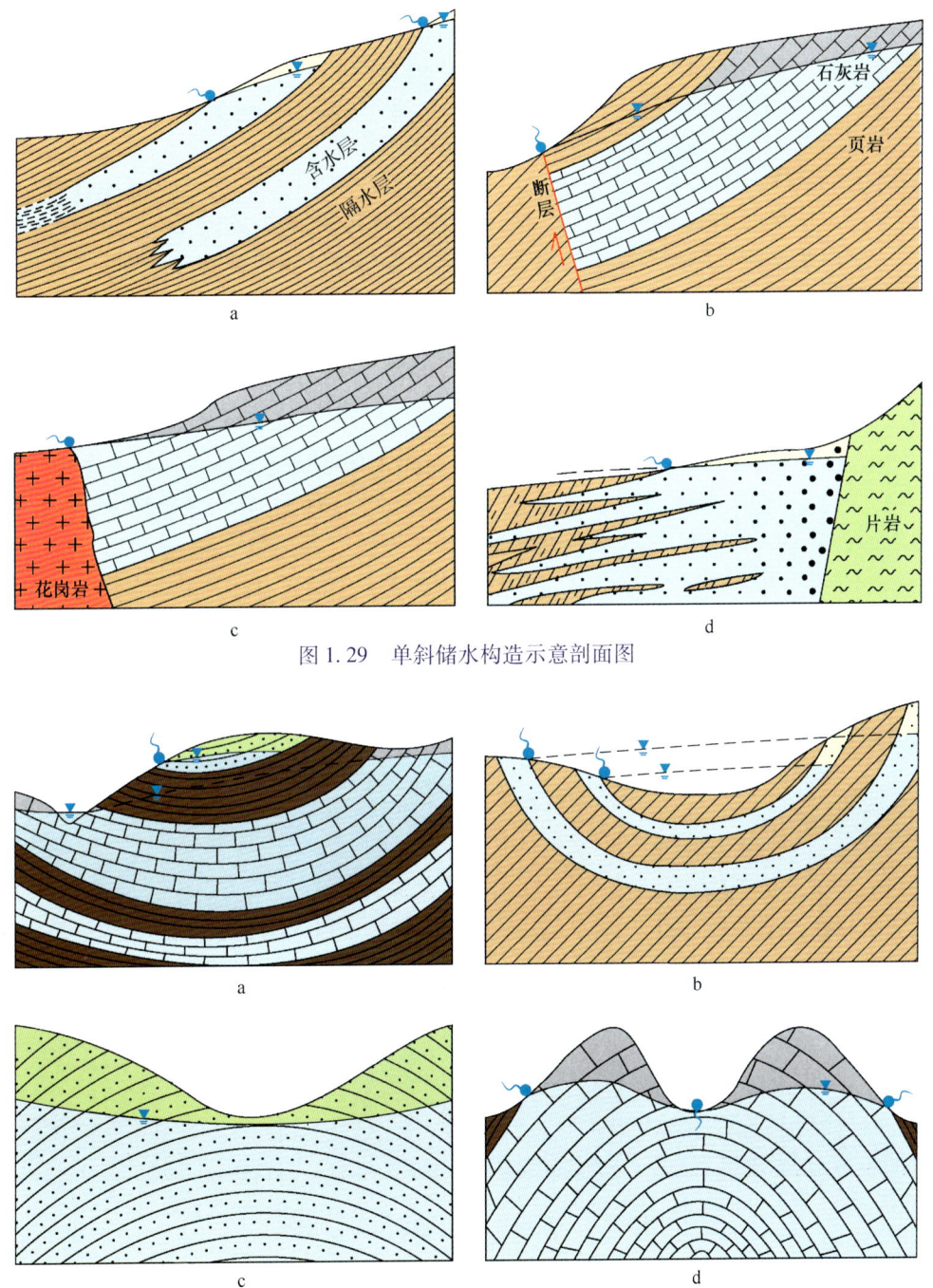

图 1.29　单斜储水构造示意剖面图

图 1.30　向斜储水构造和背斜储水构造示意剖面图

向斜储水构造中含水层之下有隔水层，含水层之上可以有也可以没有隔水层；既有单一含水层，也有多个含水层和隔水层叠置的。地下水在位置较高的一翼的含水层出露区获得补给，在位置较低的另一翼排泄；当向斜核部隔水顶板存在导水断层或为弱透水层时，地下水可以在向斜的两翼含水层出露区获得补给，通过核部的导水断层或越流排泄。当向斜储水构造具有多个含水层和隔水层时，每个含水层可以有自己的补给区和排泄区，也可能在各个含水层之间存在水力联系。如果向斜的展布与地形上的盆地一致时，此时的向斜储水构造也称为承压水盆地（图1.30b）。如果向斜的展布与地形上的盆地不一致，这类向斜储水构造上部含水层的测压水位通常高于下部含水层的测压水位（图1.30a）。

背斜储水构造（图1.30）中含水层通常在背斜核部出露成为无压区，往两翼倾伏端含水层常被隔水层覆盖成为承压区。地下水在含水层出露区获得补给，在两翼含水层与隔水层交界处以泉的形式排泄。在大型背斜中，背斜核部被河谷深切，地下水也可以向河流排泄或在河谷中出露泉水。单就背斜储水构造的一翼来说，有时也可以看成是一个单斜储水构造。

1.7.1.4　断层（带）储水构造和断块储水构造

以断层破碎带为含水带、其两盘岩石为相对隔水体或弱透水体，在适当的地形和补给、排泄条件下，可以构成断层（带）储水构造（图1.31）。有些规模较大的张性断层沿断层面形成一个破碎带，其宽度由几米到几十米不等（甚至更大），破碎带内以断层角砾岩及岩石碎块等粗大块状物质为主，结构较为疏松，空隙发育。另外，受到断层活动的影响，两盘岩石发育裂隙，随着远离断层，裂隙发育程度迅速减弱。断层破碎带也可以沿断层面延伸很远、很深。断层破碎带连同断层影响带构成含水带，可以储存和汇集地下水。断层也可以沟通不同含水层及地表水体，起到导水作用。

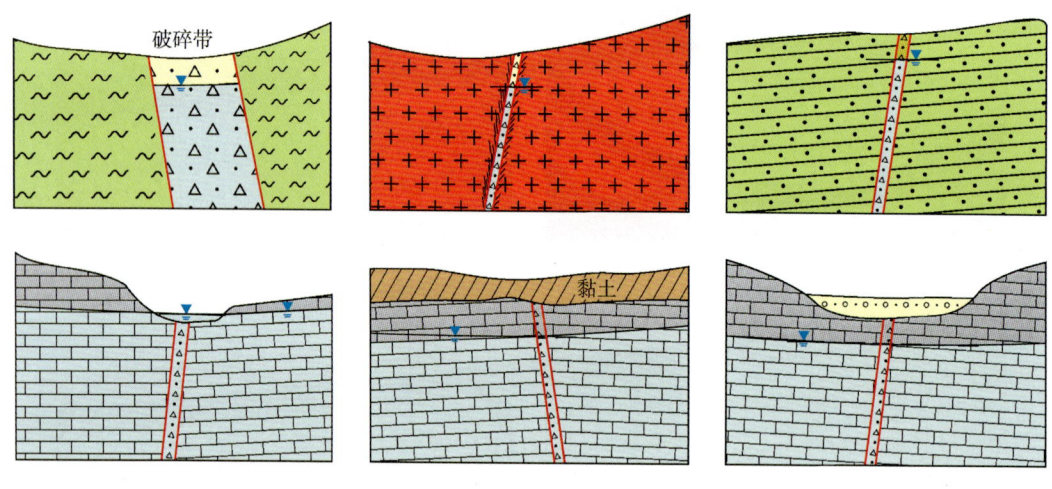

图1.31　断层带储水构造示意剖面图

除了在断层破碎带出露区获得大气降水及其他水体的补给外，也可以在断层两盘一定范围内获得侧向补给，通过断层影响带汇集到破碎带中。断层（带）储水构造的地下水通常在地形适当处以泉的形式排泄。一些温泉通常分布在断层（带）附近，大多是大气降水入渗后沿断层（带）经深循环获得加热后再上涌至地表而形成的。

断层除了可以起到储水、集水和导水作用以外，还可以使透水岩层和不透水岩层相对位移，致使透水岩层呈块状分布，而不透水岩层对于透水岩层而言起到阻水作用，地下水可以在透水岩层中储集，这就是断块储水构造（图1.32）。构成断块储水构造中的断层可以不止一条，有同一方向的，也可以有不同方向的，甚至有不同时期形成的断层。透水岩层也不仅有一层，可以有若干层。因此，断块储水构造是多种多样的，最常见的有地堑式断块储水构造（图 1.32a）、地垒式断块储水构造（图 1.32b）、阻水式断块储水构造（图 1.32c）和阶梯式断块储水构造（图 1.32d）等。分布于我国北方的寒武-奥陶系石灰岩常被断层切割，多有断块储水构造。

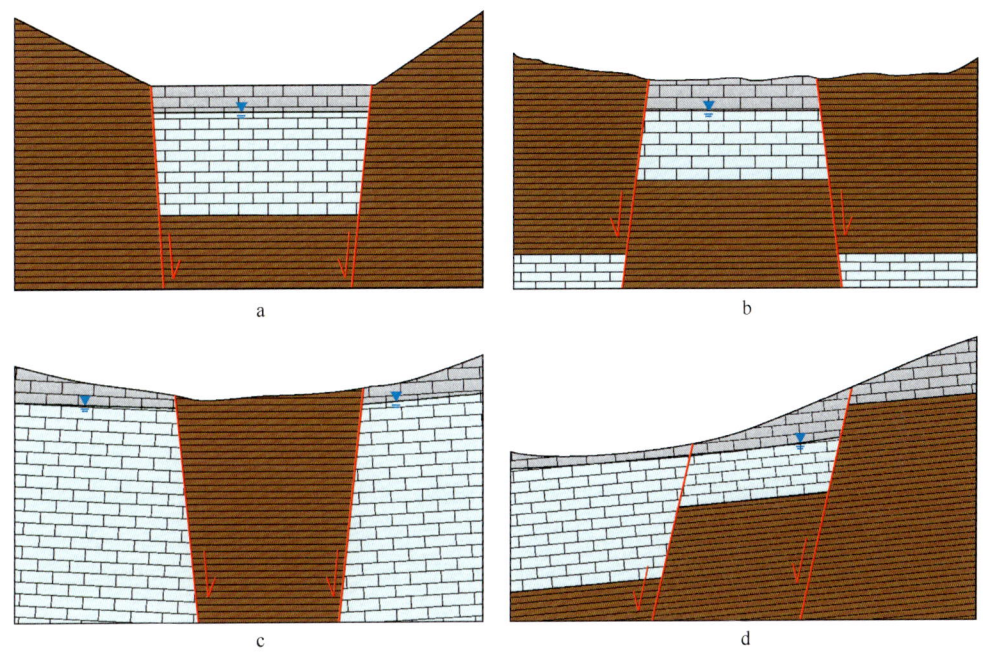

图 1.32　断块储水构造示意剖面图

上述储水构造都是基本的储水构造类型。实际情况往往更为复杂，可以存在它们的组合类型（图 1.33）或其他类型。例如，在我国西北地区内陆盆地的平原区与山区之间存在"叠瓦状"台阶式断块储水构造（中国地质调查局，2003，2006）。

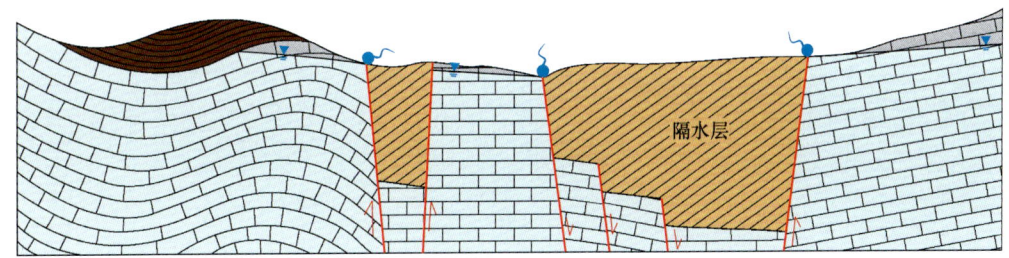

图 1.33　储水构造的组合示意剖面图

1.7.2　岩层的富水程度

地壳表层的岩层或岩石富含地下水的程度存在很大的差异。判断岩层的富水程度可以根据岩层的空隙性进行初步判断。空隙尺寸大的岩层其富水性一般也好。例如，由粗大颗粒的卵石、砾石组成的松散岩类孔隙含水层的富水性往往好于由细小颗粒的细砂、粉砂组成的孔隙含水层，发育粗大裂隙的基岩含水层的富水性好于裂隙发育微弱的基岩含水层，岩溶管道和溶洞发育的碳酸盐岩含水层的富水性好于岩溶发育微弱的含水层。松散沉积物的孔隙度、坚硬岩石的裂隙率和岩溶化岩层的岩溶率，在一定的程度上可以帮助判断岩层的富水程度。

岩层的富水程度可以依据钻井的涌水量进行评价。钻井涌水量一般根据抽水试验资料来确定。对于松散岩类孔隙含水层，依据钻井涌水量，可以分为 5 个级别：单井涌水量大于 5000 m³/d 时含水层水量极丰富，1000～<5000 m³/d 者水量丰富，100～<1000 m³/d 者水量中等，10～<100 m³/d 者水量贫乏，小于 10 m³/d 者水量极贫乏。有时，需要参考当地钻井采用的井径和抽水工具，换算成统一井径和降深值下的涌水量即单位涌水量，以便取得统一标准。对于松散岩类孔隙含水层，钻井单位涌水量是指采用 8 英寸❶直径的钻井当抽水使井水位降深 1 m 时的涌水量。当钻井单位涌水量大于 720 m³/(d·m) 时含水层水量极丰富，240～<720 m³/(d·m) 者水量丰富，120～<240 m³/(d·m) 者水量中等，24～<120 m³/(d·m) 者水量贫乏，小于 24 m³/(d·m) 者水量极贫乏（国家地质总局，1979）。

在山区分布有坚硬岩石组成的含水层，地下水在天然条件下多以泉的形式排泄出地表，有时可以用某一含水层的泉流量说明该含水层的富水程度。一般采用平水年的泉流量来划分：泉流量大于 1000 L/s 时含水层水量极丰富，100～<1000 L/s 者水量丰富，10～<100 L/s 者水量中等，1～<10 L/s 者水量贫乏，小于 1 L/s 者水量极贫乏。基岩含水层的富水程度也可以参照松散岩类含水层的钻井涌水量或单位涌水量的分级标准来进行评价。

不同岩层的富水程度存在差异，即使是同一岩层，在不同地点其富水程度也存在差异。可以将实际观测数据在平面图或剖面图上表示出来。图 1.34 和表 1.5 显示分布在某地区的砂岩、页岩、花岗岩、片岩和石灰岩的富水程度资料。该地区石灰岩富水性最好，水量极丰富，其余依次为花岗岩（水量中等）、砂岩（水量贫乏）、片岩（水量贫乏）和页岩（水量极贫乏）。

表 1.5 某地区泉水、井水观测数据

编号	水温 ℃	泉流量（L·s^{-1}）或井孔涌水量（m³·d^{-1}）/(水位降深/m)	矿化度 g·L^{-1}	特殊组分及含量 mg·L^{-1}	编号	水温 ℃	泉流量（L·s^{-1}）或井孔涌水量（m³·d^{-1}）/(水位降深/m)	矿化度 g·L^{-1}	特殊组分及含量 mg·L^{-1}
1	19	0.22	0.53		20	19	74/1.3	0.72	
2	19	0.23	0.54		21	19	0.98	0.70	
3	20	30/1.5	0.52		22	52	3.8	0.73	F$^-$：5.4
4	18	3.2	0.63		23	20	0.84	0.69	
5	19	0.19	0.50		24	22	4.2	0.75	偏硅酸：48
6	19	0.28	0.54		25	18	32/1.2	0.90	

❶ 1 英寸 = 25.4 mm。

续表

编号	水温 ℃	泉流量（L·s^{-1}）或井孔涌水量（m^3·d^{-1}）/（水位降深/m）	矿化度 g·L^{-1}	特殊组分及含量 mg·L^{-1}	编号	水温 ℃	泉流量（L·s^{-1}）或井孔涌水量（m^3·d^{-1}）/（水位降深/m）	矿化度 g·L^{-1}	特殊组分及含量 mg·L^{-1}
7	20	0.17	0.50		26	19	0.21	0.85	
8	20	0.16	0.50		27	19	0.31	0.88	
9	19	0.32	0.51		28	19	0.33	0.81	
10	19	10/1.5	0.49		29	19	0.24	0.86	
11	19	12/1.5	0.50		30	20	0.15	0.89	
12	48	2.5	0.75	F$^-$：6.3	31	19	53/2.1	0.81	
13	19	0.57	0.78		32	19	0.28	0.81	
14	19	0.61	0.75		33	19	0.16	0.83	
15	20	0.82	0.73		34	19	0.19	0.84	
16	19	0.93	0.71		35	18	4020/4.1	0.53	
17	19	0.75	0.75		36	18	4508/4.3	0.41	
18	22	3.5	0.85	偏硅酸：43	37	17	1028	0.50	
19	51	3.8	0.78	F$^-$：5.8	38	18	4807/4.4	0.52	

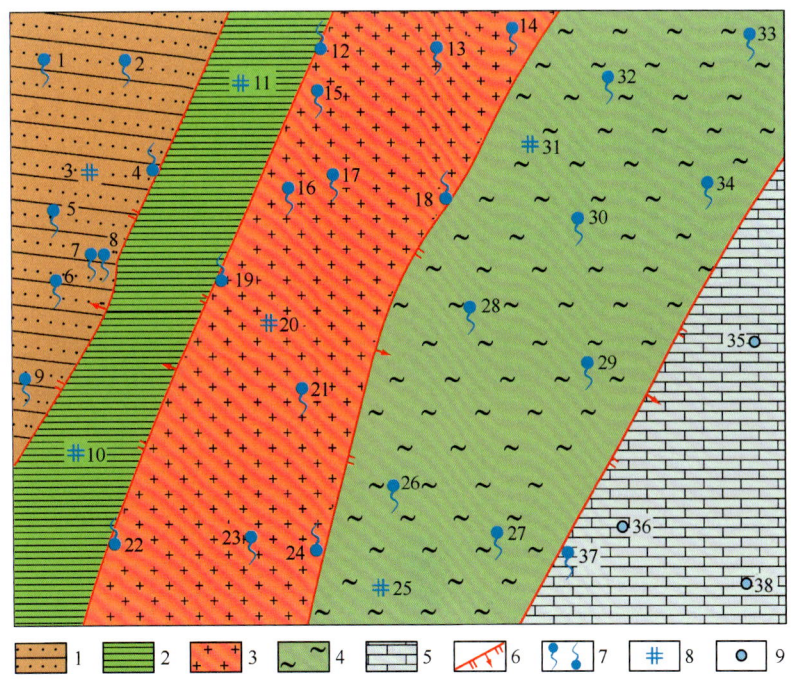

图1.34 某地区泉水和井孔分布图（平面图）

1—砂岩；2—页岩；3—花岗岩；4—片岩；5—灰岩；6—断层；7—泉；8—民井；9—钻孔

 思考题

1. 什么是结合水和毛细水？它们之间最根本的区别在哪里？
2. 测定松散沉积物孔隙度有哪些方法？如果已知沉积物的容重和密度，能否求出其孔隙度？
3. 在什么情况下，松散沉积物的孔隙度可以大于理论上的最大孔隙度值？
4. 试比较砂和黏土的孔隙度和给水度的异同，并加以解释。
5. 试论孔隙的大小和多少对岩石透水性（渗透性）的影响。
6. 什么是容水度、持水度和给水度？它们之间有什么关系？举例说明它们在不同介质中的差异。
7. 为什么黏土的透水性极差？说明影响多孔介质透水性能的主要因素。
8. 当毛管孔隙直径与毛细裂隙直径（宽度）相同时，其毛细力是否相同？并说明原因。
9. 什么是含水层、隔水层和弱透水层？自然界什么样的岩层可以成为含水层、隔水层和弱透水层？什么情况下可以出现含水带和隔水透镜体？
10. 从供水的角度来看，什么样的含水层是良好的含水层？
11. 揭露潜水含水层的钻井，当钻井内刚见到水时，井中的水位代表什么？当钻井揭露整个潜水含水层时，井中的水位代表什么？穿越多个含水层的钻井的井中水位又代表什么？
12. 当潜水面下降时，水面以下多孔介质的固体骨架有效应力如何变化？水面以上的介质含水量又如何变化？
13. 当潜水位下降时，支持毛细水和悬挂毛细水的运动有什么不同特点？
14. 地下水等水位线图有什么用途？说明如何利用地下水等水位线图来分析水文地质条件。
15. 判断岩层的富水性可以依据哪些资料？

第2章 地下水运动的基本规律

分布在地下岩石空隙中的地下水，除了少部分呈停滞状态外，大多数在一定的水头差作用下，总是从天然的或人工的补给区向天然的或人工的排泄区流动。地下水在多孔介质中的流动通常比较缓慢，但是由于地下水流经的含水介质的横截面积很大，所以也会有大量的水在流动。地下水运动遵循一定的客观规律。地下水运动的基本规律是进行地下水流计算和地下水资源评价的理论基础。

2.1 基本概念和术语

地下多孔介质空隙的大小、形状和连通状况在不同地点极不相同，由空隙构成的通道往往大小不等、形状复杂和弯曲多变。地下水可以在相互连通的空隙通道中流动，其流动方向和流动速度在通道中的不同部位很不相同，其中在通道中央部分的流速大于靠近固体骨架表面处的流速，在直径小的通道处的流速大于直径大的通道处的流速。地下水在地下多孔介质空隙中的实际流动称为渗透（图2.1a）。在研究地下水运动的基本规律及其实际应用时，如果研究地下水在空隙通道中的实际流动，将会遇到极大困难。因此，需要对地下水流动状况加以简化，只关注地下水的总体流向而不考虑渗透途径的曲折多变，可以认为地下水是在全部多孔介质空间中流动而忽视岩石固体颗粒的存在。地下水在多孔介质中的这种假想的流动称为渗流（图2.1b）。通过同一过水断面的渗流流量和渗透流量应

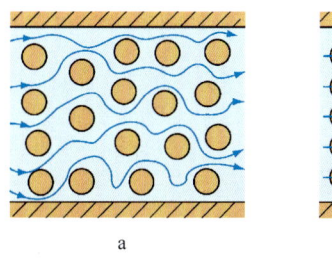
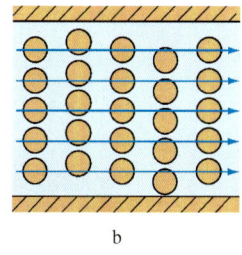

图2.1 渗透（a）与渗流（b）示意图（剖面图）

相同，而同一点的渗透阻力和渗流阻力也应相同。经过如此简化（平均化）的地下多孔介质被认为是一种连续介质。

发生地下水渗流的区域称为渗流场，通常为具有一定范围的三维空间。描述地下水在渗流场内的运动，通常采用渗流速度、渗流量、水头或压力等物理量，它们称为渗流的运动要素。

在渗透过程中，水质点有秩序的、互不混杂的流动称为层流。在细小的岩石空隙（例如由细颗粒组成的松散沉积物和裂隙宽度不大的基岩）中发生渗透时，重力水受固体骨架表面的吸引力较大，水的质点排列较有秩序，故做层流运动。水质点无秩序的相互混

杂的流动称为紊流。在宽大的空隙（例如较大的溶穴和宽度大的裂隙）中水的流速较大时，容易呈紊流运动。做紊流运动时，水流所受的阻力比层流运动时的大，消耗的能量也较多。在通过管道的水流中，用雷诺（Reynolds）数作为区分层流与紊流的准则。雷诺数（Re）是一个无量纲的数，表示作用在流体上的惯性力与黏滞力之比。管道水流中层流与紊流之间的临界雷诺数约为2100，平行板间水流约为1000（Kashef，1986）。对于多孔介质中的流动，雷诺数可以表示为（Bear，1972）

$$Re = \frac{vd}{\nu} \tag{2.1}$$

式中：v 为渗流速度；d 为多孔介质的某种长度尺寸（例如固体颗粒的平均粒径）；ν 为流体的运动黏滞系数。当 $Re<1$ 时，多孔介质中的流动为层流，$Re>10$ 时为紊流，而 Re 为 1~10 时则为过渡状态。

在渗透过程中，某一水质点的空间位置随时间不断发生变化，同一水质点在某一段时间内的运动轨迹称为迹线。在任意时刻，在渗流场中每一点处均有一个确定方向的流速向量。如果渗流场中某一瞬时存在一条曲线，在该曲线上每一点的流向与该点相切，则此曲线称为流线。流线表示的是渗流区内每一点的流动方向。流线通常是互不相交的。在渗流场中水头处处相等的曲面称为等水头面，等水头面与某一切面（例如水平面或垂向剖面）的相交线，称为等水头线。

水在渗流场内运动时，各运动要素不随时间改变的流动，称为稳定流。运动要素随时间发生变化的流动，称为非稳定流。在稳定流条件下，流线与迹线重合；在非稳定流中，流线和迹线可以不相同，流线图不断发生变化。

渗流场中任意点的渗流速度变化只与空间坐标的一个方向有关的渗流，称为一维流（图 2.2a），与两个方向或三个方向有关的渗流，分别称为二维流（图 2.2b）或三维流（图 2.2c）。渗流为一维流动时流线之间相互平行；渗流为二维流时可以称为平面流，其流线与某一平面平行；渗流为三维流时也可以称为空间流，流线之间互不平行。

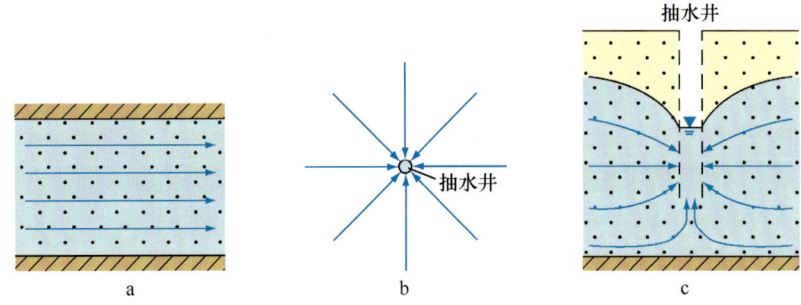

图 2.2 一维流、二维流和三维流示意图
a—剖面图；b—平面图；c—剖面图

在潜水含水层中发生的渗流称为无压流，而在承压含水层中发生的渗流称为有压流。在同一地下水剖面上可以出现从有压流变为无压流的情形（见图 1.27）。地下水位下降时有可能出现有压流变为无压流，而水位上升时可能出现无压流变为有压流。

地下水在流动过程中遵循水流连续性原理。在渗流场中任取一个单元体，如果把地下水看成是不可压缩的均质液体,同时假定含水层骨架是不可压缩的,则在同一时间内流入单元体的水量与流出单元体的水量相等,此即稳定流的水流连续性原理。对于非稳定流来说,水流连续性原理是指在同一时间段内流入单元体的水量与流出单元体的水量之差,等于单元体内水量的变化量。

地下水在补给区获得外界水量的补给,这种水的流入称为源。源有点源、线源和面源。地下水在排泄区向外界排泄,这种水的流出称为汇。汇有点汇、线汇和面汇。

2.2 渗流基本规律

2.2.1 达西定律

法国水力工程师亨利·达西（Henry Darcy）为了研究 Dijon 市的供水问题而进行大量的砂柱渗流实验,于 1856 年提出了线性渗流定律,即达西定律。达西所采用的实验装置如图 2.3 所示。在直立的等直径圆筒中装有均匀的砂,水由圆筒上端流入经砂柱后由下端流出。在圆筒上端使用溢水设备控制水位,使其水头保持不变,从而使通过砂柱的流量为恒定。在上、下端断面 1 和断面 2 处各安装一根测压管分别测定两个过水断面处的水头,并在下端出口处测定流量。根据实验结果得到以下达西公式:

$$Q = KA\frac{h_1 - h_2}{L} = KA\frac{\Delta h}{L} = KAI \quad (2.2)$$

式中:Q 为通过砂柱的流量（渗流量）,m^3/d;A 为砂柱横截面（过水断面）面积,m^2;h_1 和 h_2 分别为上、下端过水断面处的水头,m;$\Delta h = h_1 - h_2$ 为上、下端过水断面之间的水头差,m;L 为上、下端过水断面之间的距离,m;$I = \Delta h/L$ 为水力梯度,无量纲;K 为均质砂柱的渗透系数,m/d。

式（2.2）表明,通过砂柱的渗流量（Q）与砂柱的渗透系数（K）、横截面面积（A）及水头差（Δh）成正比,而与渗流长度（L）成反比,也可以说渗流量（Q）与渗透系数（K）、横截面面积

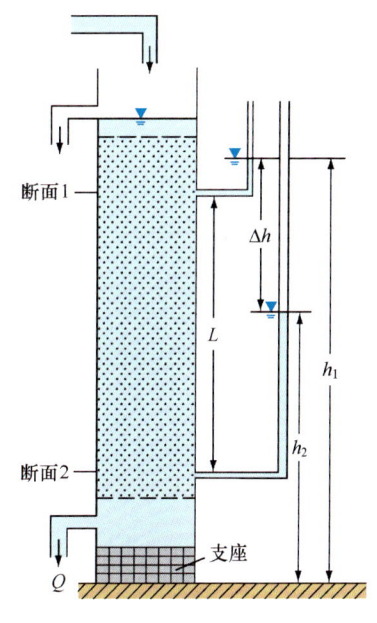

图 2.3 达西实验装置示意图（截面图）

（A）和水力梯度（I）成正比。而且,利用不同尺寸的实验装置进行达西实验,即适当改变砂柱的渗透系数（K）、横截面面积（A）及水头差（Δh）与长度（L）,都会得到式（2.2）的关系。

另外,通过某一过水断面的渗流量可以表示为

$$Q = vA \quad (2.3)$$

式中:v 为渗流速度。由此可以得到达西定律的另一种表示形式:

$$v = KI \quad (2.4)$$

式（2.4）表明渗流速度等于渗透系数与水力梯度的乘积。对于同一均质砂柱来说,其渗透系数通常为一常数,因而渗流速度与水力梯度的一次方成正比,故达西定律又称为线性

渗流定律。达西定律不仅对垂直向下通过均质砂柱的渗流是适用的,而且对于通过倾斜的、水平的及流向为自下而上的均质砂柱的渗流也是适用的,亦即和砂柱中的渗流方向与垂向方向的夹角大小无关。

式（2.4）中的渗流速度（v）实际上是一种平均流速,是水流通过包括空隙和固体骨架在内的过水断面面积（A）的流速。由于过水断面面积（A）中包括断面上砂粒所占据的面积和孔隙面积,而水流实际通过的面积只是孔隙实际过水面积$A' = n_e A$,其中n_e为有效孔隙度。因此,水流通过实际过水断面面积（A'）的渗透速度（u,也是一种平均流速）为

$$u = \frac{Q}{A'} = \frac{Q}{n_e A} = \frac{v}{n_e} \tag{2.5}$$

由于$n_e < 1$,所以渗流速度（v）总是小于渗透速度（u）。

式（2.2）或式（2.4）中的水力梯度$I = \Delta h / L$,为沿渗流途径的水头差（水头损失）与相应渗流长度的比值。水头损失是由于水质点通过多孔介质细小弯曲通道流动时为克服摩擦阻力而消耗的机械能,水头差也称为驱动水头。因此,水力梯度也可以理解为水流通过单位长度渗流途径为了克服摩擦阻力所耗损的机械能,或者理解为使水流以一定速度流动的驱动力。

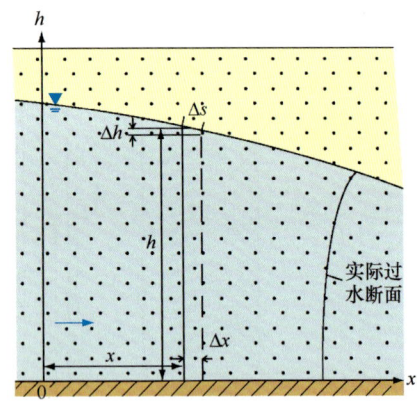

图2.4 均质潜水流动水力梯度示意图（剖面图）

在实际的地下水流动中,不同点的水力梯度可以不相同。例如在图2.4所示的均质潜水流动中,在任意距离x处对应的潜水面处的水力梯度为$\Delta h / \Delta s \approx \Delta h / \Delta x = dh/dx$。其中,$\Delta s$为水位线的一段弧长,$\Delta h$为对应的水头差,$\Delta x$为$\Delta s$对应的水平距离。用微分形式$dh/dx$表示水力梯度,则意味着水力梯度沿水流方向是可以变化的。另外,实际过水断面是一个曲面,难以求得其面积。如果假设潜水含水层中的地下水流基本上是水平流动（这一假设称为裘布依假设）时,则x处的过水断面可以近似看成是一个垂直断面。这时以式（2.4）表示的达西定律可以写成以下更一般的一维形式：

$$v = -K \frac{dh}{dx} \tag{2.6}$$

式（2.6）中等号右端的负号表示沿着地下水流动方向水头是降低的。

达西公式（2.2）中的渗透系数（K,也有人称之为水力传导系数）,可以定义为水力梯度等于1时的渗流速度（因为在式（2.4）中,当$I=1$时,$v=K$）。由式（2.4）可知,当I为一定值时,K越大则v就越大;当v为一定值时,K越大则I就越小。说明K越大时,砂柱的透水性越好,使水流的水头损失越小。因此,渗透系数是表征多孔介质透水能力的参数。

渗透系数既与多孔介质的空隙性质有关,也与渗透液体的物理性质（特别是黏滞性）

有关：

$$K = k\frac{\rho g}{\mu} \tag{2.7}$$

式中：K 为渗透系数；k 为渗透率（透水率）；ρ 为液体的密度；g 为重力加速度常数；μ 为液体的动力黏滞系数。如果有两种黏滞性不同的液体分别在同一介质中渗透，则动力黏滞系数大的液体渗流时介质的渗透系数会小于动力黏滞系数小的液体渗流时介质的渗透系数。在一般情况下，当地下水的物理性质变化不大时，可以忽略它们的影响，而把渗透系数单纯地看作表征介质透水性能的指标。在研究地下卤水或热水的运动时，由于它们的物理性质变化明显而不能忽略。渗透率（k，也有人称之为内在渗透率或固有渗透率）仅与介质本身的性质有关，取决于介质的空隙性，其中介质的空隙大小起着重要作用。已知介质的渗透率，可以利用式（2.7）计算介质的渗透系数。例如，已知 $k = 2.3 \times 10^{-9} \mathrm{cm}^2$，并且 $\rho = 1.0 \mathrm{g/cm}^3$，$g = 981 \mathrm{cm/s}^2$，$\mu = 0.01 \mathrm{g/(cm \cdot s)}$，则求得 $K = 2.2563 \times 10^{-4} \mathrm{cm/s}$（Hudak，2000）。

多孔介质的渗透系数或渗透率随空间位置和方向可以发生变化。如果介质的渗透系数随空间位置不发生变化，这种介质称为均质介质，而发生变化的介质称为非均质介质。如果介质中同一位置的渗透系数随方向不发生变化，这种介质称为各向同性介质，而发生变化的介质称为各向异性介质。在某些情况下，介质的渗透系数也可以随时间而发生变化。例如，由于外部荷载的增加导致介质的压密可以降低介质的渗透系数。盐岩晶间卤水由于矿化度的升高或降低导致石盐沉淀或溶解，可以使盐岩的渗透系数降低或增大。在某些条件下，由于存在于介质中的生物活动可以逐渐堵塞空隙通道，可以使介质渗透系数逐渐减小。

渗透系数具有与渗流速度相同的单位，常用单位为 m/d 或 cm/s。渗透率的常用单位为达西或毫达西，1 达西 $= 9.8697 \times 10^{-9} \mathrm{cm}^2$（相对于 20 ℃ 的水而言）。表 2.1 列出了部分多孔介质的渗透系数的参考数值。

表 2.1 多孔介质渗透系数 　　　　　　　　　　　　　单位：m/d

介质	渗透系数	介质	渗透系数
黏土	$1 \times 10^{-6} \sim 4 \times 10^{-4}$	卵石	$100 \sim 500$
亚黏土	$0.001 \sim 0.10$	石灰岩	$1 \times 10^{-4} \sim 5 \times 10^{-1}$
亚砂土	$0.10 \sim 0.50$	砂岩	$2 \times 10^{-5} \sim 5 \times 10^{-1}$
粉砂	$0.50 \sim 1.0$	页岩	$1 \times 10^{-8} \sim 1 \times 10^{-4}$
细砂	$1.0 \sim 5.0$	盐岩	$1 \times 10^{-7} \sim 1 \times 10^{-5}$
中砂	$5 \sim 20$	玄武岩	$3 \times 10^{-2} \sim 2 \times 10^{3}$
粗砂	$20 \sim 50$	花岗岩	$2 \times 10^{-1} \sim 5.0$
砾砂	$50 \sim 150$	辉长岩	$4 \times 10^{-2} \sim 3.3 \times 10^{-1}$

（据王大纯等，1995；余钟波等，2008）

虽然渗透系数（K）可以说明岩层的透水能力，但不能单独说明含水层的出水能力。对于承压含水层，由于其厚度（M）是定值，则 $T = KM$ 也是定值。T 称为导水系数，它指的是在水力梯度等于 1 时流经整个含水层厚度上的单宽流量，常用单位是 m^2/d。导水系数是表征承压含水层导水能力的参数,只适用于二维流,对于三维流则没有意义(Bear,1979)。

2.2.2 达西定律应用举例

达西定律是地下水运动的基本规律,不仅是地下水流动定量计算的理论基础,也是定性分析多种地下水现象的重要依据,需要灵活地加以运用。

如图 2.5a 所示的均质各向同性承压含水层,已知地下水自左向右的流动为稳定流,并且已知钻孔 1 和钻孔 2 的水位,试绘出两个钻孔之间的地下水位线。考察单位宽度的承压含水层中的地下水流动,地下水流动为稳定流,由于含水层的渗透系数为定值,从钻孔 1 至钻孔 2 之间的每个过水断面的地下水渗流量保持不变,但含水层的厚度逐渐变大(即过水断面面积逐渐变大),根据达西定律得知,每个过水断面上的水力梯度逐渐变小,因而从钻孔 1 至钻孔 2 之间的地下水位线是一条下降且逐渐变缓的下垂曲线。

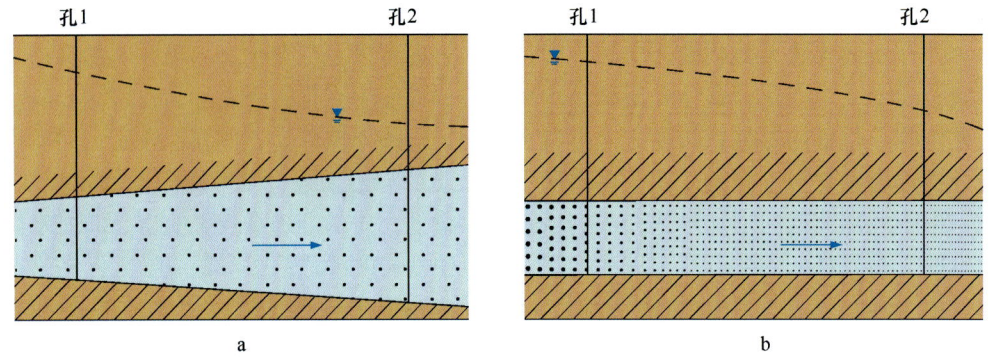

图 2.5 承压含水层水位线(剖面图)

在图 2.5b 所示的承压含水层中,已知地下水自左向右的流动为稳定流,并且已知钻孔 1 和钻孔 2 的水位,试绘制两孔间的地下水位线。同样考察单位宽度的承压含水层中的地下水流动,地下水流动为稳定流,由于含水层厚度为定值,从钻孔 1 至钻孔 2 之间每个过水断面的面积保持不变,但自钻孔 1 至钻孔 2,含水层的固体颗粒由粗变细,即渗透系数逐渐变小,由于每个过水断面的流量保持不变,根据达西定律得知,每个过水断面对应的水力梯度变大,因而从钻孔 1 至钻孔 2 之间的地下水位线是一条下降且逐渐变陡的上凸曲线。

如图 2.6a 所示的均质各向同性承压含水层,厚度为 M,渗透系数为 K,已知钻孔 1 和钻孔 2 的水头分别为 H_1 和 H_2,试求宽度为 B 的承压含水层的地下水稳定流动的流量及地下水水头表达式。

选取如图 2.6a 所示的坐标,根据式(2.3)和式(2.6),可以得到通过距离 x 处宽度为 B 的承压含水层过水断面的地下水渗流量(Q)为

$$Q = vMB = -KMB\frac{dH}{dx} \tag{2.8}$$

对式(2.8)分离变量并对 x 在 $[0, L]$ 和对 H 在 $[H_1, H_2]$ 求积分,得

$$\int_0^L Q dx = -\int_{H_1}^{H_2} KMB dH$$

从而得到承压含水层地下水稳定流的流量公式:

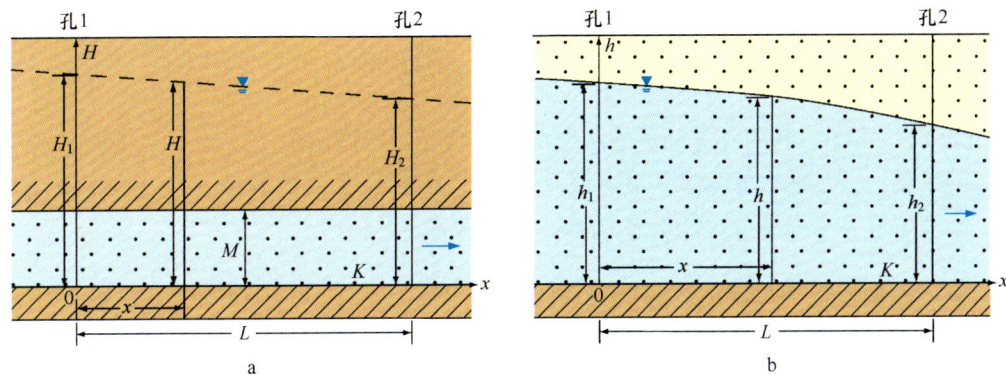

图2.6 均质各向同性承压含水层（a）和潜水含水层（b）中的地下水稳定流动（剖面图）

$$Q = KMB\frac{H_1 - H_2}{L} \tag{2.9}$$

式（2.9）为达西定律的一种形式。设在两个钻孔之间任意距离 x 处的过水断面的水头为 H，为了求得水头的表达式，可对式（2.8）分离变量并对 x 在 $[0, x]$ 和对 H 在 $[H_1, H]$ 求积分，得

$$\int_0^x Q \mathrm{d}x = -\int_{H_1}^H KMB \mathrm{d}H$$

从而得到任意过水断面处的承压水水头（H）的表达式：

$$H = H_1 - \frac{H_1 - H_2}{L}x \tag{2.10}$$

可见，均质等厚的承压含水层的水头线是一条直线，其斜率为 $-(H_1-H_2)/L$，两孔间任意距离的断面的水头值介于 H_1 和 H_2 之间。

如图2.6b所示的均质潜水含水层，已知其渗透系数为 K，钻孔1和钻孔2的水头分别为 h_1 和 h_2，试求单位宽度潜水含水层地下水稳定流动的流量及潜水位表达式。

选取如图2.6b所示的坐标，假定在钻孔1和钻孔2之间任意距离 x 处的过水断面为一垂直面，该处含水层的厚度为 h，根据式（2.6），可得到单位宽度潜水含水层的地下水流量（q）为

$$q = -Kh\frac{\mathrm{d}h}{\mathrm{d}x} \tag{2.11}$$

对式（2.11）分离变量并对 x 在 $[0, L]$ 和 h 在 $[h_1, h_2]$ 求积分，得

$$\int_0^L q \mathrm{d}x = -\int_{h_1}^{h_2} Kh \mathrm{d}h$$

从而得到潜水含水层地下水稳定流的单位宽度流量计算公式：

$$q = K\frac{h_1^2 - h_2^2}{2L} \tag{2.12}$$

为了求得潜水位表达式，可以对式（2.11）分离变量并对 x 在 $[0, x]$ 和对 h 在 $[h_1, h]$ 求积分，得

$$\int_0^x q \mathrm{d}x = -\int_{h_1}^h Kh \mathrm{d}h$$

从而得到潜水位（h）的表达式：

$$h^2 = h_1^2 - \frac{h_1^2 - h_2^2}{L}x \tag{2.13}$$

由式（2.13）可知，在两孔之间的潜水位线的形状是二次抛物线。

对于如图1.27所示的承压-无压流动，试求单位宽度含水层地下水稳定流的流量（q）。不难看出，承压水流地段的单宽流量为

$$q_1 = KM\frac{h_1 - M}{L_1}$$

无压水流地段的单宽流量为

$$q_2 = K\frac{M^2 - h_2^2}{2(L - L_1)}$$

根据水流连续性原理，有 $q_1 = q_2 = q$，由此得

$$L_1 = \frac{2ML(h_1 - M)}{M(2h_1 - M) - h_2^2}$$

从而求得承压-无压流的单宽流量为

$$q = K\frac{M(2h_1 - M) - h_2^2}{2L} \tag{2.14}$$

2.2.3　达西定律适用范围与非达西流

以式（2.4）的线性关系表示的达西定律有一定的适用范围。实验结果表明，当渗流速度（v）增大时，v 与 I 之间的关系就逐渐偏离这种线性关系。多孔介质中地下水的运动可以分为三种状态：①当地下水低速运动时，以式（2.1）计算的雷诺数小于 1~10 之间的某个值，地下水呈层流运动；②随着渗流速度增大，雷诺数大致在 1~100 之间，为一过渡区，地下水由层流逐渐转变为紊流；③渗流速度大且雷诺数大于 100 时，地下水呈紊流运动。只有当雷诺数不超过 1~10 时，地下水的运动才符合达西定律。不符合达西定律的地下水流称为非达西流。

实际上，大多数天然的地下水运动都服从达西定律。例如，地下水在平均粒径 $d = 0.5$ mm 的粗砂中运动，当水温为 15 ℃ 时运动黏滞系数 $\nu = 0.1$ m²/d，当雷诺数等于 1 时，根据式（2.1）求得渗流速度 $v = 200$ m/d。表明在粗砂中，当 $v < 200$ m/d 时，地下水运动服从达西定律。若粗砂的渗透系数 $K = 100$ m/d，水力梯度 $I = 1/500$，可求得天然地下水渗流速度 $v = 0.2$ m/d，远小于雷诺数为 1 时的 $v = 200$ m/d（薛禹群，1986）。

当雷诺数大于 1~10 时，描述地下水运动的 v-I 关系式是非线性的。不同研究者提出不同的非达西流公式，但是还没有一个被普遍公认的公式。其中比较常用的是 Forchheimer 公式：

$$I = av + bv^2 \tag{2.15}$$

或

$$I = av + bv^m \tag{2.16}$$

以及

$$I = av + bv^2 + cv^3 \tag{2.17}$$

式中：I 为水力梯度；v 为渗流速度；a，b 和 c 为由实验确定的常数及 $1.6 \leq m \leq 2$。当 $a = 0$

时，式（2.15）可以写成

$$v = K\sqrt{I} \tag{2.18}$$

式中：K 为渗透系数。式（2.18）称为 Chezy 公式。一般来说，大雷诺数的地下水流很少出现，有时在空隙极粗大的岩溶化岩层及流速很大的抽水井和泉口附近可以见到。

也有研究者通过饱水黏性土的室内渗透实验揭示在颗粒极其细小的黏性土中结合水的流动呈现为非达西流。结合水在运动时，是层流运动形式，但必须有外力克服结合水所具有的抗剪强度后才能流动。对于某些黏性土，其渗透规律表现为在 $v-I$ 关系图（图2.7）中的一条通过原点并向 I 轴凸出的曲线，存在一个起始水力梯度（I_0）。当实际水力梯度小于起始水力梯度时，结合水的渗流速度非常小，几乎不发生流动。随着水力梯度加大，参与流动的结合水层厚度增大，曲线斜率逐渐增大。当实际水力梯度大于起始水力梯度时，参与流动的结合水层厚度没有明显增大，曲线的斜率趋于定值，v 与 I 呈线性关系。$v-I$ 关系图中的直线部分可以表示为

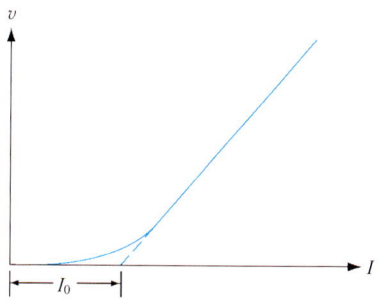

图 2.7　饱和黏土渗透的 $v-I$ 关系及起始水力梯度示意图

（据王大纯等，1995）

$$v = K(I - I_0) \quad (I > I_0) \tag{2.19}$$

其中起始水力梯度（I_0）可以理解为结合水发生明显渗流时用于克服其抗剪强度的最小水力梯度。黏性土和黏土一般来说被视为不透水层，但若其上、下含水层存在足够大的水头差，使垂向实际的水力梯度大于其起始水力梯度，则上、下含水层地下水可以通过黏性土和黏土层发生渗透而"越流"，黏性土和黏土层成为弱透水层。到目前为止，饱水黏性土中结合水的运动规律还没有完全研究清楚。

2.3　流网

2.3.1　流网的绘制方法

在渗流场内的某一切面上由一系列流线和等水头线组成的网格称为流网。在分析地下水稳定流问题时，通常绘制平面上或某一典型剖面上的稳定流流网。在实际资料较多且充分了解地下水流条件时可以绘制出精确的流网，即使在实际资料较少时绘制示意流网，也能提供有用的地下水信息。在非稳定流的情况下，也可以绘制出某一瞬时的流网图，但是由于渗流场内各点的水头和流向随时间不断变化，不同时刻的流网图是变化的。如果确有实际需要，也可以绘制不同时刻的流网加以比较。在此只讨论稳定流的流网。

在均质各向同性介质的渗流场中绘制流网时，首先应根据源与汇的位置确定流线的总体方向，即地下水总是从源流向汇。如果渗流场中的源或汇不止一个时，需要确定流动系统分区线。水流不通过流动系统分区线，在流动系统分区线两侧各属一个流动系统（图2.8）。由于地下水总是沿着水头降低最大的方向流动，故等水头线与流线在相交处相互垂直。其次，根据边界条件绘制比较容易确定的流线或等水头线。边界条件中比较特殊的边界包括隔水边界、定水头边界和潜水面边界。隔水边界没有水流通过（零流量），在

隔水边界附近流线与该边界平行，而等水头线则与之垂直。定水头边界本身是一条等水头线，其附近的等水头线与之平行，而流线则与之垂直。定水头边界起到源或汇的作用，流线离开源而流向汇。潜水面边界有两种情形，如果不存在入渗补给和蒸发排泄时，潜水面是一条流线；如果存在入渗补给时，潜水面既不是流线也不是等水头线。最后，根据流线与等水头线正交的原理，在已知流线和等水头线之间插补其余部分的流线和等水头线，并调整它们的疏密、弯曲程度等，还应注意是否存在对称的流线与等水头线，是否存在驻点（停滞点），在驻点处流线可以相交或突然改变方向。

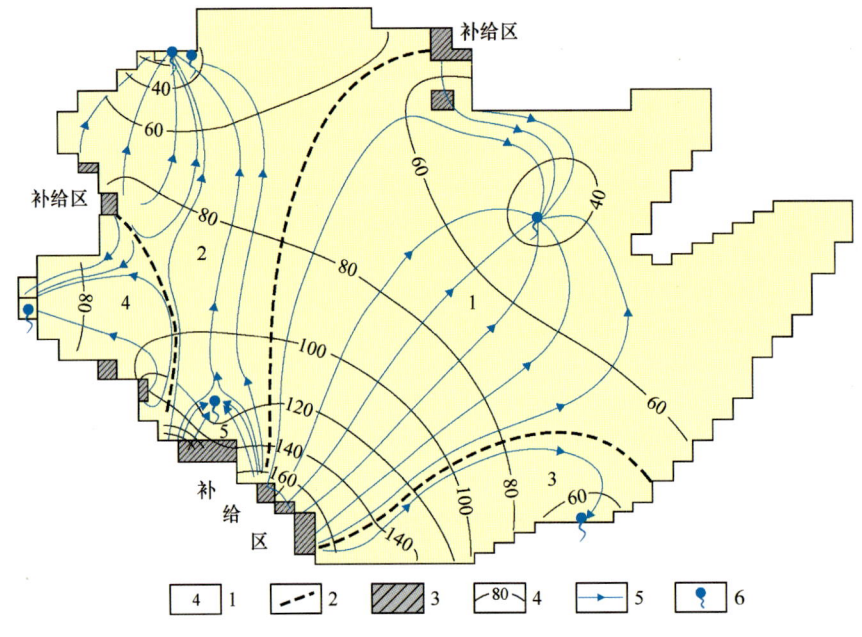

图 2.8　存在 5 个流动系统的平面流网

（据 Atkinson 等，2002，有改动）

1—流动系统分区；2—流动系统分区线；3—补给区；4—等水头线（m）；5—流线；6—泉

2.3.2　流网的性质和用途

流网具有以下性质：①在各向同性介质中，流线与等水头线在相交处相互垂直，因此流网是一个正交网格。②如果规定相邻两条流线之间通过的流量相等，则流线的疏密可以反映地下径流强度的强弱，流线密处径流强，流线疏处径流弱。③如果规定相邻两条等水头线之间的水头差相等，则等水头线的疏密可以反映水力梯度的大小，等水头线密处水力梯度大，等水头线疏处水力梯度小。④流线与定水头边界垂直，与隔水边界平行；而等水头线与定水头边界平行，与隔水边界垂直。

流网具有以下用途：①确定渗流场中任意点的水头和流向。如果该点位于已知等水头线和流线上，则可以直接确定，如果位于已知等水头线或流线之间，则用内插法确定。②确定水力梯度。通过某点沿同一流线上相邻两条等水头线的水头差与其之间的距离之比即近似为该点的水力梯度。③分析地下径流的强弱。④分析介质渗透性的强弱和厚度的变化。⑤分析地下水与河流等地表水体的补给、排泄关系等。

2.3.3 典型流网图

河间地块均质各向同性潜水含水层，当有均匀入渗补给、两侧河水位不相同时，其稳定流剖面流网如图2.9所示。剖面流网不对称，地下分水岭及流动系统分区线偏向水位较高的河流一侧，在两侧河流附近流线较密集。在分水岭地带水头随深度增加而降低，如果打井，则井中水位随井深加大而降低；而在两侧河谷地带情况则相反。水库蓄水存在坝下渗漏时，均质各向同性渗流场剖面流网如图2.10所示。在河流附近的均质各向同性承压含水层中有一口抽水井，河水位是水平的且河流与含水层保持水力联系，抽水井抽水导致河流发生侧向渗漏补给，河流与抽水井分别起源与汇的作用，其平面流网以通过抽水井与河流垂直的直线为对称，在抽水井附近流线与等水头线较密集（图2.11）。

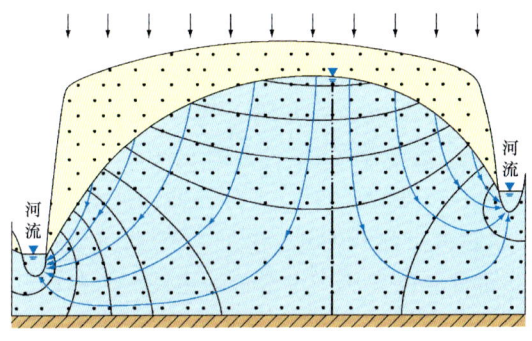

图2.9　河间地块剖面流网

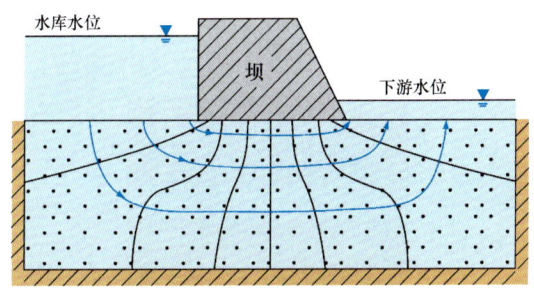

图2.10　坝下渗漏剖面流网

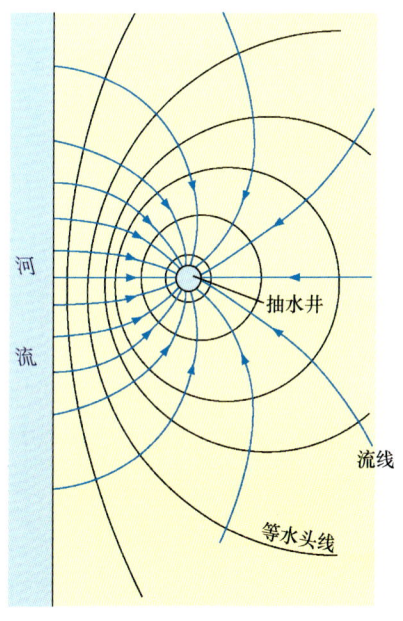

图2.11　河流附近抽水井平面流网
（据Domenico等，1990，有改动）

在与渗流方向平行和垂直的方向上介质的渗透性发生突变的渗流场中，设两层的渗透系数分别为K_1和K_2且$K_2=3K_1$。在与渗流方向平行的方向渗透性发生突变的承压含水层地下水一维流动中，假设两层厚度相同，则流线与层面平行，等水头线为等间隔分布，在K_2层中的流线密度为K_1层的3倍，在K_2层中的流量为K_1层中的3倍（图2.12a）。在与渗流方向垂直的方向渗透性发生突变的承压含水层地下水一维流动中，假设两段的渗流长度相同，则流线与上、下隔水层层面平行，且垂直于渗透性分界面，通过两段的流线数量相同，但在K_1段中的等水头线密度是在K_2段中的3倍，在K_1段中水力梯度是在K_2段的3倍（图2.12b）。

当地下水流向与渗透性突变界面斜交时，流线自K_1介质进入K_2介质时会发生折射（图2.13）。在地下水二维流的情况下，流线服从以下折射定律：

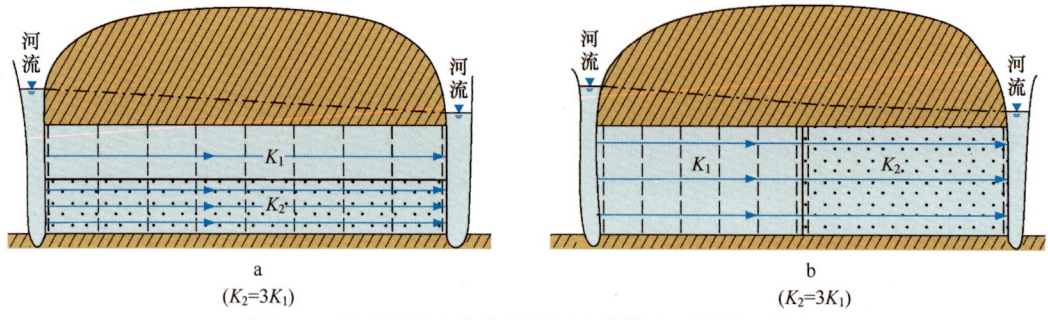

图2.12 渗透性发生突变的承压含水层地下水剖面流网
(据王大纯等,1995,有改动)

$$\frac{K_1}{K_2} = \frac{\tan\theta_1}{\tan\theta_2} \qquad (2.20)$$

式中：θ_1 和 θ_2 分别为 K_1 介质和 K_2 介质中流线与突变界面法线的夹角。由式（2.20）可以看出：①当 $K_1 > K_2$ 时，则 $\theta_1 > \theta_2$，因而流线从渗透性较好的介质一侧穿过分界面后，在渗透性较差一侧靠近分界面的垂直面，流线变疏；②当 $K_1 < K_2$ 时，则 $\theta_1 < \theta_2$，因而流线从渗透性较差的一侧穿过分界面后在渗透性较好的一侧接近平行于分界面，流线变密；③两种介质的渗透性差别越大，θ_1 和 θ_2 的差别也越大，流线通过分界面后的流向与原来流向的偏离程度越大。这也说明流线趋向于在渗透性好的介质中走最长的途径，而在穿过渗透性差的介质中趋向于走最短的途径。结果，在强透水层中流线趋向于与层面平行（图2.14a），在弱透水层中流线趋向于与层面垂直（图2.14b）。因而，当渗流场中存在强渗透性透镜体时，流线将向其汇聚（图2.15a）；存在渗透性极弱或不透水的透镜体时，流线将绕流（图2.15b）（王大纯等，1995）。

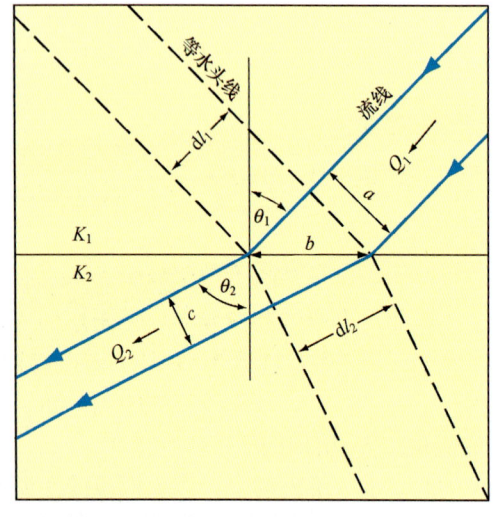

图2.13 流线的折射原理（平面图）
(据Fetter, 2001)

dl_1，dl_2—K_1 介质和 K_2 介质中的水头差；Q_1，Q_2—K_1 介质和 K_2 介质中的流量；a，b，c—距离

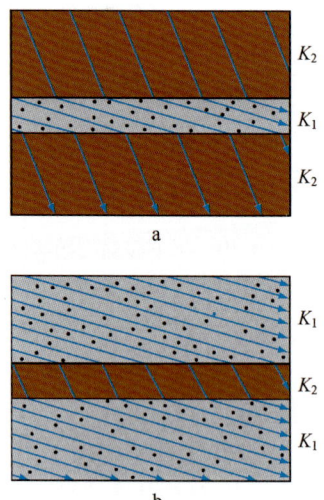

图2.14 流线在两种渗透性岩层中的折射
（平面图）
(据Hubbert, 1940)
（$K_1 > K_2$）

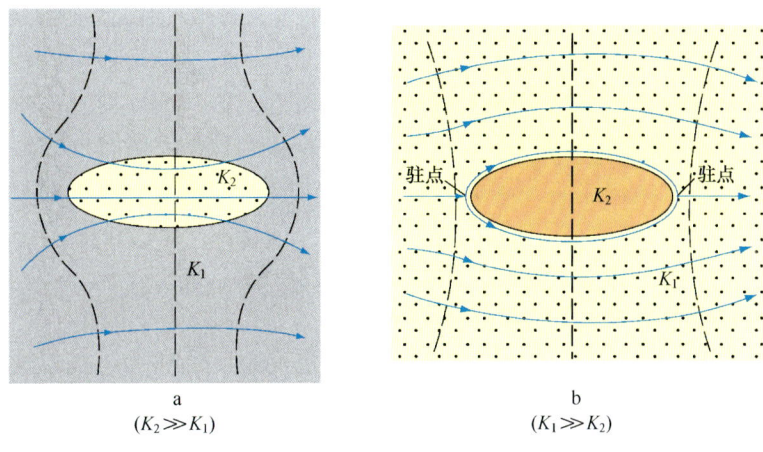

a
($K_2 \gg K_1$)

b
($K_1 \gg K_2$)

图 2.15　流线的汇聚与绕流（平面图）

（据王大纯等，1995，有改动）

在各向异性介质渗流场中，流线和等水头线在相交处通常互不垂直，其流网不是一个正交网格。

2.4　非饱和带水的运动

2.4.1　非饱和带水的能态

非饱和带水分的数量、形态和能态是非饱和带水的主要性状。非饱和带水分的数量用含水量表示，包括质量含水量和体积含水量。一般来说，自地表往下，非饱和带的含水量随着深度的增加而增大，在毛细水带上缘便接近100%（图 2.16a, b）。非饱和带水的形态是指水分的存在状态，包括强结合水（吸着水）、弱结合水（薄膜水）、毛细水和重力水，它们的基本特点已在 1.1.1 中进行了简要介绍。但是，非饱和带水的数量和形态只表明非饱和带水存在的数量和存在形态，难以反映非饱和带水分运动的规律，应该用能量的观点研究非饱和带水的运动理论和应用问题（荆恩春，1994），需要讨论非饱和带水的能态。

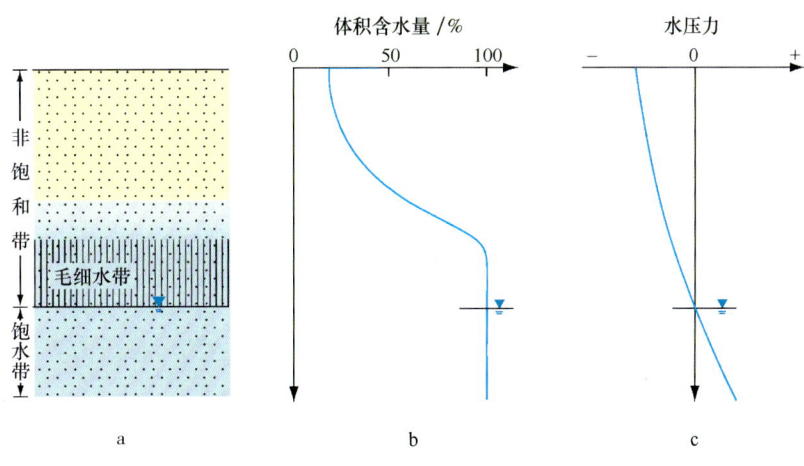

图 2.16　非饱和带的含水量和压力变化示意图

非饱和带水具有的能量包括动能和势能两部分。一般情况下非饱和带水的运移极其缓慢，其动能可以忽略不计，因此通常所说的非饱和带水的能量是指非饱和带水的势能，简称土水势（或水土势）。土水势是指将单位数量的非饱和带水从某一状态移动到标准参考状态时，环境对非饱和带水所做的功。非饱和带水的总土水势（也称为总水势或总水头）是由重力势、压力势、基质势、溶质势和温度势组成的。

2.4.1.1 重力势（Φ_g）

重力势是指将单位数量的非饱和带水从某一位置移动到标准参考平面时需要克服重力所做的功。重力势又称重力水头或位置水头，与研究点和标准参考平面的相对位置有关。如果垂直坐标 z 的原点设在参考平面上，则任意点 z 处单位重量非饱和带水的重力势 $\Phi_g = z$。

2.4.1.2 压力势（Φ_P）

如果非饱和带中任意一点的水分所受压力与标准参考状态下的压力存在压力差，那么单位数量的非饱和带水由该点压力到达标准参考状态压力时克服压力差所做的功，称为该点的压力势。在一般情况下，非饱和带内通气空隙具有连通性，各点承受的压力均为大气压力，各点的压力差为零，故各点的压力势 $\Phi_P = 0$。在目前非饱和带水分运动研究中，一般忽略压力势。

2.4.1.3 基质势（Φ_m）

非饱和带的基质势表征固体颗粒对水分的吸附能力，是由非饱和带的毛细作用和吸附作用引起的，它把水分束缚在固体颗粒附近。在饱和水带水分的基质势为零，以其作为标准参考状态。单位数量的非饱和带水分从非饱和带某一点到达标准参考状态，为了反抗固体颗粒的吸附作用所做的功，称为基质势。显然，非饱和带水的基质势永远是负值，而且非饱和带越干燥，基质势越偏负。可以利用负压计等仪器测定基质势。非饱和带水的基质势是一个非常重要的分势，对非饱和带水分运动起着重要作用。

2.4.1.4 溶质势（Φ_s）

溶质势是非饱和带水溶液中所有溶质离子和水分子之间存在吸引力而引起的。以不含溶质的纯水作为标准参考状态，其溶质势为零。如果非饱和带中某一点的水分含有溶质时，该点水分就具有一定的溶质势。单位数量的非饱和带水分从某一点到达标准参考状态时克服溶质离子和水分子之间的吸引力所做的功，称为溶质势。显然，溶质势永远是负值。一般情况下，非饱和带水的溶质势对非饱和带水分运动没有显著影响。

2.4.1.5 温度势（Φ_t）

非饱和带某一点水分的温度势是由该点与标准参考状态的温度差引起的。由于温度差对非饱和带水分通量影响较小，所以当温度变化不大时，在研究非饱和带水运动时，一般对温度势忽略不计。

一般情况下，非饱和带任意一点的总土水势（Φ）是各分势之和：

$$\Phi = \Phi_g + \Phi_P + \Phi_m + \Phi_s + \Phi_t \tag{2.21}$$

研究非饱和带水分运动时，往往忽略溶质势和温度势，一般也不考虑压力势。因此，非饱和带水的总土水势由重力势和基质势组成，即

$$\Phi = \Phi_g + \Phi_m \tag{2.22}$$

对于饱和带水的运动，需要考虑重力势和压力势；对于饱和-非饱和流动，则需要考虑重

力势、压力势和基质势。

虽然压力势和基质势在机理上有明显的区别,但是为了将饱和带和非饱和带作为一个完整的系统进行研究,有时把基质势称为负压势或负压水头,而把压力势和基质势统称为压力水头。这样,在饱和带压力水头大于等于零,而在非饱和带压力水头(或土水势)为负值(图 2.16c)。

2.4.2 非饱和带水分特征曲线

非饱和带任意一点的压力水头随含水量而发生变化。反映非饱和带压力水头和含水量或饱和度关系的曲线,称为水分特征曲线。它反映了非饱和带水分的能量与数量之间的关系,体现了非饱和带水的基本特征。图 2.17 给出了粗砂、细砂和粉砂的水分特征曲线。显然,不同大小的颗粒组成的非饱和带的水分特征曲线是不同的。同样条件下细颗粒非饱和带比粗颗粒非饱和带持有更多的水分,具有更高的含水量;对于同一含水量,颗粒越细,压力水头越小。在含水量很小或很大时,含水量很小的变化会引起压力水头发生很大的变化。随着压力水头降低,细颗粒非饱和带比粗颗粒非饱和带具有更高的含水量。当压力水头继续降低时,含水量不再进一步减小,几乎保持恒定,表明仍保持一定的水分(主要是吸着水和薄膜水)。这一含水量低限值也称为残余含水量或田间持水量,相当于经过长时间重力排水后仍保留在非饱和带中的水量。

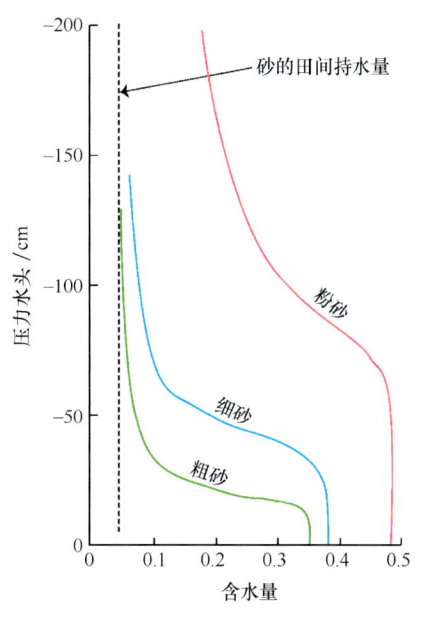

图 2.17 粗砂、细砂和粉砂的水分特征曲线
(据 Fitts,2002)

对于由同一种颗粒组成的非饱和带来说,当含水量增加(吸湿过程或饱和过程)时的水分特征曲线与含水量减小(排水过程或干燥过程)时的水分特征曲线的形状是不同的(图 2.18)。在同一压力水头下,排水时的含水量要大于吸湿时的含水量。这一现象可以用滞后来解释。造成滞后的原因之一是非饱和带中毛管通道沿程粗细不一,排水通过细径通道时需要克服较大的吸力,而吸湿时正好相反。从干燥到饱和或从饱和到干燥的水分特征曲线称为主线。从部分干燥到重新湿润或从部分湿润开始排水时,水分特征曲线是顺着一些中间曲线由一条主线移至另一条主线。因此,水分特征曲线随非饱和带的干、湿历史的不同而变化(图 2.18)。

2.4.3 非饱和带水的运动与零通量面

在非饱和带中,含水量不是一个常数,而是随深度呈增大趋势。当含水量减小时,一部分空隙为空气充填,因而过水断面减小,水流通过的渗流途径弯曲程度增加,结果导致渗透系数减小。非饱和带的渗透系数不再是一个常数,而是随含水量的减小而迅速降低,二者之间的关系如图 2.19 所示。当非饱和带接近最干燥状态时,其渗透系数几乎为零,在这种情况下，非饱和带中的水分几乎都被束缚在固体骨架表面上。显然，同一种多孔介质在非饱和时的渗透系数小于饱和时的渗透系数值。

非饱和带水分运动和饱和带水流一样，水分从土水势高处向低处运动，土水势梯度是水分运动的驱动力。

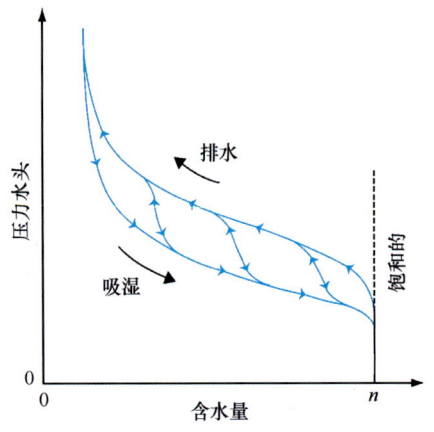

图 2.18　水分特征曲线的变化
（据 Fitts，2002）
n—孔隙度

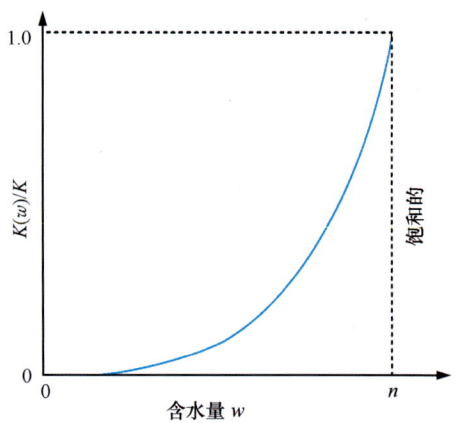

图 2.19　非饱和带渗透系数与含水量的关系
（据 Fitts，2002）
K—饱和时介质的渗透系数；$K(w)$—非饱和时介质的渗透系数，w—含水量；n—孔隙度

由于渗透系数依赖于含水量，使描述非饱和带水分运动的模型比描述饱和带水流的模型复杂。当非饱和带水分做一维垂直向下渗流时，仍可以用达西定律描述：

$$v_z = -K(w)\frac{\partial \Phi}{\partial z} \tag{2.23}$$

式中：v_z 为垂向渗流速度；$K(w)$ 为非饱和时介质的渗透系数，w 为含水量；Φ 为土水势；z 为垂向坐标（取地面为基准面，向上为正）。或者

$$Q_z = -K(w)A\frac{\partial \Phi}{\partial z} \tag{2.24}$$

式中：Q_z 为过水断面流量；A 为过水断面面积。

由于存在滞后作用，非饱和带压力水头与含水量的关系不是单值函数，吸湿过程和干燥过程的水分特征曲线不相同，描述水分运动的公式仅用于吸湿或排水的单一过程。

一般情况下，在非饱和带水分的土水势是深度的连续函数。在垂直剖面上土水势由于地表的蒸发作用、植物根系的吸收和向地下水面排水等原因会出现升高或降低现象，在某一位置的土水势梯度为零，即 $\partial \Phi/\partial z = 0$，此点称为零通量点，由零通量点构成的面称为零通量面（图2.20）。在土水势随深度分布曲线上满足 $\partial \Phi/\partial z = 0$ 的极值点分为极大值点和极小值点，因而零通量面也分为两种类型。在极大值点以上 $\partial \Phi/\partial z > 0$，水分向上运动，在此位置以下 $\partial \Phi/\partial z < 0$，水分向下运动，这类零通量面为发散型零通量面（图2.20a）。在极小值点以上 $\partial \Phi/\partial z < 0$，水分自上而下向此位置运动，在此位置以下 $\partial \Phi/\partial z > 0$，水分自下而上向此位置运动，这类零通量面称为收敛型零通量面（图2.20b）。

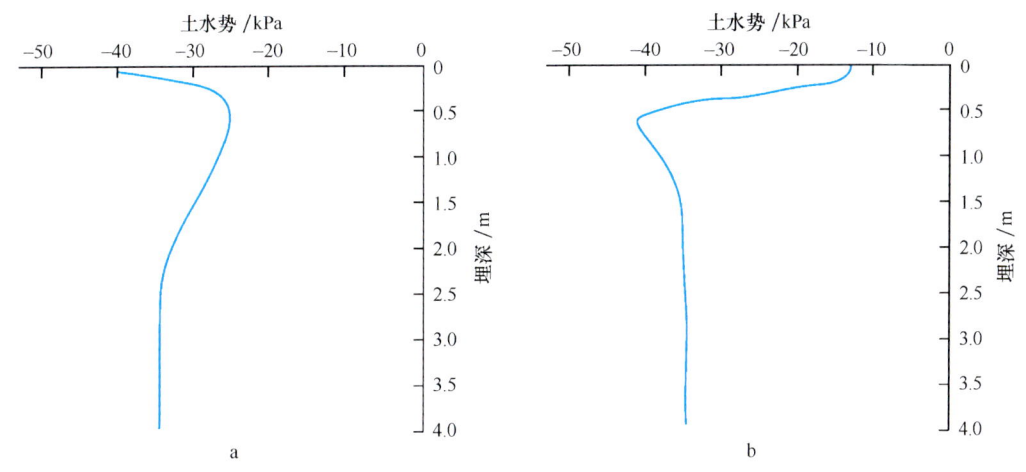

图 2.20　非饱和带土水势剖面与零通量面

（据荆恩春，1994，有改动）

2.5　其他地下水运动模型简介

2.5.1　平行板模型

地下水在裂隙介质中的运动比在孔隙介质中更为复杂。地下裂隙的延伸方向、延伸长度、隙面粗糙度、隙宽、分布密度和相互连通程度影响着裂隙介质的空隙度和渗透性，而这些裂隙参数往往难以观测，描述裂隙介质给水性能和透水性能的参数也难以确定。在研究地下水在裂隙介质中运动的模型中最简单的一种模型是平行板模型（图 2.21）。

设在两个平行板之间有宽度为 b、长度为 L 的单根裂隙，隙面光滑，如图 2.21 所示，地下水在其中呈层流运动，依据达西定律，有

$$v_f = K_f \frac{\partial h}{\partial x} \quad (2.25)$$

式中：v_f 为平均流速；K_f 为裂隙的渗透系数；h 为水头；x 为流向上任一点到起始点的距离。其中的 K_f 可以定义为（Romm，1966）：

$$K_f = \frac{\rho_w g b^2}{12\mu} \quad (2.26)$$

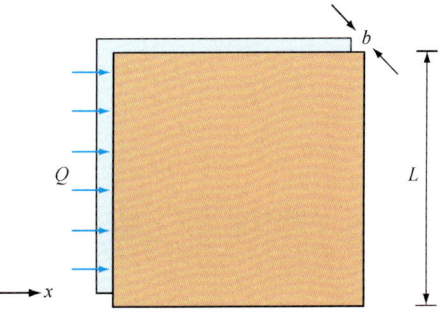

图 2.21　平行板模型示意图

（据 Fitts，2002）

式中：ρ_w 为水的密度；g 为重力加速度常数；μ 为动力黏滞系数；b 为裂隙的宽度。因而通过单根裂隙的流量（Q_f）为

$$Q_f = \frac{\rho_w g b^3 L}{12\mu} \frac{\partial h}{\partial x} \quad (2.27)$$

式（2.27）适用于通过具有光滑表面的平行板之间裂隙的层流。式（2.27）又称为立方定律，因为流量与隙宽的立方成正比。裂隙面完全平行的裂隙在实际中并不多见，裂隙面

的粗糙程度影响着裂隙的宽度。一般来说，Q_f 随着裂隙面粗糙度的增加而降低。如果已知一根裂隙在沿流向不同区段的裂宽，可以用平均隙宽作为裂隙的隙宽。

如果沿水流方向有 m 根宽度相同的平行裂隙，则总流量（Q）为

$$Q = \frac{\rho_w g m b^3 L}{12\mu} \frac{\partial h}{\partial x} \tag{2.28}$$

如果 m 根裂隙的宽度不相同（即 b_i，$i = 1, 2, \cdots, m$），则总流量为

$$Q = \frac{\rho_w g L}{12\mu} \left(\sum_{i=1}^{m} b_i^3 \right) \frac{\partial h}{\partial x} \tag{2.29}$$

2.5.2 圆管模型

如图 2.22 所示，如果地下水在半径为 R 的圆形管道中在压力差（$P_1 - P_0$）作用下做层流运动，则可以假定圆管中任一断面上距圆心任意距离 r 的一点的流速只与 r 有关，即 $u(r)$。在圆管水流中选取一半径为 r、厚度为 dr、长度为 L 的圆柱环流管，作用在流管上的压力为（$P_1 - P_0$）πr^2，应与作用在圆管表面上的剪切应力 $-2\pi r L \tau(r)$ 平衡（Turcotte 等，2002），即

$$\pi r^2 (P_1 - P_0) = -2\pi r L \tau(r) \tag{2.30}$$

或者

$$\tau(r) = \frac{r}{2} \frac{dP}{dx} \tag{2.31}$$

式中：dP/dx 为沿水流方向的压力梯度；$\tau(r)$ 为圆管断面 r 处的切应力。

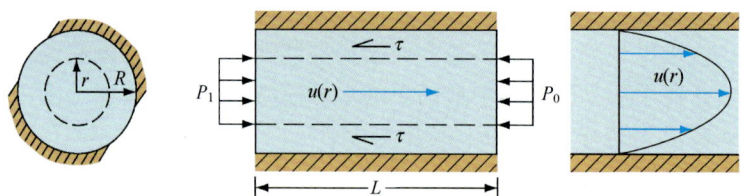

图 2.22 圆管模型示意图

（据 Turcotte 等，2002）

另外，在圆管断面上 r 处的切应力与流速的径向梯度（du/dr）成正比，可以表示为

$$\tau(r) = -\mu \frac{du}{dr} \tag{2.32}$$

式中：μ 为动力黏滞系数。式（2.32）中等号右端取负号是因为流速（u）随 r 的增加而减小。将式（2.32）代入式（2.31），得

$$\frac{du}{dr} = -\frac{r}{2\mu} \frac{dP}{dx} \tag{2.33}$$

对 u 在 $[u, 0]$ 和 r 在 $[r, R]$ 求积分，得

$$u(r) = \frac{1}{4\mu} (R^2 - r^2) \frac{dP}{dx} \tag{2.34}$$

另一方面，通过半径为 r、厚度为 dr 的圆环的流量为 $2\pi r u(r) dr$，而通过整个断面的流量（Q_c）为

$$Q_c = \int_0^R 2\pi r u(r)\,dr \tag{2.35}$$

将式（2.34）代入式（2.35），可以求得圆管水流的流量为

$$Q_c = \frac{\pi R^4}{8\mu}\frac{dP}{dx} \tag{2.36}$$

如果用水头（h）表示，则有

$$Q_c = \frac{\pi \rho_w g R^4}{8\mu}\frac{dh}{dx} \tag{2.37}$$

式中：ρ_w 为水的密度；g 为重力加速度常数；h 为水头；R 为圆管半径；μ 为动力黏滞系数；x 为距初始点的距离。由式（2.37）可以得到圆管的平均流速（v_c）的表达式：

$$v_c = \frac{\rho_w g R^2}{8\mu}\frac{dh}{dx} \tag{2.38}$$

以及圆管的渗透系数（K_c）的表达式：

$$K_c = \frac{\rho_w g R^2}{8\mu} = \frac{\rho_w g D^2}{32\mu} \tag{2.39}$$

式中：D 为圆管直径。

2.5.3 变密度地下水运动

前面介绍的地下水运动公式或模型都是假定地下水的密度是不发生变化的常量。然而在某些特殊情况下，地下水的密度有可能发生变化而不再被视为一个常量。例如，随着温度的升高，地下水的密度有所降低；随着压力的增加，地下水的密度有可能升高；随着矿化度的升高，地下水的密度升高。有时，污染物进入地下水后也会引起地下水的密度升高。在海岸带，海水的密度也高于地下淡水。因此，在研究深层地下水、地下热水、地下卤水、海岸带地下水等的运动时，应考虑水的密度变化对水流的影响。

当地下水的密度（ρ_w）变化较大时，在地下水流动基本公式中，ρ_w 应当成为一个变量。在一个三维地下水流场中，用 x、y 代表水平坐标，z 代表垂直坐标，则在 x、y、z 方向描述地下水运动的达西定律可以表示为

$$v_x = -\frac{k_x}{\mu}\frac{\partial P}{\partial x} \tag{2.40}$$

$$v_y = -\frac{k_y}{\mu}\frac{\partial P}{\partial y} \tag{2.41}$$

$$v_z = -\frac{k_z}{\mu}\left(\frac{\partial P}{\partial z} + \rho_w g\right) \tag{2.42}$$

式中：v_x、v_y、v_z 分别为 x、y、z 方向上的流速分量；k_x、k_y、k_z 分别为 x、y、z 方向的渗透率；μ 为动力黏滞系数；P 为压力；g 是重力加速度常数。如果将渗透系数用淡水密度（ρ_f）来定义：

$$K = \frac{k\rho_f g}{\mu} \tag{2.43}$$

而淡水水头（h_f）定义为：

$$h_f = \frac{P}{\rho_f g} + z \quad (2.44)$$

则式（2.40）~式（2.42）可以改写为

$$v_x = -K_x \frac{\partial h_f}{\partial x} \quad (2.45)$$

$$v_y = -K_y \frac{\partial h_f}{\partial y} \quad (2.46)$$

$$v_z = -K_z \left(\frac{\partial h_f}{\partial z} + \frac{\rho_w - \rho_f}{\rho_f} \right) \quad (2.47)$$

式中：K_x，K_y 和 K_z 分别为 x，y，z 方向的渗透系数。式（2.45）~式（2.47）是描述变密度地下水流动的三维公式。如果 $\rho_w = \rho_f =$ 常数，则式（2.45）~式（2.47）成为达西定律常见的三维形式。

思考题

1. 在均质、各向同性、等厚的承压含水层中有不在同一条直线上的 3 个地下水位观测孔，已知它们的平面坐标和地下水位高程，能否计算出地下水面（假设为平面）的水力梯度？

2. 在地下分水岭附近打井，为什么井中水位会随井深加大而降低？

3. 试述松散沉积物分布地区自地面往下至第一个隔水层之间的水分类型及其分布特点，并用示意曲线图表示含水量随深度变化的一般规律。

第3章 地下水的循环

地下水作为地球浅部圈层中水圈的一部分，大多数积极参与地球浅部的水文循环，在水文循环过程中不断从外界获得补给同时又向外界排泄，使水量得以补充和更新。地下水从补给区向排泄区的径流过程中，不仅水量发生变化，也使水质得以改变，致使水交替得以实现。因此，地下水的循环对于地下水的形成与演化及开发利用具有重要的意义。地下水循环包括补给、径流和排泄等环节。

3.1 地球上的水循环

3.1.1 水文循环

地球表层存在于大气圈、水圈、岩石圈和生物圈中的大气水、地表水、地下水和生物体中的水，构成一个巨大的系统，处于这一系统中的水相互联系、相互转化，形成地球上的水循环。

发生在大气水、地表水和地下水之间的水循环称为水文循环（图3.1）。在太阳辐射的作用下，地表水（包括海洋水、湖泊水、河水等）和浅部地下水通过蒸发或蒸腾进入到大气圈中成为大气水，大气水在重力的作用下通过降水（包括降雨、降雪等）的形式又落到地球表面返回到地表水和地下水之中。地球表面每年有 577×10^{12} m^3 的水通过蒸发进入到大气中，大约有 458×10^{12} m^3 的降水落到海洋中，约有 119×10^{12} m^3 的降水落到陆地上。

地表水和部分地下水通过蒸发和植物蒸腾变成水蒸气进入大气，水汽随风漂移，在适宜的条件下形成降水。落到陆地的降水部分汇集于江河湖泊，部分渗入地下，成为地下水，受到地形起伏等的影响，总的来说降水和地下水均向着海洋汇流。江河湖泊中的水部分重新蒸发返回大气，部分以地表径流的形式回到海洋。渗入地下的部分，部分滞留在包气带（这部分中有一部分通过土壤表面蒸发或被植物根系吸收后通过叶面蒸腾返回到大气中），其余部分渗入饱水带，通过地下径流直接返回海洋中，也有部分泄流到江河湖泊，或者蒸发返回大气，或者通过地表径流返回海洋。陆地上通过蒸发和蒸腾进入大气的水约为 73×10^{12} m^3，通过地表径流和地下径流返回海洋的水分别约为 45×10^{12} m^3 和 1×10^{12} m^3（Fitts，2002）。

总体来说，陆地上平均降水量超过其蒸发蒸腾量，而海洋上的情况则相反。总体而言，有更多的大气水从海洋转移到陆地。

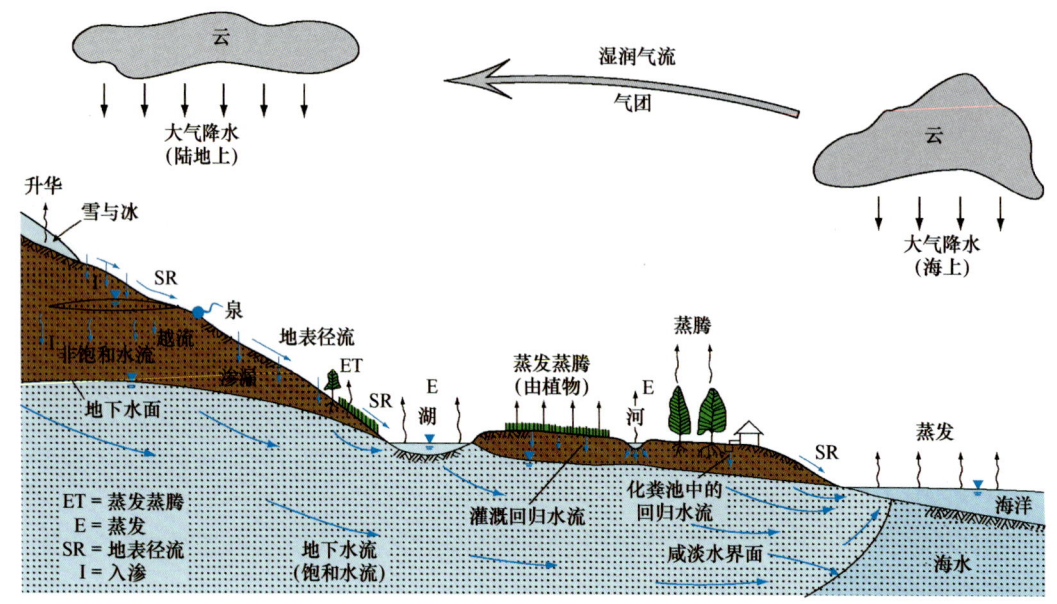

图 3.1　水文循环示意图（剖面图）
（据 Bear，1979）

水文循环大体上可以分为大循环和小循环。水从海洋经蒸发成为大气水进入陆地上空，以降水的形式落到陆地地表再返回海洋，这种海洋和陆地之间的循环称为大循环。水从海洋进入大气再返回海洋，或者从陆地进入大气再返回陆地，这种海洋或陆地内部的水循环称为小循环。

地球表层周而复始的水循环，从多年来看，水量保持一个平衡状态。对于一个具体地区来说，不同时间进入和流出的水量是不同的，但是多年内进入和流出的水量基本保持一个平衡状态。只有少数地区，例如在沙漠地区，蒸发量大于降水量，而在多雨的热带海岸带，降雨量大于蒸发量。人为因素可以在一定程度上改变一定范围内的水循环状况，例如过量开采水资源或滥采植被，但仍无法改变大循环条件。

水循环使陆地上地表水和地下水不断得到补充和更新，使水资源可以持续利用，成为维持地球生命繁衍和人类社会发展的基本自然条件。

大气是水循环最活跃的因素，大气水总量小，更新快，循环更新一次只需 8 天。地表水参与地球上的水循环比较积极，河水更新期是 16 天，湖水是 17 年。海洋水体积巨大，全部更新一次约需 2500 年。地下水参与水循环的活跃程度取决于其埋藏条件，浅层地下水的更新周期为几个月到几十年，深层地下水由几十年到几十万年不等。一些埋深数千米的沉积盆地地下卤水是沉积物沉积时保留下来的，被认为是不参与现代水循环的。也可以用地下水停留时间的长短来说明地下水参与水循环的活跃程度。地下水停留时间是指水分子从进入地下开始到排泄出地表或者到采集水样时的时间。地下水停留时间也称为地下水年龄，采用地下水动力学的方法可以估算地下水的年龄。最近几十年来，利用放射性同位素（^{3}H，^{14}C，^{36}Cl 等）的方法也可以测定地下水的年龄。

3.1.2 影响水循环的自然地理因素

3.1.2.1 气象要素

气象要素是表征大气状态的物理量,包括气温、气压、温度、降水量、风向和风力、日照、云量、能见度等,它们在时间和空间上都是复杂多变的。主要气象要素如降水量等对水资源的分布和形成有着重要的影响。

(1) 气温

气温是表征大气冷热程度的物理量,是大气中内能多少的体现。太阳辐射热是地表和大气的主要热源,大气主要靠吸收地面的长波辐射而增暖。同时大气又通过逆辐射向地面输送热量,对地面起到保暖和调温作用。就整个地球多年平均状况来看,地球表面的热量收支是平衡的,因而气温稳定。由于地球的自转和公转改变着地球本身接受太阳辐射的状况,使气温存在昼夜变化、季节变化和多年变化。气温还存在空间变化,包括在水平方向和垂直方向的变化。气温的水平变化基本上呈纬向带状分布,一般自赤道向两极逐渐降低。气温的垂直分布,在对流层中随高度的增加而逐渐降低,一般每升高 100 m 降低约 0.5 ℃。

(2) 气压

气压是指单位面积物体上所承受的大气压力。在气温为 0 ℃、纬度 45°的海洋面上所测得的 760 mm 汞柱的气压,称为标准大气压。由于大气的质量随高度增加而降低,导致气压随高度增加而降低。

(3) 降水

降水是自云中降落到地面的各种形态的水的总称。包括雨、雪、霰、雹等。降水量是指自云中降落到地面的液体(或融化后的固体)水未经蒸发、渗漏、流散而在水平面上积聚的水层厚度。降水来自云中,但并不是所有的云都能产生降水,这是因为组成云的云滴、冰晶的体积太小,不能克服空气和上升气流顶托而浮在空中。只有当云滴不断凝结和合并使其质量增大到一定程度,直至气流顶托不住而降落下来,在降落至地面的过程中不至于被蒸发掉,才能形成降水。

降水具有日变化、季节变化和多年变化,又以季节变化最为重要。降水的年内分配是不均匀的,世界各地变化很大。在赤道附近,全年多雨,在春分和秋分后,降水量最多;在夏至、冬至后降水量出现低值。在热带,随着纬度的增加,两个最多降水量的时间逐渐接近,合并为一个。在副热带中,全年降水只有一个峰值和谷值,在亚欧大陆东岸的季风区,降水量多集中于夏季,在大陆西岸的地中海附近,冬季多雨。在温带及寒温带,在亚欧大陆内陆及东岸,降水集中在夏季,在大陆西岸秋季和冬季降水较多。降水量的地理分布存在赤道多雨带、亚热带少雨带、温带多雨带和高纬带多雨带的特点(张菀莹,1991)。

3.1.2.2 地表径流

地表径流是指降落到地面的降水在重力作用下沿着地表流动的水流。地表径流受到地形的控制。汇集于某一干流的全部支流称为河系(水系)。一个河系的全部集水区域称为流域。流域与流域之间的分界线称为分水岭(分水线)。干流和支流都有自己的流域。河水的补给来源有雨水、地下水和融雪及其他地表水等。在雨季以雨水补给为主,在旱季以地下水为主,融雪或冰水补给出现在融雪季节。

一个流域内的地表径流一般通过河流排出流域外或直接排入海洋。地表径流量的大小取决于流域面积的大小及流域内年平均降水量的大小。单位时间内通过河流某一断面的水量称为流量(Q,单位为 m³/s),其数值等于过水断面面积(A)与通过该断面的平均流速(v)的乘积:

$$Q = A \cdot v \tag{3.1}$$

某一时间段(T)内通过河流某一断面的总水量称为径流总量(W,单位为 m³):

$$W = Q \cdot T \tag{3.2}$$

单位流域面积上平均产生的流量称为径流模数(M,单位为 L/s·km²):

$$M = \frac{Q}{F} \times 10^3 \tag{3.3}$$

式中:F 为流域面积。某一时间段(T)内的径流总量均匀分布于观测断面以上的流域面积得到的平均水层厚度称为径流深度(y,单位为 mm):

$$y = \frac{W}{F} \times 10^{-3} \tag{3.4}$$

同一时间段内同一流域面积上的径流深度与降水量(X)的比值称为径流系数(a):

$$a = \frac{y}{X} \tag{3.5}$$

通常,以径流模数表征流域的地表径流的强弱。

3.1.2.3 我国降水量和水资源简况

我国的气候带跨越亚热带、温带及亚寒带,大部分地区均为季风气候,一年中雨季和旱季分明,降水及地表径流的时空差异明显。以秦岭、大别山、淮河一线为界大体上可以分为南方和北方。南方气温较高且气温比较高的延续时间长、湿度大、降水量大。北方气温较低且气温较低的时间延续长、较干燥、降水量小。表 3.1 列出了内蒙古包头市和广西北海市多年平均月降水量,后者年总降水量约是前者的 5.5 倍,前者降水集中在 7~8 月,后者多出现在 5~9 月(图 3.2)。降水量出现较多的最早月份自南方向北方逐渐延后,自南方向北方年总降水量逐渐减小。我国东部季风影响不到西部地区,云南及西藏南部受西南季风及印度洋季风的影响,在 6~9 月为雨季,新疆西北部受大西洋气流控制,雨季出现在 5~6 月。我国降水年内分配不均匀,降水量大且集中时可造成旱、涝灾害发生。例如 1991 年在安徽和江苏、1992 年在太湖流域、1993 年在广西、1996 年在湖南和江西发生洪灾,特别是 1998 年在长江流域出现严重洪灾。即使在北方地区,在局部地区集中降雨造成洪灾也时有发生,例如 1996 年在河北省滹沱河流域,1998 年在东北的嫩江和松花江流域,均出现严重洪灾。2006 年夏天,重庆和四川部分地区遭遇百年一遇的旱灾;2009 年春天,在河南及陕西、山西部分地区也出现严重旱情。

表 3.1 包头市和北海市多年月平均降水量 单位:mm

月份	1	2	3	4	5	6	7	8	9	10	11	12	总计
包头	2	3	7	15	22	31	79	87	36	20	4	1	307
北海	37	41	60	89	136	259	351	382	192	72	37	21	1677

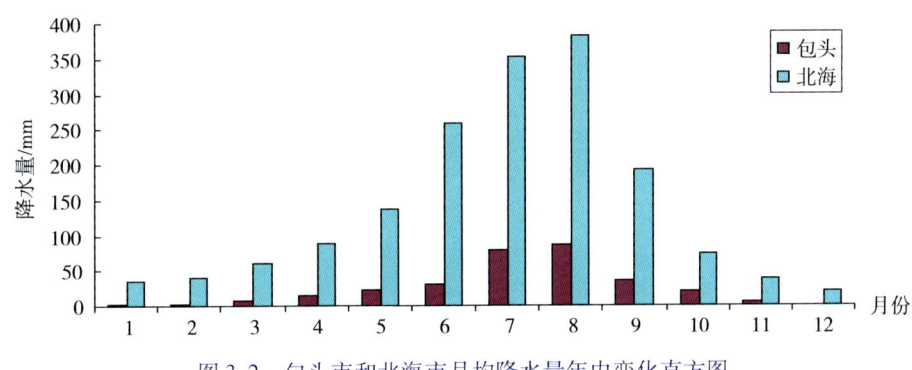

图 3.2 包头市和北海市月均降水量年内变化直方图

我国多年平均降水量为 628 mm，在东南沿海地区年均降水量多在 1500 mm 以上，在部分海岸带和岛屿最大达 2000～3000 mm；长江流域约 1200 mm；华北地区 500～800 mm；西北地区的塔里木盆地、柴达木盆地和沙漠地区降水量甚至低于 50 mm。降水量的不均匀分布导致地表径流量也不均匀。我国地表径流总量约为 $26380×10^8$ m^3/a，排在世界第 6 位。其中长江流域及以南地区占 75% 以上，华北、西北地区仅占约 10%。我国水资源总量约为 $27120×10^8$ m^3/a，人均占有水量 2700 m^3/a，居世界 80 余位。一般来说，长江流域及以南地区降水较为充沛，水资源丰富，仅在某些地区的干旱季节水资源缺乏；华北、东北地区降水量不大，雨季短而干旱季节长，缺水现象比较严重；西北地区降水稀少，水资源贫乏，仅在一些内陆盆地边缘获得冰川和积雪融化水补给，或沿主要河流附近，形成局部水源稍为丰富的绿洲。

大气降水是一个地区水资源的主要来源。因此，一个地区水资源的丰富程度主要取决于降水量的大小。降水不仅是地表径流的补给来源，也是地下水（地下径流）的重要补给来源。

3.1.3 地下水的起源

地下水参与地球上的水循环，是水文循环中的重要因素。大气降水落到地面之后渗入地下的那部分，成为地下水的补给来源。大多数地下水都是大气降水入渗补给的。当地面温度低于空气温度时，空气中的水汽便凝结形成凝结水进入地下，成为地下水的补给来源，虽然凝结水的补给量远少于大气降水的补给量。来源于大气中的大气降水及凝结水的入渗而形成的地下水，称为大气水起源的地下水。大气水起源的地下水包括现代大气水起源的、古代大气水起源的和地质历史时期大气水起源的。埋藏较浅、积极参与水文循环的地下水，是现代大气水起源的，其地下停留时间为几个月到几十年。埋藏较深的地下水或地下热水可以是古代大气水起源的，其地下停留时间为近百年到数百万年。分布于某些沉积盆地深处陆相地层中的地下水或地下卤水，是陆相沉积物沉积时的大气水，随后被封存在陆相地层之中一直保留到现在，由这种古大气水形成的地下水的年龄与陆相地层的时代相当。

大气水起源的地下水是最常见的地下水，其中又以现代大气水起源的地下水占多数，但也存在海水起源的地下水。例如分布在某些沉积盆地深处的海相沉积地层如碳酸盐岩、蒸发岩中保留有海相沉积物沉积时的海水，经长期演化成为现今所看到的地下卤水，其年龄与海相地层的时代相当。在滨海含水层的局部海岸带与海水接触的部位，可以分布有海水起源的地下水。此外，还有数量极少的非大气水和非海水起源的地下水。上地幔熔融物质进入地壳或喷出地表时，有直接来源于地幔的初生水；由岩浆中分离出来的气体冷凝形成的水，称为岩浆水，也有在变质作用过程中与岩石共生的变质水；矿物相发生转变时释放出来的成岩水等。有些地区的地下水也不是单一起源的，而是混合起源的。例如在海岸带中存在大气水和海水混合起源的地下水。通过研究地下水的氢、氧稳定同位素（^{2}H 和 ^{18}O）的组成，有助于判别地下水的起源。

3.2　地下水的补给

水从外界进入整个含水层或所研究的局部含水层的过程称为补给。补给不仅使地下水获得水量，而且也使地下水的盐分和能量得到改变，表现为地下水的水位、流量、水化学组分和水温等物理和化学指标发生变化。研究地下水的补给包括补给来源、补给方式、影响补给的因素和补给量等。地下水的补给来源有大气降水、地表水、凝结水和来自其他含水层的地下水。与人类活动有关的地下水补给有灌溉回归水补给、水库和渠道的渗漏补给，以及为了某些专门目的而进行的人工补给。

3.2.1　大气降水的入渗补给

大气降水落到地面之后，一部分水分通过蒸发蒸腾返回大气中，一部分转化为地表径流，还有一部分渗入地下，成为地下水特别是浅层地下水的主要补给来源。

降水自地面入渗直至到达地下水面之前，经由非饱和带，因此降水入渗过程中水的运动极为复杂。对于由松散沉积物组成的非饱和带，如果降水前介质的含水量很低，则降水初期入渗的水首先被固体颗粒表面吸附形成结合水，结合水层厚度达到最大后，剩余的水继续下渗，只有当非饱和带中的毛细孔隙全部被水充满时，才能形成重力水连续下渗，直至到达地下水面。可见，在降水初期入渗的降水，首先要湿润非饱和带，持续的降水才可能造成对地下水的补给。当降水停止以后，非饱和带中的水分还持续下渗直到重力不起作用为止。

在降水入渗通过非饱和带的过程中，湿润前锋在较为均质的介质中是呈面状向下逐渐移动的，由新入渗的水推动下部较"老"的水向下移动，"老"的水总是先到达地下水面。这种方式又称为"活塞式"下渗（图 3.3a）。在非均质的非饱和带中，降水主要通过较大的空隙通道优先快速下渗，水分沿下渗通道向周围细小孔隙扩散，连续降水形成的下渗水通过较大空隙通道的"捷径"优先到达地下水面，这种方式又称"捷径式"下渗或者"优势路径"下渗（图 3.3b）。降水入渗补给的结果，致使非饱和带含水量增加，地下水位升高并加速地下水向排泄区径流。降水入渗补给地下水还存在减量效应和滞后效应，即通过地面入渗的降水并不是全部到达地下水面，而只是部分到达地下水面；水分到达地下水面的时间滞后于降水到达地面的时间。

影响降水入渗补给地下水的因素比较复杂。就降水本身的特点来说，一场降水的降水强度、年降水总量和降水类型，都会对降水入渗产生影响。一场降水的降水强度很小，下

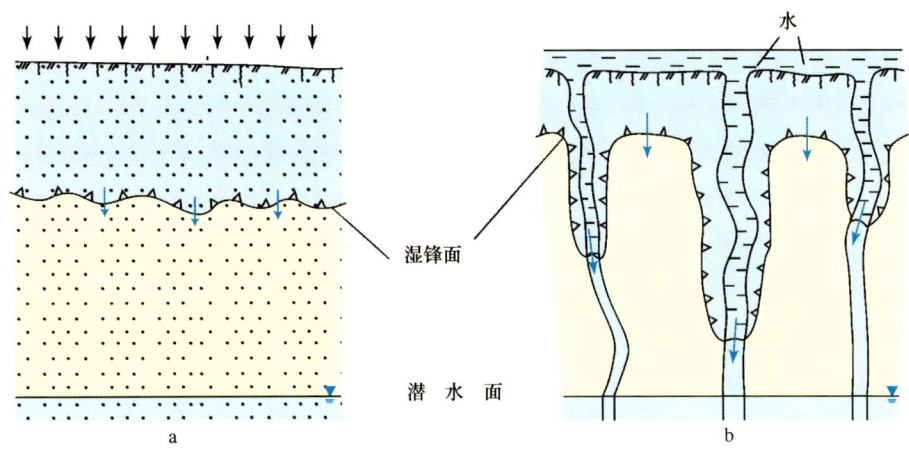

图 3.3　降水入渗方式（剖面图）

（据王大纯等，1995，有改动）

渗的水分不多，仅湿润非饱和带，不能到达地下水面。降水强度较大，持续时间长，有利于入渗补给。降水强度过大，除了部分入渗以外，多余的部分转化为地表径流。在其他条件相同的情况下，年降水量越大，入渗补给地下水越多。对于年降水量小于 50 mm 的干旱地区，几乎不存在降水入渗补给。就降水入渗补给的时间长短来说存在短暂补给和季节性补给。短暂补给发生在一场较大的降水引起对地下水的显著补给。季节性补给发生在雨季，雨季降水频繁，前一次降水入渗到非饱和带中的水分还没有全部到达地下水面，后一次降水又入渗到非饱和带中，引起连续补给。

非饱和带介质的透水性和厚度对降水入渗补给地下水有着重要的影响。非饱和带透水性差，不利于降水入渗补给。地表为砂砾石时降水的入渗量比亚砂土和亚黏土大一倍多，非饱和带厚度大（地下水位埋深大），滞留于非饱和带的水分也多，实际到达地下水面的水分就减少。在我国南方某些岩溶山区的岩溶洼地内分布有粗大的溶隙和与地下水面连通的岩溶漏斗或落水洞，降水几乎全部入渗地下，大部分补给地下水。

地形起伏和地表植被也影响降水入渗。一般来说，地形起伏大，容易形成地表径流，不利于降水入渗，只有在岩溶山区例外。地表植被发育，森林、草地可以涵养水分，减缓地表径流，有利于降水入渗补给地下水。城镇中的建筑物、街道、停车场的建设，不利于降水入渗，因而城镇化可以在一定程度上改变当地局部地表的降水入渗条件。

降水入渗对地下水的补给量对于地下水资源评价和开发利用具有重要的意义。由于降水在时间上分配的不均匀性和具有季节性变化的特点，以及降水对地下水入渗补给机制的复杂性，在确定降水入渗补给量时，一般不必计算某一次降水对地下水的补给量，而是估算一年之内降水对地下水的总补给量，即

$$Q_{补} = \alpha \cdot X \cdot A \cdot 1000 \tag{3.6}$$

式中：$Q_{补}$ 为大气降水入渗对地下水的补给量，m^3/a；α 为降水入渗系数；X 为年降水量，mm；A 为补给区面积，km^2。

式（3.6）中的降水入渗系数（α）是指每年降水入渗对地下水的补给量（以 mm 表示）与年总降水量（以 mm 表示）的比值，综合体现了一个地区上述诸多因素对降水入

渗补给地下水的影响。

可以根据天然地下水位变化确定降水入渗系数。对于均质孔隙介质，选择地形平坦的地区布置一个水位观测孔，当初始地下水位接近水平且降水入渗补给引起地下水位整体抬升，不存在蒸发、其他补给和开采的影响时，则降水入渗系数（α）由下式估算：

$$\alpha = \frac{\mu \Delta h_i}{X_i} \quad (3.7)$$

式中：μ 为介质的给水度；X_i 为某次降水量；Δh_i 为该次降水入渗补给引起的地下水位抬升值。如果存在地下水流动，可以沿地下水流向布置 3 个观测孔（图 3.4），通过观测降水入渗补给过程（假定为均匀入渗）中任意两个时段（t_1，t_2）观测孔的水位来确定降水入渗补给量：

$$q_{渗} = \frac{1}{2}\mu(L_1 + L_2)\frac{\Delta h}{\Delta t} - \frac{1}{2}K\left(\frac{h_1^2 - h_2^2}{L_1} - \frac{h_2^2 - h_3^2}{L_2}\right) \quad (3.8)$$

式中：$q_{渗}$ 为以孔 2 为中心、长度为（$L_1 + L_2$）/2、宽度为 1 个单位的区域在 $\Delta t = t_2 - t_1$ 时间内的降水入渗补给量；μ 为含水层给水度；Δh 为孔 2 在 Δt 内水位升高值；K 为含水层渗透系数；h_1，h_2 和 h_3 分别为孔 1、孔 2 和孔 3 在 t_1 时刻的水位；L_1 为孔 1 与孔 2 之间的距离；L_2 为孔 2 和孔 3 之间的距离。

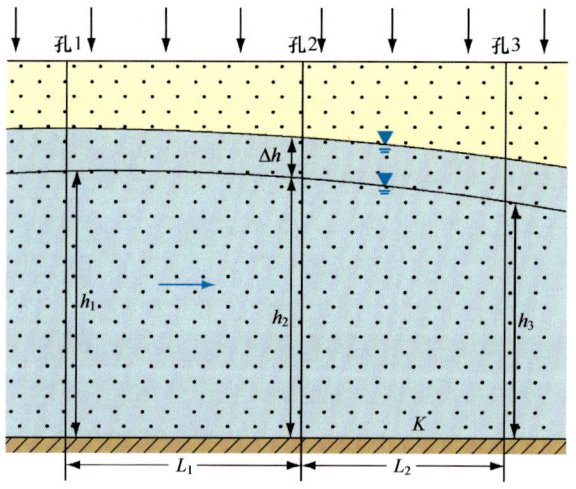

图 3.4 一线三孔水位观测确定降水入渗补给量示意剖面图
（据《供水水文地质手册》编写组，1983）

求得入渗补给量之后，再根据同时期的降水量，求得降水入渗系数：

$$\alpha = \frac{q_{渗}}{X_t} \quad (3.9)$$

式中：X_t 为在 Δt 内的降水量。

同一地区内的降水入渗系数的大小与非饱和带介质透水性、地下水位埋深以及降水量的大小等因素有关，应根据多次试验结果来确定。表 3.2 列出了部分介质降水入渗系数的经验值。

在一些基岩山区分布有独立的泉域，在泉域范围内，由于蒸发极微弱，降水入渗对地下水的补给量全部通过泉排泄，可以认为泉流量与降水入渗补给量相当，这时可以通过测定泉流量反推泉域平均降水入渗系数：

$$\alpha = \frac{Q_\text{泉}}{X \cdot A \cdot 1000} \quad (3.10)$$

式中：$Q_\text{泉}$ 为泉的年总流量，m^3；X 为年总降水量，mm；A 为泉域面积，km^2。某些基岩介质的降水入渗系数经验值也列于表3.2。

表3.2 部分多孔介质降水入渗系数经验数值

介质	降水入渗系数	介质	降水入渗系数
砂砾石	0.20~0.70	裂隙发育较弱的基岩	0.01~0.05
粉细砂	0.20~0.55	裂隙发育较强的基岩	0.10~0.25
亚砂土	0.20~0.46	岩溶发育较弱的可溶岩	0.02~0.15
亚黏土	0.20~0.47	岩溶化强烈的可溶岩	0.15~0.80

3.2.2 地表水的补给

地表水体包括河流、湖泊、海洋、池塘以及人工建造的水库、水渠等。当地表水体附近有含水层并且地表水与地下水存在水力联系时，如果地表水位高于地下水位，则地表水可以补给地下水，反之，如果地表水位低于地下水位，则地下水有可能向地表水排泄。

一条河流自源头流经山区、平原区直至汇入大海，在不同河段其补给或排泄地下水的情形是不同的。一般来说，在山区特别是接近源头地区，河床深切基岩，河谷很少甚至没有沉积冲积物，河水位常低于地下水位，河流起到排泄地下水的作用（图3.5a），河流流量沿程增加。在往下流经一些山区的山间河谷变宽，在河床两侧特别是凸岸一侧及下部可以见到颗粒较粗大的冲积物（以卵石、砾石和粗砂为主，表层有细砂、粉砂和亚砂土），在这种河谷中，总体上河流仍以排泄地下水为主（图3.5b），只在雨后或出现洪水时，由于河水位抬高，出现河水对地下水（主要是冲积物含水层中的地下水）的短暂补给。河流流出山区后，河谷变宽，流速减缓，河流以堆积作用为主，在山前地区沉积洪积物和冲积物（例如冲洪积扇），在山前冲洪积扇顶部地区地下水位埋深大，河床处于高位，河水常年补给地下水（图3.5c）。在河流的中下游地区，地形较平坦，河谷较宽，河流与地下水的补给和排泄随季节变化，一般在枯水期和平水期，河流排泄地下水，而在丰水期或洪水期，河水位升高，此时河流反过来补给地下水（图3.5d）。在一些河流的下游平原地区（例如我国黄河下游和海河下游的部分河段），由于泥沙常年的淤积作用使河床抬高而形成所谓"地上河"或"地上悬河"，河床高于两侧地下水位甚至高于两岸地面，出现河水可以经常性补给地下水的情形（图3.5e）。在河流的某些河段，可以出现一侧是河流补给地下水、另一侧是地下水补给河流的情形（图3.5f）。在一些干旱山区的山间盆地，许多河流多是间歇性的，每年仅在洪水期间有水，这时河水对地下水起到补给作用。在一些干旱或半干旱地区河流流出山区后在流至不远处全部渗入地下（图3.5g）。在一些基岩山区，河流流经透水层时，可以在透水层分布地段渗漏补给地下水（图3.5h，i）。在岩溶化程度很高的地区，河流在一定地段突然转入地下成为地下河（暗河），在另一地段又重新出现成为地表河流（图3.5j）。

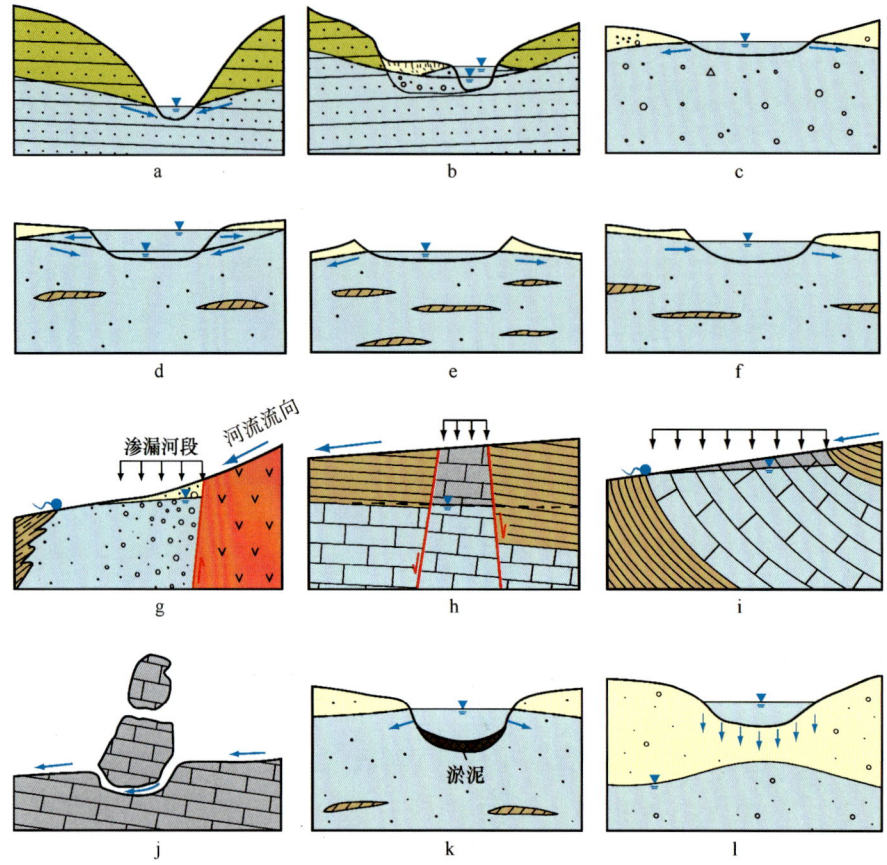

图 3.5 河流与地下水的补给、排泄关系示意剖面图

a—地下水补给河流；b—地下水补给河流和河谷含水层，洪水期河流短暂补给地下水；c—河流补给地下水；d—丰水期河流补给地下水，枯水期地下水补给河流；e—河流补给地下水；f—河流排泄左岸地下水，同时补给右岸地下水；g—河流在山前渗漏补给地下水；h—山区河流流经局部河床渗漏补给地下水；i—山区河流流经透水层渗漏补给地下水；j—石灰岩地区的地下河；k—河床部分被淤填的河流对地下水的补给；l—河流非饱和渗漏补给地下水

以上河流与地下水的补给和排泄的情况均是对河床不存在淤填而言的。当河床全部被淤填而使河底成为不透水时，则不存在河水补给地下水。如果是部分被淤填，例如底部被淤填而在一定水位以上的河床仍是透水的，则仍存在河水补给地下水（图 3.5k）。

间歇性河流在河床有水时和即使是常年性河流但地下水位埋深较大或河床透水性相对较差时，可以出现河水对地下水的非饱和渗漏补给（图 3.5l），在河床之下的地下水面形成一个水丘，地下水位与河水位并不相连。水丘的大小取决于河水的渗漏量大小，而渗漏量的大小与地下水位升降没有关系。

山区的湖泊可以接受地形较高的上游地区地下水的补给，而补给地形较低的下游地区的地下水。在平原地区以及地形较为平坦的山间盆地的湖泊则主要接受地下水的补给。

水库在蓄水期间，库水位抬高，对岸边地下水起到补给作用。水库放水期间，库水位降低，对岸边地下水起到排泄作用。当库水位长期保持较稳定的水位时，与湖泊的情形类似，对岸边及上游地区地下水起到排泄作用，对下游地下水起到渗漏补给作用。人工建造的水渠如果不是完全不透水的，则在放水期间对下伏含水层地下水存在渗漏补给，在不过水期间则不存在这种补给。

地表水对地下水的补给量对于地下水资源评价和开发利用具有重要意义。以河流为例，河水对地下水的补给量大小取决于河床的透水性、渗漏河床的长度和河床湿周（有水部分的宽度）、河水位与地下水位的高差以及过水时间。如果说降水入渗属于面状补给源的话，那么河流对地下水的渗漏补给则可以看成线状补给源。对于常年性河流的补给量可以在渗漏河段上、下游选择断面分别测定断面流量，以上游断面流量减去下游断面流量乘以过水时间而确定。或者选择代表性河段确定单位长度河流渗漏量，再求得全河段渗漏量。对于间歇性河流，由于有一部分渗漏量用于湿润河床以下的非饱和带，地下水获得的补给量将小于河流的渗漏量。

3.2.3 凝结水的补给

大气中的水汽含量称为空气湿度。空气湿度包括绝对湿度和相对湿度。绝对湿度表示某一地区某一时间单位体积空气中的水汽含量，即水汽密度。某一温度下空气中可容纳的最大水汽数量，称为该温度下的饱和水汽含量。绝对湿度与饱和水汽含量之比称为相对湿度。由于饱和水汽含量随温度降低而减小，因此当绝对湿度不变时，随着气温下降，相对湿度随之增高。当绝对湿度与饱和水汽含量相等时，相对湿度等于100%。空气中水汽达到饱和时的气温称为露点。露点的高低只与空气中水汽含量有关，水汽含量越大，露点越高。由于空气经常处于未饱和状态，所以露点常比气温低。只有当空气达到饱和时，露点才和气温相等。当气温降到露点以下时，空气中过剩的水汽便凝结成液态水，称为凝结水。这种由气态水转化为液态水的过程称为凝结作用。

在炎热的夏季，白天大气和地面以下多孔介质都吸热增温，夜间介质散热快而大气散热慢。地温降低到一定程度时，在介质内孔隙中的水汽达到饱和，凝结成水滴，绝对湿度随之降低。由于此时气温较高，地面大气的绝对湿度比介质中的绝对湿度大，水汽由大气向介质孔隙中运动并发生凝结。如此不断补充、不断凝结，当形成足够的液滴状重力水后，便可下渗补给地下水。

作为地下水（主要是非饱和带水）的一种补给来源，一般来说，凝结水的补给量相当有限，对于湿润多雨的地区可以忽略不计，但是对于降水稀少、昼夜温差较大的干旱、半干旱沙漠地区和内陆河流域，凝结水的补给具有重要意义。例如撒哈拉大沙漠昼夜温差可达50℃，凝结水的补给不可忽视。在我国西北地区的沙漠地带，在每年4～10月特别是夏、秋季，由于地表气温与地下表层温差大，易于形成凝结水，全年累积凝结水量可达数十毫米。在河西走廊非沙漠地区的细土平原的观测资料表明，在地下水位埋深小于1 m的地区凝结水量为20.06 mm/a，埋深1～3 m的地区为12.2 mm/a，埋深3～5 m的地区为20.81 mm/a（赵运昌，2002）。温差、风速、包气带岩性和含水量都影响着凝结水量的多少。凝结水可以为荒漠地区浅根性耐旱植物的生长提供所需最低限度的水分条件（郭占荣等，2002；曹文炳等，2003）。

3.2.4 含水层之间的补给

两个相邻的含水层之间存在水力联系和水头差时，水头较高的含水层便会补给水头较低的含水层。对于水头较低的含水层来说,其地下水获得水头较高的含水层的补给;对于水头较高的含水层来说,其地下水则是向水头较低的含水层排泄。因而含水层之间的补给只是针对所研究的某一个目的含水层而言。

根据两个含水层之间的接触或联系状况,可以将含水层之间的补给大体上分为接触型直接补给和通过联系通道的间接补给。山区基岩含水层与山前洪冲积物含水层直接接触,前者常常对后者存在地下侧向径流补给(图3.6a)。山间河谷冲积物含水层与其下伏基岩含水层直接接触,前者会对后者产生补给(图3.6b),上述情况属于接触型直接补给。导水断层切穿若干个含水层,成为含水层之间的联系通道,导致水头高的含水层补给水头低的含水层(图3.6c)。在松散沉积物中,由于隔水层分布不稳定,在延伸方向常有尖灭现象,致使隔水层缺失而存在"天窗",通过"天窗"发生孔隙含水层之间的补给(图3.6d),或者在孔隙含水层与基岩含水层之间存在补给。自基岩含水层向上通过接触区域对孔隙含水层的补给又称为顶托补给(图3.6e)。即使隔水层是连续分布的,在某些部位其渗透性变好成为弱透水层,也会发生水头较高的含水层地下水通过弱透水层越流至水头较低的含水层(图3.6f),前者发生越流排泄,后者获得越流补给。越流量的大小可以通过下式进行估算:

$$q_{越} = K' \frac{H_1 - H_2}{M'} \tag{3.11}$$

式中:$q_{越}$为通过单位水平面积弱透水层的越流量;K'和M'分别为弱透水层的垂向渗透系

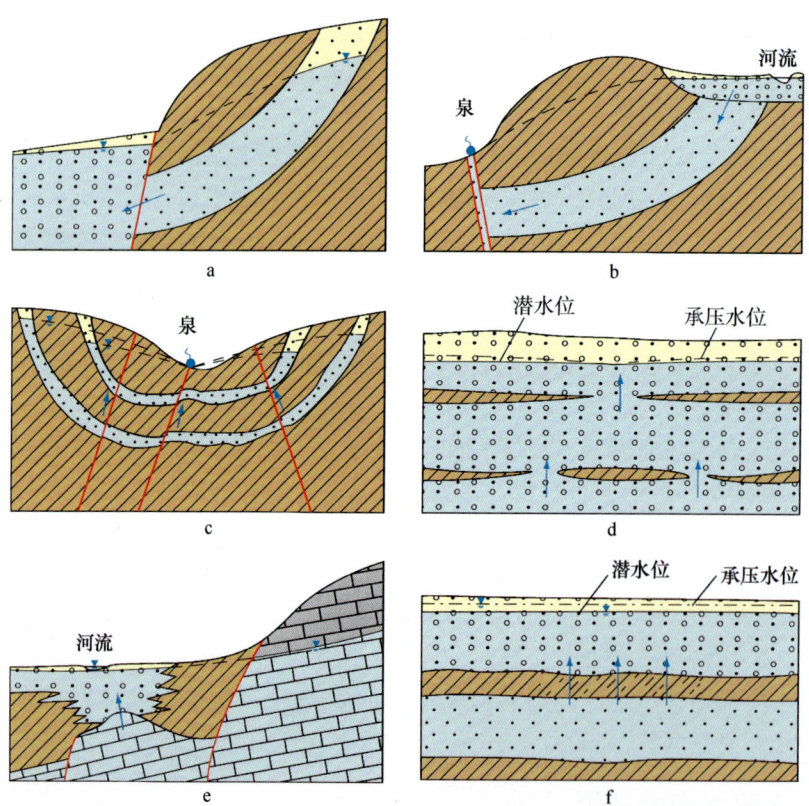

图3.6 含水层之间的补给示意剖面图

数和厚度；H_1 和 H_2 分别为水头较高和较低的含水层的水头。虽然弱透水层的垂向渗透系数往往很小，单位面积越流量不大，但是由于发生越流区域的面积往往很大，故总的越流量仍相当可观。

3.2.5 地下水的人工补给

大气降水的入渗补给、河流的渗漏补给等是在没有人为因素影响下进行的，通常也是不可人为控制的，属于地下水的天然补给。相对于天然补给，有时需要对地下水进行人工补给。地下水的人工补给指的是在人为有计划的操纵下把水从地面转移到地下含水层中的过程。人工补给是可以人为控制的。人工补给又称为人工回灌、人工注水等。

人工补给地下水的目的在于补充和储存地下水量，抬高地下水位或恢复含水层压力，调节和改善地下水开采条件等。为了一些专门目的的，有时也要进行人工补给地下水。例如为了防止海水入侵，保持地下热储层的热能，在含水层中储存热能提供冷、热水源，改善地下水质等。潜水含水层可以看作是巨大的储水场所，当地形和地质条件适宜时，也可以看成是一个地下水库。在丰水季节在地表水源充足时，可以将水储存在含水层空隙中，以备日后开采使用。例如平面上面积为 100 km^2、给水度为 0.20 的潜水含水层，通过人工补给使地下水位抬高 5 m，就可以储存多达 1×10^8 m^3 的水。由于地下水运动是缓慢的，其蒸发排泄也很有限，只要合理调配，就可以回收利用绝大部分人工补给的水。

人工补给地下水的方式大体上分为两类。一类称为地表引渗法，是将需要回灌的水引流到地形低洼的渗水洼地、池塘、砂坑以及专门开挖的沟、渠、池中，让水通过其底部下渗补给潜水含水层（图 3.7a，b，c），通过这种方法可以起到储水和净化水质的作用。例如，可以将雨季的洪水引渗补给地下水，作为旱季灌溉所用，起到水量调节作用。水流通过渗水池底部以下细颗粒物质时，细颗粒物质对水可以起到过滤作用。地表引渗法一般选择在冲洪积扇和冲积平原中的潜水含水层。另一类称为井灌补给法，是利用已有的抽水井或专门建造的注水井将水回灌到地下（图 3.7d，e，f），可以补给潜水含水层，也可以补

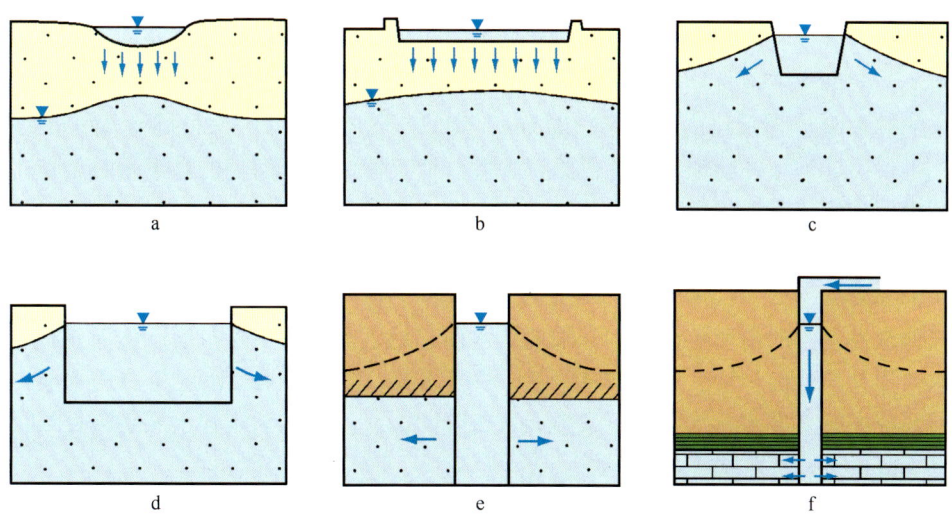

图 3.7 人工补给示意剖面图

a—入渗坑；b—入渗池；c—入渗渠；d—大口径入渗井；e—承压含水层回灌井；f—加压深井回灌

给承压含水层。井水回灌时可以自由灌注，也可以加压进行灌注。对于浅层潜水含水层，可以通过大口径井自由注入，对于深层承压含水层，可以利用深井加压进行回灌。

人工补给地下水遇到的困难有水源问题和堵塞问题。欲进行人工补给，必须具备足够的回灌水源。通常是在丰水期及洪水期间将水汇集、引渗和回注。对于深层地下热水开采井，可以在开采井附近打一口回灌井，利用地热尾水回灌。堵塞现象既可以在渗水池中发生，也可以在回灌井中发生。既有物理堵塞、化学堵塞，也有生物堵塞，堵塞严重时可以大大降低渗水池的渗漏量，甚至使回灌井不能回灌。一般在细颗粒松散沉积物和碎屑岩含水层中进行回灌时容易出现堵塞。回灌水在向地下回灌之前一般都要进行沉淀、过滤等预处理，以便尽可能减轻堵塞。

3.2.6　其他类型的补给

3.2.6.1　灌溉回归水的补给

抽取地下水用于农田灌溉，或者引用地表水用于农作物灌溉，灌溉用水有一部分被农作物根系吸收，有一部分停留在非饱和带，还有一部分下渗到达地下水面，形成对地下水的补给。用于农作物灌溉而引起的对地下水的补给习惯上称为灌溉回归水的补给。影响灌溉回归水补给量的因素包括灌溉方式、土壤的透水性和灌溉时间等。这种补给量最大时可占灌溉水量的 20%~40%（Bear，1979）。

不适当的污水排放也有可能沿着排放渠、池、坑等回渗到地下含水层中，引起对地下水的补给，这种补给不仅引起地下水位的抬升，而且还会污染地下水，导致地下水水质的改变。

3.2.6.2　激发补给

人工开采地下水人为地改变了天然的地下水补给、径流和排泄条件，引起地下水获得增加的补给，称为激发补给（又称诱发补给或诱导补给）。获得增加的补给量称为补给增量。

最典型的激发补给发生在河流附近的钻井开采地下水时。在原来没有开采地下水的时候，河流一侧的地下水是补给河流的（图3.8a）。在钻井开采含水层中的地下水后，最初抽出来的井水来自含水层的储存量（Moore，2002），当开采井的水位降落漏斗扩展到河流时，不仅引起河水补给地下水并供给开采井，而且原来补给河流的地下水补给量也减小甚至消失，使河流附近的含水层的补给量相对获得了增加（图3.8b）。用这种方式建造的开采井的开采量容易得到保证，地下水的水质也可以得到净化。这类水源地称为傍河型水源地。

其他激发补给的情形包括：①开采地下水引起地下分水岭向外扩展，从而使地下水获得降水入渗补给的面积增大而增加补给量（图3.8c）；②在潜水含水层－弱透水层－承压含水层系统中开采潜水含水层地下水形成水位降落漏斗，引起承压含水层越流补给量的增加（图3.8d）。

值得注意的是，虽然在开采条件下，在某些地段可以存在激发补给，但是这并不意味着在更大的范围内（例如一个流域）的总补给量获得了真正的增加。所以要注意避免对激发补给进行重复计算。

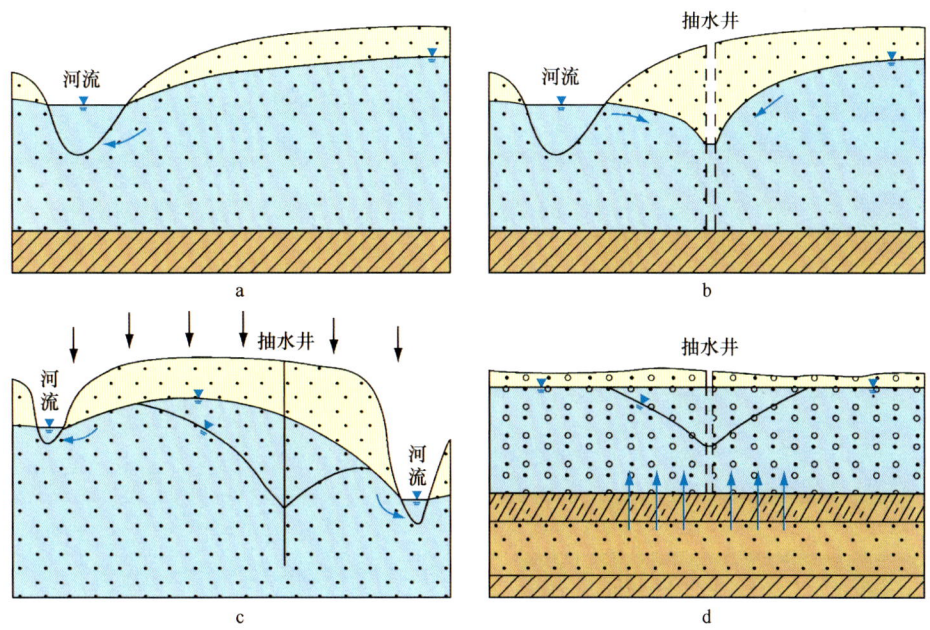

图 3.8 激发补给示意图（剖面图）
（c 和 d 据《供水水文地质手册》编写组，1983，有改动）

3.3 地下水的排泄

地下水自含水层向外界流出而失去水量的过程称为排泄。在排泄过程中，含水层的水量、水位及水质都会发生相应的变化。研究地下水的排泄，应包括排泄去路与方式、影响排泄的因素和排泄量等。地下水可以通过泉（点状）、向河流泄流（线状）和蒸发（面状）排泄。一个含水层也可以向另外一个含水层排泄，对于后者来说，即是从前者获得补给。如果所研究的只是含水层中的部分含水层，还可以存在流向下游的地下潜流（侧向径流）排泄，也存在来自上游的地下潜流（侧向径流）补给。用井、孔抽取地下水，以及用渠道、坑道汇集和排除地下水，属于人工排泄。除了蒸发排泄消耗水分而盐分仍留在地下介质中外，其余排泄方式均是水量和盐分同时流出。地下水通过排泄最终离开地下含水介质回到地表及大气中。

3.3.1 泉

泉是地下水涌出地面形成的水点，是含水层的天然排泄点。泉水由于得到所排泄含水层地下水的补给或供给而源源不断地涌出地面。在山区地形低洼处的山谷、坡脚及山前地带有较多的泉水出露，偶尔在山坡地带也可以见到泉水。在平原地区及山间盆地则很少见到泉水。

一个泉可以只有一个泉眼，也可以包含数个泉眼，构成泉群，有些泉群有多达数十个甚至数百个泉眼。在一个泉群中位置较为集中的若干个泉眼构成一个泉组。在一些泉眼处泉水比较平静地流出地面（图 3.9a）或倾流而下（图 3.9b），也有一些泉眼泉水呈翻滚状涌出（图3.9c）或喷出地面（图3.9d）。有些泉水涌出时伴有冒泡、涌砂、冒气及响声等现象，少数泉水在涌出地面后在泉口附近沉积有钙华等化学沉积物（图3.10）。有些泉水的泉眼呈近似线状分布，或者高低错落，但泉眼不规则分布者更常见。

图3.9　（a）美国黄石公园温泉泉眼；（b）美国科罗拉多州悬挂泉（据Back等，1988）；（c）西藏南木林县绊扎龙泉沸泉泉眼；（d）西藏当雄县念青唐古拉温泉高温喷泉泉眼

图3.10　（a）云南香格里拉县白水台钙华梯田；（b）西藏尼玛县绒马温泉钙华柱

根据泉水涌出时间长短可以将泉分为常年性泉、季节性泉和暂时性泉，以常年性泉最为常见。根据泉水的温度，可将泉分为常温泉（泉水水温与当地多年平均气温接近）、冷泉（泉水水温显著低于当地平均气温）、温泉（泉水水温显著高于当地平均气温，一般大

于等于 25 ℃）。在温泉中，当泉水水温达到当地沸点时称为沸泉（图 3.11a），呈间歇性喷发的沸泉称为高温间歇喷泉（图 3.11b）。有些泉水含有特殊的化学组分而对人体有医疗保健功效，或具有工业利用价值，称为矿泉。

a　　　　　　　　　　　　　　　　b

图 3.11　云南龙陵县邦腊掌温泉"大滚锅"沸泉泉眼（a）；
冰岛 Geysir 附近的 Strokkur 高温间歇喷泉（b）

　　大多数泉的形成主要是由于含水层或含水带内地下水面与地形面相交，地下水在地形面较低处流出地面；或者是在地下水测压水面高于地形面的区域有导水通道沟通含水层与地表，地下水经由导水通道而涌出地表。根据出露原因可以将泉分为侵蚀泉、接触泉、溢流泉（溢出泉）、涌流泉（涌出泉）和断层泉。潜水含水层或承压含水层中的地下水面与地形面低洼处的河谷、沟谷和洼地相交时，地下水便在地形低处排出地表形成泉水，这是成因最简单的一类泉水，习惯上称为侵蚀泉（图 3.12a，b），有时也称洼地泉。呈接近水平展布或倾角不大的透水层与其下伏隔水层被沟谷切割，地下水在含水层与隔水层接触处流出成泉，称为接触泉（图 3.12c，d）。在这种接触带沿线通常有多个这样的接触泉分布，在位置较高的陡坡或陡壁上出露的接触泉也称为悬挂泉（图 3.9b）。含水层在地形面降低的沟谷附近其透水性急剧变弱，或隔水底板隆起，或遇到不透水的岩层、岩体和岩脉等，使地下水流汇集、地下水运动受阻并发生地下壅水而全部或部分溢出地表成泉，这类泉水便是溢流泉或溢出泉（图 3.12e，f，g，h，i，j，k）。其中，如果阻水岩层、岩体或透水性弱的沉积物和透水层的接触与断层有关，这类溢流泉称为断层溢流泉（图 3.12j，k）。含水层被透水性差的松散沉积物覆盖或埋藏在隔水层之下，含水层水头高于地面，地下水穿过松散沉积物局部透水性较好的地段或隔水层局部透水地段涌出地表，这便是涌流泉或涌出泉（图 3.12l）。承压含水层地下水沿导水断层上升，如果导水断层与地面交界处的高程低于地下水测压水面高程，则地下水在交界处涌出地表，这种泉水称为断层泉（图 3.12m）。沿导水断层线延伸的地面通常不止一个泉出露。在透水性较差的岩层中发

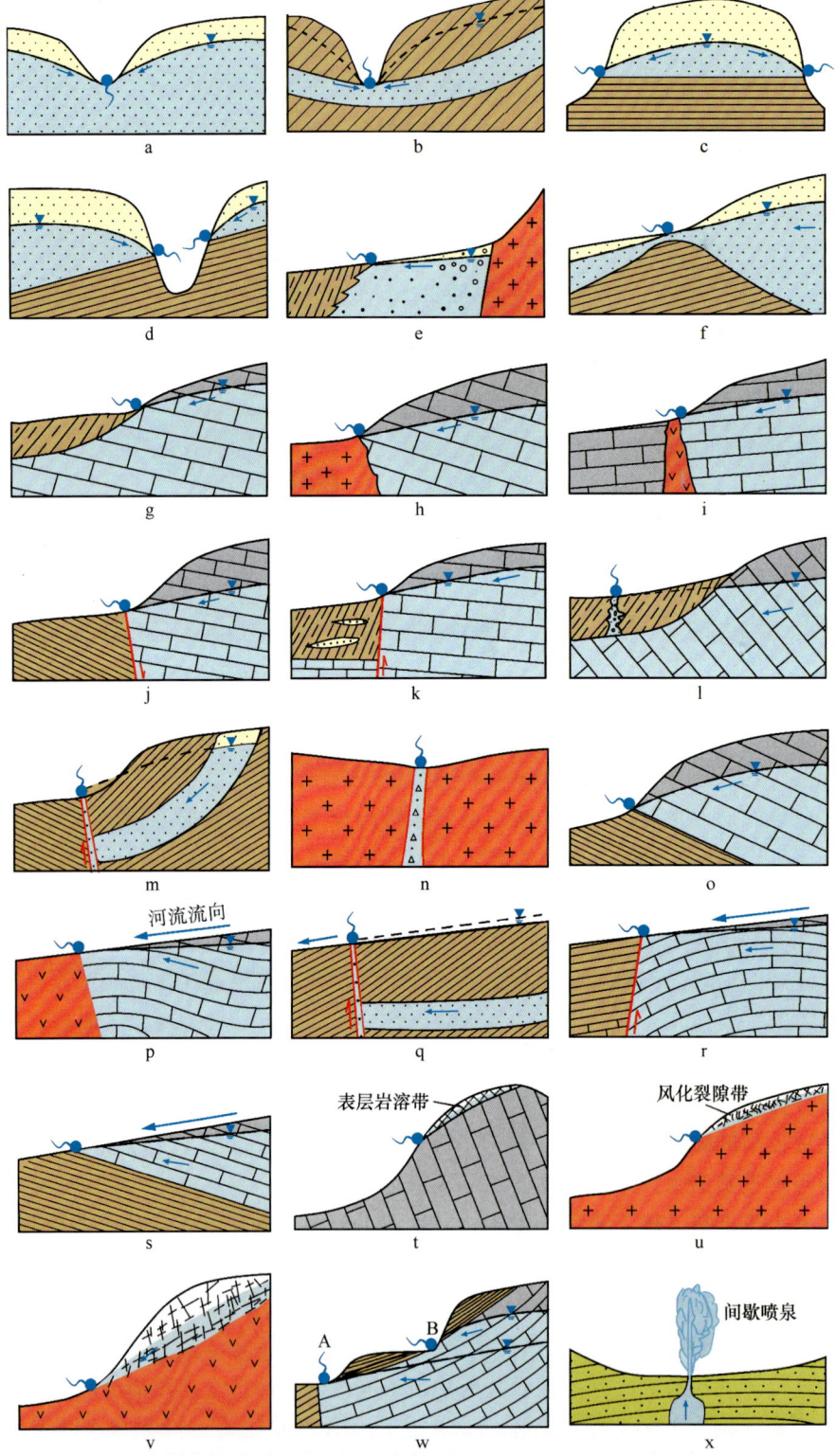

图 3.12 泉的类型（剖面图）

育规模较大的断层常构成一个含水带，地下水主要沿断层带循环，在地形较低处，断层带内地下水涌出地表成泉，这类泉水（包括一部分温泉）也称为断层泉（图3.12n）。也存在上述某些类型的组合成因的泉水，例如接触溢流泉（图3.12o）、侵蚀溢流泉（图3.12p）、侵蚀断层泉（图3.12q）、侵蚀断层溢流泉（图3.12r）甚至侵蚀接触溢流泉（图3.12s）等。

根据泉所排泄的含水层的类型，可以将泉分为下降泉和上升泉两大类。下降泉排泄的是潜水含水层或上层滞水含水层的地下水（图3.12a，c，d，e，f，g，h，i，j，k，o）。上升泉排泄的是承压含水层的地下水（图3.12b，l，m，q）。有些泉排泄含水层全部的地下水，称为全排型泉（图3.12h，i，j，m，o，p，q，r，s）；有些含水层地下水只有部分经由泉排泄，另一部分通过地下潜流向下游径流，这类泉称为非全排型泉（图3.12a，f，k，l）。根据地下水循环深度可以将泉分为表层泉、浅循环泉和深循环泉。在潮湿多雨的岩溶山区的表层岩溶带和基岩山区的表层风化裂隙带，分布有表层泉（图3.12t，u），地下水仅在表层岩溶带和风化裂隙带分布和循环。在基岩地区裂隙在一定深度下几乎不发育，大气降水入渗到一定深度后汇集在地形低处成泉，其特点是地下水循环的最低处仍然高于泉口，这类泉称为浅循环泉（图3.12v）。如果地下水在含水层中循环的最深处低于泉口，这类泉称为深循环泉。大部分泉水属于深循环泉。有些地下水循环很深，获得地下热源加热后，涌出地表成为温泉。

部分暂时性泉或季节性泉的形成多与含水层的规模较小以及泉口的位置较高等有关。在山区陡坎及河谷阶地前缘陡坎处出露有排泄上层滞水含水层或规模较小的含水层的接触泉或浅循环泉，在雨后或雨季有水流出，在旱季泉水断流。在岩溶化程度较高的含水层中，位置低的泉水通常是常年性泉（图3.12w中A泉），而位置高的泉眼仅在连续多次降水之后当地下水位抬升至该泉眼时才能出流，其持续时间有限（图3.12w中B泉）。间歇喷泉（图3.12x）一般喷发时间短，间歇时间长，多分布在高温地热带，其形成原因很复杂，与高温热水在地下空洞中汽化有关。

当泉水在河水、湖水或海水水面以下涌出时，分别成为河底泉、湖底泉或海底泉，都可以称为水下泉。此外，还有其他不常见的泉，例如，与潮汐现象有关的感潮泉，在岩溶地区偶尔可以见到独特的虹吸泉，它们大多是间歇泉，在沙漠地区偶尔出现月牙泉，还有与特殊水质有关的苦泉、咸泉等。

不同泉水的流量相差悬殊，小者不足0.1 L/s，大者瞬间流量可以大于20 m^3/s。流量以每秒几升至几百升的泉水最为常见。流量大于1 m^3/s 的大泉多分布于岩溶地区，又称岩溶大泉。单个泉的流量有变化不大者，也有变化很大极不稳定者。可以用泉的不稳定系数大致判断泉流量的稳定程度。泉的不稳定系数是指泉的多年平均年内最大流量与多年平均年内最小流量之比。当泉的不稳定系数为1，>1~2.0，>2.0~10.0，>10.0~33 和大于33时，泉流量分别为极稳定的、稳定的、变化的、变化极大的和极不稳定的。

在天然条件下，一个泉所排泄的含水层有一个固定的分布范围和补给区域，分布在这个含水层范围内的地下水接受这个补给区域内的大气降水和地表水等的补给，然后向泉眼处径流、汇集，最后通过这个泉排泄。泉所排泄的含水层的分布区范围和其补给区范围称为泉域。泉域不仅包括直接补给区和间接补给区，而且包括地下含水层的分布区。泉域内地下水的直接补给区和分布区可以完全重叠（图3.13a），也可以部分重叠（图3.13b）。

泉域内的地下水具有统一的水力联系，具有独立的补给、径流和排泄系统。每个泉域一般只有一个泉作为地下水的排泄点，也有极少数泉域内存在不止一个泉作为地下水的排泄点。

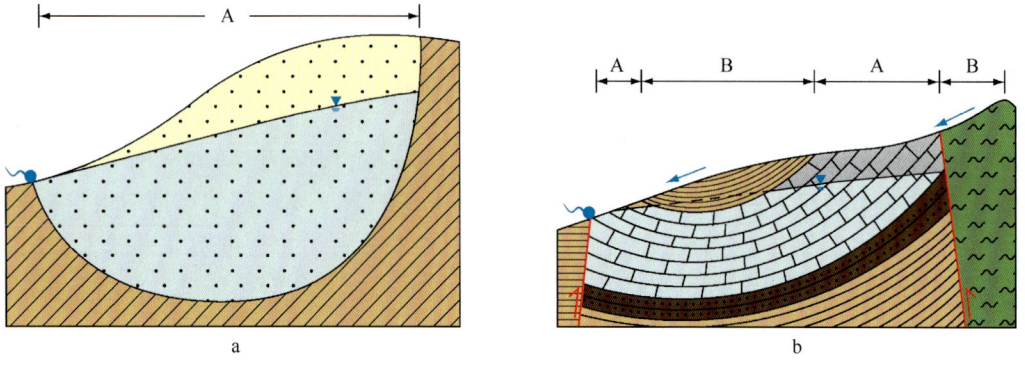

图 3.13　泉域示意剖面图
A—直接补给区；B—间接补给区

一个泉的出露位置、流量大小与变化特点、水温高低以及水化学组分特征，是自然地理、地质和地下水等多方面的因素综合作用的结果。流量大的泉或泉群的出现，更是地形、地层、构造、地下水条件十分巧妙配合的结果。我国北方分布有许多岩溶大泉，例如山西省的娘子关泉（流量达 12.13 m³/s）、辛安泉（流量 11.9 m³/s）、郭庄泉（流量 7.59 m³/s）、晋祠泉（流量 1.6 m³/s）、神头泉（流量 7.84 m³/s）等（韩行瑞等，1993），山东省的济南泉、百脉泉，河北省的百泉（邢台）、黑龙洞泉，河南省的百泉（辉县）（流量 3.9 m³/s）、小南海泉等。山东省济南市是举世闻名的泉城，在市区 2.6 km² 范围内出露有 119 个泉眼，1959~1972 年总流量最大时达 10.38 m³/s，最小时为 0.78 m³/s，多年平均为 3.36 m³/s 左右（陈振鹏，1985）。济南泉群是其南部寒武-奥陶系碳酸盐岩含水层的排泄区，含水层的空间展布为一单斜储水构造（泰山背斜的北翼），地形和岩层向着北部济南市区降低和倾斜，在市区北侧分布有燕山期闪长岩和辉长岩侵入体，并呈舌状包围奥陶系灰岩。透水性良好的碳酸盐岩含水层在南部山区接受大气降水的补给，地下水向北径流至市区汇集，受到侵入岩体的阻挡而溢出（图 3.14）。市区泉眼主要分布在 4 个区域，即趵突泉、珍珠

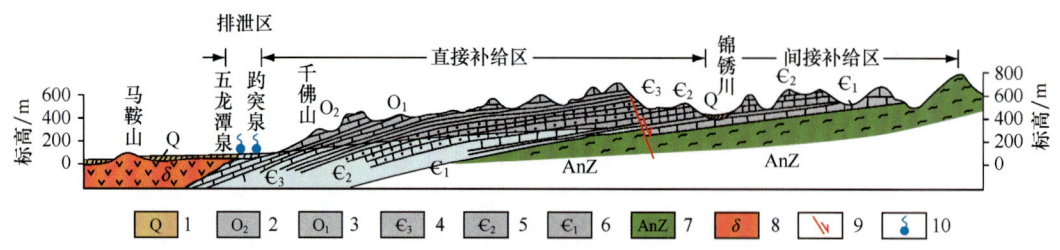

图 3.14　山东省济南泉水形成剖面图
（据山东省水文地质队，转引自沈照理等，1985）
1—第四系；2—中奥陶统灰岩；3—下奥陶统白云质灰岩；4—上寒武统灰岩、页岩；5—中寒武统鲕状灰岩；6—下寒武统灰岩、页岩；7—前震旦系变质岩；8—闪长岩；9—断层；10—泉

泉、五龙潭泉和黑虎泉泉组（图 3.15）。趵突泉泉组中有 3 个相邻的泉眼呈喷涌翻滚状，涌出高度达 0.2~0.5 m，颇为壮观（图 3.16a）；黑虎泉泉组的主泉眼泉水奔涌而出（图 3.16b）；在珍珠泉至大明湖沿途有众多泉眼，形成"家家泉水"奇观。

云南省的安宁温泉位于昆明市以西 38 km 的螳螂川河谷中。其西部震旦系灯影组白云岩构成向东倾斜的一个单斜储水构造（图 3.17）。通过河谷泉区的南北向的螳螂川深大断裂有利于深部热源向上传输形成较高热流背景值（程先锋等，2008）。地下水在西部补给区获得大气降水入渗补给后自西向东沿单斜储水构造深循环，然后通过螳螂川导水断

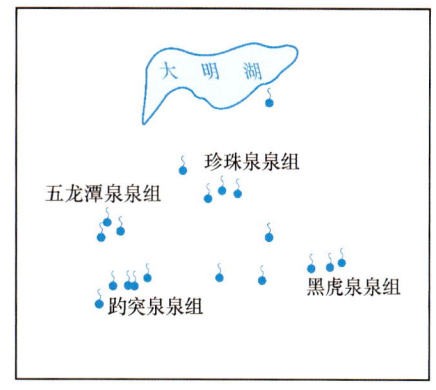

图 3.15 济南泉群的 4 个泉组（平面图）
（据陈振鹏，1985，有改动）

a

b

图 3.16 山东济南趵突泉泉眼（a）；山东济南黑虎泉泉眼（b）

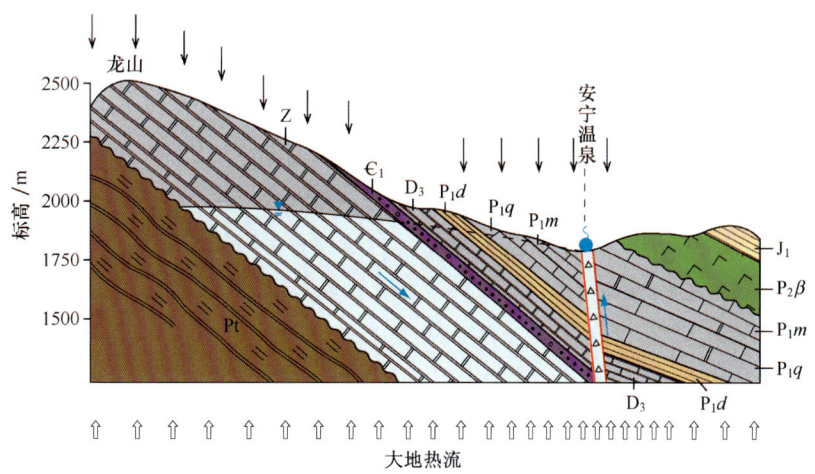

图 3.17 云南省安宁温泉形成剖面图
（据程先锋等，2008；杨金和等，2008；有改动）

J_1—下侏罗统页岩夹石英砂岩；$P_2\beta$—中二叠统玄武岩；P_1m—下二叠统茅口组灰岩；P_1q—下二叠统栖霞组灰岩；P_1d—下二叠统大冶组页岩；D_3—下泥盆统灰岩；ϵ_1—下寒武统砂岩；Z—震旦系白云岩；Pt—中新元古界板岩

层向上运移，并与东侧浅部二叠系灰岩含水层地下水混合，在河谷东侧出露泉水，总流量为 118 L/s，有 7 个泉眼，在河床内还有热水溢出点。又以"天下第一汤"泉眼最为著名（图 3.18），泉水无色无味、清澈透明，有串珠状气泡断续冒出，水温 45 ℃左右，矿化度为 364 mg/L，偏硅酸含量为 32.1 mg/L。安宁温泉是云南省以至全国著名的温泉之一，用于洗浴、疗养等。

图 3.18　云南安宁温泉"天下第一汤"泉眼

仔细调查泉的出露特征和流量、温度及其变化等，可以分析含水层的富水性及其规模和地下水的补给、径流、排泄、动态等方面的一系列特征。泉的出露说明地下分布有含水层，泉的多少和泉流量的大小反映含水层的富水程度以及空隙的发育程度（图 1.34）。流量大而且变化比较稳定的泉表明地下含水层的分布规模比较大、补给区面积较大且距离较远等。断层泉、溢流泉和接触泉的分布有助于判断地下隐伏的地质构造。温泉的出露表明地下水循环较深或地下存在地热异常。水质特殊的泉水反映地下可能发生某些水-岩作用等。

天然出露的泉水本身就是宝贵的水资源。一些水质好、流量稳定的泉，可以直接用于各种供水目的。温泉可以用于洗浴、取暖、温室种植和养殖及医疗保健等。含有有益于人体健康的微量元素或气体成分的泉水可以作为矿泉水开发利用。此外，泉水及其与其他景观相配合，可以作为旅游资源。

3.3.2　泄流

地下水向地表水的排泄称为泄流。泄流发生在当地下水与地表水存在水力联系而且地下水位高于地表水位时。河流在一些情况下是排泄地下水的（图 3.5）。湖泊通常也排泄其周边地下水，在内陆流域的终端湖则是流域内地下水的最终排泄去处。滨海含水层和海岛含水层的地下淡水向海里排泄。泄流的特点是地下水分散地沿地表水体的底周界呈带状排出，当地表水体与含水层的交界面垂直或接近垂直时，在平面上呈线状排泄。

由于泄流比较分散，泄流量难以直接测量，可以通过间接方法来估算。以河流为例，可以测定河流上、下游断面的流量，以下游断面流量与上游断面流量的差值乘以时间代表观测河段的泄流量。也可以选择代表性河段确定单位长度河流的泄流量，再估算所研究河段的泄流量。如果河流切割至均质潜水含水层底板（图 3.19），可以根据下式确定河流一侧单位长度的泄流量：

$$q_{泄} = K\frac{h_1^2 - h_0^2}{2L} \quad (3.12)$$

式中：$q_{泄}$ 为河流一侧单位长度泄流量；K 为含水层渗透系数；h_0 为河水位；h_1 为河流岸边钻孔水位；L 为钻孔与河岸的垂直距离。然后再计算所研究河段的总泄流量。

当含水层为非均质、河流仅部分切割含水层、河流宽度变化大致使泄流量在不同河段变化较大时，上述方法难以

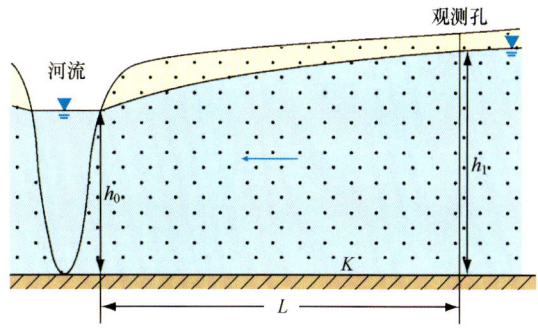

图3.19 河流泄流量的计算示意图（剖面图）

运用。一般采用水文过程线分割法估算泄流量。选定某一河流断面，定期测定河水流量，绘制流量随时间的变化曲线，称为水文过程线（流量过程线）。流量过程线通常由地表径流构成其洪峰部分，地下径流构成其基流部分。在河流流量过程线上地下水向河流的泄流量称为基流（图3.20）。基流的存在使得河流在没有降雨形成地面径流汇入期间仍能保持一定的流量。通过分割流量过程线将基流分割出来而确定地下水泄流量的方法称为基流分割法。

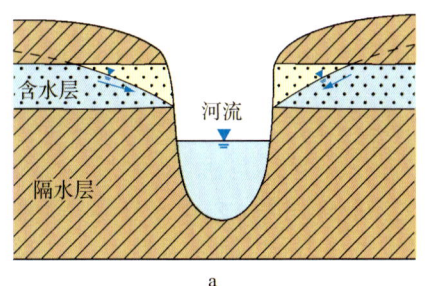 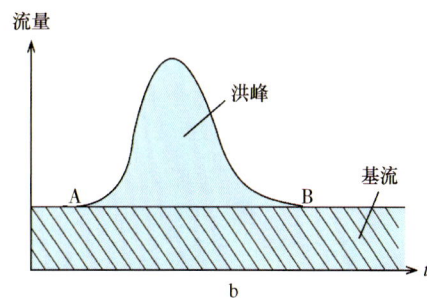

图3.20 接受承压水补给（a）的河流流量过程线与基流（b）

最简单的基流分割法是直线分割法。在流量过程线的起涨点 A 与退水点 B 之间画一条直线，直线以下的部分即为地下水的泄流量（图3.20b）。这种方法适用于承压水补给河流且承压水与河流没有直接水力联系的情形（图3.20a）。如果承压水与河水有直接水力联系，在洪水期间由于河水位抬高，导致承压水向河流的泄流量有所减小（图3.21a，a'），用直线分割法求得的泄流量将偏大。当潜水与河水无直接水力联系时，由于雨后潜水位抬高，地下水向河流的泄流量有所增加（图3.21b，b'），用直线分割法求得泄流量将偏小。当潜水与河水有直接水力联系时，在洪水期由于河水位抬高，导致地下水泄流量减小，甚至河水反过来补给地下水，这时可以认为地下水的泄流量为零，直至河水位低于地下水位后，地下水又补给河流（图3.21c，c'）。这种情形不宜采用直线分割法。

地下水也可以向人工建造的水库和渠道排泄。长期运行的水库和渠道对地下水的泄流分别与湖泊和河流有类似之处。

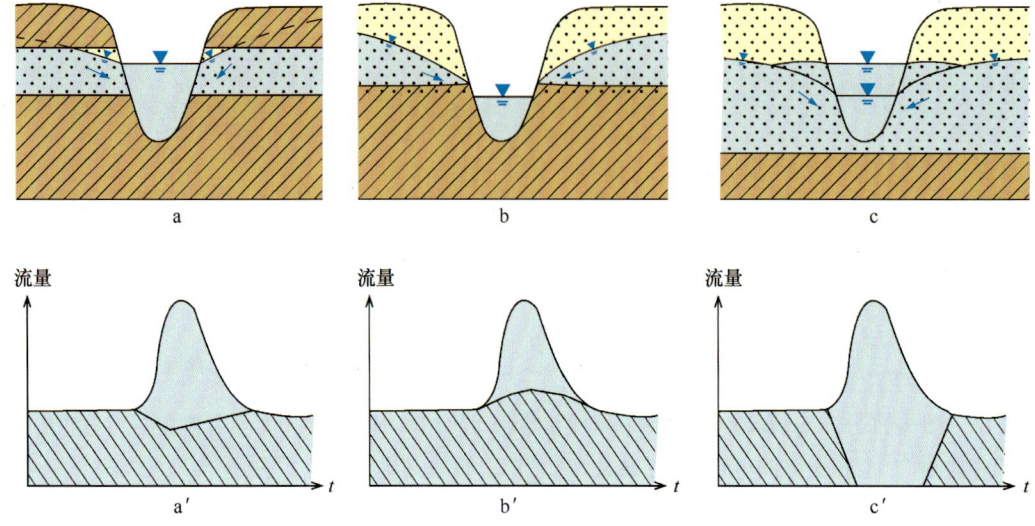

图 3.21 基流分割

(据河北地质局水文地质四大队,1978,有改动)

a、b、c—剖面图；a′、b′、c′—对应的流量过程线图

3.3.3 蒸发排泄

在水的表层中运动速度较快的水分子可以克服周围水分子的吸引而脱离水面转变为水汽。在常温下水由液态变成气态进入大气的过程称为蒸发。蒸发包括水面蒸发、土面蒸发和叶面蒸发等。地表水和土壤表面的蒸发以及植物的蒸腾作用是大气中水分的主要来源。

在地形低平的地区，潜水流动缓慢，当潜水位埋深较小时，地下水可以通过蒸发排泄。在干旱、半干旱气候下由松散沉积物构成的平原地区和山间盆地，蒸发往往是地下水主要的排泄方式。地下水的蒸发排泄包括土面蒸发和叶面蒸发两种。

土面蒸发主要发生在由颗粒较为细小的松散沉积物组成的潜水含水层中。当潜水面埋藏不深时，潜水面之上的毛细水带的上缘接近地面，当大气比较干燥，其相对湿度小于饱和湿度时，毛细孔隙弯液面上的水不断由液态转化为气态进入大气。毛细作用又将潜水面处的水源源不断地上升到毛细水带上缘，使蒸发得以继续进行。在水分从潜水面沿毛细孔隙源源上升至毛细水带上缘不断汽化蒸发的过程中，主要发生水量损失，水流带来的盐分便积聚在毛细水带上缘。虽然降水入渗可以淋滤部分盐分重新返回潜水，但是如果蒸发作用强烈而降水入渗微弱，长期下去将使土壤表层积盐，导致土壤盐渍化，潜水也将不断浓缩咸化。在降水入渗补给显著的地区，土壤和地下水的咸化则不明显。

土面蒸发是自下往上在垂直方向上进行的，受到地面气候、非饱和带岩性和潜水面埋深等的影响。气候愈干旱、大气相对湿度愈小，土面蒸发愈强烈。非饱和带岩性对土面蒸发的影响体现为对毛细上升高度与速度的影响，由颗粒较粗大的砾石和粗砂组成的非饱和带，毛细上升高度小，黏土和亚黏土中因结合水的存在而使毛细上升速度慢，均不利于潜水蒸发。颗粒细小的亚砂、粉砂和细砂组成的非饱和带，有利于潜水的蒸发。潜水面埋藏越浅，越有利于毛细作用将潜水输送到接近地面，致使蒸发作用更容易进行。野外试验证实，土面蒸发作用随潜水面埋深增大而减弱，一般来说，当潜水面埋深大于2 m时，蒸发作用明显减弱，潜水面埋深大于5 m时，土面蒸发可以忽略不计（图3.22）。

潜水蒸发量的估算多是运用经验公式。假定在气象、非饱和带岩性等因素相同的情况下，潜水面埋深增加到一定数值时潜水蒸发接近零，这一深度称为潜水蒸发极限埋深。以下柯夫达－阿维里扬诺夫公式是应用较广泛的经验公式：

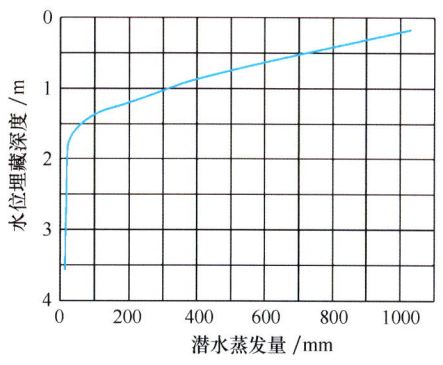

图3.22　潜水蒸发量与水位埋深的关系
（据王大纯等，1995）

$$\varepsilon = E_0\left(1 - \frac{H}{H_0}\right)^n \tag{3.13}$$

式中：ε 为潜水土面蒸发量，mm/d；E_0 为潜水接近地表面时的蒸发强度，mm/d，可以用水面蒸发量代替；H 为潜水位埋深，m；H_0 为潜水蒸发极限埋深，m；n 为常数，其取值一般为 $1 \sim 3$，当非饱和带全部为砂或粉砂时取 $n = 1$；当有黏土盖层或夹层（厚度大于15 cm）时取 $n = 2$。

叶面蒸发是指植物在生长过程中，由根系吸收水分后传输至叶面，在叶面转化成气态水而进入大气的过程。叶面蒸发也称为（植物）蒸腾。植物根系吸收的水分可以来自土壤水带中的水，也可以来自毛细水带中的水。根系吸收的水有一部分用于制造植物组织，另一部分则蒸腾到大气中。蒸腾主要发生在植物生长季节且白天（由于光合作用）比夜间明显。蒸腾一般只消耗水分而不带走盐分，只有喜盐植物才吸收部分盐分。成年树木的耗水能力很可观，例如一颗15年的柳树每年可消耗 90 m^3 以上的水。在苏联中亚细亚林区，林木在整个生长期的蒸腾量占总蒸发量的75%，年平均达378 mm（王大纯等，1995）。我国西北地区的某些荒漠中的绿洲区，地表植被靠吸收来自地下水面的水分来维持生长，近20年来由于地下水位下降，导致绿洲面积缩小。

一般来说，确定地下水的总蒸发量并不是一件很容易的事。要想区分土面蒸发和植物蒸腾也相当困难。在野外条件下，通常将二者导致的水量损失结合起来一起考虑，进行各种水量均衡计算。在这种情况下，土面蒸发和植物蒸腾（叶面蒸发）合称为蒸发蒸腾。郭占荣等（2001）在新疆天山北麓平原区对冬小麦生长的试验结果表明，在全部生长期（297天）内，当潜水位埋深为1.5 m、4 m和6 m时，蒸发蒸腾量分别为619 mm、545 mm和513 mm。

3.3.4　人工排泄

人工排泄地下水是指人类为了不同的目的利用各种方式抽吸和排除地下水的过程。近100年来尤其是最近几十年来，人工排泄已经成为地下水的重要排泄方式，在一些地区甚至是主要的排泄方式。人们为了满足饮用水、市政用水、农业灌溉及工业用水等的需水要求，可以就近打井或专门建设地下水水源地抽取地下水进行供水。为了地下矿体的安全开采和地下工程（隧道、建筑基础等）的安全施工，也必须排除附近的地下水。人工排泄地下水在社会经济发展和提高人们生活水平等方面发挥了重要作用。人工排泄地下水也会改变天然的地下水补给、径流、排泄及动态等方面的条件和特征，不合理抽排地下水还会引发一系列环境地质问题。

人工抽排地下水最常见的方式是通过钻凿井孔、用水泵抽吸地下水。有垂直方向延伸的井，如大口径井、浅井、深井等，也有水平方向延伸的井，如径向井、水平集水廊道等。对于水位较浅厚度较小的含水层，可以开挖渠道来汇集和抽取地下水。在矿区可以通过矿井、巷道等抽排地下水。通常根据供水或排水的实际需要设计开采井的位置，依据设计开采量计算地下水位随空间或时间的变化，或者依据地下水位降低到设计高程来计算开采井的开采量随时间的变化，或者依据地下水位的设计降深和抽水设备的能力，计算确定开采井的数量和位置。开采井的位置、数量和开采量、井水位降深及其变化对于地下水的人工排泄来说是很重要的。在研究一个含水层区域的水均衡时，则只关注均衡期的总抽水量。

在平面二维流或含水层中的地下水流满足裘布依假设时，抽水井是汇点，水平井和集水廊道、渠道就是汇线。揭露全部含水层厚度的井称为完整井，只揭露部分含水层厚度的井称为非完整井。在三维流中，非完整井是有限长度的汇线。人工排泄地下水的排泄量及其引起的地下水位变化，无论采用何种开采方式，都可以通过地下水动力学中相关的方法来计算。

在松散沉积物中施工开采井，为了防止井壁坍塌，需要在含水层段下滤水管，在非含水层段下套管。为了防止含水层砂粒进入井中，通常需要在滤水管与井壁之间回填砾石。要求回填砾石的渗透性好于含水层的渗透性。在坚硬岩石中施工开采井，通常不需要下滤水管，只在井口一段下套管。

不合理开采地下水或者过量开采地下水引发的环境地质问题包括：①以强开采点为中心的水位降落漏斗不断扩大和开采中心地下水位持续下降；②天然泉水流量减少甚至断流；③规模小的河流流量减少甚至干涸；④在岩溶地区发生地面塌陷；⑤在海岸带发生海水入侵；⑥在松散沉积物地区出现地面沉降；⑦在干旱地区导致荒漠化加剧等。将在第9章和第10章详细介绍。

3.4 地下水的径流

地下水由天然的或者人工的补给区向着天然的或人工的排泄区流动的过程称为地下径流，有时也简称径流。大多数地下水总是处在不停的径流中。当地下水分布于埋深很大的承压含水层、大型盆地的深层、构造较封闭的单斜储水构造的深处倾伏端以及地势极低平的平原区及山间盆地中央时，其径流相当缓慢，甚至处于几乎停滞状态。封存在大型沉积盆地的深层地下卤水可以认为是停滞的，不参与水文循环。地下水的径流是联系地下水的补给和排泄的中间环节，是地下水循环中的一个重要环节，它将地下水的水量和盐分由补给区输送到排泄区，并在此过程中地下水与介质发生作用而使水质发生变化，使含水层中的地下水不断得到交替更新。通常是从宏观的层次而不是从微观的层次研究地下水的径流，包括径流方向、循环深度、径流强度、径流量及影响径流的因素等。

3.4.1 径流方向、径流强度和影响径流的因素

地下水径流方向总的趋势是从补给区向排泄区，由地下水头高处向地下水头低处运

动。通过绘制平面上和剖面上的地下水等水位线图或等水压线图可以确定地下水径流方向。

地下水具体的径流方向通常是复杂的。在地形低平的干旱、半干旱平原地区或山间盆地，地下水补给来源以大气降水为主，也有河流渗漏补给，地下水的排泄方式主要是蒸发排泄，地下水的径流主要在垂直方向上进行，在这种条件下常形成矿化度较高的地下水。如果含水层地下水主要以泉和泄流的形式排泄，则地下水多发生侧向径流，这种条件下主要形成矿化度较低的地下水。在侧向径流中，在某些局部区域径流大体上朝着一个方向，流线基本平行，水力梯度沿流向变化不大，这种径流称为均匀径流（图3.23a）。如果流线向着某一点汇集，水力梯度沿流向由小变大，这种径流称为汇流型径流（图3.23b），全排型泉附近的地下水径流属于这种情形。如果地下水流线呈放射状散开，水力梯度通常由大逐渐变小，这种径流称为散流型径流（图3.23c），山前冲洪积扇地下水径流可以看成是散流型径流（沈照理等，1985）。实际的地下水径流方向更可能是多变的，大多数地下水径流是三维流动，应根据具体情况进行具体分析。

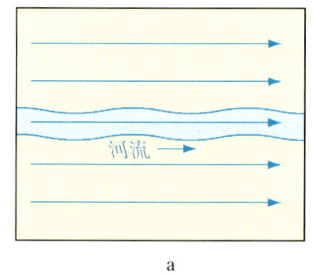 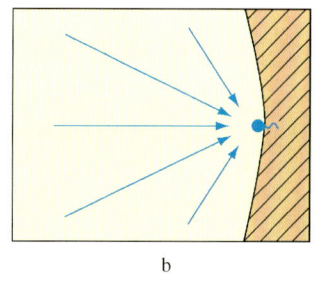 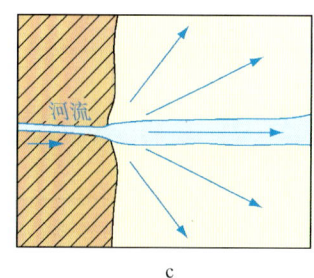

　　　　a　　　　　　　　　　　b　　　　　　　　　　　c

图3.23　三种侧向径流（平面图）

地下水的循环深度差别很大。风化裂隙水、表层岩溶水和一些浅层地下水，其循环深度不大。如果在含水层以下存在明确的隔水层或不透水体，则地下水的循环深度不会超过隔水层或不透水体的顶界。对于厚度巨大的含水层，地下水的循环深度不易确定，取决于含水层的透水性、补给区与排泄区的高差和距离等。在有些深大断裂形成的断裂带内，地下水的循环深度可达数千米，出露在这种断裂带附近的泉水多为温泉。

地下水的径流强度可以用单位时间内通过单位面积含水层断面的流量（即渗流速度）来表征。根据达西定律 $v=KI$ 可知，地下水的径流强度与含水层的渗透系数及补给区与排泄区之间的水头差成正比，与补给区到排泄区的距离成反比。

在山区地形起伏大、河流切割强烈，致使补给区与排泄区高差大，地下水径流强度较大。在平原地区及山间盆地，由于地形低平，地下水面水力梯度很小，故地下水径流强度小。对于一些基岩山区的承压含水层来说，构造开启程度对径流强度有较大影响，构造开启程度好的储水构造，地下水径流条件好；构造开启程度差者，地下水径流条件差；构造封闭者，地下水不发生径流。例如，单斜储水构造和向斜储水构造，当存在导水断层构成排泄通道时，可以导致补给区与排泄区高差大且径流距离短，其径流条件好于不存在导水断层或断层不导水时的径流（图3.24）。

含水层的透水性影响地下水的径流强度。在其他条件相同时，由粗大颗粒组成的孔隙含水层的径流条件优于由细小颗粒组成的含水层，裂隙发育强和岩溶化程度高的含

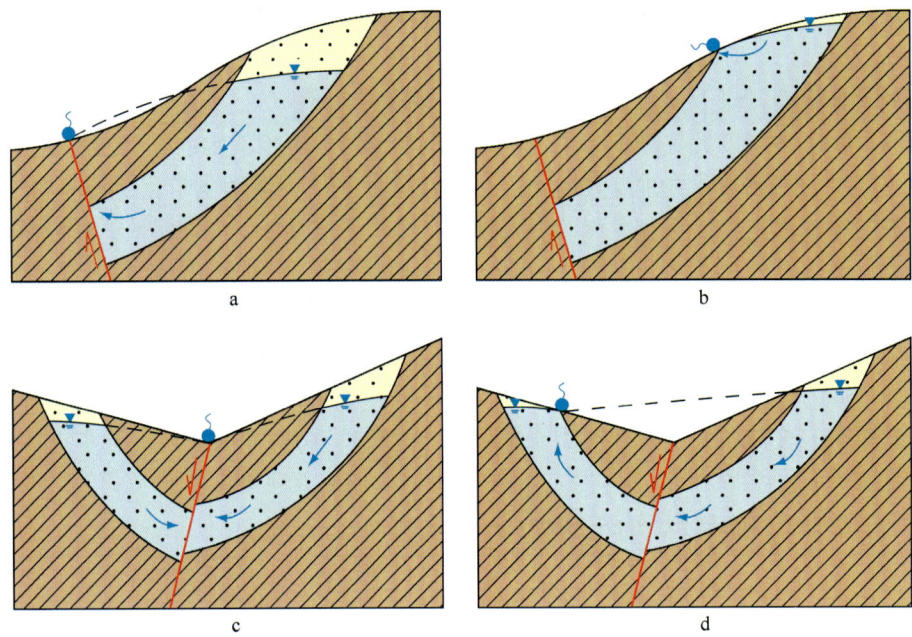

图 3.24 断层导水（a 和 c）和不导水（b 和 d）时的单斜储水构造和向斜储水构造剖面图

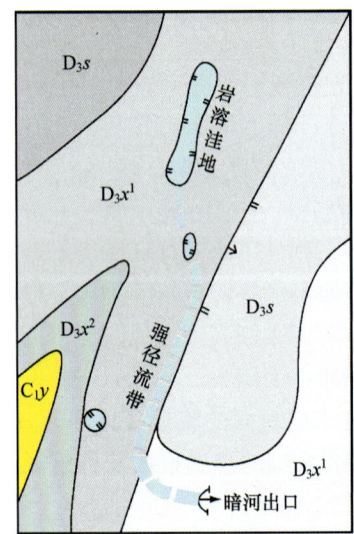

图 3.25 岩溶地区的强径流带
（据卢金凯，1985）
D_3s，D_3x^1，D_3x^2—上泥盆统碳酸盐岩；
C_1y—下石炭统碎屑岩

水层的径流条件优于裂隙发育弱和岩溶化程度低的含水层。由于介质的渗透性不均匀，存在沿某一条带的径流强度明显大于其附近的径流强度的情形。径流强度明显增大的条带称为强径流带。在洪冲积平原区，古河道有可能构成强径流带。在基岩山区，沿断层破碎带和岩溶管道发育带常构成强径流带（图 3.25）。强径流带有时对地下水的区域径流方向和径流强度起到决定作用。

在潮湿多雨地区，地下水经常获得大气降水入渗补给，其径流条件总体上好于干旱地区。

3.4.2 地下径流量与地下径流模数

以侧向径流为主的地下径流的径流量可以用达西公式估算。对于全排型泉的泉域内的地下径流量，可以用泉的年总流量来代替。当泉是非全排型时，可以用达西公式估算地下潜流量，加上泉流量即为泉域的地下径流量。

地下径流模数是指一平方千米含水层面积上地下水的径流量。可以用下式计算：

$$M = \frac{Q \times 10^3}{A \times 365 \times 86400} \quad (3.14)$$

式中：M 为地下径流模数，L/(s·km^2)；Q 为地下径流量，m^3/a；A 为含水层分布面积，km^2。地下径流模数表征一个地区以地下径流形式存在的地下水量的大小。它受地下水的补给、径流条件控制，其数值常随不同地区和不同季节而变化。在岩溶化强烈地区，洪水期地下径流模数比枯水期的大。地下径流模数通常不能反映地下径流强度，因为不同地区含水层的厚度可以不相同。

用地下径流系数表征在一年内大气降水入渗补给地下水参与地下径流的那部分有多少。地下径流系数是指同一时间（通常为一年）的地下径流量与降落在含水层补给面积的降水量之比，用下式计算：

$$\eta = 0.001 \frac{Q}{AX} \tag{3.15}$$

式中：η 为地下径流系数；Q 为一年内地下径流量，m^3/a；A 为含水层补给面积，km^2；X 为年总降水量，mm。对于潜水来说，补给面积与分布面积一致。如果已知地下径流模数，可按下式求出地下径流系数：

$$\eta = \frac{M \times 86400 \times 365}{X \times 10^6} \tag{3.16}$$

地下径流系数越大，表明参与地下径流的降水入渗量越大。

3.5 区域地下水的循环简述

将补给、径流和排泄结合在一起，可以将地下水的循环大体上分为两类：入渗-径流型和入渗-蒸发型，相应的水交替条件称为侧向水交替和垂向水交替。在少数地区也存在它们的混合类型。

地下水在较大范围内的补给、径流与排泄条件是多样的和复杂变化的，了解和掌握区域地下水的循环，对于认识区域地下水资源的形成和转化有重要的意义。

3.5.1 河间地块

两条河流之间的均质各向同性潜水含水层接受大气降水入渗补给，当地形对称、两条河流的水位高程相同时，两河间的潜水面也呈对称分布，在中央存在地下分水岭，其位置在地表分水岭之下，地下水向两侧河流径流和排泄（图3.26a）。在两河间的分水岭地带，地下水呈自上而下的垂向运动，流线散开；在河流附近，流线汇集，在河流下部，地下水自下而上流动。

与上述河间地块相比，只是左侧河水位高于右侧河水位，其他条件相同。这时河间地块流网不对称，潜水面的分水岭的位置偏向河水位较高的河流一侧，大气降水入渗形成的地下径流量流向右侧河流的径流量比流向左侧河流的径流量多（图3.26b）。

在山区，两条河流的高程存在差别，河间地块地下分水岭向河水位较高的一侧偏移（图3.26c）。当两条河流的高程差别较大，而且河间地块透水性较好时，可能不存在地下分水岭，高程较高的河流补给河间地块地下水，而河间地块地下水向高程较低的河流排泄（图3.26d）。一些河流在流经山区时的河谷宽度较大，分布有冲积物，构成孔隙含水层，河间地块基岩含水层接受大气降水入渗补给，地下水向两侧河谷径流，补给孔隙含水层，

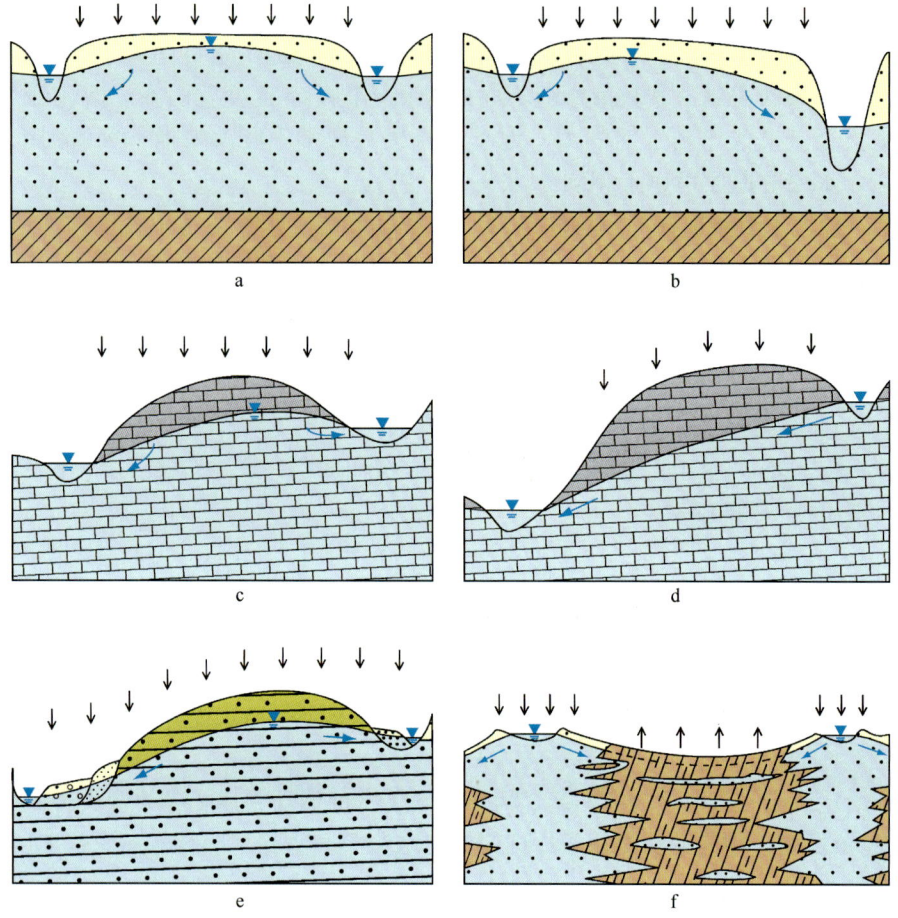

图 3.26　河间地块地下水示意剖面图

孔隙含水层和基岩含水层地下水均向河流排泄。两侧河流是地下水的主要排泄去路，是山区的排泄基准面（3.26e）。

在河流下游冲积平原的河间地块，河床可以高于河间地块地面，对地下水起到补给作用，地下水向两河之间的中间地带径流，在此地带潜水位埋深小，蒸发作用强烈，是地下水的主要排泄方式（图 3.26f）。

3.5.2　基岩山区和山间盆地

在基岩山区基岩含水层接受大气降水入渗补给，地下水面水力梯度较大，一部分向山区河流排泄，一部分向山间盆地侧向径流。侧向径流的地下水在到达山前时受阻水层或透水性差的松散沉积物阻挡，一部分以泉的形式排泄（图 3.27），还有一部分以地下侧向径流（潜流）的形式补给盆地内松散沉积物含水层。泉水、河水及来自山区的侧向径流对盆地内孔隙含水层来说构成其补给来源。盆地内的地下水还接受大气降水的补给，排泄方式有向河流排泄、蒸发排泄及向下游的地下侧向径流（潜流）排泄等。

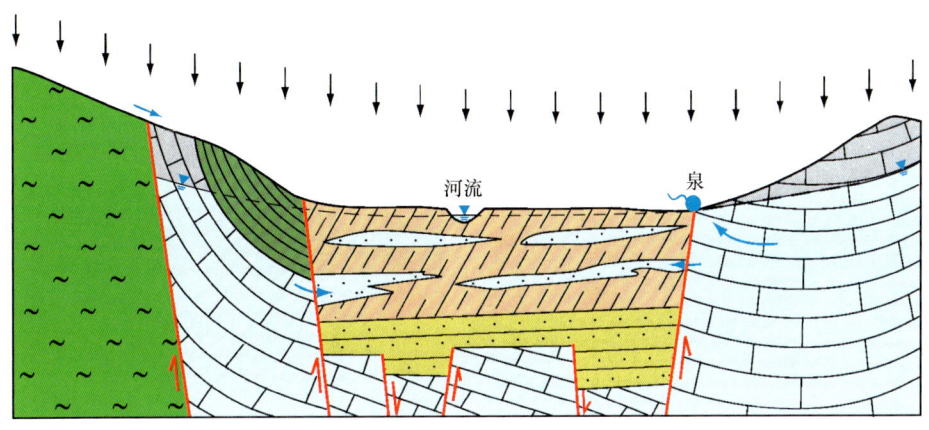

图 3.27 基岩山区和山间盆地地下水示意剖面图

3.5.3 基岩山区和洪冲积平原

地下水在山区和平原区都能获得大气降水的入渗补给。在山区基岩地下水向河流排泄，同时向平原区侧向径流。河流流出山区后在山前渗漏补给地下水，在冲积平原中游一般是河水排泄地下水，在洪水期间河水位抬升后有可能河水补给地下水，在冲积平原下游如果存在"地上悬河"，河水位高于两岸地下水位，则存在河水补给地下水，河水最后汇入海洋。平原地区地下水总体向着海洋径流最后排泄到海洋（图 3.28）。在河流附近，地下水向河水排泄，在河流之间的低平地带，地下水以蒸发排泄为主。人类开采平原区地下水会改变天然条件下的地下水循环。例如，在华北平原大规模开采地下水已有 50 余年的历史，不仅导致地下水循环系统的变异，也使含水系统的地质结构产生了不可逆转的变化（张宗祜等，2000）。

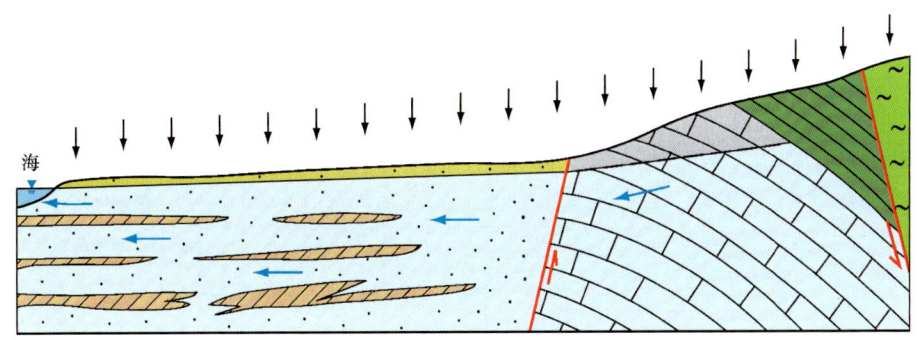

图 3.28 基岩山区和洪冲积平原地下水示意剖面图

3.5.4 滨海含水层和海岛含水层

沿海地区在滨海含水层中常分布有地下淡水，成为当地的重要水源。滨海含水层既有潜水含水层（图 3.29a），也有承压含水层（图 3.29b），或者潜水含水层-弱透水层-承压含水层系统及多层含水层组成的含水系统（图 3.29c）。淡水和海水都是可混溶的流体，在海岸带两者之间的接触地带是一个由水动力弥散形成的过渡带（Bear，1979，2010）。

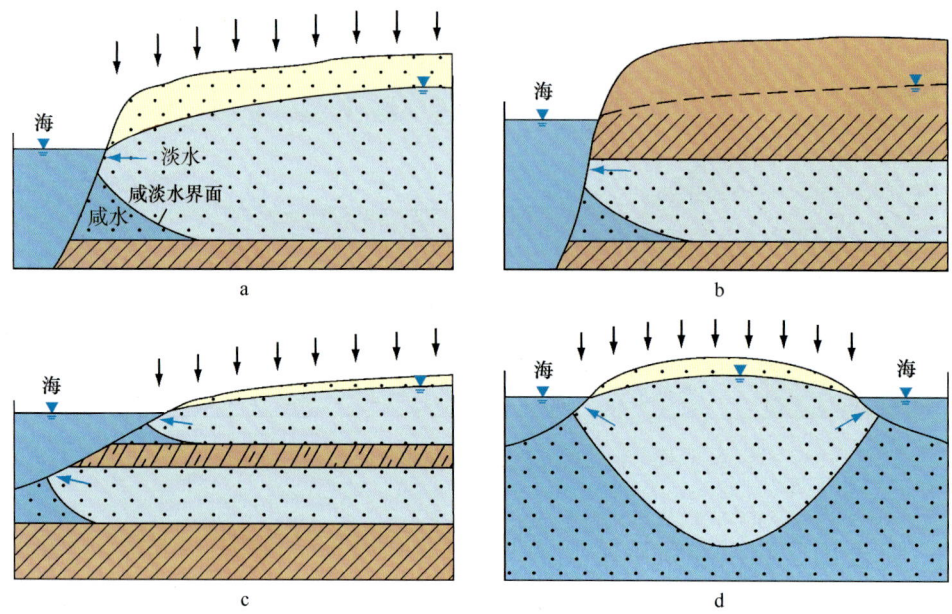

图 3.29 滨海含水层和海岛含水层示意图

在某些条件下，和含水层的厚度相比，过渡带的宽度相对比较狭窄，通常可以近似处理成一个咸淡水突变界面。在各种情况下，都在淡水下面形成一个咸水楔形体。在规模较小的海岛含水层中，淡水分布于咸水之上（图3.29d）。气候变化、海洋潮汐及人为开采等会引起咸淡水突变界面或过渡带发生移动（Maas，2007）。在天然条件下，滨海含水层地下水获得陆地上大气降水以及地表水的补给，向着海洋方向径流，最终在海岸或海底向海洋排泄。在滨海含水层中不合理开采地下淡水，当海岸带淡水体的测压水头小于邻近海水楔形体的测压水头时，咸淡水突变界面便向内陆方向挺进，这种现象称为海水入侵。

3.5.5 内陆河流域（盆地）

在我国西北地区分布有内陆河流，地下水循环较为复杂，每个流域内地下水与地表水多次互相转化（图3.30），在天然条件下每一次转化都有比较确定的位置和相对稳定的数

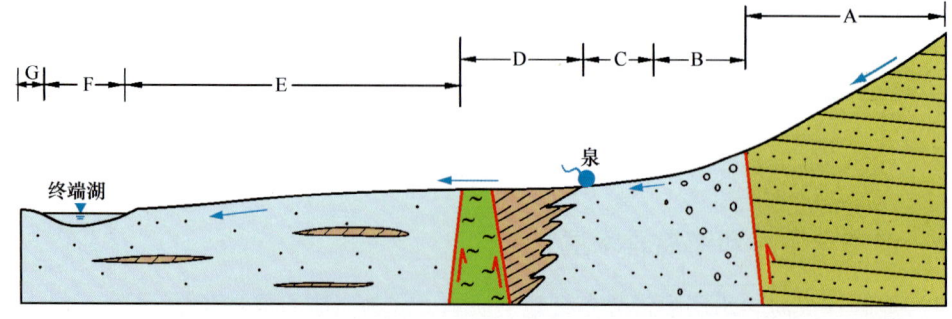

图 3.30 内陆河流域地下水循环示意剖面图
A—山区河流排泄地下水；B—山前河流渗漏补给地下水；C—地下水径流和溢出带；D—河流中游；
E—河流补给地下水及地下水蒸发带；F—湖水蒸发带；G—地下水蒸发带

量关系（李文鹏等，1995）。在河流的上游山区，大气降水和冰川、雪融水补给地下水，也是河流源头水源。河流出山后在山前一部分渗漏补给地下水，一部分流向下游。山区地下水除了一部分向河流排泄以外，另一部分向盆地孔隙含水层侧向径流。盆地地下水在向下游的径流过程中由于沉积物变细、透水性变差，一部分以溢出泉的形式排出地表并汇入河流中，另一部分以地下潜流的形式向下游径流。在下游，河水渗漏补给地下水，并最终汇入终端湖。地下水向终端湖径流并向湖内排泄，部分地下水通过蒸发排泄，还有一部分通过绿洲区的植物蒸腾而发生排泄。

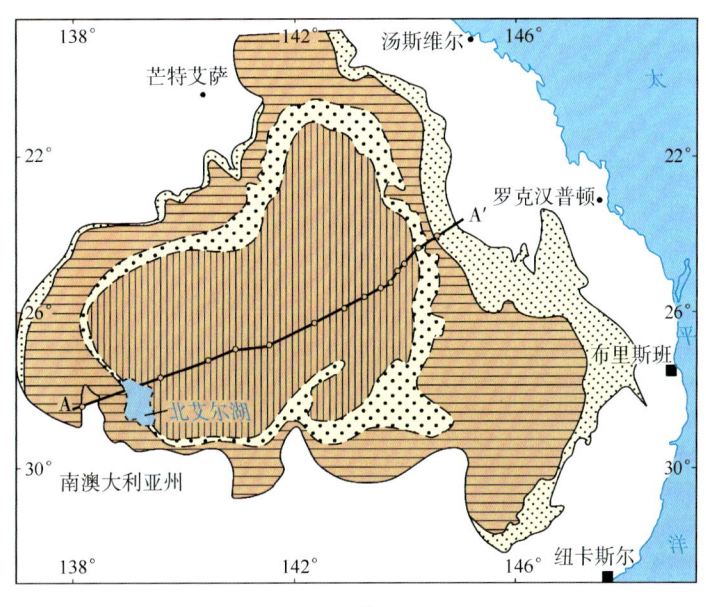

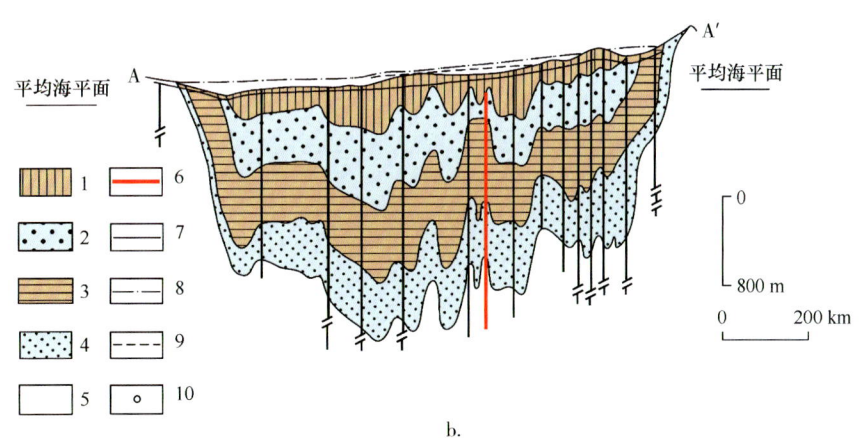

图 3.31 澳大利亚东部大自流盆地

（据 Bentley 等，1986，转引自 Erdélyi 等，1988，有改动）

a—平面图；b—剖面图。1—白垩系浅层含水-弱透水层；2—白垩系含水层；3—白垩系弱透水层；4—侏罗系含水层；5—基岩；6—断层；7—潜水位；8，9—侏罗系含水层在 1880 年和 1970 年的测压水位；10—勘探孔

3.5.6 大型沉积盆地

大型沉积盆地在地质历史时期是构造活动相对较弱的稳定内陆地块，以沉积作用为主，地层自老至新分布比较连续，现今在地形上也大多处于一个盆地内。某些大型沉积盆地内分布有同生沉积卤水，地下卤水赋存于深层含水层中，不参与现代水文循环，这类沉积盆地的典型实例是我国的四川盆地。另一类沉积盆地的地下水参与水文循环，地下径流十分缓慢，地下水以淡水为主。例如澳大利亚东部的大自流盆地，面积 $1.7 \times 10^6 \text{ km}^2$，大体上呈一个碗状结构（图3.31）。盆地中心分布有厚度达3000 m左右的侏罗系和白垩系沉积物，由主要互层状的陆相砂岩、粉砂岩和泥岩组成，其上覆盖有薄层新生界沉积物。含水层有侏罗系含水层，其上覆依次有白垩系弱透水层、白垩系含水层和另一个白垩系弱透水层。盆地内含水层为承压含水层，盆地东部位置较高的边缘地区为补给区，地下水向位置低的南部和西南部边缘地带径流，地下水以越流的方式向浅层潜水排泄，也以泉的形式在西南部部分边缘地带排泄。侏罗系含水层埋深达1500 m，大部分呈自流状态，有数千个自流钻井。地下水流动基本是顺层流动，含水层很少被断层切割也很少发生相变。据Bentley等（1986）的研究，侏罗系含水层地下水的年龄达10万~100万年。

1. 试述水循环的种类和基本原理，以及对地下水的影响。
2. 地下径流与地表径流的特征有哪些不同？
3. 简述大气降水入渗系数的含义和野外确定方法。
4. 河间地块在大气降水入渗形成排泄的情况下，地下水位还在不断升高，如果降水强度不变，水位是否会停止升高？
5. 在哪几种情况下，地表分水岭和地下分水岭一致？请绘出示意剖面图。
6. 大气降水均匀入渗补给潜水含水层，两侧排泄点的高度不同，地下分水岭会偏向哪一侧？为什么？
7. 试列举5种在野外所能见到的河流补给或排泄地下水的情形，并用相应的剖面图表示。
8. 画出间歇性河流对潜水的补给过程的横断面示意流网图，并说明间歇性河流流量变化对潜水位动态的影响。
9. 什么是地下水的人工补给？结合具体条件说明人工补给的目的、方式、应具备的条件和可能遇到的困难。
10. 试分析在相同条件下进行人工回灌时，承压含水层和潜水含水层的储水能力的大小。
11. 在同一含水层中，由抽水而产生的井内水位降深与以相同流量注水而引起的水位升高值是否相同？为什么？
12. 在什么情况下地下水可以获得激发补给（即补给增量）？

第4章 地下水水化学基本原理

水是良好的溶剂，不仅能溶解许多固体物质，而且也能溶解许多液体和气体物质。赋存于岩石圈中的地下水，在与大气圈、水圈和生物圈进行水量交换的同时，不断与岩土介质发生化学反应，交换化学成分。地下水在形成与演化的过程中经历了各种作用，它的水化学成分的形成与分布是地下水与环境（自然地理、地质背景等）以及人类活动长期相互作用的产物。

地下水水化学作为研究地下水化学成分的形成和各种元素在水中迁移的专门学科，研究内容主要有：①地下水化学成分的形成与变化规律，包括影响水化学成分形成的各种因素、水化学成分形成的各种物理化学作用、水中各种元素的来源。②地下水中各种元素的迁移作用，例如元素从矿物和岩浆、气体、生物等物质转移到地下水的过程，元素进入地下水后由于各种因素引起的迁移作用等。元素的迁移作用是地下水水化学分带及地下水化学成分变化的制约条件。③地下水在地球壳层各带中的地球化学作用。地下水圈从地球表层的水文带起，直到下地幔与地核之间的界限止，是一个完整的统一体。研究地球壳层间的水文联系及其水文地球化学特征，是阐明地下水起源及地下水成矿地球化学作用的基础。④人类活动的影响。随着人类社会的进步和经济发展，人类活动对地下水水化学变化的影响越来越大，形成了各种类型的地下水污染，对环境和生态产生重大影响。对于地下水污染的研究，已成为当代地下水水化学的重要研究课题。

地下水中元素迁移不能脱离水的流动，因此地下水水化学的研究必须与地下水运动的研究紧密结合。地下水水质的演变具有时间上继承的特点，自然地理与地质演化历史给予地下水的化学面貌以深刻的影响，因此不能从纯化学的角度，孤立、静止地研究地下水的化学成分及其形成，而必须从水与环境长期相互作用的角度出发，去揭示地下水化学演变的内在依据与规律。

4.1 天然地下水的化学组成

天然条件下的地下水是多组分溶液，其化学成分相当复杂。到目前为止，借助于现代分析技术在地下水中已发现了门捷列夫周期表所列 93 种天然元素中的近 80 种。它们多以离子、原子、分子、络合物和化合物等形式存在于地下水中，有些物质也以溶解和活动于地下水中的有机质、气体、微生物和元素同位素的形式存在。

组成地下水的化学组分，根据它们在地下水中的分布和含量以及水化学意义，可以划分为主要组分、次要组分、微量组分和特殊组分、气体组分及同位素组分。

4.1.1 主要组分和次要组分

主要组分是指在地下水中经常出现、分布较广、含量较多的化学元素或化合物，这些组分包括：重碳酸根（HCO_3^-）、硫酸根（SO_4^{2-}）、氯离子（Cl^-）、钾离子（K^+）、钠离子（Na^+）、钙离子（Ca^{2+}）、镁离子（Mg^{2+}）等。它们构成了水中所谓的七大离子，占据了地下水中无机物成分含量的90%以上，决定着地下水的水化学类型。

构成这些离子的元素，或者是地壳中含量较高且较易溶于水的（如O_2，Ca，Mg，Na，K），或者是地壳中含量虽不很大，但极易溶于水的（如Cl^-，以SO_4^{2-}形式出现的S）。Si，Al，Fe等元素，虽然在地壳中含量很大，但由于其难溶于水，在地下水中含量通常不大。一般情况下，随着地下水中溶解组分含量的增高，地下水中占主要地位的离子成分也随之发生变化。溶解组分含量低的水中常以HCO_3^-及Ca^{2+}，Mg^{2+}为主；溶解组分含量高的水中则以Cl^-及Na^+为主；溶解组分含量中等的地下水中，阴离子常以SO_4^{2-}为主，主要阳离子则可以是Na^+，也可以是Ca^{2+}。地下水的溶解组分含量与离子成分之间之所以具有这种对应关系，一个主要原因是水中盐类的溶解度存在差异。

4.1.1.1 氯离子

氯元素在地壳中的含量仅约为0.017%，但Cl^-具有很强的迁移性能。Cl^-在溶解组分含量较低的水中是保守的，不易形成难溶的矿物，不被胶体所吸附，也难以被生物积累。氯化钠、氯化镁和氯化钙盐的溶解度都很大，因此Cl^-可以自由地在水中迁移，成为地下水中分布最广的离子，几乎存在于所有的地下水中。一般来说，在溶解组分含量低的地下水中，Cl^-含量很少，一般在阴离子中占第三位。随着溶解组分含量的增加，Cl^-的绝对含量和相对含量都有所增加，并在溶解组分含量高的水中占主导地位，在卤水中Cl^-在阴离子中占绝对优势。Cl^-含量的变化范围由每升数毫克到数百克。

地下水中Cl^-的天然来源主要包括来自沉积岩中所含盐岩或其他氯化物的溶解，来自岩浆岩中含氯矿物（如氯磷灰石$Ca_5[PO_4]_3Cl$、方钠石$Na_8[AlSiO_4]_6Cl_2$）的风化溶解，来自海水对地下水的补给等；Cl^-的人为来源主要包括工农业废水、粪便及生活污水等。

4.1.1.2 硫酸根离子

天然水中SO_4^{2-}同样具有很好的迁移性，但由于$CaSO_4$溶解度较小，Ca^{2+}的存在会限制SO_4^{2-}含量的增加。此外，热带潮湿地区土壤中的氢氧化铁和氢氧化铝能够吸附SO_4^{2-}，因此它的迁移性仅次于Cl^-。SO_4^{2-}是天然水中的重要离子，地表水和浅层地下水中几乎都含有SO_4^{2-}。在溶解组分含量高的水中，SO_4^{2-}的含量仅次于Cl^-，每升可达数克；在溶解组分含量低的水中，一般每升含量仅数毫克到数百毫克；溶解组分含量中等的水中，SO_4^{2-}常成为含量最高的阴离子。由于SO_4^{2-}在缺氧的条件不稳定，在还原环境去硫菌的作用下，SO_4^{2-}可以被还原成硫化氢，因此在深层封闭地质构造中或者强还原环境中常见到无SO_4^{2-}的水化学类型。

地下水中SO_4^{2-}的天然来源主要包括含石膏或其他硫酸盐沉积岩的溶解，以及地壳中广泛分布的硫化物和天然硫的氧化，使本来难以溶于水的S以SO_4^{2-}形式大量进入水中。例如方铅矿（PbS）、黄铜矿（$CuFeS_2$）、黄铁矿（FeS_2）等金属硫化矿床的氧化会造成矿床附近的地下水中含有大量的 SO_4^{2-}。黄铁矿氧化反应式如下：
$$2FeS_2(黄铁矿) + 7O_2 + 2H_2O \rightarrow 2FeSO_4 + 4H^+ + 2SO_4^{2-} \tag{4.1}$$

地下水中 SO_4^{2-} 的人为来源主要包括化石燃料燃烧释放到大气中的 SO_2 以酸雨形式降落地表渗入地下，造成地下水 SO_4^{2-} 含量增高。还有一部分 SO_4^{2-} 来自于生活和工业废水。

4.1.1.3 重碳酸根离子

HCO_3^- 在水中的积累往往会受到 Ca^{2+} 含量的限制，一般每升水中含量不超过数百毫克，但当地下水中有大量 CO_2 溶解时，HCO_3^- 的浓度大大增高，有时每升水中含量可达数克。一般来说，在溶解组分含量低的水中，HCO_3^- 常占据阴离子的首位，随着溶解组分含量的增高，HCO_3^- 的相对含量会逐渐降低。但是，当水中阳离子以 Na^+ 为主时，可以在溶解组分含量较高的水中，形成以 HCO_3^- 为主要阴离子的 $HCO_3 - Na$ 型水，俗称"苏打水"，每升水中 HCO_3^- 含量可达数克到数十克。

地下水中 HCO_3^- 主要来源包括 CO_2 的溶解，各种碳酸盐岩（石灰岩、白云岩、泥灰岩等）的溶解，以及岩浆岩与变质岩中的铝硅酸盐矿物的风化溶解。例如钠长石和钙长石的风化溶解反应如下：

$$Na_2Al_2Si_6O_{16}(钠长石) + 2CO_2 + 3H_2O \rightarrow 2HCO_3^- + 2Na^+ + H_4Al_2Si_2O_9 + 4SiO_2 \tag{4.2}$$

$$CaO \cdot Al_2O_3 \cdot 2SiO_2(钙长石) + 2CO_2 + 3H_2O \rightarrow 2HCO_3^- + Ca^{2+} + H_4Al_2Si_2O_9 \tag{4.3}$$

4.1.1.4 钠离子

地壳中的钠元素含量约为 2.5%，其中大部分原子组成了硅酸盐矿物。钠的几乎所有盐类都具有较强的溶解性，因此钠的迁移性很强。由于 Na^+ 可以与岩土介质产生阳离子交换吸附反应，从溶液中析出，所以在随水中溶解组分含量增加的过程中，Na^+ 的增加有时会落后于 Cl^-。在溶解组分含量低的水中，Na^+ 的含量一般很低，每升水中的含量仅数毫克到数十毫克，但在溶解组分含量高的水中则是主要的阳离子，每升水中其含量最高可达数十克至 100 克以上。

地下水中 Na^+ 的来源包括来自沉积岩及分散在岩石土壤中的盐岩、芒硝等钠盐的溶解，来自岩浆岩和变质岩的含钠矿物（如铝硅酸盐钠长石、斜长石、霞石等）的风化溶解。

4.1.1.5 钾离子

钾的化学性质及在地壳中的含量与钠相似，它来自含钾盐类沉积岩的溶解，以及岩浆岩、变质岩中含钾矿物的风化溶解。K^+ 在溶解组分含量低的水中含量甚微，而在溶解组分含量高的水中含量较多。虽然在地壳中钾的含量与钠相近，钾盐的溶解度也相当大，但是在地下水中 K^+ 的含量要比 Na^+ 含量少得多，一般只有 Na^+ 含量的 4%~10%。这是因为 K^+ 大量参与形成不溶于水的次生矿物（水云母、蒙脱石、绢云母），并易为动植物有机质所摄取。正是由于 K^+ 的性质与 Na^+ 相近，含量少，分析比较困难，所以在早期的水质分析资料中，经常将 K^+ 归并到 Na^+ 中，不另区分，有些资料中提到的"六大离子"也是将 K^+ 和 Na^+ 合并到一起。现代分析技术如离子色谱仪，已经能够比较简便地分别测定 K^+ 和 Na^+ 的含量。

4.1.1.6 钙离子

地壳中的钙元素含量约为 3.6%，它在石灰岩、泥灰岩和其他一些岩石中的含量能超过 10%。同时钙元素也积极参加生物作用,在有机体死亡后,钙很快变为矿物形式并转入土壤。一般来说,在溶解组分含量低的水中,Ca^{2+} 经常占优势,但随着溶解组分含量的增高,Ca^{2+} 的相对含量会迅速减少,这是由于 $CaSO_4$ 和 $CaCO_3$ 的溶解度低所致。因此,天然水中 Ca^{2+} 的含量一般很低,每升水中其含量一般不超过数百毫克。但是在溶解组分含量很高的卤水中,由于阴离子主要是 Cl^-,而 $CaCl_2$ 的溶解度相当大,故 Ca^{2+} 的绝对含量显著增大,有时甚至超过 Na^+,成为主要的阳离子,每升水中其含量可达几十克。

地下水中 Ca^{2+} 的来源主要是石灰岩、白云岩等碳酸盐类沉积物及含石膏沉积物的溶解,以及岩浆岩、变质岩中含钙矿物的风化溶解。此外,阳离子交换吸附也是地下水中 Ca^{2+} 的来源之一。

4.1.1.7 镁离子

镁元素在地壳中的含量约为 2.1%,其化学性质与钙相似,但迁移性能却有所不同。镁的生物活动性比钙弱,且 $MgSO_4$,$Mg(HCO_3)_2$ 的溶解性比 $CaSO_4$,$Ca(HCO_3)_2$ 好,所以几乎所有天然水中都有镁离子。但是由于镁盐在地壳中分布不广,Mg^{2+} 在水中含量一般都低于 Ca^{2+},很少见到 Mg^{2+} 占主要成分的水。

地下水中 Mg^{2+} 的来源主要是白云岩、泥灰岩等含镁的碳酸盐岩的溶解,以及岩浆岩、变质岩中含镁矿物(如基性岩辉长岩、超基性岩橄榄岩)的风化溶解。

除上述 7 种主要组分以外,地下水中还有一些组分含量也较高,介于主要组分和微量组分之间,如:CO_3^{2-},NO_3^-,H_2SiO_3,NH_4^+,Mn^{2+},Fe^{2+},Fe^{3+},偏磷酸,偏硼酸等。一般情况下,它们不能决定地下水的水化学类型,但在某些特殊情况下,其含量可能超过主要组分,从而影响到水化学类型,这些组分归为次要组分。例如,在遭受人类活动影响的地下水中,每升水中 NO_3^- 可达几十毫克甚至上百毫克;在一些封闭构造的油田水中,每升水中 NH_4^+ 的含量可达几百毫克;由于偏硅酸在碱性热水中的溶解性好,在一些地下热水中,每升热水中其含量也可高达几十毫克甚至上百毫克(李学礼,1988)。

4.1.2 微量组分和特殊组分

微量组分(痕量组分)是指在地下水中出现较少、分布局限和含量较低的化学元素和化合物,在地下水中的含量经常以 mg/L 或 μg/L 来度量,它们通常不能决定地下水的水化学类型。微量组分在地下水中含量低,不是因为在自然界中分布不广泛,而是由于它们的迁移性能弱造成的。这些元素和化合物的种类非常多,除了主要组分和次要组分以外,其他在地下水中检测到的组分基本上都可以归为微量组分。例如溴、碘、氟、砷、铜、锌、铝、汞、硒、镉、铬、铅、铍、镍、钼、硼、锂、锶、钡、铀、镭、钍、氡等。

微量组分虽然不决定地下水的水化学类型,但却赋予了地下水一些特殊的性质和功能。例如含锶矿泉水、含锂矿泉水、含硒矿泉水等,就是因为这些矿泉水中的锶、锂、硒含量较高,从而对人体有一定的医疗功效。当然,有些微量和痕量组分的含量过高对人体也会造成一定的危害,如氟、砷、汞等。

研究地下水中的微量组分,既有重要的理论意义,又可以帮助解决许多实际问题。例如,利用微量组分和某些矿产资源伴生,在矿床周围地下水形成特殊的微量组分指示晕的特点,可帮助寻找石油、天然气、盐矿和多种金属矿床。某些微量元素可以赋予水医疗价值，所以要从医疗的观点对它进行研究。还有一些微量元素，例如碘、氟、砷等，尽管含量很少，但它们对生命过程却起着巨大作用，在天然水中含量不足或过量都会引起某种特别的地方病。例如：缺碘引起甲状腺水肿、地方性克汀病等；高碘引起甲状腺肿大；高氟引起氟斑牙、氟骨症；低氟引起龋齿、骨骼发育不良等疾病；高砷引起皮肤角质化、乌脚病。

特殊组分往往是指那些针对某一研究目的具有特殊意义的水化学组分，它并不特指哪一种水化学组分。例如，在研究天然劣质水的过程中，地下水中的氟、砷、铁、锰等就是所关注的特殊组分；在研究地下水放射性组分时，铀、镭、钍、氡等放射性组分又成为特殊组分；在研究地下热水时，氟和偏硅酸则是其特征组分。

事实上，地下水中的主要组分、次要组分、微量组分及特殊组分的划分并没有明显的界限，它们是相对的概念，某些情况下主要组分可以变成次要组分，次要组分也可以变成主要组分，而某些次要组分或者微量组分也可以同时是特殊组分。由此也说明地下水化学组成种类具有多样性和复杂性。

4.1.3 气体成分

气体在地下水中以自由状态和溶解状态存在，它们之间的比例关系变化取决于温度和压力。地下水中溶解气体主要包括 O_2，N_2，CO_2，H_2S，CH_4，H_2，碳氢化合物及少量惰性气体，其中以前 5 种为主。按照气体来源可以分为空气来源气体，包括 O_2，N_2，CO_2，Ne，Ar 等；生物化学来源气体（微生物分解有机质和矿物质而形成），包括 CH_4，CO_2，N_2，H_2S，H_2，O_2 等；化学来源气体（水-岩相互作用形成），包括 CO_2，H_2S，H_2，CH_4，CO，N_2，HCl，HF，SO_2，Cl_2，NH_3 等；放射性和核反应来源，包括 He，Rn 等。

在通常情况下地下水中气体成分含量不高，每升只有几毫克到几十毫克。但是，地下水中气体成分的水化学意义却十分重要。首先，对地下水中气体成分的研究，有助于对地下水起源和成因的判别和解释。其次，水中的气体成分决定着含水层水化学环境的性质，对于变价元素的氧化还原反应、存在形式、迁移性能、沉淀富集等具有重要意义。最后，某些气体成分决定着地下水具有一定的特殊性能。例如，医疗矿（泉）水中的碳酸水和硫化氢水的医疗保健功效就是由于 CO_2 和 H_2S 在水中的含量较高而决定的，而导致钙华沉积的原因之一则是溶解在水中的 CO_2 气体从水中逸出等。

4.1.3.1 氧气

溶解于水中的氧气称为溶解氧（DO）。氧在水中有比较大的溶解度，其溶解量与水中溶解组分含量、埋藏深度、温度、大气压力和氧的分压等因素有关。地下水中氧的来源主要是大气，因此近地表的地下水中含氧量较大，越往深处含氧量越少。地下水中溶解氧含量越高，说明地下水所处的地球化学环境愈有利于氧化作用进行，水中 Fe，Mn，Cu，S 等变价元素均处于高度氧化状态（Fe^{3+}，Mn^{4+}，Cu^{2+}，S^{6+} 等）。随着地下水的深循环，各种氧化还原反应会逐渐将水中溶解氧消耗殆尽，从而形成还原环境。地下水中的溶解氧在很大程度上决定着水的氧化还原电位，而氧化还原电位值是影响风化壳中元素迁移的重要因素之一。

4.1.3.2 氮气

地下水中的氮气主要来源于大气。由于 O_2 的化学性质远较 N_2 活泼，在较封闭的环境中，O_2 将耗尽而只留下 N_2。因此，N_2 的单独存在，通常可以说明地下水起源于大气并处于还原环境。但在封闭的地质构造中，N_2 还可以由微生物反硝化作用（也称脱氮作用，是指反硝化细菌在缺氧条件下，还原硝酸盐，释放出分子态氮（N_2）或一氧化二氮（N_2O）的过程）将 NO_3^-，NO_2^- 转化而形成并进入地下水中。N_2 含量高的地下水常见于盆地内含石油、天然气的高温高压地下水中，以及构造裂隙活化带的地下热水中。

4.1.3.3 二氧化碳

地下水中的 CO_2 来源比较复杂，作为地下水补给来源的大气降水和地表水虽然也含有 CO_2，但其含量通常较低。地下水中的 CO_2 主要来源于土壤，有机质残骸的发酵作用与植物的呼吸作用使土壤中源源不断产生 CO_2，并溶入流经土壤的地下水中。此外，含碳酸盐类的岩石在深部高温下也可以变质生成 CO_2。

溶解于水中的 CO_2 称为游离 CO_2。当水中含有一定数量的 HCO_3^- 时，就一定有一定数量的溶解于水的 CO_2 与之相平衡，这部分与 HCO_3^- 平衡的 CO_2 称为平衡 CO_2。如果水中游离 CO_2 的含量高于平衡时的含量，则当这种水与 $CaCO_3$ 固体接触时，碳酸钙便被溶解，直到新的平衡建立为止。这部分与碳酸钙起反应的游离 CO_2 称为侵蚀性 CO_2。侵蚀性 CO_2 对混凝土和金属均有破坏作用，特别是侵蚀性 CO_2 和氧共存时，对铁管的侵蚀更为强烈。

CO_2 含量大于等于 250 mg/L 的地下水称为碳酸矿泉水。饮用碳酸矿泉水能增进食欲，改善肠道消化功能，通便利尿。碳酸水浴对消除疲劳、改善体质、增进健康有很好的作用，此外对于高血压、某些冠心病及外伤溃疡、妇科感染也很有效。比较著名的碳酸矿泉水如苏联外高加索的纳尔赞矿泉含 CO_2 气体 1926 mg/L，江西崇仁马鞍坪温泉含 CO_2 气体 715 mg/L，内蒙古阿尔山矿泉含 CO_2 气体 2190 mg/L。

4.1.3.4 硫化氢

在一般的地下水中，很少发现显著含量的 H_2S，但在一些矿泉水中，H_2S 含量较高。天然水中的 H_2S 既可以来自有机物，也可以来自无机物。H_2S 是蛋白质分解的产物之一，因此，在地表水体底层各种有机体腐败过程中经常见到它，遭受有机污染的浅层地下水中有时也会检测到 H_2S。此外，缺氧条件下去硫菌的去硫作用可以使硫酸盐还原成 H_2S，例如一些油田水中 H_2S 的浓度可以达到 2000 mg/L。大量的 H_2S 也可以从火山喷发气体中析出。在部分温泉的泉口处可以闻到 H_2S 味。

地下水中 H_2S 的存在常常指示一种比较强的还原环境，许多变价金属元素在此环境中以低价硫化物形式存在，难溶于水，不随水迁移。例如三价铁被还原形成黑色的胶体状硫化亚铁沉淀物。

H_2S 含量大于等于 1 mg/L 的天然地下水，称为硫化氢矿泉水。这种矿泉水的主要有效成分是游离的 H_2S 气体，用这种水进行水浴可以治疗外伤溃疡、皮肤病，如果水温较高还可以起到镇静神经、降低血压、改善血液循环的作用。

4.1.3.5 甲烷

CH_4 由有机质分解产生，并通过各种生物化学作用聚积在地下水中。在正常温度压力下，CH_4 的溶解度很小，因此只有在地壳深部高温高压的条件下，CH_4 才能大量溶解于地下水中。通常在封闭构造的含石油、天然气盆地中的地下水中，CH_4 含量很高。据四川盆地中部女基井资料，埋藏在 4000 m 以下的地下卤水中，95% 以上的气体是 CH_4。CH_4 是强还原环境的标志，CH_4含量高的天然地下水多处于承压水盆地水交替十分困难地带的含有机质的沉积岩还原环境中。在遭受严重有机污染的浅层地下水中，微生物对有机污染物的厌氧降解，也可能导致产生CH_4溶解于地下水的现象（李学礼，1988）。

4.1.4 同位素组分

元素是原子核中质子数相同的一类原子的总称。同一元素由于其原子核中中子数不同可存在几种原子质量不同的原子，其中每一种原子称为一种核素，如 C 原子有 ^{12}C，^{13}C，^{14}C 等核素，氧原子有 ^{16}O，^{17}O，^{18}O 等核素。某元素的几种不同核素称为该元素的同位素，或者说同位素指的是在元素周期表中占有同一位置，其原子核中的质子数相同而中子数不同的某一元素的不同原子。同位素可分为稳定同位素和放射性同位素两类。稳定同位素是指迄今为止尚未发现有放射性衰变（即自发地放出粒子或射线）的同位素；反之，则称为放射性同位素。天然地下水中的同位素既包括水自身的氢、氧同位素，也包括水中溶质的同位素。

氢有 3 种同位素，分别是：^1H，称为氕，以 H 来表示；^2H，称为氘，以 D 来表示；^3H，称为氚，以 T 来表示。氧有 6 种同位素，分别是：^{14}O，^{15}O，^{16}O，^{17}O，^{18}O 和 ^{19}O。上述氢和氧的同位素中，^1H，^2H，^{16}O，^{17}O 和 ^{18}O 为稳定同位素，其余为放射性同位素。氢的两种稳定同位素在水中的含量比例为 H：D = 5000：1；氧的 3 种稳定同位素在水中的含量比例为 ^{16}O：^{17}O：^{18}O = 3150：5：1。可见，氢的两种稳定同位素中 ^1H 占绝对优势，氧的 3 种稳定同位素中，^{16}O 占绝对优势。

地下水中溶质的同位素是指地下水与周围环境相互作用过程中进入水中的除氢、氧以外的其他元素的同位素。其中既有稳定同位素，也有放射性同位素。对地下水研究有重要意义的最常见的稳定同位素有：^{12}C 和 ^{13}C，^{32}S 和 ^{34}S，^{28}Si 和 ^{30}Si 等。较有意义的常见放射性同位素有：^{14}C，^{36}Cl，^{234}U，^{238}U，^{232}Th，^{226}Ra，^{222}Rn，^{131}I，^{51}Cr 和 ^{59}Fe 等。

同位素在研究地下水科学问题过程中具有极为广泛和实际的应用，是一种重要的研究手段和现代技术。同位素方法获取地下水信息的主要依据是同位素对水起着标记或计时作用（王恒纯，1991）。例如，氢、氧稳定同位素在确定地下水的成因类型、地下热水的起源等理论问题方面有重要的意义。同时，它们还可以用于判定地下水的补给来源、补给区高程、各种补给来源水的混合比例、各类水体间的水力联系等。放射性同位素在地下水科学研究中主要被用来确定地下水的年龄。地下水的年龄在一定程度上反映了地下水的更新能力及长期补给能力，因此对地下水年龄的测定有助于地下水资源开发和管理的合理决策。放射性同位素之所以能够用来对地下水的年龄进行测定，是因为它们都按一定的规律衰变，因此对这种衰变规律的认识和了解就成为放射性测年的基础。除此以外，近年来，环境同位素在地下水污染问题的研究中越来越得到重视。例如，环境同位素在确定地下水中污染物的来源、地下水污染物在迁移过程中发生的各种转化作用，以及地下水示踪研究等方面有着独特的优势。因此，地下水中同位素的研究，对于天然水化学和污染水化学都有重要的实际意义（钱会等，2005）。

4.1.5 综合指标

在水质分析中，除了测定单个组分的含量外，往往还需要测定地下水的一些综合性指标，或者根据单项指标的分析结果对地下水质的某些综合指标进行计算。这些综合指标不仅可以反映水的某些方面的性质，更多的则是反映了地下水水质的综合性质。这些指标包括 pH 值、氧化还原电位、总溶解固体、含盐量、硬度、生化需氧量、化学需氧量、总有机碳、碱度、酸度等。

4.1.5.1　pH 值

pH 值取决于水中所含 H^+ 的浓度，H^+ 浓度愈高，pH 值愈低。pH 值是衡量水溶液酸碱性质的一个综合性物理化学指标，它对化学元素在水溶液中的存在形式及地下水与围岩的相互作用有着重要的影响。水溶液的 pH 值受多种因素的制约，主要包括溶液的化学成分、温度、压力（特别是 CO_2 和 H_2S 等气体的分压）等。

天然地下水 pH 值可以从 0.45~1 的强酸性水变为 pH 值为 10~11.5 的强碱性水，但大部分地下水的 pH 值介于 6~8.5 之间。最低的 pH 值（0.45~3）一般与水中存在自由硫酸或自由盐酸有关，pH 值介于 3~6.5 的水除含自由硫酸外，可能与有机酸和碳酸气（CO_2）有关，中性和弱碱性水（pH=6.5~8.5）以含 $Ca(HCO_3)_2$，$Mg(HCO_3)_2$ 为特征，pH 增至 8.5~10.5 的水则大部分与存在 Na_2CO_3，$NaHCO_3$ 有关，而 pH 值到最高的 11.5 时仅在少数热水中才能遇到。

我国生活饮用水卫生标准规定饮用水的 pH 值应在 6.5~8.5 之间，pH 值在此范围之内不会对人体健康产生影响。如果水的 pH 值过高，将会导致水中溶解盐类的析出，使水的感官形状恶化，而且还会降低氯化消毒的效果。如果水的 pH 值过低，则使水有较强的腐蚀作用，增强了水对金属（铁、铅、铝等）的溶解。

4.1.5.2　氧化还原电位

氧化还原电位（E_h）是表征水体氧化还原状态的一个综合性物理化学指标，其单位为 V 或 mV。天然水体中的气体、无机物、有机物和微生物共同组成了一个复杂的氧化还原平衡体系，氧化还原电位即是这种作用的表现和结果。水体的氧化还原条件对元素在其中的存在形态以及元素的迁移、富集和分散有重要的影响，一些元素在氧化环境中有较强的迁移能力，而另外一些元素则在还原条件下的水体中更容易迁移。水体的氧化还原电位对环境因素的变化很敏感，温度、pH 值以及溶解气体含量的变化都会对其造成很大影响。因此，E_h 值一般都在现场使用专门仪器进行测定。

4.1.5.3　总溶解固体

总溶解固体（TDS）是指水中溶解组分的总量，包括水中的离子、分子及络合物，但不包括悬浮物和气体。总溶解固体可通过在 105~110 ℃ 时把水蒸干，对所得到的干涸残余物的总量进行称重而得到，其单位为 mg/L 或 g/L。除了可直接测定外，也可以根据水质分析结果进行计算，方法是把所有溶解组分（溶解气体除外）的含量加起来再减去 HCO_3^- 含量的二分之一。这里之所以要减去 HCO_3^- 含量的二分之一是因为在水样蒸干的过程中，约有二分之一的 HCO_3^- 转化成了 CO_2 气体和 H_2O 而散失掉，其反应如下：

$$2HCO_3^- \rightleftharpoons CO_3^{2-} + H_2O + CO_2\uparrow \tag{4.4}$$

按照反应方程式的化学剂量关系计算，2 mol HCO_3^- 分解为 CO_3^{2-} 时，将有 1 mol CO_2 气体和 1 mol H_2O 产生，并在蒸干过程中散失，损失的摩尔质量基本上是 HCO_3^- 摩尔质量的二分之一。

除了 HCO_3^- 外，硝酸、硼酸、有机物等也可能损失一部分。与此相反，可能有部分结晶水（如石膏 $CaSO_4 \cdot 2H_2O$）和吸着水保留在干涸残余物里。因此 TDS 的实测值与计算值常常有一些微小的差别。

矿化度是我国学者过去常用的术语，其含义与总溶解固体相同。矿化度的概念来源于苏联，其他国家的文献中几乎没有出现过，近年来我国供水、环境等相关部门也已采用总溶解固体一词。

4.1.5.4 含盐量

含盐量是指水中各组分的总量，其常用的单位是 mg/L 或 g/L。该指标是计算值，它与总溶解固体的区别在于无须减去 HCO_3^- 含量的二分之一。含盐量在灌溉水质的评价以及河流向海洋输送风化产物的计算中经常用到。在海洋水化学研究中，常用含盐度代替含盐量，含盐度的含义是海水中所有组分的含量占水的质量的千分数，以‰表示。

4.1.5.5 硬度

水的硬度反映了水中多价金属离子含量的总和，这些离子包括 Ca^{2+}，Mg^{2+}，Sr^{2+}，Fe^{2+}，Fe^{3+}，Al^{3+}，Mn^{2+}，Ba^{2+} 等。与 Ca^{2+} 和 Mg^{2+} 相比，其他多价金属离子在天然水中的含量一般很少，因此天然水的硬度往往主要是由 Ca^{2+}，Mg^{2+} 引起的。硬度通常以 $CaCO_3$ 的 mg/L 数来表示，其数值等于水中所有多价金属离子毫克当量浓度❶的总和乘以 50（$CaCO_3$ 的当量）。过去，我国一直用德国度❷来表示水的硬度，由于德国度是非法定计量单位，目前均已改用法定计量单位 $CaCO_3$ 的 mg/L 数来表示硬度。

根据水的硬度可将其划分为软水、微硬水、硬水和极硬水，见表 4.1。

表 4.1 水按硬度的分类

硬度范围（$CaCO_3$ 的 mg/L 数）	分类
<75	极软水
75~150	软水
150~300	微硬水
300~450	硬水
>450	极硬水

（据中国地质调查局，2013）

硬度可分为总硬度、碳酸盐硬度和非碳酸盐硬度。总硬度即是以 $CaCO_3$ 的 mg/L 数表示的水中多价金属离子的总和。碳酸盐硬度是指可以与水中的 CO_3^{2-} 和 HCO_3^- 结合的硬度，当水中有足够的 CO_3^{2-} 和 HCO_3^- 可供结合时，碳酸盐硬度就等于总硬度；当水中的 CO_3^{2-} 和 HCO_3^- 不足时，碳酸盐硬度就等于 CO_3^{2-} 与 HCO_3^- 的毫克当量数之和乘以 50，也就是以 $CaCO_3$ 的 mg/L 数表示的水中 CO_3^{2-} 与 HCO_3^- 的总量。碳酸盐硬度通常被称为暂时硬度，因为这部分硬度可以与水中的 CO_3^{2-} 和 HCO_3^- 结合，当水被煮沸时即可形成 $CaCO_3$ 等沉淀而被除去。总硬度与碳酸盐硬度之差称为非碳酸盐硬度或永久硬度，它指的是与水

---

❶ 1 毫克当量/升 = 1（毫摩尔/离子价）/升。

❷ 1 德国度 = 0.357 毫克当量/升。

中 Cl^-，SO_4^{2-}，NO_3^- 等结合的多价金属阳离子的总量，水煮沸后不能被除去。

水的硬度在不同地区通常变化很大，一般情况下地表水的硬度要小于地下水的硬度。地下水的硬度往往反映了它所接触的地层岩性，当表土层较厚且有石灰岩存在时，水的硬度一般较大，而软水则一般出现在表土层较薄且石灰岩稀少或不存在的地方。

水的硬度对日常生活和工业用水都有一定的影响。如硬水可以与肥皂发生反应，减少泡沫的形成，降低洗涤效果。高硬度水在锅炉、热水管道容易形成水垢，增加燃料消耗，降低热效率，堵塞管道。近年来，人们还发现心血管疾病的发病率与水的硬度之间有负相关关系，即饮用水的硬度愈低，心血管病的发病率愈高。

4.1.5.6 生化需氧量

生化需氧量（BOD）是指水体中的微生物在降解水中有机物的过程中所消耗的氧的总量，以 mg/L 表示。它实际是一个替代指标，用以替代反映水中可生物降解的有机物的含量，其值越高，说明水中有机污染物质越多。该指标常用于确定生活和工业废水的污染程度，以及地表水体或地下水体遭受污染的程度，对于未遭受污染的天然地下水则很少用到。

BOD 测定实质上是一个生物降解过程，在该过程中，微生物把一定量的有机物降解为二氧化碳、水等，并测定这一过程中消耗掉的氧的总量。这一过程的完成程度往往由温度和时间所决定。从理论上讲，把有机物通过生物完全氧化所需的时间很长，为了缩短检测时间，同时保证测定的 BOD 值具有可比性，通常采用 20 ℃下培养 5 天的测定结果来标定 BOD，称其为五日生化需氧量，并记为 BOD_5。一般来说，BOD_5 在总 BOD 中占相当大的比例，对于生活和工业废水来说，可占到总 BOD 的 70%～80%，基本满足反映水中有机物含量的需要。

4.1.5.7 化学需氧量

化学需氧量（COD）是指采用化学氧化剂氧化水中有机物和还原性无机物所需消耗的氧的量，单位为 mg/L。在 COD 的测定过程中，无论有机物能否被生物降解，它都被氧化剂氧化成了二氧化碳和水。因此 COD 一般要大于 BOD。COD 测定的最大缺点就是它不能对生物可降解与生物不可降解的有机质进行区分，而且它不能提供可降解有机物在天然条件下达到稳定状态的任何速度信息。其优点是测定所需的时间短，只需约 3 个小时，因此在很多情况下都用 COD 来代替 BOD。在同时积累了很多 COD 和 BOD 资料并建立了它们之间相关关系的情况下，可用 BOD 值对 COD 资料进行解释。

COD 测定过程中通常采用的氧化剂为高锰酸钾（$KMnO_4$）和重铬酸钾（$K_2Cr_2O_7$），分别采用 COD_{Mn} 和 COD_{Cr} 来表示测定结果。

4.1.5.8 总有机碳

总有机碳（TOC）是水中各种形式有机碳的总量，以 mg/L 表示。由于水中有机物的种类很多，目前还不能全部进行分离鉴定。TOC 是一个快速检测的综合指标，它以碳的数量表示水中含有机物的总量，可通过测定高温燃烧所产生的 CO_2 来确定，也可使用专门的 TOC 仪进行测定，与 COD 和 BOD 相比，它属于直接测定指标，而非替代指标，测试精度较高，能够更好地反映水中有机物的总含量。由于传统的燃烧法测定程序较为烦琐，而且难以排除无机碳的干扰，在水中有机碳含量较低的情况下，测试结果准确度较差，在以往的水质分析结果中，TOC 的资料较少。随着 TOC 仪的逐渐普及和测试成本的下降，TOC 测试会越来越多地应用到水质分析中。

4.1.5.9 碱度

碱度是表征水中和酸的能力的一个综合性指标。天然水的碱度主要由水中的弱酸盐类引起，当然弱碱和强碱也有一定的贡献。一般情况下，碳酸盐和重碳酸盐是碱度的主要组成部分。其他的弱酸盐，如硼酸盐、硅酸盐和磷酸盐的含量通常很少。极少数有机酸（如腐殖酸）所形成的盐类也对天然水的碱度产生影响。虽然很多物质都对天然水的碱度有影响，但水的碱度主要由氢氧化物、碳酸盐和重碳酸盐三类物质所引起。

碱度的测定一般使用强酸标准溶液（如硫酸），通过滴定法来测定，并用 $CaCO_3$ 的 mg/L 数来表示。

由碳酸盐和重碳酸盐所引起的碱度通常被称为碳酸盐碱度。碳酸盐碱度可以根据水质分析结果来进行计算，其方法是用 50（$CaCO_3$ 的当量）乘以 CO_3^{2-} 和 HCO_3^- 的毫克当量浓度之和。

4.1.5.10 酸度

酸度是表征水中和碱的能力的一个综合性指标。组成水中酸度的物质可归纳为三类：①强酸，如 HCl，HNO_3，H_2SO_4 等；②弱酸，如 CO_2，H_2CO_3，HCO_3^- 及各种有机酸等；③强酸弱碱盐，如 $FeCl_3$，$Al_2(SO_4)_3$ 等。水中这些物质对强碱的总中和能力称为总酸度。总酸度与水中的 H^+ 浓度并不相同，H^+ 浓度是指水中呈自由离子状态的 H^+ 数量，而总酸度则表示中和过程中可以与强碱反应的全部 H^+ 数量，其中包括了已电离的和将要电离的两部分。已电离的 H^+ 数量称为离子酸度，其负对数值即是水溶液的 pH 值。与碱度一样，酸度通常也用 $CaCO_3$ 的 mg/L 数来表示（沈照理等，1993）。

4.2 天然地下水的成因类型及水化学成分形成作用

4.2.1 天然地下水的成因类型

不同领域的学者，目前得出了比较一致的认识，认为地球上的水圈是原始地壳生成后，氢和氧随同其他易挥发组分从地球内部圈层逸出而形成的。因此，地下水起源于地球深部圈层。从形成地下水化学成分的基本成分出发，可将地下水分为三种主要成因类型：溶滤水、沉积水和内生水。

4.2.1.1 溶滤水

富含 CO_2 与 O_2 的大气降水渗入地下形成的地下水，溶滤它所流经的岩土而获得其主要化学成分，这种水称为溶滤水。溶滤水的成分受到岩性、气候、地貌等因素的影响。

岩性对溶滤水的影响是显而易见的。石灰岩、白云岩分布区的地下水，HCO_3^-，Ca^{2+}，Mg^{2+} 为其主要成分；含石膏的沉积岩区，水中 SO_4^{2-} 与 Ca^{2+} 均较多；酸性岩浆岩地区的地下水，大都为 HCO_3-Na 型水；基性岩浆岩地区，地下水中常富含 Mg^{2+}；煤系地层分布区与金属矿床分布区多形成硫酸盐水。

虽然地下水的化学成分受到其流经的岩土的化学成分的影响，但是地下水的化学成分未必一定具有岩土的化学成分。岩土的各种组分，其迁移能力各不相同。在潮湿气候下，原来含有大量易溶盐类（如 NaCl，$CaSO_4$）的沉积物，经过长时期充分溶滤，易迁移的离子淋滤比较充分，到后来地下水所能溶滤的主要是难以迁移的组分（如 $CaCO_3$，$MgCO_3$，

SiO_2 等)。因此,在潮湿气候区,尽管原来地层中所含的组分很不相同,有易溶的与难溶的,但其浅表部在丰沛降水的充分淋滤下,最终浅层地下水很可能都是低矿化重碳酸盐水,难溶的 SiO_2 在水中占到相当比重。另一方面,干旱气候下平原或盆地的排泄区,由于地下水将盐类不断携来,水分不断蒸发,浅部地下水中盐分不断积累,不论其岩性有何差异,最终都将形成高矿化的氯化物水。从大范围来说,溶滤水的水质主要受控于气候,显示受气候控制的分带性。

地形因素往往会影响气候控制的水质分带性。这是因为在切割强烈的山区,流动迅速、流程短的局部地下水系统发育,地下水径流条件好,水交替迅速,即使在干旱地区也不会发生浓缩作用,因此常形成低矿化的以难溶离子为主的地下水。地势低平的平原与盆地,地下水径流微弱,水交替缓慢,地下水的矿化度与易溶离子含量均较高。

干旱地区的山间堆积盆地,气候、岩性、地形表现为统一的分带性,地下水水化学分带也最为典型。山前地区气候相对湿润,颗粒比较粗大,地形坡度也大;向盆地中心,气候转为十分干旱,颗粒细小,地势低平。因此,水化学分带的总趋势是从盆地边缘洪积扇顶部的低矿化重碳酸盐水,到过渡地带的中等矿化硫酸盐水,盆地中心则是高矿化的氯化物水。

绝大部分地下水属于溶滤水(表 4.2)。这不仅包括潜水,也包括大部分承压水。位置较浅或构造开启性好的含水系统,由于地下水径流途径短,流动相对较快,溶滤作用发育,多形成低矿化的重碳酸盐水。构造较为封闭的、位置较深的含水系统,则形成矿化度较高、易溶离子为主的地下水。同一含水系统的不同部位,由于径流条件与流程长短不同,水交替程度存在差异,从而可能出现水平的或垂向的水化学分带(王大纯等,1995)。

表 4.2　地下水样品水化学资料　　　　　　　　单位:mg/L

样品编号	1	2	3	4	5	6
采样地点	广西北海市滨海含水层	四川盆地东部仙女山温泉	四川盆地中部深层上三叠统砂岩卤水	北京平原区基岩地下水	江西崇仁马鞍坪泉水	辽宁沈阳李官水源地开采井
K^+	0.2	10.8	103.0	3.16	1.0	3.21
Na^+	2.34	110.0	58597.2	12.7	9.235	47.48
Ca^{2+}	3.1	523.8	13416.8	34.1	1.02	62.0
Mg^{2+}	1.9	122.7	144.8	15.2	0.912	20.0
HCO_3^-	2.7	211.1	29.4	153.0	16.71	173.6
SO_4^{2-}	0.5	1633	0	40.6	0.5	85.17
Cl^-	16.6	158.0	122125	11.2	1.7	57.0
TDS	32.4	2802	202960	270.35	43.28	341.0
水化学类型	Cl–Ca·Mg	SO_4–Ca	Cl–Na	HCO_3–Ca·Mg	HCO_3–Na	$HCO_3·SO_4·Cl$–Ca·Na
地下水类型	溶滤水	溶滤水	同生沉积卤水	溶滤水	溶滤水	溶滤水

注:水样 1 的 pH=5.7。水样 2 的 Br^- 含量为 0.22 mg/L;I^- 含量为 0.02 mg/L;Sr^{2+} 含量为 12.7 mg/L;Ba^{2+} 含量为 0.035 mg/L;F^- 含量为 4.01 mg/L;水温为 39 ℃。水样 3 的 Br^- 含量为 1453 mg/L;I^- 含量为 24 mg/L;Li^+ 含量为 50 mg/L;Sr^{2+} 含量为 212.5 mg/L;Ba^{2+} 含量为 2389 mg/L;B_2O_3 含量为 287.2 mg/L。水样 4 的 F^- 含量为 0.39 mg/L。水样 5 的 SiO_2 含量为 17.2 mg/L。

4.2.1.2 沉积水

沉积水是指大体与沉积物沉积时同时生成并保留下来的古地下水。冲积相、湖积相、海相沉积物中的水具有不同的原始成分，被后来的沉积物覆盖封存后在漫长的地质年代中水质又经历了一系列复杂的变化，形成现今所能见到的同生沉积水。海相地层中的沉积水来源于古海水，陆相地层中的沉积水来源于古大气降水。大多数沉积水都是矿化度高的咸水或卤水，通常分布于各种沉积盆地内。

海相地层（包括蒸发岩和碳酸盐岩等）沉积水是古海水经过蒸发浓缩及一系列化学作用和生物化学作用而形成的。海水是矿化度约为 35 g/L 的 Cl-Na 型水。由于经历一系列后期变化，海相地层沉积水与海水比较有以下不同：①矿化度很高，最高可达 300 g/L 以上；②SO_4^{2-} 减少乃至消失；③Ca^{2+} 的相对含量增大，Na^+ 的相对含量减少；④富集溴、碘，碘的含量升高尤为显著；⑤出现 H_2S、CH_4、铵、氮；⑥pH 值增高。海相沉积水矿化度的增大，一般认为是海水经历了强烈的蒸发浓缩作用所致。脱硫酸作用使原始海水中的 SO_4^{2-} 减少以至消失，出现 H_2S，水中 HCO_3^- 增加，水的 pH 值升高。HCO_3^- 增加与 pH 值升高，使一部分 Ca^{2+}、Mg^{2+} 与 HCO_3^- 作用生成 $CaCO_3$ 与 $MgCO_3$ 沉淀析出，Ca^{2+} 与 Mg^{2+} 减少。甲烷、氨、氮等是细胞与蛋白质分解以及脱硝酸作用的产物。溴与碘的增加是生物富集并在生物遗骸分解时进入水中所致。海相同生沉积水的典型例子是四川盆地深部的中三叠统雷口坡组和下三叠统嘉陵江组碳酸盐岩中的地下卤水。

陆相地层（各种砂岩为主）中的沉积水是古大气降水封存在沉积物中经过长期复杂演变而形成的，多是矿化度高的卤水（表 4.2 水样 3）。陆相沉积卤水有以下基本特点：①矿化度较高，每升达几十克到 300 克左右；②Ca^{2+} 的含量增大，每升达数克到数十克；③水化学类型以 Cl-Na·Ca 型为主，少数为 Cl-Ca 型；④富含 Li^+、Sr^{2+}、Ba^{2+}、溴、碘等微量组分。陆相地层（以砂岩和泥页岩为例）在成岩过程中受到上覆岩层压力而被压实时，其中所含的水一部分仍保留于砂岩中，在泥页岩中的另一部分水被挤压进入颗粒较粗且不易压密的砂岩层。在砂岩和泥页岩互层的陆相地层中，上覆岩层压力使下部砂岩的水通过泥页岩进入上部的砂岩中，泥页岩可以起到"隔膜渗滤"作用（周训等，2010），使更多的离子组分滞留在下部砂岩中，结果是沉积卤水的矿化度随砂岩的埋深而升高。

埋藏在海相地层或陆相地层中的沉积水，在经历若干时期以后，由于地壳运动而被剥蚀出露地表，或者由于开启性构造断裂使其与外界连通，经过长期入渗淋滤，沉积水有可能完全排走，而为溶滤水所替换（表 4.2 水样 2）。在构造开启性不十分好时，则在补给区分布低矿化的以难溶离子为主的溶滤水，较深处则出现溶滤水和沉积水的混合，而在深部仍为高矿化的以易溶离子为主的沉积水。

4.2.1.3 内生水

早在 20 世纪初，曾把温度较高的地下水看作是岩浆分异的产物。后来发现，在大多数情况下，温泉是地下水接受大气降水入渗补给循环到深部获得加热后再上升到地表形成的。近年来，某些学者通过对地热系统的热均衡分析认为，仅靠浅部水渗入深部获得的热量无法解释某些高温水的出现，认为应有 10%~30% 的来自地球深部层圈的高热流体的加入。这样，源自地球深部层圈的内生水说又逐渐为人们所重视。有人认为，深部高矿化卤水的化学成分也显示了内生水的影响。

内生水的典型化学特征至今并不完全清楚。苏联某些花岗岩中包裹体溶液是矿化度为 100~200 g/L 的 Cl-Na 型水。冰岛玄武岩区的热蒸汽凝成的水，是 TDS 为 1~2 g/L 的 HS·HCO_3-Na 型水，含有大量 SiO_2 和 CO_2。内生水的研究迄今还很不成熟，但由于它涉及地下水科学乃至地质学的一系列重大理论问题，因而在今后地下水科学的研究领域将有可能向地球深部圈层扩展，人们将会更加重视内生水的研究。

4.2.2 天然地下水化学组分的形成作用

大气降水和地表水在进入地表以下之前，已经含有某些物质，在进入地下包气带和饱水带与岩土接触后进一步发生变化。所以，地下水的化学成分与原来补给水的化学成分有着很大的不同。

4.2.2.1 溶滤作用

在水与岩土相互作用下，岩土中一部分物质转入地下水中，这就是溶滤作用。溶滤作用的结果，使岩土失去一部分可溶物质，地下水则补充了新的组分。

水是由一个带负电的氧离子和两个带正电的氢离子组成的。由于氢和氧分布不对称（图4.1），在接近氧离子一端形成负极，氢离子一端形成正极，成为偶极分子。岩土与水接触时，组成结晶格架的盐类离子，被水分子带相反电荷的一端所吸引；当水分子对离子的引力足以克服结晶格架中离子间的引力时，离子便脱离晶架，被水分子所包围而溶入水中（图4.2）。

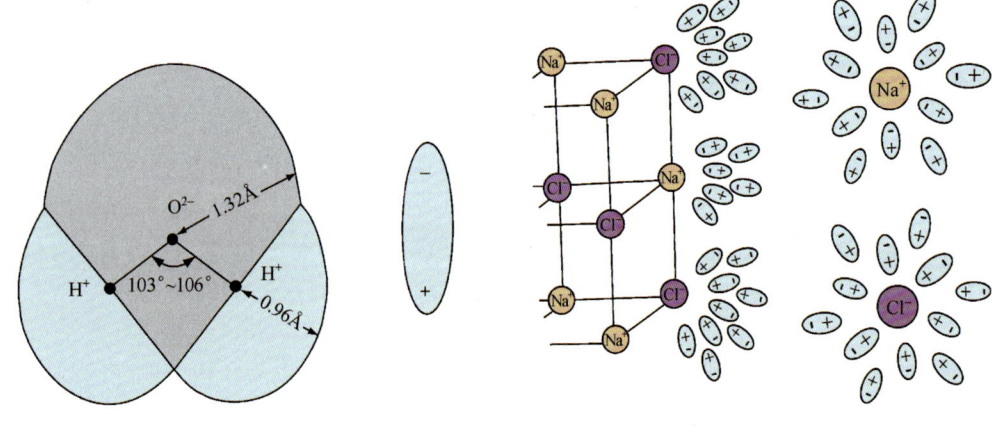

图 4.1　水分子结构示意图
（据王大纯等，1995）

图 4.2　水溶解 NaCl 晶体示意图
（据王大纯等，1995）

实际上，当矿物盐类与水溶液接触时，同时发生两种方向相反的作用：溶解作用与结晶（沉淀或析出）作用。前者使离子由结晶格架转入水中，而后者使离子由溶液中固着于晶体格架上。随着溶液中盐类离子的增加，结晶作用加强，溶解作用减弱。当同一时间内溶解与析出的盐量相等时，溶液达到饱和。此时，溶液中某种盐类的含量即为其溶解度。

对于不同盐类，其结晶格架中离子间的吸引力不同，因而具有不同的溶解度。

随着温度上升，结晶格架内离子的振荡运动加剧，离子间引力削弱，水的极化分子易于将离子从结晶格架上拉出。因此，盐类溶解度通常随温度上升而增大（图4.3）。但是，某些盐类例外，例如 $Na_2SO_4 \cdot 10H_2O$ 在温度上升时，由于矿物结晶中的水分子逸出，离子间引力增大，当溶解度上升到一定值后，溶解度随温度升高反而降低；$CaCO_3$ 及 $MgCO_3$ 的溶解度也随温度上升而降低，这与后面所提到的脱碳酸作用有关。

溶滤作用的强度，即岩土中的组分转入水中的速率，取决于一系列因素。

首先取决于组成岩土的矿物盐类的溶解度。显然，含盐岩沉积物中的 NaCl 将迅速转入地下水中，而以 SiO_2 为主要成分的石英岩，是很难溶于水的。

岩土的空隙特征是影响溶滤作用的另一因素。缺乏裂隙的致密基岩，水难以与矿物盐类接触，溶滤作用便无从发生。

水的溶解能力决定着溶滤作用的强度。如前所述，水对某种盐类的溶解能力随水中该盐类浓度增加而减弱。某一盐类的浓度达到其溶解度时，水对此盐类便失去溶解能力。总的来说，低矿化水溶解能力强而高矿化水溶解能力弱。

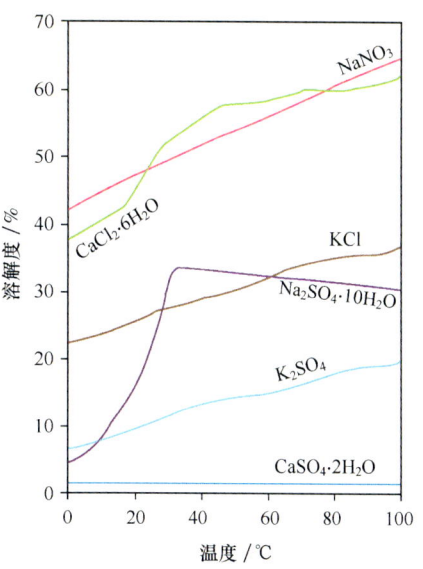

图 4.3　盐类溶解度和温度的关系
（据王大纯等，1995）

水中 CO_2，O_2 等气体成分的含量决定着某些盐类的溶解能力。水中 CO_2 含量愈高，溶解碳酸盐及硅酸盐的能力愈强。O_2 的含量愈高，水溶解硫化物的能力愈强。

水的流动状况是影响其溶解能力的一个关键因素。流动极慢接近停滞的地下水，随着时间推移，水中溶解盐类增多，CO_2，O_2 等气体耗失，最终将失去溶解能力，溶滤作用便终止。地下水流动迅速时，矿化度低的、含有大量 CO_2 和 O_2 的大气降水和地表水，不断入渗更新含水层中原有的溶解能力降低了的水，地下水便经常保持强的溶解能力，岩土中的组分不断向水中转移，溶滤作用便持续进行。由此可知，地下水的径流与交替强度是决定溶滤作用强度的最活跃、最关键的因素。

不应将溶滤作用等同于纯化学的溶解作用。溶滤作用乃是一种与一定的自然地理与地质环境相联系的历史过程。经受构造变动与剥蚀作用的岩层，接受来自大气圈及地表水圈的入渗水补给而开始其溶滤过程。设想岩层中原来含有包括氯化物、硫酸盐、碳酸盐及硅酸盐等各种矿物盐类。开始阶段，氯化物最易于由岩层转入水中，而成为地下水中主要化学组分。随着溶滤作用延续，岩层含有的氯化物由于不断转入水中并被水流带走而贫化，相对易溶的硫酸盐成为迁入水中的主要组分。溶滤作用长期持续，岩层中保留下来的几乎只是难溶的碳酸盐及硅酸盐，地下水的化学成分当然也就以碳酸盐及硅酸盐为主了。因此，一个地区经受溶滤作用愈强烈，时间愈长久，地下水的矿化度愈低，愈是以难溶离子为其主要成分。

除了时间上的阶段性，溶滤作用还显示空间上的差异性。气候愈是潮湿多雨，地质构造的开启性愈好，岩层的导水能力愈强，地形切割愈强烈，地下径流与水交替愈迅速，岩层经受的溶滤便愈充分，保留的易溶盐类便愈贫乏，地下水的矿化度愈低，难溶离子的相对含量也就愈高。

4.2.2.2 浓缩作用

溶滤作用将岩土中的某些成分溶入水中，地下水的流动又把这些溶解物质带到排泄区。在干旱－半干旱地区的平原与盆地的低洼处，地下水位埋藏浅，蒸发成为地下水的主要排泄去路。由于蒸发作用只排走水分，盐分仍保留在余下的地下水中，随着时间延续，地下水溶液逐渐浓缩，矿化度不断增大。与此同时，随着地下水矿化度升高，溶解度较小的盐类在水中相继达到饱和而沉淀析出，易溶盐类（如NaCl）的离子逐渐成为水中主要成分。

设想未经蒸发浓缩前，地下水为低矿化水，阴离子以HCO_3^-为主，居第二位的是SO_4^{2-}，Cl^-的含量很小，阳离子以Ca^{2+}和Mg^{2+}为主。随着蒸发浓缩的进行，溶解度小的钙、镁的碳酸盐部分析出，SO_4^{2-}及Na^+逐渐成为主要离子。继续浓缩，水中硫酸盐达到饱和并开始析出，最后便将形成以Cl^-、Na^+为主的高矿化水。

产生浓缩作用必须同时具备下述条件：①干旱或半干旱的气候；②低平地势控制下较浅的地下水位埋深；③有利于毛细作用的颗粒细小的松散沉积物；④地下水流动系统的势汇（排泄）处。最后一个是必备的条件，因为只有水分源源不断地向某一范围供应，才能从别处带来大量的盐分，并使之集聚。干旱气候下浓缩作用的规模从根本上说取决于地下水流动系统的空间尺度以及其持续的时间尺度。

当上述条件都具备时，浓缩作用十分强烈，在有些情况下可以形成矿化度大于30~300 g/L的地下咸水和地下卤水。

4.2.2.3 脱碳酸作用

水中CO_2的溶解度受环境的温度和压力控制。CO_2的溶解度随温度升高或压力降低而减小，一部分CO_2便成为游离CO_2从水中逸出，使水中的碳酸盐达到饱和而沉淀，这便是脱碳酸作用。变化过程可用下式表示：

$$Ca^{2+} + 2HCO_3^- \rightarrow CO_2\uparrow + H_2O + CaCO_3\downarrow \tag{4.5}$$

$$Mg^{2+} + 2HCO_3^- \rightarrow CO_2\uparrow + H_2O + MgCO_3\downarrow \tag{4.6}$$

脱碳酸作用的结果，使地下水中HCO_3^-及Ca^{2+}，Mg^{2+}减少，矿化度降低。少数深部地下水上升形成的泉，在泉口附近往往形成钙华，这是脱碳酸作用的结果。由于脱碳酸作用使Ca^{2+}，Mg^{2+}从水中析出，泉水中阳离子通常以Na^+为主。

4.2.2.4 脱硫酸作用

在还原环境中，当有有机质存在时，脱硫酸细菌能使SO_4^{2-}还原为H_2S，反应可用下式表示：

$$SO_4^{2-} + 2C + 2H_2O \rightarrow H_2S + 2HCO_3^- \tag{4.7}$$

结果使地下水中SO_4^{2-}减少以至消失，HCO_3^-增加，pH值升高。

封闭的地质构造，如储油构造，是产生脱硫酸作用的有利环境。因此，某些油田水中出现H_2S，而SO_4^{2-}含量很低。这一特征可以作为寻找油田的辅助标志。

4.2.2.5 阳离子交替吸附作用

岩土颗粒表面带有负电荷，能够吸附阳离子。一定条件下，颗粒将吸附地下水中某些阳离子，而将其原来吸附的部分阳离子转为地下水中的组分，这便是阳离子交替吸附作用。

不同的阳离子，其吸附于岩土表面的能力不同，按吸附能力，自大而小的顺序为：$H^+ > Fe^{3+} > Al^{3+} > Ca^{2+} > Mg^{2+} > K^+ > Na^+$。离子价愈高，离子半径愈大，水化离子半径愈小，则吸附能力愈大，H^+则是例外。

当含Ca^{2+}为主的地下水，进入主要吸附有Na^+的岩土时，水中的Ca^{2+}便置换岩土所吸附的一部分Na^+，使地下水中Na^+增多而Ca^{2+}减少。

地下水中某种离子的相对浓度增大，则该种离子的交替吸附能力（置换岩土所吸附的离子的能力）也随之增大。例如，当地下水中以Na^+为主，而岩土中原来吸附有较多的Ca^{2+}，那么，水中的Na^+将反过来置换岩土吸附的部分Ca^{2+}。海水在陆相沉积物中入侵时，就可能发生这种情况。

显然，阳离子交替吸附作用的规模取决于岩土的吸附能力，而后者决定于岩土颗粒的比表面积。颗粒愈细小，比表面积愈大，交替吸附作用的规模也就愈大。因此，黏土及黏性土类沉积物最容易发生阳离子交替吸附作用，而在致密的结晶岩中，实际上不发生这种作用。

4.2.2.6 混合作用

成分不同的两种水汇合在一起，可以形成化学成分与原来两者都不相同的地下水，这便是混合作用。海滨、湖畔或河边，地表水往往混入地下水中；深层地下水补给浅部含水层时，则发生两种地下水的混合。

混合作用的结果，可能发生化学反应而形成化学类型完全不同的地下水。例如，当以SO_4^{2-}，Na^+为主的地下水与以HCO_3^-，Ca^{2+}为主的水混合时，发生以下反应：

$$Ca(HCO_3)_2 + Na_2SO_4 \rightarrow CaSO_4 \downarrow + 2NaHCO_3 \tag{4.8}$$

结果，石膏沉淀析出，形成以HCO_3^-及Na^+为主的地下水。

两种水的混合也可能不发生明显的化学反应。例如当高矿化的$Cl-Na$型海水混入低矿化的$HCO_3-Ca \cdot Mg$型地下水中，基本上不发生化学反应。这种情况下，混合水的矿化度与水化学类型取决于参与混合的两种水的成分及其混合比例。

4.2.2.7 人类活动的影响

近几十年来，随着经济的发展与人口的增长，人类活动对地下水化学成分的影响愈来愈明显。一方面，人类生活与生产活动产生的废弃物污染地下水；另一方面，人为作用大规模地改变了地下水形成条件，从而使地下水化学成分也发生变化。

工业生产的废气、废水与废渣以及农业上大量使用化肥农药，使天然地下水富集了原来含量很低的有害元素，如酚、氰、汞、砷、铬、亚硝酸等。

人为作用通过改变形成条件而使地下水水质变化表现在以下各方面。滨海地区过量开采地下水引起海水入侵，不合理打井开采地下水使咸水运移，这两种情况都会使水质良好的淡水含水层变咸。干旱半干旱地区不合理地引入地表水灌溉，会使浅层地下水位上升，引起大面积次生盐渍化，并使浅层地下水变咸。原来分布地下咸水的地区，通过挖渠打井，降低地下水位，使原来主要排泄去路由蒸发改为径流排泄，从而逐步使地下水水质淡化。在这些地区，通过引来区外淡的地表水，以合理的方式补给地下水，也可以使地下水变淡。

人类干预自然的能力正在迅速增强。因此，防止人类活动对地下水水质的不利影响，采用有效措施使地下水水质向有利方向演变，显得愈来愈重要（王大纯等，1995）。

4.3 天然地下水化学成分的表示法、分类及分带性

获取地下水水化学信息的有效途径是通过采集地下水水样并进行测试分析。掌握水化学分析结果的表示方法，了解水化学分类方法以及天然地下水水化学分带的一般规律，对于研究地下水水化学特征及形成、演化具有重要的实际意义。

4.3.1 水化学图示法

采用各种图示方法对地下水水化学成分进行展示，有助于对水质分析结果进行比较，发现其异同点，更好地显示各种水的水化学特性，便于解释和说明有关水化学问题。下面介绍几种常见的水化学成分图示方法。

4.3.1.1 离子浓度图示法

这类图示法具有一定的相似性，它们一般都采用水化学分析结果中的主要离子组分（$K^+ + Na^+$，Ca^{2+}，Mg^{2+}，$HCO_3^- + CO_3^{2-}$，SO_4^{2-}，Cl^-）的毫克当量百分含量表示，阴离子和阳离子分别按照100%计算，其中K^+和Na^+，HCO_3^-和CO_3^{2-}通常合并到一起计算。这类方法能够直观地表示出主要离子组分相对含量的比例关系，展现出该水样的主要水化学特征。它们的局限性主要表现为只能表示单一水样的分析结果。

（1）圆形图示法

圆形图示法是把圆形分为两半，一半表示阳离子，一半表示阴离子，某离子所占的扇形的大小，按该离子毫克当量占阴离子或阳离子毫克当量总数的百分含量而定。圆形的大小，也即半径大小可以用于表示阴、阳离子总毫克当量数的大小或者总溶解固体含量的大小。需要注意的是，为了便于不同水点的比较，在圆形图示法中，各离子的相对位置是固定的，如图4.4所示，该图可在Excel表格中采用饼图类型实现图形的绘制。

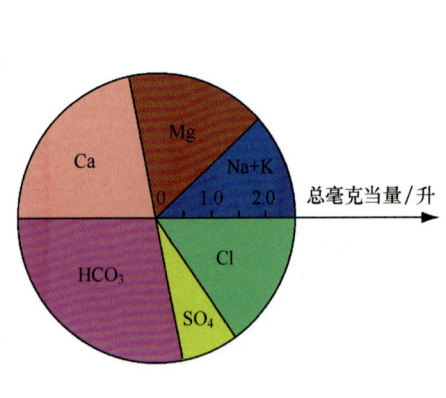

图4.4 圆形图示法
（据Freeze等，1979）

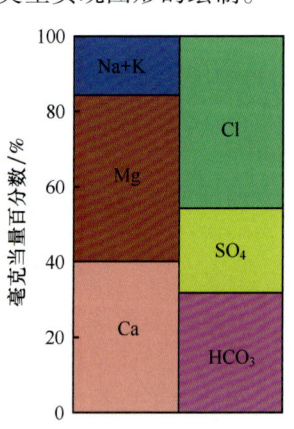

图4.5 柱形图示法
（据沈照理等，1993）

（2）柱形图示法

柱形图示法和圆形图示法相类似。把柱形分为两半，一半为阴离子，一半为阳离子，各离子分别以毫克当量百分数表示。柱子的高度可以用来表示总毫克当量数或者总溶解固

体含量。同样，各离子的排列顺序位置也是相对固定的，如图 4.5 所示，该图可在 Excel 表格中采用百分比堆积柱形图类型实现图形的绘制。

（3）多边形图示法（Stiff 图）

多边形图示法如图 4.6 所示。图中有一垂直轴，此轴的左右两侧分别表示阳离子和阴离子，其单位为毫克当量/升。与垂直轴垂直的有四条平行轴，顶轴有毫克当量/升的比例刻度。在该图中一般表示 6 种组分，如要表示更多的组分，可增加平行轴。在这种图示中，从上到下可以用多个多边形图表示多个水样的资料。这种图示法经常用于油田水水化学成分的研究，已取得较好的效果。

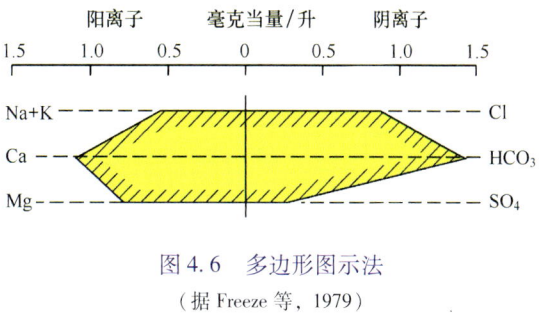

图 4.6 多边形图示法

（据 Freeze 等，1979）

4.3.1.2 三线图图示法（Piper 图）

目前应用最广的三线图图示法是由 Piper 于 1944 年提出的。该图由一个等边平行四边形及两个等边三角形组成（图 4.7）。浓度单位为每升水的毫克当量百分数。构图时，首先依据阴、阳离子各自的毫克当量百分数确定水点在两个三角形上的位置，然后通过该点作平行于刻度线的延伸线，两条延伸线在平行四边形的交点即为该水点在平行四边形的位置。如果需要，还可以用圆点按照比例尺大小表示出该水点总毫克当量或者总溶解固体含量（沈照理等，1993）。

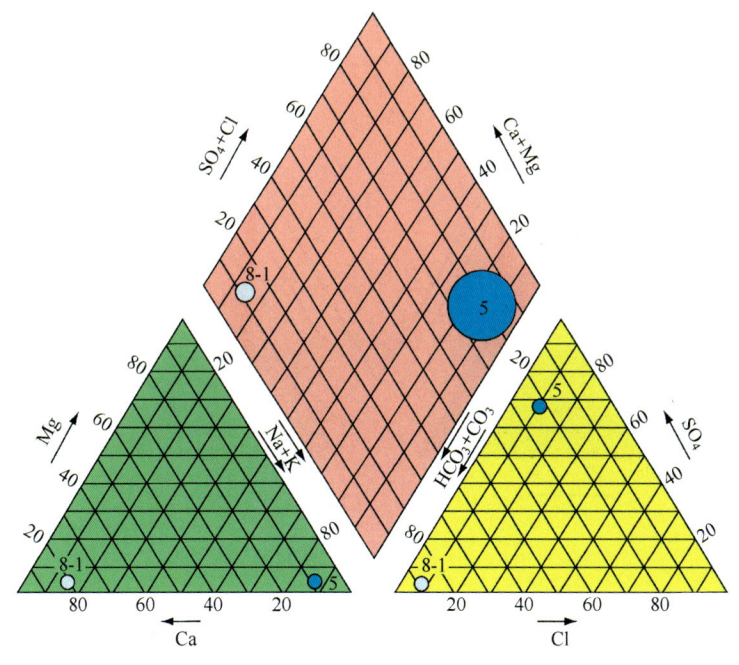

图 4.7 三线图图示法

（据王大纯等，1995）

落在菱形中不同区域的水样具有不同的水化学特征（图 4.8）。1 区表示碱土金属离

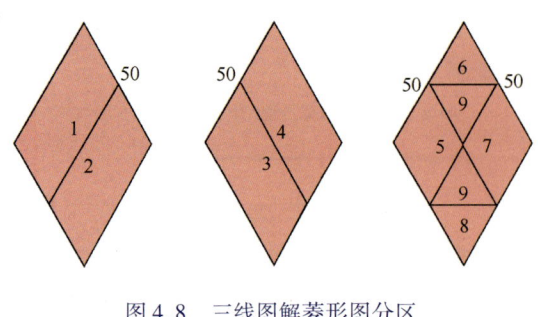

图 4.8 三线图解菱形图分区
（据王大纯等，1995）

子含量超过碱金属离子含量，2 区表示碱金属离子含量大于碱土金属离子含量，3 区表示弱酸根超过强酸根，4 区表示强酸根大于弱酸根，5 区表示碳酸盐硬度超过 50%，6 区表示非碳酸盐硬度超过 50%，7 区表示以碱金属离子及强酸为主，8 区表示以碱土金属离子及弱酸为主，9 区表示任意一对阴、阳离子毫克当量百分数均不超过 50%。这样不仅可以从菱形中看出水样的一般化学特征，而且在三角形中可以看出各种离子的相对含量。

三线图最大的优点是能把大量的水质分析数据点绘在同一图上，依据其分布情况，可以解释许多水化学问题。例如，应用三线图图示法能判断某种水是否是另外两种水简单混合的结果，如果水样 C 是水样 A 和 B 简单混合的结果（混合时未发生任何反应），那么混合水 C 将落在三线图上水样 A 和 B 所在位置的连线上。再如，将一个地区不同位置的水样标在图上，可以分析地下水化学成分的演变规律。而不同地区或不同成因的地下水样（表 4.2）在 Piper 图上通常落在不同的位置上（图 4.9）。

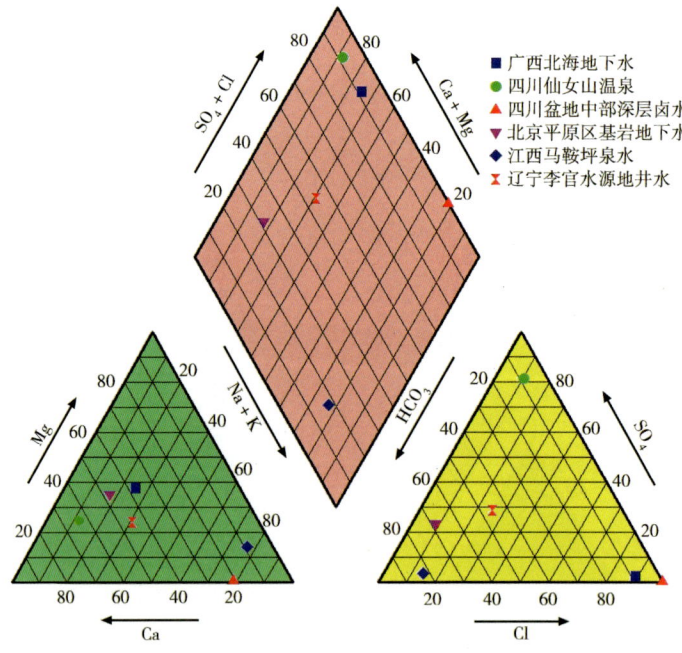

图 4.9 地下水水样的 Piper 图

4.3.2 舒卡列夫分类

舒卡列夫分类是苏联学者根据天然地下水中 6 种主要离子（K^+ 合并于 Na^+）及总溶解固体含量划分地下水水化学类型的一种方法。该方法将水溶液中毫克当量百分数大于 25 的阴、阳离子组合成 49 种水型（表 4.3），每型以阿拉伯数字表示，再按水的总溶解固体含量分为 4 组，A 组总溶解固体含量小于 1.5 g/L，B 组总溶解固体含量为 1.5～10

g/L，C 组总溶解固体含量为 10～40 g/L，D 组总溶解固体含量大于等于 40 g/L。例如 49–D 为总溶解固体含量高的 Cl–Na 型水。

表 4.3 舒卡列夫水化学类型分类表

毫克当量百分数超过25%的离子	HCO_3	$HCO_3 + SO_4$	$HCO_3 + SO_4 + Cl$	$HCO_3 + Cl$	SO_4	$SO_4 + Cl$	Cl
Ca	1	8	15	22	29	36	43
Ca + Mg	2	9	16	23	30	37	44
Mg	3	10	17	24	31	38	45
Na + Ca	4	11	18	25	32	39	46
Na + Ca + Mg	5	12	19	26	33	40	47
Na + Mg	6	13	20	27	34	41	48
Na	7	14	21	28	35	42	49

这种分类简明易懂，曾在我国广泛应用。利用表 4.3 整理水质分析资料时，从表的左上角向右下角，大体上与地下水循环过程中 TDS 含量不断升高的作用过程一致。能够反映出地下水循环过程中水化学成分演化的一些规律。其缺点是以离子的毫克当量百分数 25% 为划分水化学类型的依据带有人为性，而且在分类中对毫克当量百分数大于 25% 的离子未反映其大小的次序，反映水质变化不够细致。

随着人类活动影响的加剧，地下水的水化学类型变得越来越复杂，舒卡列夫分类越来越不能满足对地下水水化学类型分类的要求。目前人们对水化学类型的表示仍沿用了舒卡列夫分类的一些原则，仍以毫克当量百分数大于 25% 的阴、阳离子作为描述水化学类型的主要离子，但不再局限于表格中所列出的离子组合。同时，按照阴、阳离子毫克当量百分数分别排序，直接构成水化学类型表示方法，不再用数字表示水化学类型。例如遭受污染的地下水，NO_3^- 含量很高，有可能成为决定水化学类型的主要离子。此外，水的 TDS 含量也不再分为 4 组用字母来表示，而采用直接语言描述的办法。例如 $HCO_3 \cdot Cl$–$Ca \cdot Na$ 型，表示地下水中主要的阴、阳离子分别为 HCO_3^-，Cl^- 和 Ca^{2+}，Na^+。表 4.2 给出了 6 个地下水样的水化学类型。

其他类型的水化学分类方法如阿廖金分类、苏林分类等目前已经较少应用，在此不作介绍。

4.3.3 地下水水化学的水平分带

地下水水化学分带是研究天然地下水在循环过程中水化学演化的基础，它展示出地下水循环过程中水化学演化的一般规律。在承压水盆地内的含水层中，不同的水平分带取决于含水层不同的水交替程度，后者取决于盆地的构造开启程度、含水层的岩性和补给条件等。一般来说，承压水盆地的构造开启程度首先决定了水化学的水平分带性，也决定着水平分带的主要类型，而在水平分带内部，受其他因素的影响水化学特征会有某些差别。

4.3.3.1 封闭构造水化学的全水平分带类型

封闭构造水化学的全水平分带类型是最为典型的水平分带，它具有所有基本的和过渡的水化学类型，由低 TDS 的 HCO_3-Ca 型一直到高 TDS 的 $Cl-Na \cdot Ca$ 型，能够很好地反映出地下水循环过程中水化学类型演变的一般规律，是研究其他半开启、开启构造以及复杂构造内的地下水水化学分带的基础。

在这种分带中由于岩石成分的不同，可以划分为如下两个亚类。

(1) 具有还原硫酸盐条件的正常海相沉积岩中的分带

在此亚类分带中，沿着承压水的运动方向，按一定的严格顺序形成各种水化学成分分带（图 4.10）：①HCO_3-Ca 型水带（低 TDS 的重碳酸盐水的主要类型）；②SO_4-Na 型水带（硫酸盐型的基本和最终类型）；③HCO_3-Na 型水带（碱性水）；④$Cl-Na$ 型水带（溶滤成因盐水的基本类型）；⑤$Cl-Na \cdot Ca$（$Cl-Ca$）型水带（原生封存海水类型）。

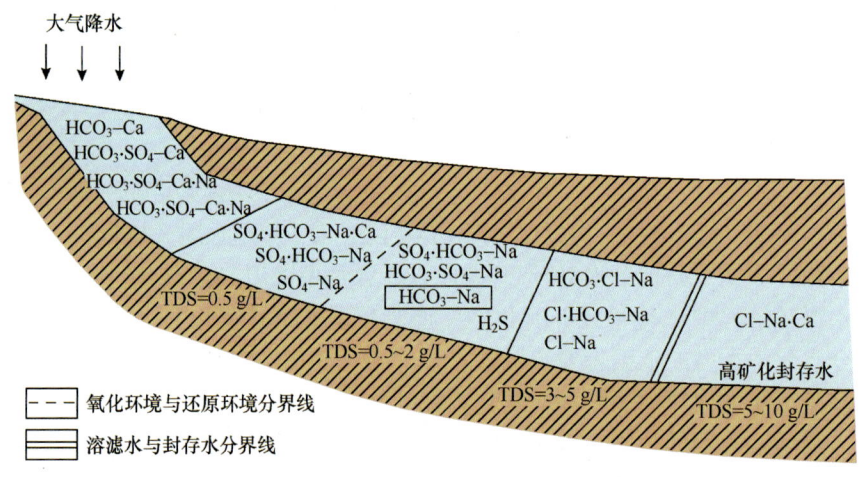

图 4.10　具有还原硫酸盐条件的正常海相沉积岩中水化学水平分带示意图（剖面图）
(据李学礼, 1988)

在上述基本类型之间，基本包含了各种中间或过渡类型的水。在含水层的补给区，由于水交替强烈，岩石经过长期冲刷，大部分易溶盐类组分已经被带走，往往形成 TDS 很低的 HCO_3-Ca 型水。随着地下水沿含水层径流，含水层围岩中分散的硫化物不断被氧化以及硫酸盐矿物的溶滤，致使地下水中硫酸盐含量不断增加，同时，水中的 Ca^{2+}，Mg^{2+} 与海相沉积形成的围岩中的 Na^+，K^+ 等不断进行交换，逐渐形成了以 SO_4^{2-} 为主要阴离子的 SO_4-Na 型水。前两个基本水型中，地下水的 TDS 一般较低，通常为 0.5~0.7 g/L。在第二个水型 SO_4-Na 向第三个水型（HCO_3-Na 型）过渡的过程中，地下水的氧化还原环境发生明显改变，由氧化环境逐渐过渡到还原环境，从而形成了还原硫酸盐的条件，导致硫酸盐被还原，SO_4^{2-} 浓度逐渐降低，形成了以 HCO_3^- 为主要阴离子的碱性水。图 4.10 中以虚线形式分割两个水型，即表示含水层氧化还原环境在此发生了转变。在第三个水型演化过程中，TDS 将继续升高，通常为 0.5~2 g/L。随着地下水沿含水层继续向深部循环，TDS 将迅速增长（由于围岩冲刷程度差），在过渡到第四个水型 $Cl-Na$ 型水时，水交替非常迟缓，TDS 剧烈增加，可达 3~5 g/L。图 4.10 中第四个水型带和第五个水型带之间以双线分割开来，表示是从溶滤水过渡到封存水的界限。第五个水型带通常是海相沉积时形成的高 TDS 的原始封存水（沉积水），TDS 可以达到每升几十克到几百克。

（2）在含石膏岩层或缺少还原硫酸盐条件的正常海相沉积岩中的分带

在此亚类分带中，沿着承压水的运动方向，也按一定的严格顺序形成各种水化学成分分带（图 4.11）：①HCO_3-Ca 型水带；②$SO_4 \cdot HCO_3 - Ca \cdot Na$ 或 SO_4-Ca 型水带；③SO_4-Na 型水带；④$SO_4 \cdot Cl-Ca \cdot Mg(Ca \cdot Na，Na \cdot Ca)$ 型水带或 $Cl \cdot SO_4-Na \cdot Ca$（Na）型水带；⑤$Cl-Na$ 型水带；⑥$Cl-Na \cdot Ca(Cl-Ca)$ 型水带。

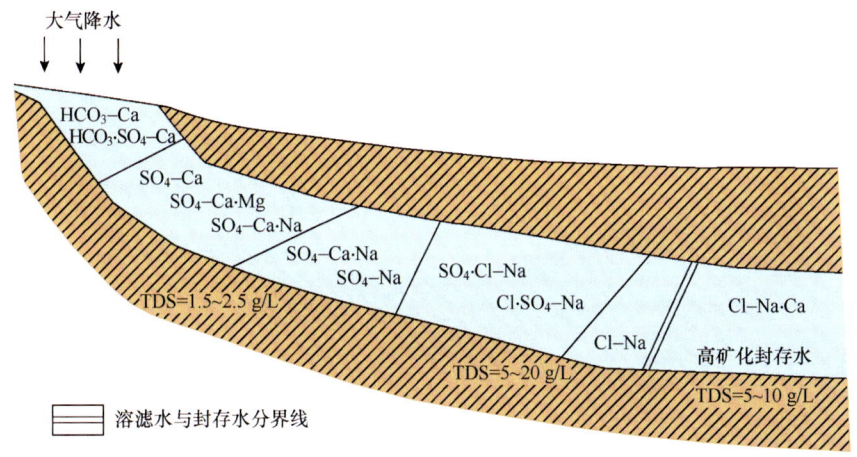

图 4.11　含石膏岩层或缺少还原硫酸盐条件的正常海相沉积岩中水化学水平分带示意图（剖面图）
（据李学礼，1988）

与图 4.10 不同的是，由于缺少还原硫酸盐的条件，在形成 $SO_4-Ca \cdot Na$ 或 SO_4-Na 型水后，不会出现硫酸盐被还原，而形成 HCO_3-Na 型碱性水的情况，而是继续向 Cl^- 富集的方向演化，逐渐形成 $SO_4 \cdot Cl-Ca \cdot Na$，$Cl \cdot SO_4-Na \cdot Ca$，$Cl-Na$ 型水。

4.3.3.2　半开启、开启构造中水化学的水平分带类型

半开启构造水化学水平分带类型的特点是相对发育不完全的水平分带，即缺少一个或几个后面的带，首先缺少原生的 $Cl-Na \cdot Ca$ 型水，它已经完全被排挤出去，根据构造开启程度和水交替强烈程度，水平分带的水化学类型会依次缺少后面的分带。由于岩石成分不同也可以划分出两个与封闭构造相同的亚类（图 4.12）。

开启构造水平分带类型同样表现为不完全分带性，但与半开启构造的分带相比，其分带很不发育，一般只有第①带和第①带向第②带过渡的某些水化学类型（图 4.13）。一般这些带的水是 TDS 低的 HCO_3-Ca 和 $HCO_3 \cdot SO_4-Ca$ 或 $SO_4 \cdot HCO_3-Ca \cdot Mg$ 过渡类型的水，全分带中的高 TDS 水大部分缺失。这种分带类型存在于褶皱山区水交替强烈的小型承压水盆地中，在大中型承压水盆地水循环积极的含水层中，也能看到这种分带（李学礼，1988）。

4.4　污染地下水水化学特征

随着人类社会的进步和经济发展，人类活动对地下水水化学变化的影响越来越大。一方面，人类生活与生产活动产生的废弃物污染地下水，形成了各种类型的地下水污染；另一方面，人为作用大规模地改变了地下水形成条件，从而使地下水化学成分发生变化，对人类赖以生存的环境和生态产生重大影响。

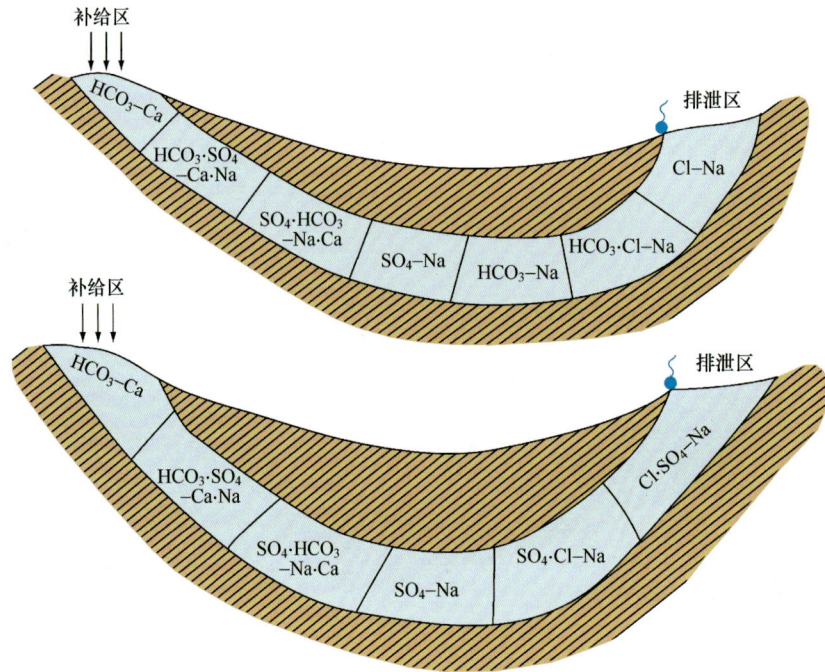

图 4.12　半开启构造水化学水平分带示意图（剖面图）
（据李学礼，1988）

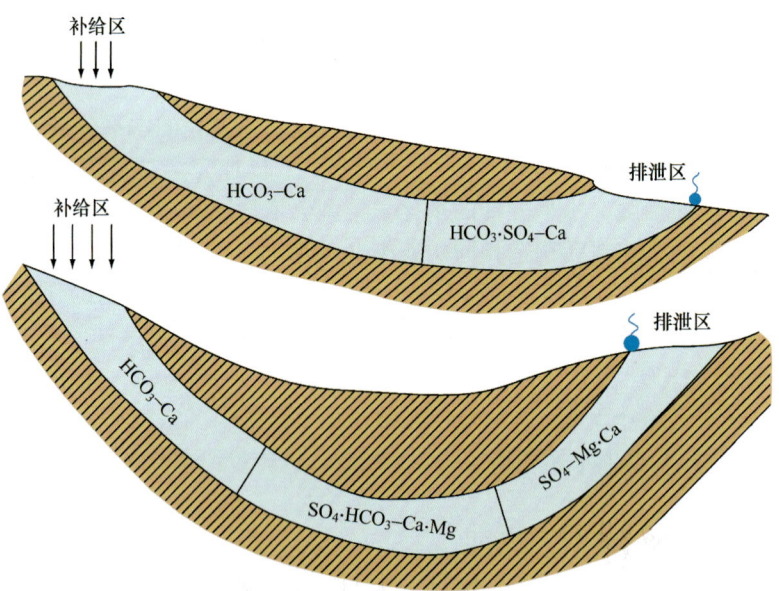

图 4.13　开启构造水化学水平分带示意图（剖面图）
（据李学礼，1988）

4.4.1 地下水污染基本概念

4.4.1.1 地下水污染的含义

对于地下水污染的定义，自19世纪以来不同学者（例如德国的梅恩斯、法国的弗里德、美国的米勒等）提出了不同观点。从各种观点的阐述中可以发现它们存在两方面的主要分歧。其一是污染标准问题，有人提出了明确的标准，即以地下水中某些组分的浓度超过水质标准的现象称为地下水污染；有人只提出一个抽象的标准，即以地下水中某些组分浓度达到"不能允许的程度"或"适用性遭到破坏"等现象称为地下水污染。其二是污染原因问题，有人认为，地下水污染是人类活动引起的特有现象，天然条件下形成的某些组分的富集和贫化现象均不能称为污染；而有的人认为，不管是人为活动引起的或者是天然形成的，只要浓度超过水质标准都称为地下水污染。

事实上，在天然地质环境和人类活动影响下，地下水中的某些组分都可能出现相对富集和相对贫化，都可能产生不合格的水质。如果把这两种形成原因各异的现象统称为"地下水污染"，在科学上是不严谨的，在地下水资源保护的实用角度上，也是不可取的。因为前者是在漫长的地质历史中形成的，其出现是不可防止的；而后者是在相对较短的人类历史中形成的，只要查清其原因及途径和采取相应措施是可以防止的。因此，把上述两种原因所产生的现象从术语及含义上加以区别，从科学严谨性及实用性来说都更加可取一些。

此外，在人类活动的影响下，地下水各种组分浓度的变化绝大部分处于由小到大的量变过程，在其浓度尚未超过某一标准之前，实际污染已经产生。因此，把组分浓度超标以后才视为污染，已失去了预防的意义。当然，在判定地下水是否污染时，应该参考水质标准，但其目的并不是把它作为地下水污染的标准，而是根据它判别地下水水质是否朝着恶化的方向发展。如果朝着恶化方向发展，则视为"地下水污染"，反之则不然。

尽管人们对水污染的含义的看法有差异，但在污染造成水体质量恶化这一方面是有共识的。目前比较合理的定义可以表述为，凡是在人类活动影响下地下水水质朝着恶化方向发展的现象，统称为"地下水污染"。不管此种现象是否使水质恶化达到影响使用的程度，只要这种现象一旦发生，就应视为污染。天然地下水环境中出现不宜使用的水质现象，不应视为污染，而应称为天然水质异常。所以判定水体是否污染必须具备两个条件，第一为水质朝着恶化的方向发展；第二为这种变化是人类活动引起的（沈照理等，1993）。

4.4.1.2 地下水中的污染物

与地下水污染的定义相对应，凡是人类活动导致进入地下水，并使水质恶化的物质，无论其浓度是否达到使水质明显恶化的程度，均称为地下水污染物。由于地下水赋存于地下岩土介质中，污染物进入地下的难易程度，受到污染源状况、地下水埋藏条件、包气带含岩性和结构、污染物物理化学性质等多种因素影响。因此，尽管地表水体多与地下水存在不同程度的水力联系，但在污染物的种类上，地表水污染和地下水污染并不完全相同。

地下水污染物的种类复杂繁多，分类方式也有多种，一般可以将其大致分为三类：化学污染物、放射性污染物和生物污染物。

（1）化学污染物

化学污染物是这三类污染物中污染物种类最多、污染最为普遍的一类。可以进一步细分为无机污染物和有机污染物。

无机污染物包括各种无机盐类的污染及微量金属和非金属污染。目前，最常见的是 NO_3—N 污染，其次是 Cl^-、硬度、SO_4^{2-}、TDS 等。它们的特点是大面积的污染多，局部的污染少，常见于城市地区地下水中。微量金属污染物和非金属污染物相对比较少，多见于金属、非金属矿床的开采、冶炼和加工过程所在地区。

有机化合物的种类非常繁多。据 Beilstein 有机化学数据库，自 1771~2008 年已经确认的有机化合物达 1030 万种之多，而且每年都有新的有机化合物被不断地合成出来。由于生产、运输、存储、使用等各个环节的不当，有可能导致种类繁多的有机化合物进入地下水系统。其中很多有机化合物具有难降解、毒性大的特点，尽管它们在地下水中含量可能很低，通常以 μg/L 甚至 ng/L 计，但是它们对供水安全所造成的危害是巨大的。

由于有机污染物的种类众多，人类对地下水有机污染物的认识目前还远跟不上有机污染物产生的速度，例如美国国家环保局（2004）饮用水标准中，共列出了 171 种有机污染物，而其中明确有饮用水标准上限的只有 61 种。关于地下水中有机污染的种类划分目前还很不完善，主要是依据有机污染物的种类划分，例如卤代烃类、氯代苯类、单环芳烃类、农药类、多环芳烃类、酚类、酯类等。随着分析技术的不断发展和研究水平的不断提高，会有越来越多的有机污染物被发现和重视。

（2）放射性污染物

放射性污染物在地下水中比较少见，且种类比较少，如 ^{226}Ra、^{238}U、^{60}Co、^{90}Sr 等，这类污染物只在局部地方发现，多与放射性物质生产和使用有关，例如核电站的核废料处置过程中产生的废水，医疗单位放射科治疗过程中产生的废水等。

（3）生物污染物

地下水中的生物污染物主要包括细菌、病毒等，它们主要由于人类和牲畜的粪便等排泄物以及死亡尸体等引起，多出现在农村卫生条件比较差的地区。

4.4.1.3 污染来源

地下水污染的来源按成因可分为人为污染源和天然污染源。人为污染源是指人类在生产、生活过程中产生的各种污染物，包括液体废弃物，例如生活污水、工业废水、地表径流等；固体废弃物，例如生活垃圾、工业垃圾；农业生产过程中的化肥农药的使用等。天然污染源是指天然存在的，但只是在人类活动的影响下才进入地下水环境的污染物，例如地下水过量开采，引起海水入侵或含水层中的咸水进入到淡水含水层而污染地下水；采矿活动的矿坑疏干使某些矿物氧化形成更易溶解的化合物而成为地下水的污染源。

地下水污染的来源按分布形式分为点污染源、线污染源和面污染源。点污染源是指面积相对较小的污染源，例如相对独立的垃圾填埋场、污水渗坑等；线污染源是指呈线状的污染源，例如长期排污河流、地下水污水管道的渗漏、铁路沿线废弃物的排放等；面污染源是指面积相对较大的污染源，例如农田大面积施用化肥和农药等。需要说明的是，按照分布形式对污染源的划分，在多数情况下是相对的概念，它和研究的尺度及范围有关。例如对垃圾填埋场研究其对周边地下水影响时，将其看成点源是不合适的，其规模大小和形态展布对地下水污染羽的分布具有明显影响。而在研究垃圾填埋场分布对区域地下水污染影响时，对于每个垃圾场来说，它们都可以看成是一些点状的污染源。

能够造成地下水污染的污染源种类繁多，图 4.14 较好地展示了常见的一些污染源。据美国等一些国家的统计资料，对地下水环境质量影响最大的污染源主要包括五类，它们分别是地下储存罐、化粪池、农业活动、城市垃圾填埋、污水坑塘。

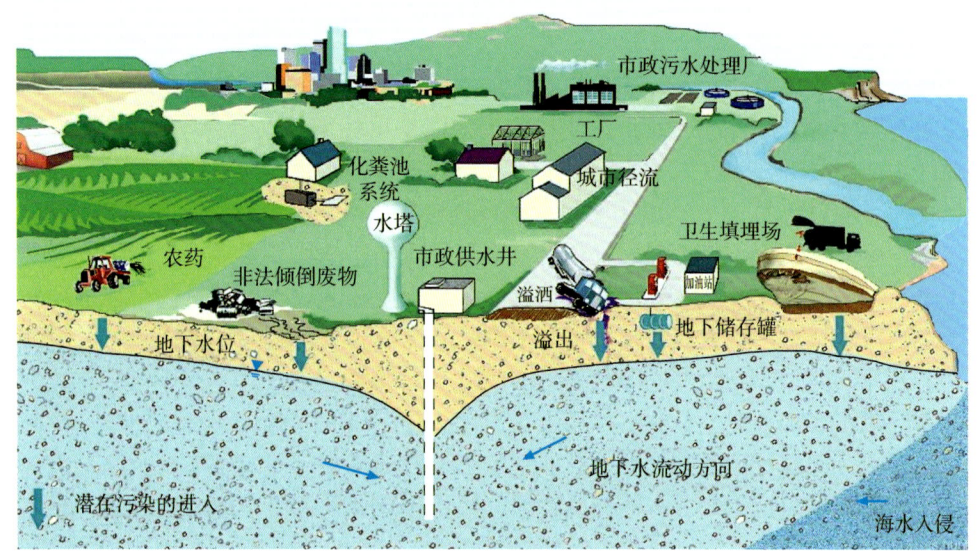

图 4.14　地下水污染及常见污染源示意图
（据 Zaporozec 等，2000，有改动）

（1）地下储存罐

地下储存罐常年埋于地下，由于罐体的腐蚀泄漏造成地下水污染成为当前人们普遍关注的污染源之一。尤其是城市地区广泛分布的油库、加油站等。据统计，在 1989～1990 年间，美国约有 200 万个储存燃料油的地下储油罐，其中被证实发生渗漏的有 9 万个。据美国环保局（2009）估计，其国内现有地下储油罐的 35% 存在渗漏。我国目前对该类型的污染尚没有开展全面的监测，但已有研究证据表明，一些地区特别是城市的加油站储油罐确实存在渗漏问题。这类污染源向地下水中释放的污染物多数是有机溶剂，以石油产品燃料油居多，它们往往会造成地下水单环芳烃类（苯、甲苯、乙苯、二甲苯）以及 $C_6 \sim C_{16}$ 的石油烃污染，危害巨大。

（2）化粪池

广布于城市地下的各种类型化粪池以及污水管道系统的泄漏，是造成城市地区地下水污染的主要污染源之一。城市污水中主要污染组分来自于粪便排泄，它的主要污染物是 BOD、COD、总悬浮物（TSS）、总氮（TN）、总磷（TP）以及病原微生物等。它们渗漏进入地下水后往往会造成地下水的硝酸盐氮、TDS、总硬度污染以及细菌污染等，城市地区地下水普遍的氮污染和盐污染多与此有关。

（3）农业活动

农业活动过程中过量施用化肥和农药，是造成农业区地下水大面积硝酸盐氮污染和农药污染的主要原因。目前，我国化肥年使用量达 4124×10^4 t，按播种面积计算，化肥使用量达 400 kg/hm², 远远超过发达国家为防止化肥对水体造成污染而设置的 225 kg/hm² 的安全上限。化肥的平均利用率仅 40% 左右。全国每年农药使用量超过 30×10^4 t, 除 30%~40% 被作物吸收外, 大部分进入了水体、土壤及农产品中, 使全国 933.3×10^4 hm² 耕地遭受了不同程度的污染。部分地区生产的蔬菜、水果中的硝酸盐、农药和重金属等有害物质残留量超标, 对人们的身体健康造成了威胁。

（4）城市垃圾填埋

垃圾填埋场是城市地区不可缺少的重要组成部分, 也是造成地下水污染的主要污染源之一, 尤其是大量未经合理选址、设计和施工的简易填埋场。据 2004 年对北京市平原区垃圾填埋场调查资料, 北京市平原区非正规垃圾处理场及转运站共有 368 处, 占正在运营的垃圾处理场地总数的 95%, 由于简易填埋场环保措施欠缺, 致使不少地区的垃圾泛滥、蚊蝇滋生、臭气飘荡, 不仅影响周围环境, 更加严重的是造成了对地下水的污染。垃圾填埋场由于成分复杂, 其淋滤液造成的地下水污染也十分复杂, 往往具有污染物浓度高、种类多、难治理的特点, 严重威胁了城市地下水的安全。

（5）污水坑塘

污水坑塘往往是工业、企业生产过程中用来储存、排放或处理污水用的临时性或永久性坑塘, 它们有的进行过防渗处理, 有的却没有, 对这类污染源的管理不善或是防护措施不够, 是造成其渗漏污染地下水的主要原因。由于工业企业类型不同, 所造成的污染种类也不尽相同。许多历史上的工业企业以及一些中小企业在生产过程中, 由于没有排污管网, 污水随意排放, 或排入污水坑, 或排入随意挖掘的排污沟, 致使土壤和地下水受到严重污染。有些污染甚至在企业搬迁土地功能发生改变后, 残留在土壤和地下水中的污染物仍可能造成极大的危害。

4.4.1.4 污染途径

按照地下水水力学特征, 地下水污染途径主要包括间歇入渗型、连续入渗型、越流型和径流型四种（林年丰等, 1990）。

（1）间歇入渗型

这种类型多是污染源在降水的间歇淋滤下, 非连续地入渗到地下水中, 例如农田、垃圾填埋场、矿山等（图 4.15a, b）。

（2）连续入渗型

这种类型多为遭受污染的地表水体的长期连续入渗, 造成地下水污染, 例如排污渠、污水渗坑等（图 4.15c, d, e）。

（3）越流型

越流型是指已污染的浅层地下水通过弱透水层、岩性"天窗"及井管等向邻近的含水层越流, 造成邻近含水层污染（图 4.16a, b, c, d）。

（4）径流型

径流型是指在地下水水力梯度的影响下, 污染的地下水从某一地点径流到未遭受污染的地下水中, 例如海水入侵、污水通过岩溶管道的渗流流向抽水井等。

（5）直接注入型

污水通过钻井灌注进入含水层中（图 4.16e）, 或者通过岩溶漏斗、岩溶竖井进入地下水中。

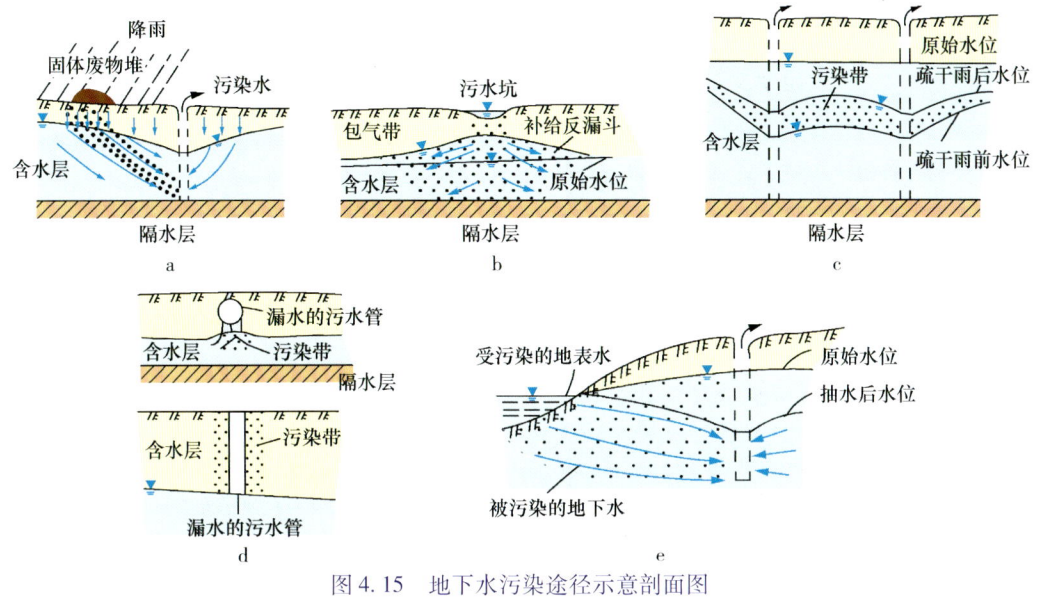

图 4.15　地下水污染途径示意剖面图

(据林年丰等，1990)

4.4.1.5　污染特征

地表水体和地下水由于储存、分布条件和环境上的差异，表现出不同的污染特征。地下水赋存于地下含水层中，并在其中缓慢运移，上部有一定厚度的包气带土层作为天然屏障，地面污染物在进入地下水之前，必须首先经过包气带土层。上述条件使地下水污染有如下特征。

（1）隐蔽性

由于污染是发生在地表以下的含水介质之中，因此，必须通过钻探等手段揭露地下水，进行采样分析，才可以判别地下水是否遭受污染。由于包气带对污染物的净化和屏障作用，地下水即使已遭到相当程度的污染，但往往从表观上很难识别。一般仍然表现为无色、无味，不能像地表水那样，从颜色及气味或鱼类等生物的死亡、灭绝鉴别出来。此外，即使人类饮用了受有害或有毒组分污染的地下水，其对人体的影响一般也是慢性的，不易觉察。因此，地下水污染往往具有很强的隐蔽性。

（2）长期性

地下水一旦遭到污染，往往很难依靠天然地下径流将污染物排除带走，或者依靠含水层的自净得到恢复。这主要是因为地下水的径流速度非常缓慢，即使是在水交替强烈地区，地下水径流速度相对于地表水体来说，也是非常缓慢的。而地下水的污染物则由于含水介质的吸附作用使迁移速度更加缓慢。此外，吸附或沉淀在含水介质中的污染物，很难通过抽水的方式将其从地下带出，它们往往长期存于含水介质中，并不断缓慢地向地下水中释放转移。因此，地下水一旦遭受污染，即使在切断污染来源后，靠含水层本身的循环和自然净化，少则需要十几年、几十年，多则甚至需要上百年的时间。地下水污染具有明显的长期性特点。

（3）难恢复性

由于地下水埋藏在地下，相对于地表水的治理，防治地下水污染的难度要大很多，成本

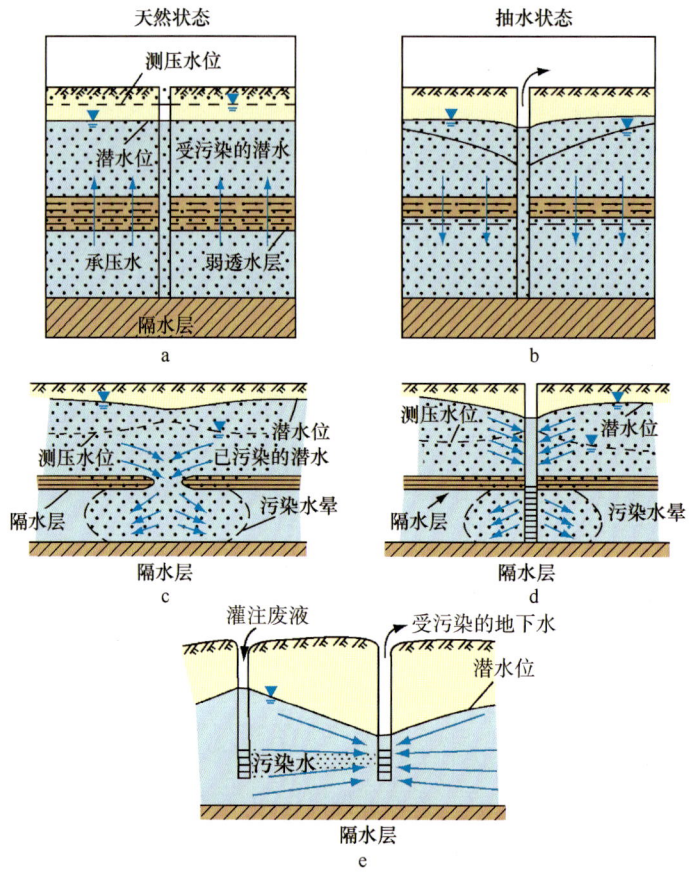

图 4.16 地下水污染途径（剖面图）
（据林年丰等，1990）

也要高很多。前已述及，多数情况下地下水中的污染物很难通过将污染地下水抽出的方式全部抽出，必须结合一些包含地下工程的就地恢复治理措施，对污染的地下水和含水层进行同时治理，这就大大增加了地下水污染的处理难度和成本。尽管目前国际上已有一些针对污染场地地下水污染的治理技术，但由于处理难度大，成本过高，即便是发达国家也是有选择地对一些污染比较严重、危害比较大的污染场地地下水进行治理。针对区域的面状污染，目前尚无有效的治理技术。因此，人们必须清楚地认识到地下水污染的难恢复性特点。

4.4.2 常见地下水污染类型

4.4.2.1 氮污染

氮污染是地下水最常见的无机污染，尤其是硝酸盐氮（NO_3—N）。在未受污染的天然水中，NO_3—N 浓度大多小于 30 mg/L，但在受污染的地下水中，其含量可从每升几十毫克到上百毫克。地下水中氮的来源较多，主要有化肥、农家肥、城市生活污水和生活垃圾等。农业生产中的过量施肥，以及集约化畜禽养殖往往是造成农业区地下水 NO_3—N 污染形成的主要原因，而城市污水管网的渗漏以及垃圾淋滤液的渗漏是造成城市地区地下水氮污染的主要原因。例如，我国的北京、沈阳、西安等许多大城市的地下水都遭受了不同

程度的 NO_3—N 污染，许多城市的地下水供水水源 NO_3—N 都超过饮用水标准 10 mg/L，对城市供水安全构成了威胁。

4.4.2.2 盐污染

所谓地下水盐污染是指地下水受总硬度、Cl^- 和 TDS 的污染。这 3 个污染参数往往具有明显的相关性，而污染地区往往总是在城市地区，特别是古老的城镇所在地，其污染来源多半是城市的生活废水和垃圾。这是城市化所带来的一种环境问题，也是地下水污染的一个普遍问题。地下水盐污染通常污染普遍且污染范围大，属面状污染，污染过程表现为总硬度不断升高，其他组分也升高，特别是 Cl^-、Na^+、K^+ 和 TDS，它们相关性很好，有时 NO_3^- 和 SO_4^{2-} 也升高。一般来说，盐污染水化学类型往往从 HCO_3 型水转变为 $HCO_3 \cdot Cl$ 型水或 $Cl \cdot HCO_3$ 型水，基本上不出现 $HCO_3 \cdot SO_4$ 型水。

4.4.2.3 细菌污染

地下水的细菌污染主要由 3 类病原微生物引起，它们分别是细菌、病毒及寄生虫，又以前两种为主。许多接触水引起的传染病（俗称水媒病）的爆发多数是由于供水系统的水污染引起。污染地下水的病原菌主要是肠道病原菌，如大肠杆菌、鼠伤寒沙门菌、索氏志贺氏菌、空肠弯曲杆菌、结肠耶氏菌等。它们主要来自化粪池、生活污水池、垃圾填埋场以及污水排放系统等污染源。地下水通常是清洁无病毒的，但是由于人类活动可能会引起地下水病毒污染。病原微生物在地下水系统中的存活期与地下水是否会遭受病原微生物的污染密切相关。由于地下水径流速度比较缓慢，如果病原微生物的存活期小于其从污染源运移到地下水所需的时间，一般来说就不会造成地下水的污染。病原微生物的存活期的长短不仅与其种类有关，而且受温度、pH 值、土壤含水量、其他微生物等多种因素影响。此外，病原微生物在地下水系统中的迁移能力还受到机械过滤作用和吸附作用的控制。

4.4.2.4 有机污染

地下水有机污染常常具有种类多、含量低、危害大、难治理等特点。国内外已有的研究成果表明，尽管多数有机污染物在地下水中的含量很低，但许多有机污染物具有致癌、致畸、致突变的"三致作用"，对人体健康有严重影响，而且大多数有机污染物在地下水环境中很难通过自然降解过程去除，很可能会长期存在并发生累积。近年来，地下水有机污染给公众所造成巨大的健康风险，已经引起许多国家政府的高度重视。美国环保局早在 1979 年就公布了 129 种优先控制污染物"黑名单"，其中有机污染物达 114 种（USA Environment Protection Agency，2008）。反映我国环境特征的中国环境优先控制污染物"黑名单"中，共有 14 类 68 种优先控制污染物，其中有毒有机化合物 12 类 58 种，占总数的 85.29%（周文敏等，1990）。

地下水有机污染除具有种类多、含量低、危害大的特点外，还有其复杂性。由于地下水中的许多有机污染物来自有机液体，它们与水是不混溶的，与无机污染物在地下环境中的存在形式及迁移有很大区别。因此研究有机污染物在包气带、含水层中的运移十分复杂。此外，地下水有机污染物的浓度低使得遭受污染的地下水很难被直接发现，常规的分析方法根本无法检测到，只有通过气相色谱等精密仪器的分析方能检出，这也使得地下水有机污染问题研究起来更加复杂、困难。

由于地下水有机污染具有上述特点，使得其在调查与研究上存在很多困难。目前我国尚处于起步阶段，仍需在测试技术的开发与研究、地下水有机污染的调查评价、地下水有机污染物迁移转化规律的研究、污染场地风险评价、包气带及含水层的防污性能研究以及针对不同类型地下水有机污染治理技术的研究等各方面不断深入。

1. 简要回答下列问题。
（1）地下水中的主要组分包括哪些？为什么这些组分会成为地下水中的主要组分？
（2）在什么条件下可以形成矿化度低的地下水？试举例说明。
（3）溶滤作用的强度受哪些因素的影响？
（4）地下水中溶解气体组分对水化学研究有什么重要意义？试举例说明。

2. 试分析切穿承压含水层的导水构造断裂可能会对地下水的水化学分带产生什么影响。

3. 地下水污染的发生机制与地表水污染有什么不同？在治理方面又有哪些不同？

4. 潜水含水层通过哪些途径被污染？承压含水层通常是如何被污染的？

第5章　地下水系统及其动态与均衡

5.1　地下水系统

5.1.1　地下水系统的含义

在最近几十年里，在研究地下水的文献中经常可以见到"地下水系统"这一术语。地下水系统的提出和在地下水研究中的应用，一方面是地下水科学的思维发展的产物，也是20世纪出现的系统论的思想方法渗透到各个学科的结果。

研究地下水的最初目标是解决"找水"问题，需要确定合适的井位以便打出能满足当时需要的水量，或者利用天然泉水实现供水目的。由于当时的需水量不大，无论采用井水还是泉水，供水需求很容易得到满足，因此人们一般只关注井或者泉附近小范围的含水层状况。

后来随着需水量的增加，对地下水的开采规模逐渐增大，开采地下水引起的水位降落漏斗不断扩大，甚至波及整个含水层。这时人们认识到应该将整个含水层内的地下水而不是井或泉附近的地下水作为研究对象。较大规模开采地下水或过量开采地下水，还会引起相邻含水层透过弱透水层发生越流补给，引起附近河流的渗漏补给等，使天然的地下水补给、径流和排泄条件发生较大变化。在这种情况下，人们认识到必须将有联系的若干含水层连同夹在其间的弱透水层作为一个整体来考虑。大致与此同时，系统论的提出及应用系统工程方法解决一些复杂问题的事实，使人们自然地将系统论的思想方法应用到地下水科学中。简要地说，系统论的思想与方法的核心是把所研究的对象看作是一个有机的整体（即系统），并从整体的角度去考察、分析和处理所研究的对象。人们不再把含水层作为一个单独的对象去研究，人们在研究地下水时，将含水层、弱透水层乃至隔水层看成一个完整的整体，作为一个系统来研究，出现了"含水层系统"和"含水系统"的提法（王大纯等，1995）。

地下水的分布和循环也正是按"系统"来进行的。地下水分布在地下多孔介质中，而多孔介质的分布受地质构造及沉积物分布的控制，因而地下水的分布受到地质构造、沉积物及地形条件的控制。地下水的循环受到气象、水文、地形及地质条件的控制。在一定的时间范围内地下水的分布呈现为一个有机的整体，内部各含水层及弱透水层的地下水具有一定的联系；在这个整体内地下水的循环也是具有有机联系的，并随时间呈现有特点的变化。

地下水系统是指在一定空间范围内分布和循环的地下水的有机整体。地下水系统的分布范围通常是具有隔水或相对隔水岩层（体）作为边界的沉积单元或构造单元；系统内部包含有一个或多个含水层，含水层之间存在弱透水层；系统内部的地下水是具有统一水力联系的整体；系统内部地下水具有统一、独立的循环体系，由补给区向排泄区径流；系统内部的水位、水量、盐分等随时间发生变化。

地下水系统的特点体现在它的整体性、相关性、层次性、动态性和开放性以及敏感性等方面。地下水系统的整体性体现在地下水系统是一个有机联系的统一整体，系统内部的局部变化均会波及整个系统。地下水系统的相关性体现为系统内各组成部分彼此之间是相互关联的。地下水系统的层次性体现为系统内部又可以分为若干层次的子系统，例如单个含水层可以看成是一个地下水系统中的一个子系统。地下水系统的动态性体现为系统内部状态随时间发生变化。地下水系统是一个开放的系统，经常保持与外界的联系。地下水系统的敏感性（或脆弱性），体现为外界的输入容易引起地下水系统状态发生变化，特别是水量和水质朝着不良的方向发展。

地下水系统的功能体现在它能够接受、传输和释放物质、能量和信息。地下水系统自外界获得物质、能量和信息的输入，通过系统内部的储存、调节等，再向外界输出。例如地下水系统可以将不连续的大气降水入渗补给的水进行储存、变换、传输、调节后，输出连续流出的泉水。地下水系统还具有物质的溶解、迁移、富集功能，传热、导热功能和传递信息功能等。

地下水系统还与其周围环境发生相互作用。环境要素对地下水系统的作用称为输入（或激励）；地下水系统在接受输入后对外部环境的反作用称为输出（或响应）（图5.1）。各种天然的因素（包括气象、水文、地质因素）和人为因素，都可以构成地下水系统的输入，地下水系统的各种描述物质、能量、信息的物理和化学指标的变化，构成地下水系统的输出。

图 5.1　系统及其输入与输出示意图

5.1.2　地下水含水系统与地下水流动系统

地下水含水系统与地下水流动系统是内涵不同的地下水系统，也可以看成是一个地下水系统内的两个子系统。

地下水含水系统是指由隔水层或隔水岩体作为边界的有一定分布范围的含水岩系。含水系统内的地下水具有统一的水力联系，是一个独立的水均衡单元。

含水系统内部既可以由一个含水层构成，也可以由多个含水层构成，通过在含水层之间的弱透水层发生越流而存在水力联系，成为多含水层系统。含水层既可以由同一成因类型的沉积物构成，也可以由具有水力联系的不同成因类型的沉积物构成。按多孔介质类型可将含水系统分为孔隙含水系统、裂隙含水系统和岩溶含水系统，也可以存在它们之间的过渡类型或组合类型。

含水系统必须由隔水层或隔水岩体作为边界，使含水系统有一定的空间分布范围，也使一个含水系统与另外一个含水系统彼此独立而没有联系。但这并不是说，含水系统的全部边界都是隔水或相对隔水的。实际上，除了极少数构造封闭或深埋的含水系统外，通常一个含水系统总存在某些环境开放的边界，以便接受补给和进行排泄，保持与外部环境的物质、能量和信息的交换。

含水系统的边界按系统内部与外部物质通过边界进行交换的方向性可以分为：①主要在水平或接近水平方向进行交换的侧向边界；②主要在垂向上进行交换的垂向边界（顶部边界和底部边界）。边界按水力性质可以分为：①已知边界上水头分布的已知水头边界（或给定水头边界），这种边界条件又称为第一类边界条件；②已知通过边界流量的已知流量边界（或给定流量边界），这种边界条件又称第二类边界条件；③边界上的水头分布和通过边界的流量为已知的混合边界，这种边界条件又称第三类边界条件。给定水头边界的特例是边界上的水头保持不变的定水头边界，给定流量边界的特例是通过边界的流量为零的隔水边界（图 5.2）。按边界位置是否随时间变化分为：①固定边界；②移动边界。此外，在地下分水岭处地下水自分水岭向两侧流动，没有水通过分水岭以下的垂直界面，可以看作是隔水边界。不同流动系统的分区线（面）也可以看作是隔水边界（Anderson 等，1992）。定水头边界和隔水边界是固定边界，而地下分水岭、流动系统分区线和潜水面边界通常是移动边界。

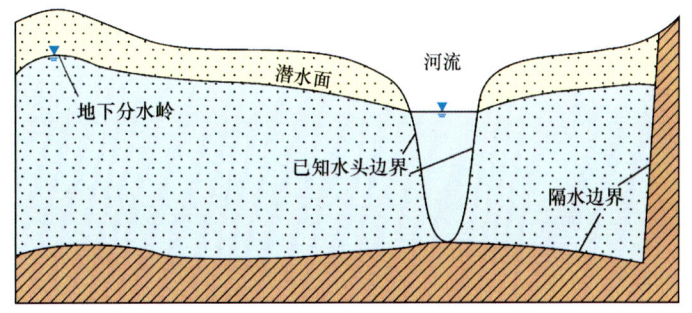

图 5.2　地下水系统的边界（剖面图）

地下水流动系统是指在一个地下水系统内自补给区（源）到排泄区（汇）的径流过程中具有统一时空演变的地下水流。流动系统是一个统一的地下水流，沿着水流方向，水量、水头、盐量及热量发生有规律的演变，呈现统一的时空有序结构。流动系统内的子系统以流面作为边界，而且边界是可变的或者是可移动的。

相比于含水系统容易被人们接受，流动系统被人们接受却经历了较长时间。过去传统的观念认为地下水主要存在水平流动或接近水平流动。直到 1940 年 Hubbert 分析河间地块的流网（图 5.3）时，指出了在河间地块中央的分水岭地带，地下水以向下的垂直流动为主，在两条河流（排泄区）下部地下水呈向上的垂直流动，只有在二者之间的过渡带的局部地段地下水才呈水平或近似水平运动。Tóth 在 1963 年利用解析解的结果绘制了均质各向同性潜水盆地地下水流动系统（图 5.4），结果表明，地下水不仅在补给区和排泄区存在垂向或接近垂向的流动，而且存在局部的、中间的和区域的 3 个不同层次的流动系统（子系统）。Tóth 在 1980 年提出"重力穿层流动"的概念，将流动系统理论推广到非均质介质中，并用来分析水压力、地温、水化学等沿地下水流程的变化（图 5.5）和石油、天然气的迁移和聚集以及核废物储存的选址（Tóth，2009）。

地下水运动的驱动力主要是重力势能。地下水在地形较高处获得大气降水入渗补给或地表水补给后，抬高了地下水位，也获得了相应的重力势能，形成势源，而地形低洼处通

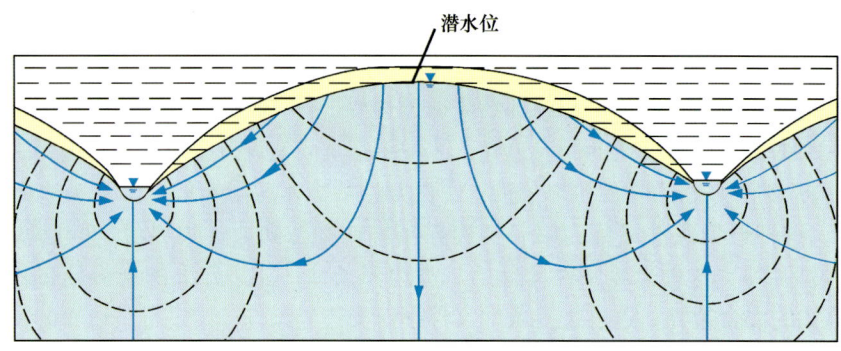

图 5.3　河间地下水流网（剖面图）
（据 Hubbert，1940）

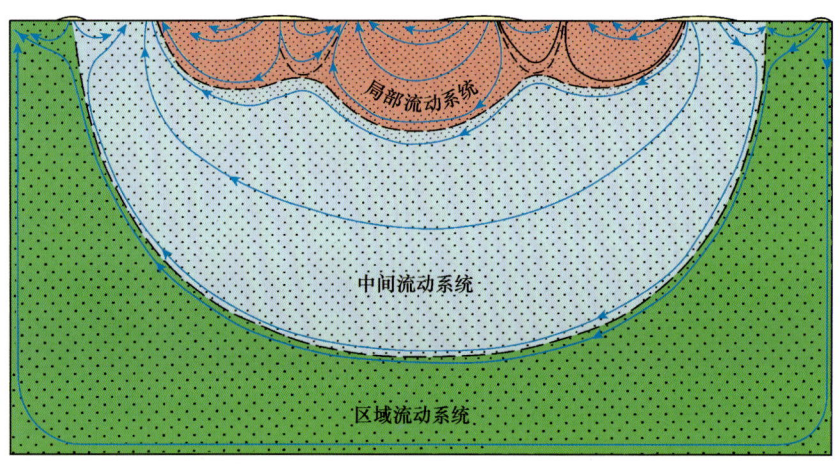

图 5.4　地下水流动系统（剖面图）
（据 Tóth，1963）

常是低势区，构成势汇，地下水在势源区主要向下做垂直运动，流线下降，水头降低，在势汇区向上做垂向运动，流线上升，水头降低。在中间地带或过渡带，流线呈接近水平延伸。在势汇区由于水流做上升流动，较深处的水头高于较浅处的水头。因此只要地形条件适当，在潜水势汇区（排泄区）也可以打出自流井，而不只是在承压含水层的自流区才可以打出自流井。

同一含水介质中可以存在两个或两个以上的地下水流动系统，Engelen 在 1986 年认为不同流动系统所占据的空间大小取决于以下两个因素：①势能梯度，其值等于势差除以源汇间的水平距离。势能梯度越大的流动系统占据的空间越大。②介质的渗透性，透水性越好，其中的流动系统所占据的空间也越大。在一个区域潜水含水层中，介质的渗透性相同，但区域性地形坡度不大而局部地形起伏较大时，可能只形成局部流动系统（图 5.6a），而局部地形起伏较小时有可能同时存在局部流动系统和区域流动系统（图 5.6b）。如果地形条件不变但介质的渗透性很好时，可能只形成区域流动系统而不存在局部流动系统（图 5.6c）。

不同级别的流动系统以及同一级别的流动系统的不同部位，地下水的渗流速度和流程

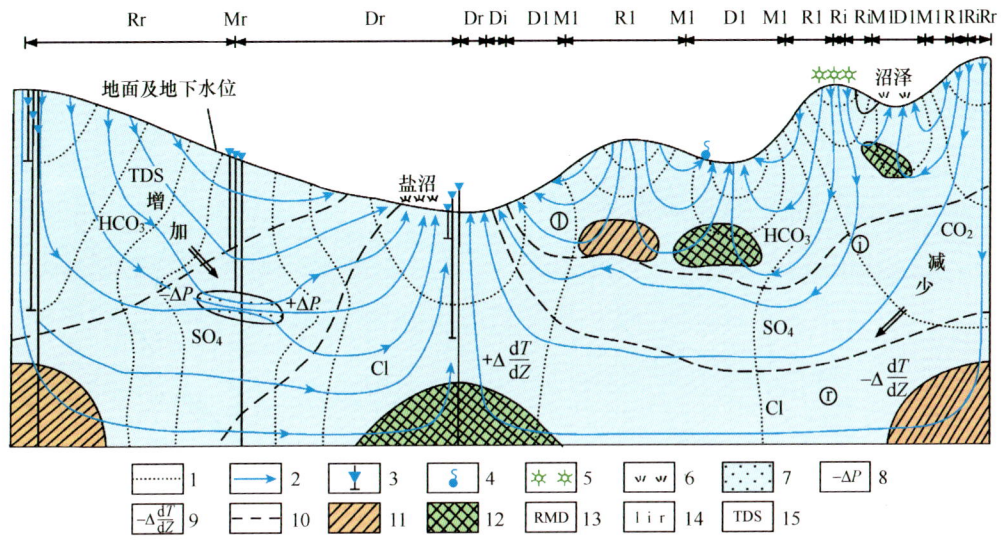

图 5.5　区域地下水流动系统及其伴生标志（剖面图）

（据 Tóth，1980，转引自王大纯等，1995）

1—等水位线；2—流线；3—底部进水的钻孔及其终孔水位；4—泉；5—耐旱植物；6—喜水植物；7—渗透性良好的部位；8—负值和正值分别为动水压力低于和高于静水压力；9—负值和正值分别表示地温梯度偏低和偏高；10—水化学相界线；11—准渗流带；12—水力捕获；13—R，M 和 D 分别为补给区、中间区和排泄区；14—l，i 和 r 分别为局部的、中间的和区域的地下水流动系统；15—总溶解固体

是不相同的。受到流速与流程的控制，不同部位地下水的水质特征也会有所不同。总的特点是，流程短、流速快，地下水化学成分相应比较简单，矿化度低（图 5.5），而流程长、流速慢、地下水接触的介质多、时间长，其成分趋于复杂，矿化度也较高（王大纯等，1995）。

天然条件下形成的地下水流动系统在人为因素影响下有可能发生变化，特别是在开采条件下会出现很大的变化。如图 5.7 所示，在天然条件下地下水系统内在两条河流之间存在地下分水岭，地下水向这两条河流排泄，存在 3 个地下水流动系统。在强烈开采地下水的条件下，3 个开采井成为地下水的排泄中心，也存在 3 个地下水流动系统，地下水向 3 个开采井径流，原来排泄地下水的两条河流变成补给地下水，其中右侧河流高于地下水位，两条河流之间的地下分水岭也偏离了原来的位置。

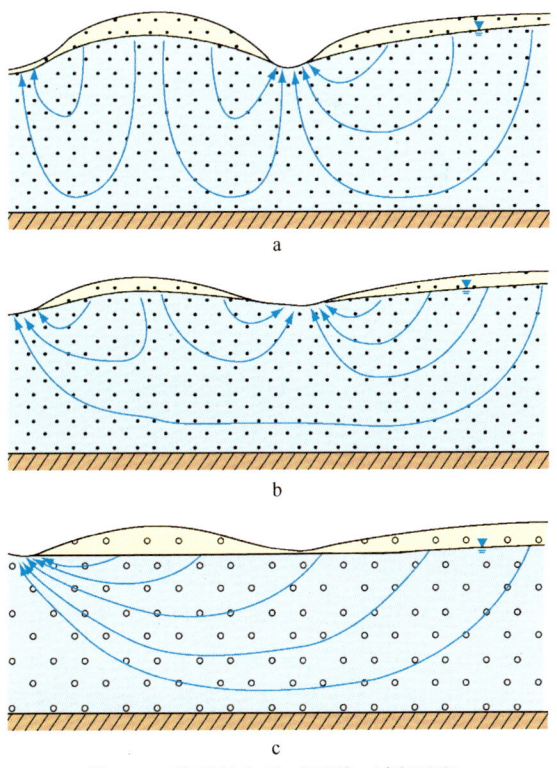

图 5.6　渗透性与流动系统（剖面图）

（据王大纯等，1995，有改动）

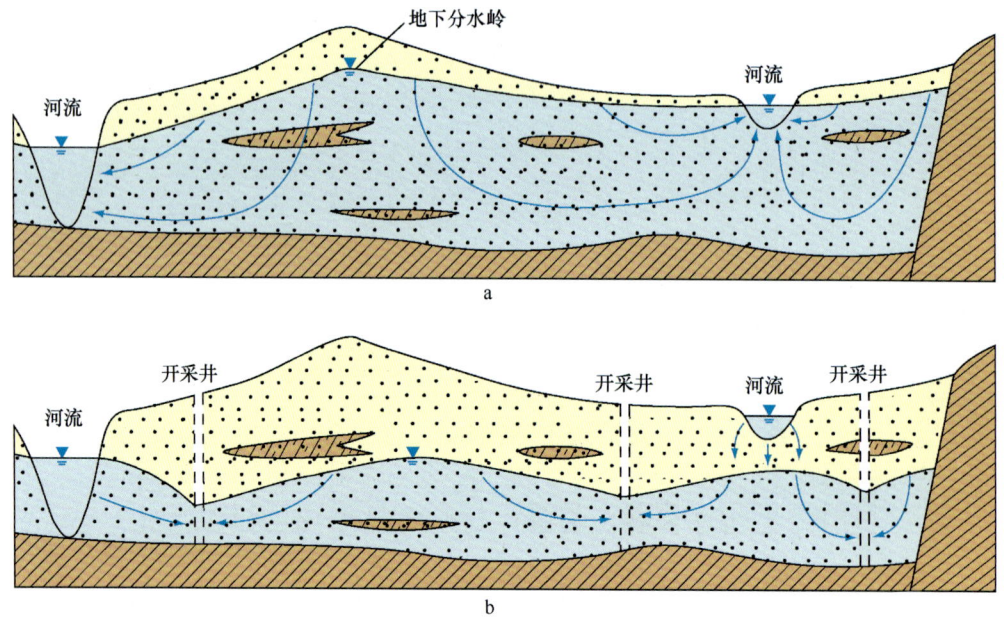

图 5.7 人工开采前（a）和人工开采后（b）的地下水流动系统（剖面图）

地下水流动系统为人们分析地下水系统的传输提供了一个指导性的理论框架，有助于将地下水系统的水位、水质、水温等各方面的零散信息综合成一幅有序的景象。但是，由于上述地下水流动系统的认识主要是来自理想地下水系统的分析，没有特别考虑真实地下水系统的复杂性，其缺陷或局限性也是明显的。例如，介质的分布没有考虑地质构造的控制和沉积相的变化，垂直流动没有太多考虑介质渗透性变化甚至存在完全隔水的情形，所考虑的势源区的补给比较集中而没有考虑分散补给，而在势汇区又考虑比较分散的情况而对比较集中的排泄关注不够，特别是人为设定的边界条件与实际情形有很大差距等。

地下水系统的概念和相关理论的提出及其在地下水研究中的应用，使人们能够在更高的层次上分析和认识地下水的分布、循环、形成与演化的特点，对地下水科学的发展在研究理念及思维方法方面起到了一定的推动作用。运用地下水系统的理论和认识来促进地下水科学的定量研究，还有待继续探索。

5.2 地下水系统的动态

5.2.1 地下水系统动态的概念及分类

地下水参与地球表层的水循环，在自然和人为因素的作用下，地下水系统经常与外界（环境）发生物质、能量与信息的交换，使自身的物质、能量与信息处在不停的变化之中。地下水系统的动态正是这种循环过程和结果的表现。地下水系统的动态是指地下水系统在接受外部环境的输入后经过自身的储存、传输、变换和调节后产生的输出信息的变化状况，体现为描述地下水系统状态的物理量（如水位、水量、水温等）和化学指标随时间的变化。地下水系统的动态习惯上简称地下水动态。

地下水动态按描述指标的不同可以分为物理动态和化学动态。易于观测的地下水物理量或物理性质有水位、流量、压力、流速、温度、颜色、臭、味、导电性等，又以水位、流量、水温随时间变化最明显，也便于实际观测。地下水的化学指标包括综合指标（如矿化度、pH 值等）、离子组分（如 Cl^-，Na^+，游离 CO_2 等）、气体成分（如 CO_2，CH_4 等）以及某些特殊成分（如 Rn，Hg）等。可以直接根据所观测的物理量或化学指标来给出某种动态的名称，例如水位动态、流量动态、水温动态、Cl^- 动态等。

含水层地下水获得补给且补给量大于排泄量时，含水层储存的水量增加，含水层地下水位上升；反之，当补给减少或停止且补给量小于排泄量时，或存在人工排泄时，含水层储存的水量减少，地下水位下降。这样的变化同样也存在于地下水的盐量和热量的情形。可见，地下水系统的收入与支出的不平衡导致地下水系统的状态随时间发生变化。这类由于补给或排泄的增减引起的导致地下水系统的均衡状态发生改变的动态称为均衡类动态，也是常见的地下水动态。另一类地下水动态不是由水量的增减引起的，而是由地下水系统所受的应力应变状态发生变化而引起的。例如，气压、固体潮、荷载等的变化也能导致钻孔水位发生变化。这类地下水动态也称为应力应变类动态。

大气降水及源于大气降水的河水是地下水的主要补给来源，气象因素的周期性变化致使接受大气降水及地表水补给的地下水的动态通常也具有周期性变化。与天文因素有关的固体潮、海潮引起的地下水动态也具有周期性变化的特点。这类地下水动态称为周期性动态。不具周期性特点的地下水动态称为非周期性动态。

地下水系统的动态本身是连续变化的，但是采集动态观测数据却存在时间尺度的差异，例如时间间隔为 1 年、1 个月、1 天、1 小时等。按时间尺度的不同，可以将地下水动态分为多年动态、年动态、月动态和日动态等，它们分别描述地下水的物理或化学指标在多年内、一年内、一个月内和一天内的变化。日动态有时也称为微动态。

地下水动态描述的是地下水的物理、化学指标随时间的变化状况，体现了地下水系统对外界输入的响应特点。通过分析地下水动态的特点，可以掌握地下水输入的变化和地下水系统内部的储水、导水及交换、调节等功能，可以查明地下水的补给、排泄条件及水力联系状况，阐明地下水资源条件，可以判断天然条件下和人为影响下地下水系统状态的发展趋势，有利于合理利用地下水资源和有助于防范地下水的危害。例如，在设计重大工程的排水设施时，应根据多年水位动态资料，考虑最高地下水位时排水能力是否满足排水要求。开展地下水动态的观测与分析，是地下水勘查的重要内容之一。

地下水动态的研究内容包括引起地下水物理、化学指标变化的原因或机制，这些指标的变化幅度、速度以及周期性、滞后性及其影响因素，以及地下水动态的预报等。

5.2.2　地下水动态的成因及影响因素

外界物质、能量及信息对地下水系统的输入是导致地下水系统状态发生变化的原因。地下水系统内部的空间范围、储水和导水能力等是增强或减缓地下水动态变化程度的影响因素。

5.2.2.1　大气降水入渗补给

大气降水入渗补给地下水，使地下水水量增加，体现为水位上升，以泉为排泄方式的地下水系统还会引起泉流量增大，而水质也会有所变化。一次降水可以持续数十分钟或数小时以致数天时间，降水入渗到达地下水位以后才能引起地下水位上升。由于大气降水入渗需要通过非饱和带，地下水位上升到达高峰的时间出现在降水开始以后甚至停止之后，即存在一定的滞后时间。因此，一次降水相当于给地下水系统施加一个降水脉冲，作为对此脉冲的响应，地下水位先抬升后下降表现为一个波形。当相邻两次或多次降水发生时，各次降水入渗补给引起地下水位变化的波形便相互叠加，形成一个更大更高的波峰，或者更复杂的波形。由于地下水位上升和下降的叠加，实际形成的波形比较平缓。如果各次降水相隔时间长，则可以出现每一次降水形成一个地下水位波形。由于降水时间相对较短、补给集中而地下水径流较缓慢，故水位波形不对称，上升段较陡、下降段或衰减段较缓。

降水入渗补给对泉流量的影响也出现与地下水位类似的情况，泉流量先增大后衰减（图5.8，图5.9），但由于泉排泄的是更大范围含水层内的地下水，排泄点与补给区（或补给区的边界）距离较远，其变化也比降水的变化更为稳定，并存在一定时间的滞后。

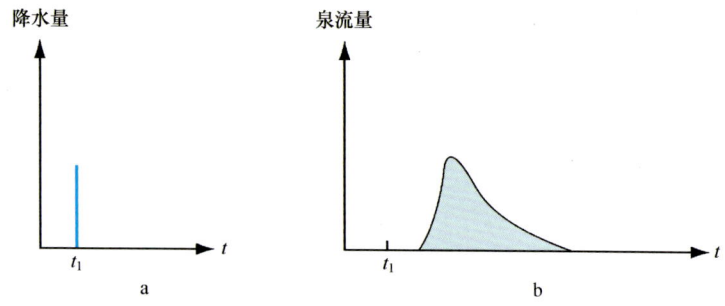

图5.8　降水单脉冲入渗（a）与泉流量波动（b）

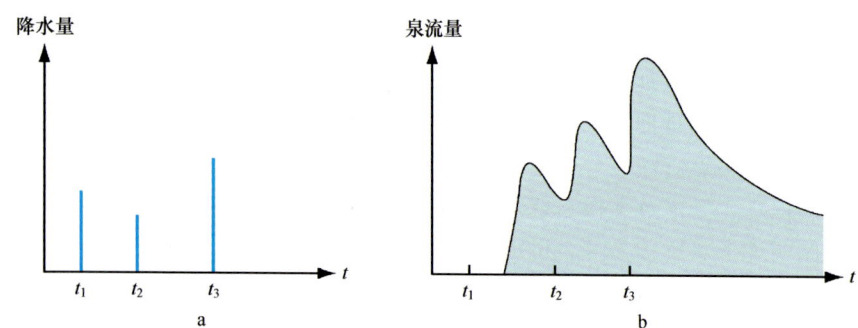

图5.9　降水多脉冲入渗（a）与泉流量波动（b）

地下水系统的储水、导水及调节功能，使不连续的大气降水入渗补给，转化为比较连续的地下水位变化及泉流量变化，可以看成是地下水系统对输入信号的分散、聚集、延迟和叠加的结果。其作用相当于高频信号通过滤波器变换为低频信号输出的物理过程[1]。因此，即使在大气降水入渗停止期间或者枯水季节，地下水系统内仍然储存有一定数量的地下水，作为排泄地下水的天然泉水大多数也不会断流。

显然，降水入渗补给量越大，地下水位或泉流量峰值越大，而含水层的规模越大，地下水动态越稳定。对于同一次降水入渗来说，介质的给水度越大，地下水位抬升越小。透

---

[1] 陈爱光，徐恒力．1987．地下水系统与地下水系统分析（试用教材）．中国地质大学（武汉）水文地质教研室．

水性越好的介质越有利于地下水径流，地下水位抬升越小。地形平坦地区大气降水入渗补给引起的地下水位升高值要大于地形起伏较大的地区。另外，在分水岭地带地下水位抬升要高于排泄带。在岩溶化强烈的峰丛山区，垂向发育的溶蚀裂隙和落水洞极有利于降水入渗，导致地下水位迅速抬高或泉流量迅速增大，降水补给结束后，地下水位又迅速下降或泉流量迅速减小，滞后时间很短。

5.2.2.2　地表水的渗漏补给和雪融水补给

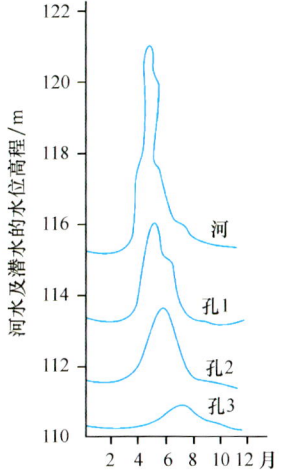

当地表水位抬升发生地表水对地下水的渗漏补给时，会引起岸边地下水位抬升，地表水位下降后，岸边地下水位也随之下降。以河流为例，河水水位升降对地下水位动态的影响一般为离河岸数百米至数千米，持续时间为少于一天至几个星期（Back 等，1988）。地下水位变幅小于河水水位变幅，而且随着远离河流，地下水位变幅逐渐减小，出现水位高峰的时间滞后于河水位高峰的时间越长（图 5.10）。当河水水位波动引起潜水位也发生波动时，含水层的透水性愈好，厚度愈大，含水层的给水度愈小，则波及的范围愈远。当河水水位呈锯齿状不均匀脉动变化

图 5.10　河水水位波动引起的岸边潜水位变化
（据章至洁等，1995）

时，岸边地下水位也呈基本相同的变化。但地下水位动态曲线相对平缓，地下水位变化不如河水水位变化明显。对于常年补给地下水的河流，其情况与上述基本相同，只是岸边地下水位始终低于河水水位。

在高寒地区及冬季地表冻结地区，到春天雪融季节，冰川融化加剧和地表冻层解冻，前者部分汇集到河流中，在有利地段补给地下水，部分直接下渗补给地下水，后者也形成对地下水的补给。当雪融水发生对地下水补给时，也能引起地下水位抬升，雪融季节结束后，地下水位下降。这种地下水位的升降变化仅出现在雪融季节，在时间上明显不同于大气降水入渗补给引起的水位升降。图 5.11 是我国西北地区某内流河流域中游一个观测井的潜水位变化，该井地下水位埋深最小时接近 1 m，最大时接近 3 m，年变幅达 2 m 左右，每年在 4 月和 11 月潜水位达到高峰，在 3 月和 9 月水位达到低谷，即水位动态曲线在每一年中出现两个峰和两个谷。季节性冻土消融水下渗补给可以导致 4 月份的水位高峰，而11 月份的水位高峰则由于河水入渗补给和灌溉回归水的补给引起。

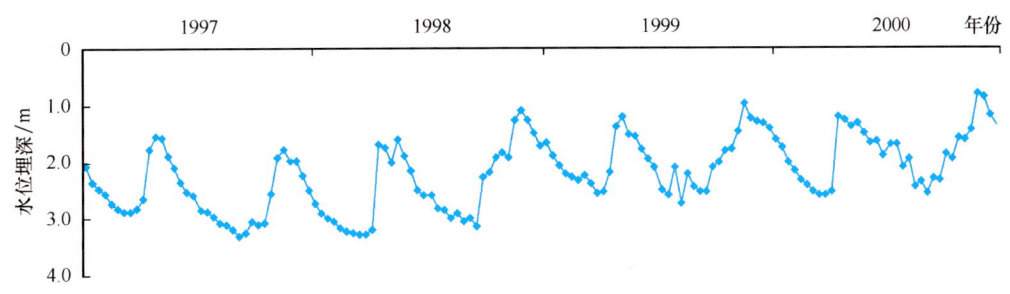

图 5.11　一年内具有双峰双谷的潜水位动态
（据周训等，2006）

5.2.2.3 人工补给或抽排地下水

利用坑、塘、渠或井孔对地下水进行人工补给，都能引起地下水位抬升，而人工抽排地下水，则引起地下水位下降。人工补给引起地下水位变化的幅度和速度取决于补给量的大小、补给时间长短和介质透水性。受人工补给影响的地下水位变化范围一般在补给坑、塘、渠或井孔附近。不恰当的人工补给有时会使地下水位抬升接近地面。人工抽、排地下水，当抽水量较大、时间很长时，会引起地下水位大幅度下降和水位降落漏斗面积扩大。过量开采或排除地下水会引起地下水位持续下降，致使泉流量减小甚至出现断流现象。

人工补给或抽排地下水引起的水位变化通常与天然补给引起的地下水位变化叠加在一起，使地下水动态趋于复杂。

5.2.2.4 气压效应

大气压力的变化可以引起井水位的升降变化，当大气压力升高时井水位降低，大气压力降低时井水位升高。大气压力作用于含水层上覆地层和井水面上，当大气压力增大时，作用于井水面的压力大于作用于含水层的压力，二者之间存在压力差，致使一部分井水被压入含水层，引起井水位下降，直至达到平衡为止。当大气压力下降时，则情况正好相反。对于承压含水层来说，通过隔水顶板与大气圈的隔离程度越好，井水位的气压效应越明显。气压效应对潜水水位的影响也是存在的，只是没有承压水那样明显。气压效应一般具有周期性。气压一般在1月份最高，随着气温的升高气压逐渐降低，在7月份前后气压达到一年内的最低值，然后随着气温下降气压上升。受气压效应影响的某深井水位在1月份达到低谷、7月份达到高峰（图5.12）。气压及水位也有以6~7天为周期以及一天两峰两谷的变化，但变化幅度很小（图5.13）。

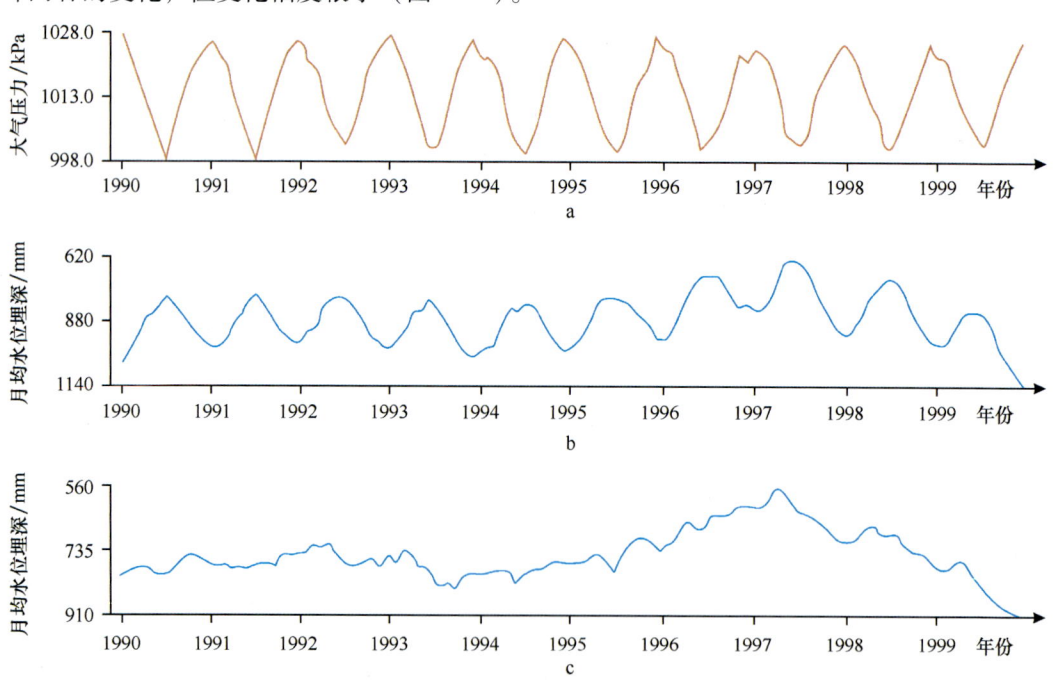

图 5.12　气压变化（a）、井水位变化（b）和消除气压效应后的井水位变化（c）
（据车用太等，2004）

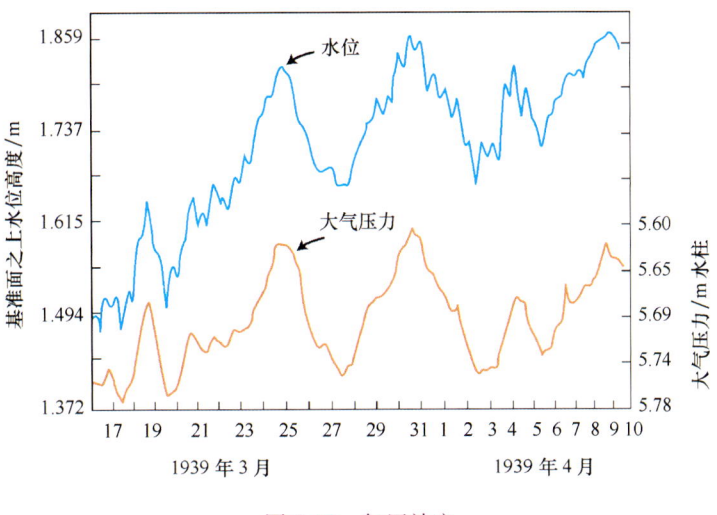

图 5.13　气压效应

（据 Domenico 等，1990）

（1 m 水柱 ≈ 10^4 Pa）

5.2.2.5　海洋潮汐效应

海平面在月亮和太阳的引力作用下出现潮起潮落的波动，引起与海水有联系的滨海含水层距海岸数千米范围内地下水位也出现相应的波动。潮汐效应不仅发生在与海水有直接水力联系的潜水含水层和承压含水层，也可以发生在与海水有间接水力联系的承压含水层。潮汐效应地下水位变化受控于海潮，也受含水层的储水和导水能力的影响。一般来说，受海潮影响的海岸带地下水位的波动与海平面的波动相似，但波动幅度小，且有滞后现象，随着远离海岸，地下水位的波动幅度迅速减小，滞后时间逐渐延长。在潮汐效应影响下，地下水位具有大潮和小潮的交替变化，具有周期约 15 天的变化和约 1 天的变化，有些地方还有周期约 12 小时的变化。广西北海市滨海含水层潮汐效应观测结果（图 5.14）表明，每月朔（农历初一）和望（农历十五）过后一两天，潮差最大，为大潮。在农历初八、廿三左右，潮差最小，为小潮。受海潮影响的海岸带观测孔地下水位也有相似的变化（Zhou et al.，2006）。

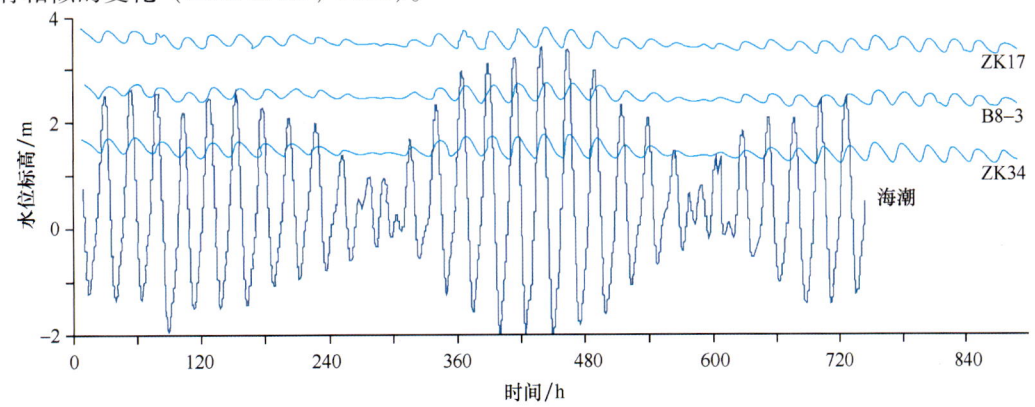

图 5.14　海潮及海岸带观测孔地下水位波动

（已将 ZK17 孔的水位标高加上 1 m）

5.2.2.6 固体潮

月亮和太阳的引力还会引起陆地岩层出现周期性的轻微起伏。对于承压含水层来说，固体潮会使其上覆岩层施加于承压含水层的载荷减少而发生轻度膨胀，测压水位下降，以及载荷增加而发生轻度压缩致使测压水头上升。由固体潮引起的承压含水层的测压水位变幅可达数厘米，存在周期约为 15 天、1 天和 12 小时的变化，大潮和小潮每隔约半个月交替出现，每天两涨两落（图 5.15，图 5.16）。

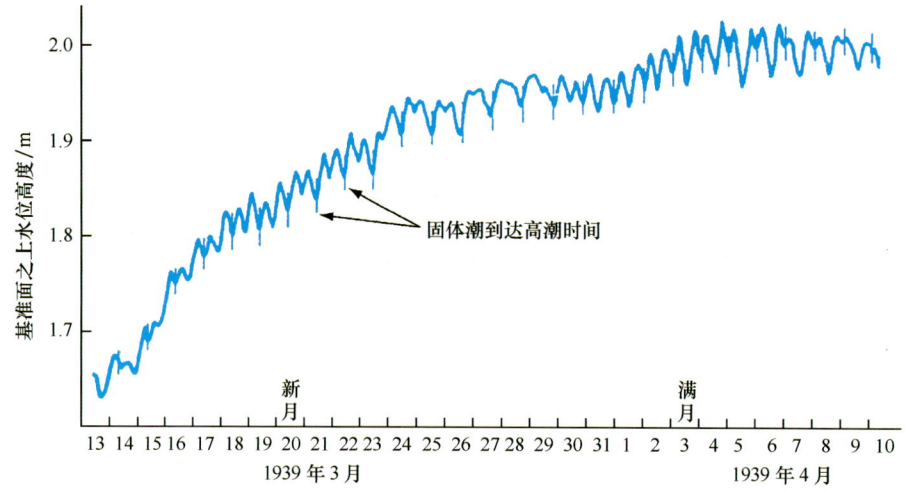

图 5.15　受固体潮影响的地下水位变化

（据 Domenico 等，1990）

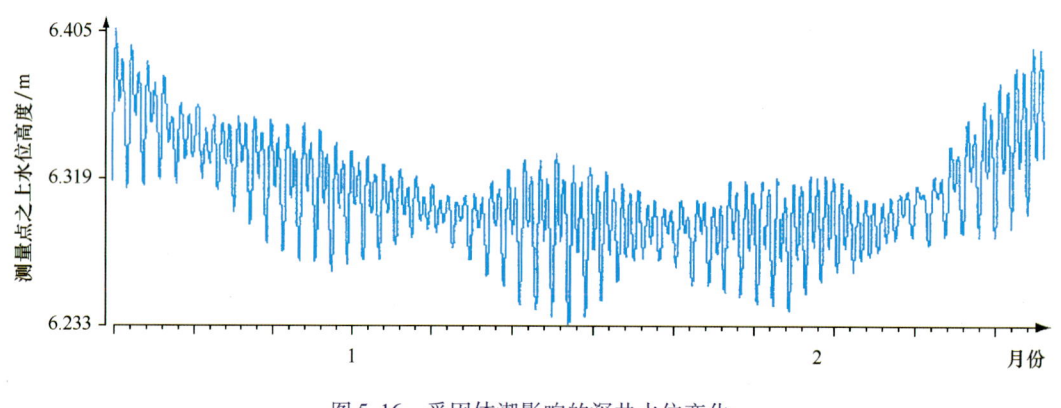

图 5.16　受固体潮影响的深井水位变化

（据车用太等，2004）

5.2.2.7 载荷与卸荷

在承压含水层上覆隔水顶板之上存在载荷与卸荷时，承压含水层承受的压力发生变化，也会导致测压水头出现升降变化。例如，当地表出现较大的降水积聚水体，或者地表蓄水，或者渠道过水等时，承压含水层上覆载荷增加，致使测压水头升高；当地表水体退去后，上覆载荷减小，地下水位下降。有时火车的通过引起地面的载荷和卸荷也会导致下伏承压含水层测压水位的升降变化（图 5.17）。

5.2.2.8 地震

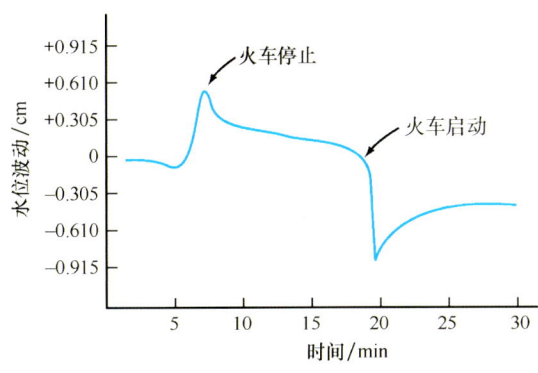

图 5.17 火车经过引起的地下水位变化
（据 Domenico 等，1990）

钻井水位特别是深井水位可以记录到从远处发生的地震传递来的地震波的影响。例如，1989 年 10 月 19 日在山西省大同市发生里氏 6.1 级地震，地震前在河北省万全县一个井的井水位于 9 月 18 日开始下降，至 27 日水位转平缓，下降幅度约 60 mm，在 10 月 19 日地震时水位突然上升，随后下降（图 5.18）（车用太等，2004）。在地震孕育特别是发震过程中发生地应力的变化引起岩层弹性变形、塑性变形甚至破裂作用，导致井水位发生显著变化。有些地震还会引起地下水水温、流量、Rn 含量等的变化。通过监测地下水位、流量、水温及 Rn 的异常变化，有助于研究地震的预报问题。

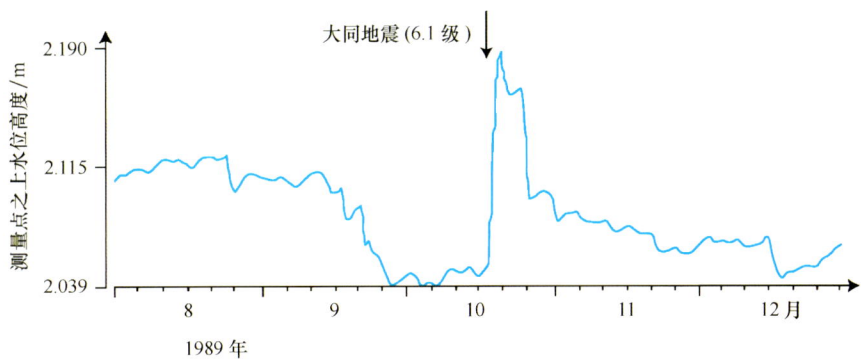

图 5.18 地震前后地下水位变化
（据车用太等，2004）

5.2.3 典型地下水位与泉流量动态

5.2.3.1 潜水与浅层承压水

在地形低平的平原地区或山间盆地，由颗粒较细小的松散沉积物组成孔隙潜水含水层和浅层承压含水层，大气降水是地下水的主要补给来源，地下水发生侧向径流和蒸发排泄，或者以侧向径流为主，但地下径流缓慢。这类地区天然地下水位出现季节性的周期变化，一般在雨季地下水位上升并达到高峰，在旱季地下水位下降，在下一个雨季前地下水位达到低谷（图 5.19）。与一年内月均降水量几乎呈同步变化，滞后时间不长。从多年的角度来看，每年地下水位的起伏变化相差不大。

5.2.3.2 深层承压水

在平原地区和山间盆地分布的深层承压水，由于含水层埋藏深，其补给区在上游或周围山区，距离远，地下水不易接受当年的大气降水入渗补给。地下水位的年内变化幅度很

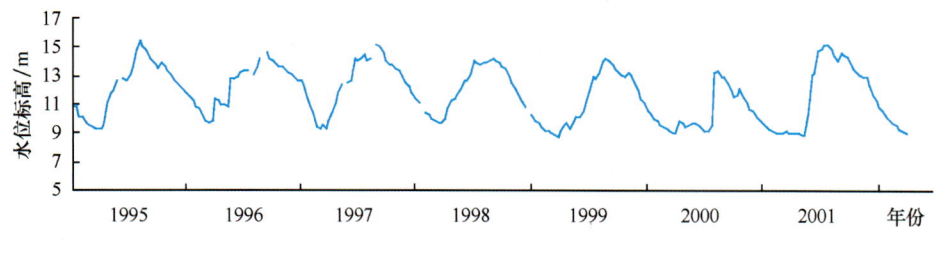

图 5.19　某地区潜水位动态

小，多年趋于稳定。在开采情况下，在开采中心区的深层承压水位多出现明显的水位持续下降现象（图 5.20 中 L09-2，L16-2，L04-1 井），远离开采中心区的深层承压水位下降不大（图 5.20 中 L25-1，L03-1，L01-2 井）（Zhou 等，2007）。

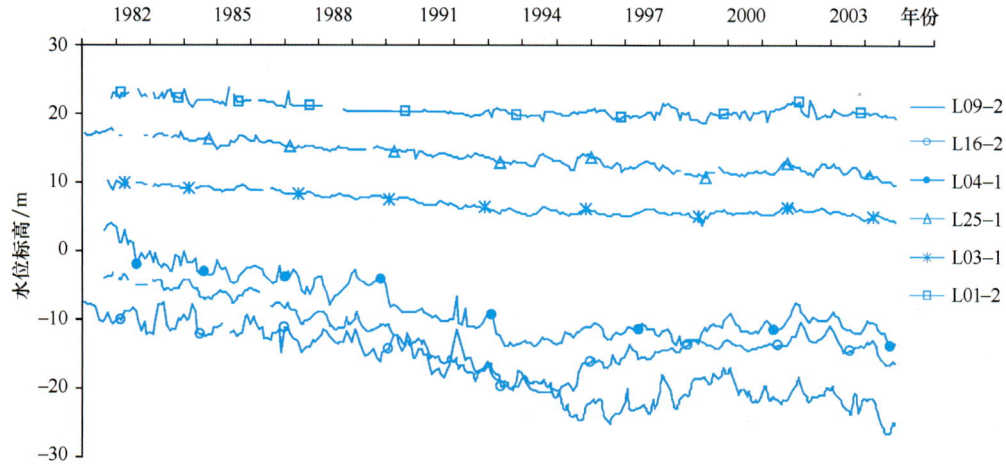

图 5.20　某地区深层承压水水位变化

5.2.3.3　岩溶大泉

岩溶大泉的流量通常为 1~10 m³/s，部分大于 10 m³/s，是很大范围的泉域内的地下水排泄点，含水层规模大，部分为承压含水层，补给区距离远。这类泉水的流量具有季节变化，但一般变化不大，不稳定系数为 1.5~2，部分为 2~5。泉的最大流量通常滞后于当年雨季 2~6 个月，最小流量出现在雨季前（图 5.21，图 5.22）。泉流量通常有多年变化，或者说泉排泄的地下水不仅有当年入渗补给的降水，也有此前若干年入渗补给的降水（周训，1990）。

岩溶大泉流量过程线在出现最大流量之后开始衰减，将衰减段的流量观测数据在流量-时间半对数图上绘出来，通常呈近似直线形式（图 5.23）。因此，衰减段泉流量可以近似地用下式描述：

$$Q_t = Q_0 e^{-\beta(t-t_0)} \quad (t \geq t_0) \tag{5.1}$$

式中：Q_t 为衰减段某一时刻 t 的泉流量；Q_0 为衰减开始时刻的泉流量；t_0 为衰减开始时间；β 为衰减常数（与含水层的几何特征、导水系数和储水系数有关）。因而有可能通过分析泉水流量的水文过程线来研究含水层的某些特性。

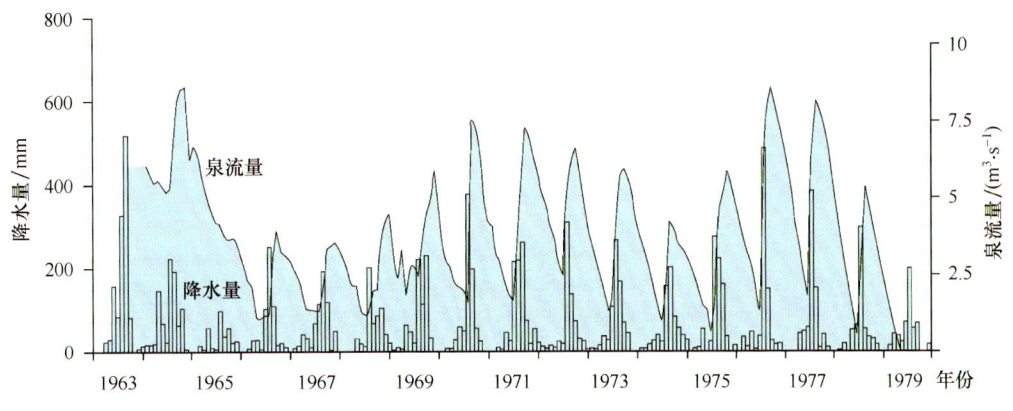

图 5.21　河南省辉县百泉流量动态
（据姜宝良等，2002）

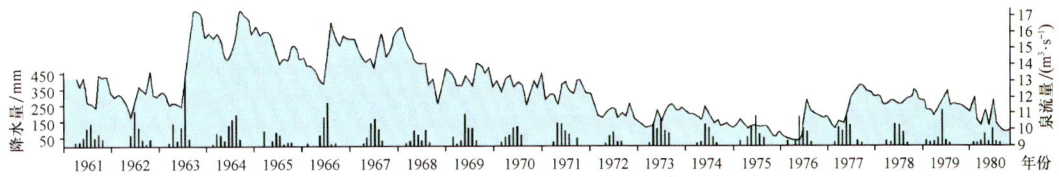

图 5.22　山西省娘子关泉流量动态
（据山西省水文一队，1984，转引自袁道先，1994）

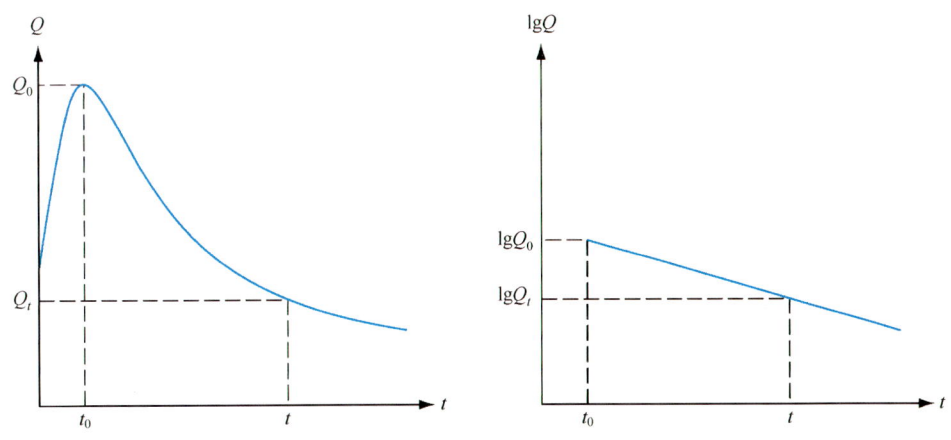

图 5.23　泉流量过程线的衰减段

有些岩溶大泉的流量过程线的衰减段在流量-时间半对数图上不只出现一个直线段，可以出现 2~3 个甚至更多的直线段（图 5.24）。每一个直线段表示存在一个"亚动态"。可以用以下分段函数表达具有多个（例如 3 个）亚动态的衰减过程：

$$Q_t = \begin{cases} Q_{01} e^{-\beta_1(t-t_0)} & (t_0 \leqslant t \leqslant t_1) \\ Q_{02} e^{-\beta_2(t-t_1)} & (t_1 \leqslant t \leqslant t_2) \\ Q_{03} e^{-\beta_3(t-t_2)} & (t_2 \leqslant t \leqslant t_3) \end{cases} \quad (5.2)$$

式中：Q_{01}，Q_{02} 和 Q_{03} 分别为 3 个亚动态开始衰减时的泉流量；t_0，t_1 和 t_2 分别是第 1、第

2和第3个亚动态开始出现的时间；t_3为下一个周期出现泉流量上升的开始时间；β_1，β_2和β_3分别为3个亚动态衰减段的衰减常数。

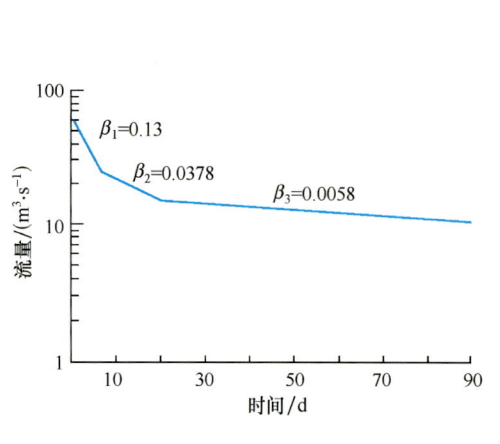

图5.24 具有3个亚动态的克罗地亚 Ombla 泉泉流量
（据 Milanovic，1981）

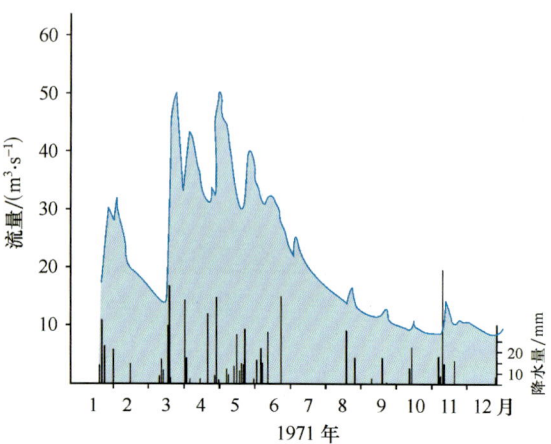

图5.25 法国 Vaucluse 泉泉流量动态
（据 Ford 等，1989，转引自 Singhal 等，1999）

5.2.3.4 岩溶山区泉流量

在岩溶化强烈的碳酸盐岩山区的泉水，泉域范围较小，含水层裸露，降水入渗补给迅速。这类泉水的流量过程线往往能敏感地反映单场较大降水入渗补给的影响，降水后泉流量迅速增大，达到流量高峰后迅速减小（图5.25），滞后时间只有几小时至几天。这种滞后时间随含水层规模的增大而延长。

5.2.3.5 集中开采区地下水位

在地下水集中开采区如地下水水源地，或者矿区排水地带，由于地下水长期集中大量开采，导致开采中心出现地下水位持续下降。其特点是下一年某一时间的水位比上一年同期水位明显下降，虽然获得补给在每年某些时候（例如雨季之后）水位有所上升，但上升水位的高峰仍低于上一年的高峰水位。这些现象反映了地下水开采量超过补给量。在承压含水层特别是深层承压水开采区尤其容易出现此类水位动态（图5.20中L09-2，L16-2，L04-1井）。

5.2.3.6 泉水流量减小与断流

由于大气降水是许多泉域地下水的主要补给来源，当区域性降水量出现连续多年偏少时，会导致泉流量减小，例如在1968~1975年间的山西省娘子关泉（图5.22）。在泉域内另外的地方开采地下水时，相当于增加泉域内地下水的排泄点，其结果是削减泉水的天然流量，严重时会引起泉水断流。山西省的晋祠泉直到20世纪50年代尚未开采岩溶水，多年内流量变化相当稳定，最大流量2.18 m³/s，出现在10~12月，最小流量1.175 m³/s，出现在6~9月。自20世纪60年代起在附近开采岩溶水，且开采量逐年增加，泉流量随之下降，至1986年平均流量只有0.29 m³/s（韩行瑞等，1993）。山东省济南泉群的趵突泉泉组由于在泉域排泄区大量开采岩溶水，在20世纪70年代中期至90年代中期曾出现若干次断流（图5.26）。

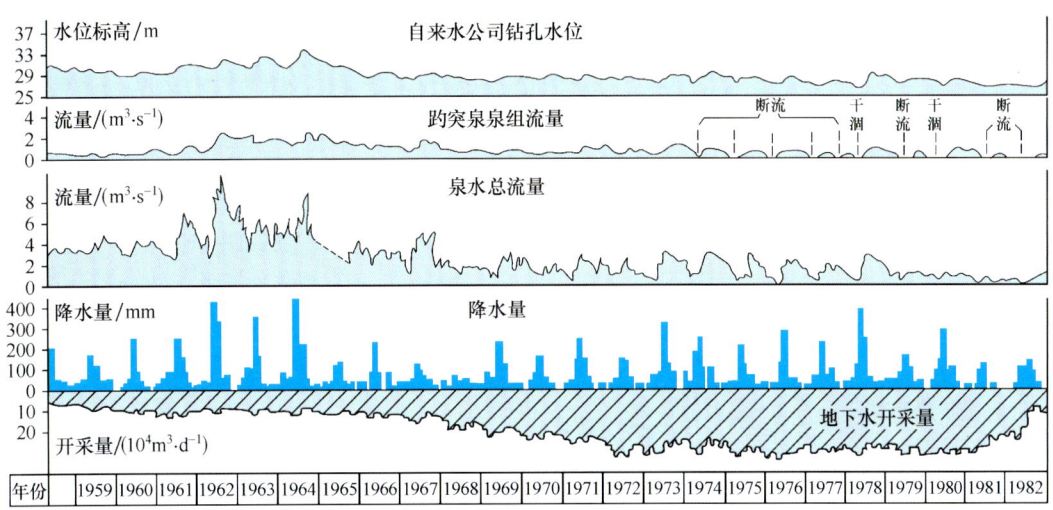

图 5.26　山东省济南泉总流量、趵突泉泉组流量及钻孔水位动态

（据陈振鹏，1985）

5.3　地下水系统的均衡

地下水系统不断与外界进行着物质、能量和信息的交换，地下水循环成为地球表层水循环的一个重要组成部分。地下水系统的均衡正是这种循环过程和结果在宏观上的数量体现。地下水系统的均衡，一般指水均衡，是指地下水循环过程中水分的输入量、输出量和储存量之间的平衡关系。从广义的角度来说，地下水系统的均衡还包括盐分、热量等其他物质或能量的均衡。本节所述仅限于地下水系统的水均衡，简称为地下水均衡。

作为地球表层水量平衡的地下部分，地下水均衡是质量守恒原理在地下水系统内的体现，也是地下水循环得以持续不断的基础。在物质形态方面，地下水均衡的分析对象是液态水，不包括气态水和矿物结晶水。含水层内部还可能发生气态水、矿物结晶水与液态水的转化，造成所谓不均衡的现象。然而，在目前遇到的绝大多数情况下，这种转化过程是可以忽略的。

5.3.1　均衡要素与均衡方程

地下水均衡的原理，指的是在一定空间范围的地下水系统在特定的时期内，其水分储存量的增加值（ΔS），恰好等于外界输入的水量减去输出到外界的水量。它可以用以下简单的方程来描述：

$$\Delta S = \int_{t_1}^{t_2}(Q_{in} - Q_{out})dt \tag{5.3}$$

式中：Q_{in} 和 Q_{out} 分别为水分的输入流量和输出流量，量纲为 $[L^3 \cdot T^{-1}]$；t_1 和 t_2 分别为时间的起点和终点，量纲为 $[T]$；S 为地下水的储存量，量纲为 $[L^3]$。式（5.3）是地下水均衡的基本方程。如果 $\Delta S < 0$，意味着地下水系统处于负均衡状态，而 $\Delta S > 0$ 时处于正均衡状态。$\Delta S = 0$ 的零均衡状态意味着地下水的输入和输出在所考察的时间段内是完全相等的，地下水的储存量既没有消耗，也没有增加。

对于具体的地下水系统，需要确定具体的水均衡要素，包括以下要素。

5.3.1.1 均衡区

用来进行均衡分析的地区称为均衡区。严格的均衡区类似于流域，是完整的相对独立的地下水系统，如地下水盆地。但是，目前还有一些按照行政区划或根据实际需要而非自然边界来确定均衡区的做法，这种均衡区的边界有可能把一个整体地下水系统人为切割成不同的部分。均衡区具有三维的空间特征，包括顶部边界、底部边界和侧向边界。均衡区的水平面积（A）在水均衡计算中是一个重要的量。

5.3.1.2 均衡期

用来进行均衡分析的时间段称为均衡期，即式（5.3）中由 t_1 和 t_2 确定的时间段。均衡期可以是若干年、1 年或 1 个月，取决于所掌握的资料和分析目标。在大多数情况下取均衡期为 1 年。

5.3.1.3 地下水补给要素

决定外界对均衡区水分输入的要素为地下水补给要素，出现在均衡区的边界位置上。地下水从均衡区顶部边界、底部边界和侧向边界获得补给的方式往往是不同的，从而形成不同性质的补给要素。顶部边界一般有大气降水入渗、灌溉回归补给及河流、渠道渗漏补给等。底部边界可能是隔水边界或存在深部地下水的上升越流补给。侧向边界既可能接受来自上游含水层区域的地下水径流补给，也可能是隔水边界。地下水补给要素可以表示为：①补给流量，单位是 m^3/d 或 m^3/a 等；②面源补给强度，单位是 mm/d 等；③线源补给强度，单位是 $m^3/(d \cdot km)$ 等。

5.3.1.4 地下水排泄要素

决定均衡区向外界输出水分的要素为地下水排泄要素，也出现在均衡区的边界位置上。均衡区地下水在不同边界的排泄方式往往也是不同的，从而形成不同性质的排泄要素。顶部边界一般具有潜水蒸发和向河流、湖泊泄流及泉排泄等方式。底部边界可能是隔水边界或有地下水越流到深部含水层。侧向边界既可能是地下水以侧向径流方式流向下游含水层区域，也可能是隔水边界。人类挖掘和钻凿的地下水开采井是一种伸入均衡区内部的特殊边界，地下水开采量也是地下水的一种排泄量。地下水排泄要素可以表示为：①排泄流量，单位是 m^3/d 或 m^3/a 等；②面汇排泄强度，单位是 mm/d 等；③线汇排泄强度，单位是 $m^3/(d \cdot km)$ 等。

5.3.1.5 地下水储存要素

决定均衡区内部地下水储存状态的物理量为储存要素。对于潜水含水层，地下水储存要素包括给水度和地下水位，其地下水储存量在时间 $[t_1, t_2]$ 内的变化可以表示为

$$\Delta S = \iint_A \mu [h(x,y,t_2) - h(x,y,t_1)] dxdy \tag{5.4}$$

式中：S 为地下水的储存量；A 为均衡区的面积；μ 为给水度；$h(x,y,t)$ 为地下水位分布函数；x, y 是水平坐标。对于承压含水层，地下水储存要素包括储水系数和地下水的水头。

5.3.2 地下水均衡分析方法

在进行地下水均衡分析时，需要根据当地的水文地质条件确定水均衡要素的类型，并计算出各个补给要素、排泄要素和储存要素的量值，建立水均衡分析表。下面通过两个例子来说明具体的水均衡分析方法。

5.3.2.1 一个扇形理想泉域地下水均衡分析

某扇形承压含水层的排泄点发育一个上升泉，如图 5.27 所示。泉域地势西高东低，承压含水层只在西部出露，接受大气降水补给，在东部大片地区被不透水层所覆盖。含水层南、北侧被正交隔水断层限定，形成扇形结构。地下水自西向东流动，在东端断层交叉处以泉水的形式排泄。

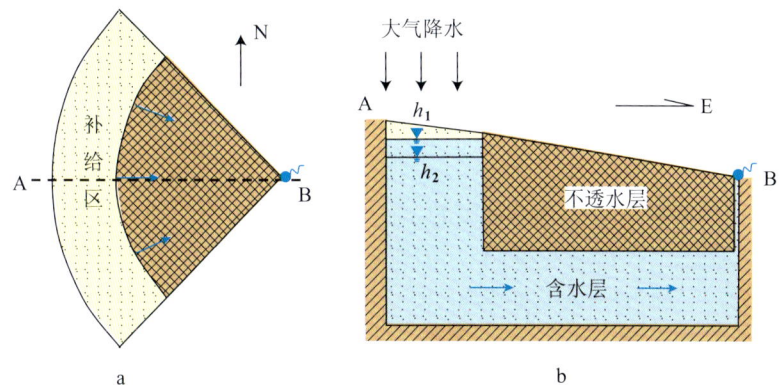

图 5.27 某扇形理想泉域示意图
a—平面图；b—剖面图

泉域地下水的补给要素为大气降水补给强度，用 R 表示，单位是 mm/a。补给区面积 $A=58\text{km}^2$，多年平均降水量 $P_0=700$ mm/a，根据降水入渗系数 α 可以计算得到多年平均补给强度 $R_0=\alpha P_0$。泉域排泄要素为泉水的流量 Q，单位是 m^3/a。经过多年的观测，发现泉水的平均流量 $Q_0=0.11\times10^8$ m^3/a。假设多年平均状态下含水层的储存量保持稳定，则地下水的补给量与排泄量相等，有 $Q_0=AR_0$，于是降水入渗系数可以估算为

$$\alpha = \frac{Q_0}{AP_0} \tag{5.5}$$

把上述数据代入式（5.5），得到 $\alpha=27.1\%$。

对于每个水文年，以 1 年为均衡期，则需要考虑储存要素的变化。该泉域的储存要素可分为 2 个部分。第一部分是补给区潜水面高度决定的储存量变化：

$$\Delta S_1 = A\mu(h_2-h_1) \tag{5.6}$$

其中 μ 是补给区含水层的给水度，为 0.05，而 h_1 和 h_2 分别为年初和年末补给区的地下水位（图 5.27）。第二部分是承压覆盖区水头上升或下降造成的储存量变化，计为 ΔS_2，取决于承压区的水头分布、面积和储水系数。在这种情况下，泉域地下水的年均衡方程为

$$\Delta S_1 + \Delta S_2 = AR - Q \tag{5.7}$$

如果承压区的储水系数足够小，则储存量变化主要由第一部分构成，泉域地下水的年均衡就可以简化为

$$A\mu(h_2 - h_1) \approx A\alpha P - Q \tag{5.8}$$

例如，2011 年泉域补给区的降水量只有 504 mm，泉水流量衰减到 0.098×10^8 m^3/a，全年平均地下水位下降幅度达 0.6 m，则由式（5.6）计算得到的储存量减少了 0.017×10^8 m^3/a，并可以填写水均衡分析表（表 5.1）。式（5.8）产生的均衡误差为 0.001×10^8 m^3，这是忽略承压区储存量变化导致的。根据式（5.7），实际的储存量衰减幅度为 $\Delta S_1 + \Delta S_2 = 0.018 \times 10^8$ m^3，承压区储存量变化约占 5.6%。含水层释放储存量对维持较高的泉流量起到了很大的作用。

表 5.1　扇形理想泉域 2011 年水均衡分析表

补给要素（1）	排泄要素（2）	储存要素（3）		均衡差
降水入渗量 10^8 m^3/a	泉流量 10^8 m^3/a	补给区 ΔS_1 10^8 m^3	承压区 ΔS_2 10^8 m^3	(1)−(2)−(3) 10^8 m^3
0.079	0.097	−0.017	0.0*	−0.001

*忽略承压区的储存量变化，故设为 0.0。

5.3.2.2　内蒙古河套灌区地下水均衡分析

内蒙古河套灌区位于黄河与狼山、乌拉山之间，东部与包头市相邻，是中国三个最大的农业灌区之一。灌区年降水量 139～222 mm，年平均蒸发量则达 1999～2346 mm，农业生产依赖于引水灌溉。平行黄河延伸的总干渠通过位于磴口的三盛公水利枢纽把黄河水输入灌区，渗漏补给地下水并向北部的总排干排泄，最终汇入东部的乌梁素海，沿途分布 5 个灌域（图 5.28）。灌区内的地下水分布于狼山与黄河之间发育的第四系沉积盆地内的松散沉积物中，含水层最大厚度在 200 m 以上（图 5.28），形成一个相对独立的地下水系统。

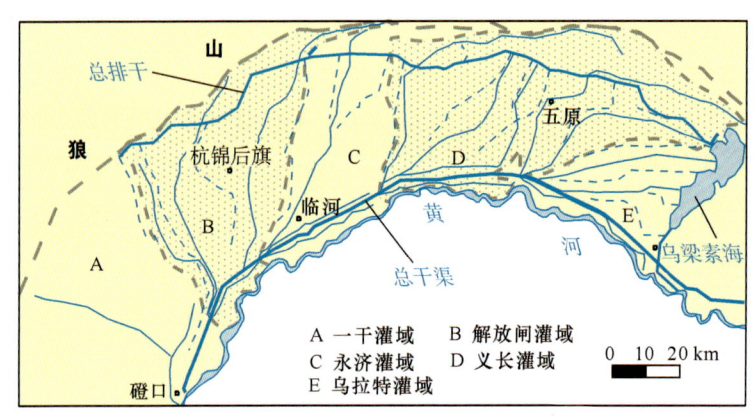

图 5.28　内蒙古河套灌区的灌排系统略图

对内蒙古河套灌区进行地下水均衡分析，均衡区包括图 5.28 中的 5 个灌溉区域，以地面和底部的淤泥质黏土沉积物（图 5.29）为上、下边界，以北部山区断层和南部黄河为侧向边界，西侧以沙漠边缘为界，东部以乌梁素海为界。均衡区总面积约为 1.0×10^4 km^2。以 1997 年全年为均衡期，确定各个均衡要素。

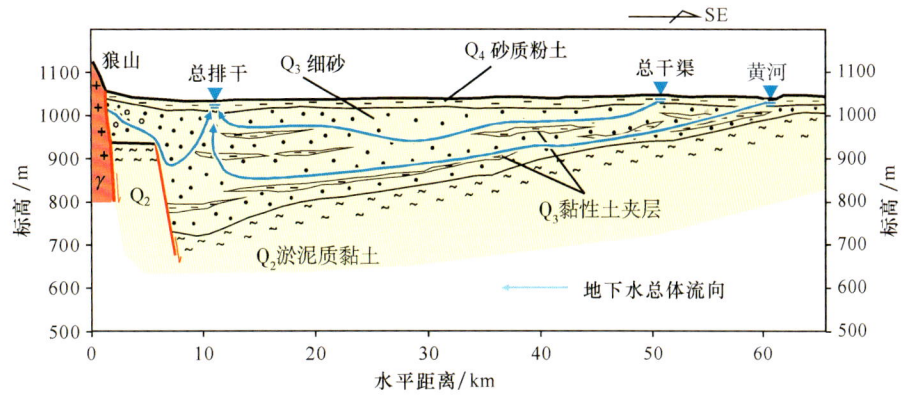

图 5.29　内蒙古河套灌区含水层结构剖面图

在地下水补给要素中，根据内蒙古河套灌区的特点，渠系直接渗漏、大气降水入渗、灌溉回归补给最为重要，还有少量的黄河与北部山区侧向径流补给。其中大气降水入渗和田间灌溉入渗可以统一处理为入渗补给，包括耕地入渗和荒地入渗两个部分。因此，地下水的输入流量可表示为

$$Q_{in} = L_c + R_{is} + R_{us} + L_r + F_m \tag{5.9}$$

式中：Q_{in} 表示 1997 年灌区地下水的补给量；L_c 表示渠系渗漏量；R_{is} 和 R_{us} 分别表示耕地和荒地的入渗补给量；L_r 表示黄河渗漏补给量；F_m 表示北部山前侧向径流量。

内蒙古河套灌区地下水主要通过潜水蒸发、向地表水排泄和人工开采的方式消耗，地下水的输出流量可表示为

$$Q_{out} = E_{is} + E_{us} + X_d + X_l + Q_w \tag{5.10}$$

式中：Q_{out} 表示 1997 年灌区地下水的排泄量；E_{is} 和 E_{us} 分别表示发生在耕地和荒地的潜水蒸发；X_d 和 X_l 分别表示地下水向排水沟和乌梁素海的排泄；Q_w 表示地下水的开采量。

在内蒙古河套灌区，含水层内部的弱透水层分布并不连续，因此没有严格意义上的承压含水层，地下水储存量的变化可以用潜水面埋深变化来计算，即

$$\Delta S = \mu_a (D_2 - D_1) A \tag{5.11}$$

式中：ΔS 表示 1997 年灌区地下水储存量的增加体积；D_1 和 D_2 分别表示年初和年末的地下水位平均埋深；μ_a 表示平均给水度。根据灌区含水层的岩性特点，μ_a 可以取 0.04。

综合上述分析，灌区的水均衡方程可以表示为

$$\mu_a (D_2 - D_1) A = (Q_{in} - Q_{out}) \Delta t \tag{5.12}$$

式中：Δt 为 1 年。方程（5.12）中各个均衡要素的具体数值，需要根据大量水文、气象、地下水位和灌溉资料进行综合计算。1997 年内蒙古河套灌区地下水均衡的概算结果见表 5.2。由于地下水储量减少了 $0.8 \times 10^8 \mathrm{~m}^3$，这一年地下水处于负均衡状态，但储存量变化值相对输入输出流量不到 3%，接近于零均衡状态。

实际上，不同地下水系统的水均衡要素差异很大，需要根据实际情况加以详细分析和确定。特别要注意某些补给要素或排泄要素是否存在重复计算。

表 5.2　内蒙古河套灌区 1997 年地下水均衡概算表

补给要素/(10^8 m^3 · a^{-1})					
渠系渗漏 (L_c)	耕地入渗 (R_{is})	荒地入渗 (R_{us})	黄河渗漏 (L_r)	山前侧向径流 (F_m)	输入流量 (Q_{in})
21.5	4.97	0.93	0.03	0.63	28.06
耕地蒸发 (E_{is})	荒地蒸发 (E_{us})	排水沟 (X_d)	乌梁素海 (X_l)	开采 (Q_w)	输出流量 (Q_{out})
15.02	9.46	3.03	0.01	1.34	28.86
存储要素					
平均水位埋深增量 ($D_2 - D_1$)/m		给水度 (μ_s)	面积 (A)/10^8 m^2		储存量变化 (ΔS)/10^8 m^3
−0.2		0.04	100		−0.8

5.3.3　地下水系统均衡状态的演变

地下水系统必须保持开放性，才能参与地球表层水循环过程。这种开放性使地下水系统的状态受到外界环境变化的影响，也在不断发生变化，即地下水的均衡状态在正均衡、负均衡和零均衡之间不断转变。地下水均衡状态的变化，可以通过观测地下水的水位动态、泉流量动态等来判断。

在没有人类活动干扰之前，地下水系统均衡状态的变化主要取决于气候系统的周期性变化。一个水文年内，可分为丰水季节和枯水季节。在丰水季节降水丰富，地下水的补给量大于排泄量，含水层的储存量增加，地下水系统处于正均衡状态，可以描述为

$$\frac{dS}{dt} = Q_{in} - Q_{out} > 0 \tag{5.13}$$

在枯水季节降水稀少，地下水的排泄量大于补给量，含水层的储存量减少，地下水系统处于负均衡状态，可以描述为

$$\frac{dS}{dt} = Q_{in} - Q_{out} < 0 \tag{5.14}$$

在通常情况下，丰水季节的正均衡与枯水季节的负均衡在同一个水文年内并不能最终抵消，从而使地下水的储存量与年初相比有所增加或减小，储存量的年际变化值可以表示为

$$\Delta S = S(年末) - S(年初) \tag{5.15}$$

年均衡为正（$\Delta S > 0$）和年均衡为负（$\Delta S < 0$）都是丰水季节和枯水季节补给量与排泄量此消彼长的综合结果。连续的丰水年可以使地下水系统多年处于正均衡状态，连续的枯水年可以使地下水系统多年处于负均衡状态。但是，如果一个地区的气候系统在上百年至上千年的历史时期内是稳定的，则地下水系统的多年水均衡状态将近似为零均衡状态，即各年均衡期含水层储存量变化的平均值近似为零。这种多年均衡状态可表示为

$$\sum_{j}^{N} \Delta S_j \approx 0 \tag{5.16}$$

式中：j 表示连续排列的不同年份；N 为统计年数（一般在 20 年以上）。天然条件下多数地下水系统经过长期的演化之后，基本上达到了多年零均衡状态，除非遇到地震、火山喷

发等强烈的地质活动。

人类活动是目前地下水均衡状态演变的重要驱动因素。开采地下水可以直接增加地下水的排泄量，修筑水库、渠道、矿坑、隧道等大型工程也会导致地下水补给量或排泄量的变化。人类活动往往使地下水系统产生持久的负均衡或正均衡状态演变，这可以从地下水位的长期下降或上升、泉水流量的长期衰减或增大过程中体现出来。如果在上述天然状态的基础上，人类活动使地下水的补给量增加 ΔQ_{in}，使地下水的排泄量（包括地下水开采量）增加 ΔQ_{out}，则地下水均衡状态的演变可以描述为

$$\frac{dS}{dt} = Q_{in} + \Delta Q_{in} - (Q_{out} + \Delta Q_{out}) \tag{5.17}$$

式（5.17）参考了陈崇希（1982）对地下水均衡变化的论述。

地下水系统的天然状态一般为多年零均衡状态，因此以水文年为均衡期，则近似有

$$Q_{in} - Q_{out} = 0 \tag{5.18}$$

于是式（5.17）成为

$$\frac{dS}{dt} = \Delta Q_{in} - \Delta Q_{out} \tag{5.19}$$

式（5.19）意味着如果人类活动引起的地下水补给增量（ΔQ_{in}）大于排泄增量（ΔQ_{out}），则地下水系统将朝着正均衡状态演变；否则，将朝着负均衡状态演变。

在分析地下水系统均衡状态演变趋势时，必须注意到地下水补给要素和排泄要素的多样性，以及地下水储存量变化对排泄过程或补给过程的反作用。人类开采活动直接增加了地下水的一种排泄途径，使排泄量有增加的趋势，但也可能间接改变了地下水的其他排泄要素，如泉流量减少、潜水蒸发减弱，甚至还会改变地下水的补给要素，如河流渗漏补给量增加等。这种地下水补给和排泄要素的间接变化，是由于地下水在发生负均衡状态演变时，地下水位的下降对补给条件和排泄条件产生了作用。如果地下水的开采量保持不变，那么地下水其他排泄要素的减弱和补给要素的增强，可能逐渐使补给增量（ΔQ_{in}）和排泄增量（ΔQ_{out}）相等，从而地下水系统又恢复到零均衡状态，即

$$\Delta Q_{in} - \Delta Q_{out} = 0 \tag{5.20}$$

尽管如此，新的零均衡状态与天然的零均衡状态是不同的，因为补给要素和排泄要素发生了各种变化，多年平均地下水位也不相同。这意味着从天然的零均衡状态过渡到新的零均衡状态时，地下水系统的储存量发生了变化，表示为

$$\Delta S_0 = S_0(新) - S_0(天然) \tag{5.21}$$

式中：S_0 表示零均衡状态的地下水储存量；ΔS_0 为地下水系统在状态过渡期间从外界吸收的水量（$\Delta S_0 > 0$），或者被消耗掉的水量（$\Delta S_0 < 0$）。地下水系统的过渡期远大于地表水文系统（如水库）的过渡期，往往需要数十年乃至数百年。

山东省济南岩溶地下水系统均衡状态的演变是一个典型实例（见图 3.14，图 3.15，图 5.26）。在天然状态下，济南岩溶含水系统的地下水主要依靠大气降水入渗补给，并以泉水方式排泄。1960 年以前，泉域地下水的开采量小于 $10 \times 10^4 \, m^3/d$，对泉流量影响较小，地下水的水位（济南市自来水公司钻孔）比较稳定。1960～1980 年的 20 年间，地下水的开采规模逐渐增大，济南岩溶地下水系统的均衡状态也逐渐发生变化。1961～1965 年，地下水开采量有所增大，但同时大气降水也很丰富，开采量的增加小于大气降水入渗

补给量的增加，地下水处于正均衡状态，地下水位波动上升同时泉流量增大。1965~1971年，开采量持续增大而降水量偏少，地下水向负均衡状态转移，地下水位逐渐下降且波动幅度减小，泉流量持续衰减。1971~1980年，开采量的增加速率减缓，地下水逐渐逼近新的零均衡状态，恢复年周期波动，但泉流量显著小于1960~1970年的泉流量。1977~1980年的近似零均衡状态与1960年以前相比，地下水位下降了近5 m，说明均衡状态的转移已经消耗了大量的地下水储存量。实际上，1980~1995年，地下水系统又开始脱离零均衡状态，随着新一轮地下水开采的持续增加，形成新的负均衡状态，泉流量继续减少，4大泉组同时多次出现长期断流现象。1995年以来，由于对泉域内的地下水开采进行了限制以及实施地下水人工补给，又出现了新的正均衡状态，近几年泉水不再有断流现象。

 思考题

1. 试述含水介质、含水层、含水系统的含义并说明它们之间的区别或联系。
2. 发育在同一含水层中的上升泉与下降泉，矿化度前者高后者低，试用地下水流动系统理论说明其机理。
3. 试述钻井水位动态变化的控制因素。
4. 试述控制泉流量动态的主要因素。
5. 在什么情况下会出现地下水负均衡？

第6章 孔隙水

孔隙水赋存于第四系及部分新近系松散沉积物中，广泛分布于平原地区、盆地、河谷及部分山坡地带。孔隙水的分布特征与受气候、地形、区域构造控制的松散沉积物的沉积类型和沉积环境等密切相关。在我国，南方以小型山间盆地与河谷平原为主，第四系沉积物厚度较薄，孔隙水资源量相对较小；北方以大型内陆盆地和沉积平原为主，如西部的塔里木盆地、柴达木盆地以及东部的松嫩平原、华北平原等，巨厚的松散沉积物中蕴藏大量的地下水资源；在西北内陆盆地与东部沉积平原之间分布有大范围的黄土沉积物，黄土高原沟壑纵横，地下水主要赋存在黄土塬中。孔隙水是许多地区的重要供水水源。本章选择一些典型的第四系沉积物类型，介绍孔隙水的赋存与富集等特点。

6.1 洪积物中的地下水

6.1.1 洪积扇的沉积特征

6.1.1.1 洪积扇的形成

在地壳升降运动较为强烈的山区，风化剥蚀作用产生大量的碎屑物质。每遇大雨或暴雨时，山区洪流挟带这些碎屑物质冲出山口，在山前平原堆积下来，形成扇状堆积体，称为洪积扇。洪积扇的表面有放射状沟网，顶部与沟口相连，呈扇形斜面逐渐向山前平原过渡（图6.1）。洪积扇多分布在山区与平原及盆地交界处的山前地带。

洪积扇有别于堆积在一些冲沟口的冲积锥。冲积锥是降落在山坡上的雨水或融雪水所形成的片状水流，将山坡上冲刷下来的坡积物快速堆积在冲沟口而形成的一种小型堆积体。其沉积特点是砾、砂、泥混杂，颗粒大到数吨的漂砾，小至粉砂、黏土，分选极差。

在小型山间盆地的周缘多分布有冲积锥，因其主要物质成分是泥砂混合物，所以其渗透性和富水性均较差。

6.1.1.2 洪积扇的沉积特征

按洪积扇的地貌特征和沉积特征，可以将洪积扇进一步划分为扇顶、扇中、扇缘三个沉积亚相。

（1）扇顶

分布在山口附近的洪积扇顶部地带，沉积坡角大，河道直且深。沉积物主要由分选极差、粗大混杂的卵砾石或砂砾石组成，砾石之间有黏土、粉砂等细小颗粒物充填。

图6.1　甘肃省玉门洪积扇遥感影像图

(2) 扇中

扇中位于洪积扇的中部,是水流开始形成散流的地方。其地貌特征是沉积坡角迅速减小,发育辫状河道。沉积物主要由砂和砾石组成。与扇顶沉积物相比较,砂与砾石的比率增加,颗粒变小、分选性开始变好,出现辫状河道形成的层理。

(3) 扇缘

扇缘是指洪积扇的边缘,紧邻细土平原的部分。其地貌特征是地形平缓,具有最低的沉积坡角。沉积物主要由砂层、亚砂土、亚黏土和黏土等组成,颗粒变细、分选变好。自扇缘往下游,沉积物成层发育。

一个简单的洪积扇,从扇顶向扇缘沉积物的粒度与厚度的变化总是呈现从粗到细、从厚到薄的特点。孔隙含水层也是从单一的潜水含水层向多层状的含水层组变化。

6.1.2　洪积扇中地下水分带

典型的洪积扇可以划分出三个地下水的分带(图6.2)。

6.1.2.1　深埋带(Ⅰ)

深埋带位于洪积扇的扇顶和扇中,地形坡度大,沉积物为卵砾石、砂砾石等。由于砂砾石层很厚,补给和径流条件又好,潜水埋藏深度大,故称为深埋带。在深埋带地下水的蒸发作用很弱,潜水的化学成分形成作用主要是溶滤作用,所以又称为溶滤带。地下水水化学类型以重碳酸盐型为主,矿化度低,一般小于 0.5 g/L。深埋带是洪积扇地下水的主要补给区,大气降水入渗补给和出山河流渗漏补给的补给强度大,水量丰富。地下水位动态受气候和水文因素的影响,季节性变化大。

6.1.2.2　溢出带(Ⅱ)

溢出带位于洪积扇扇中的下游段,向下与扇缘交汇。地形坡度由陡变缓,沉积物由砂砾石渐变为砂、亚砂土、亚黏土。剖面上表现为砂层与黏性土层交互沉积。向下游方向随着洪积扇沉积物的透水性变差径流条件减弱,潜水位逐渐抬高,地下水可以在扇缘前端溢出地表,形成溢出泉,故称溢出带。

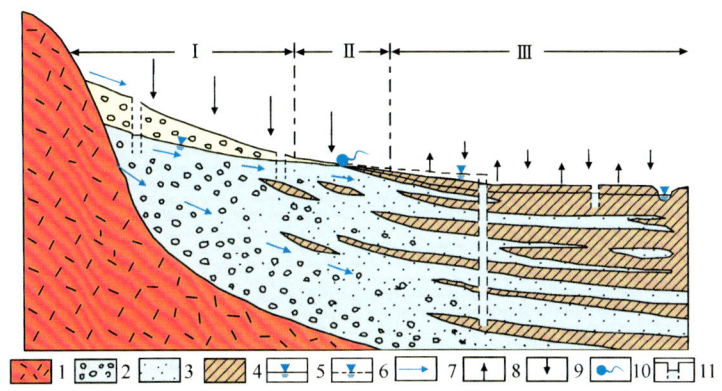

图 6.2　洪积扇地下水示意剖面图
(据王大纯等，1995)

1—基岩；2—砾石；3—砂；4—黏性土；5—潜水位；6—承压水测压水位；7—地下水及地表水流向；8—蒸发排泄；9—大气降水补给；10—下降泉；11—井

在补给充分的洪积扇中，潜水溢出可形成泉、湿地、沼泽、湖泊。

当洪积扇补给不足时，或过量开采地下水，使得潜水不能溢出。在此情况下，由于溢出带附近地下水位埋藏浅，蒸发作用强烈，潜水的矿化度增大，地下水水化学类型也相应地变为重碳酸盐-硫酸盐型及硫酸盐或氯化物型。

6.1.2.3　垂直交替带（Ⅲ）

垂直交替带位于洪积扇的扇缘，地形平坦，常与平原河流冲积物或湖积物形成复合平原堆积，形成具有多层状结构的含水系统。此带地下水径流滞缓，潜水主要消耗于蒸发，并接受下部承压水顶托补给或越流补给，故称为垂直交替带。由于下部含水层可以获得来自较高水位的上游地下水的补给，钻井揭露承压水后，承压水往往能通过钻井自溢出地表，成为自流井。

在干旱气候条件下，蒸发作用使潜水矿化度增高，可以高达 10 g/L 以上，地下水水化学类型也变为以氯化物型为主，所以垂直交替带又称盐分堆积带。从剖面上看，上部的潜水是咸水或微咸水，下部承压水是水质良好的淡水，在垂向上地下水大体上具有"上咸下淡"的水质变化。

以上三个带的划分仅适合于典型的洪积扇，代表了洪积扇纵向地下水总的变化趋势。随着具体条件的不同，冲洪积扇地下水的特点会有所不同。

洪积扇的富水性不仅受到上述三个地下水分带的控制，而且还受控于扇体表面洪流沟道的流水作用。富水地段与洪流沟道的分布一致，大致呈不规则的放射状。例如陕西富平县的山前洪积扇中，在富水性最好的洪积扇中部洪流沟道上钻井涌水量可达 50~100 m^3/h，在洪积扇两翼的古洪流沟道上，钻井涌水量为 20~50 m^3/h；而在古洪流沟道之间，机井涌水量一般小于 10 m^3/h。

6.1.3　山前倾斜平原

6.1.3.1　洪积扇叠置

由于冲洪积扇在形成过程中受各种自然因素变化的影响，可以形成各种复杂的组合。

洪积扇形成后，如果山体继续抬升，山前平原相对下降，则在已经形成的洪积扇上，往往有新的洪积扇发育，而且是部分地覆盖在老洪积扇上，形成叠置式洪积扇。如果沿山前断裂出现不等量升降，则洪积扇的轴线向一侧移动，使新、老洪积扇向一侧叠置，形成不对称的形态。

随着洪积扇的不断迁移，洪积扇的沉积层序也发生相应的变化。如果上升的规模、幅度都比较大，老的洪积扇也随着抬升，那么新的洪积扇向盆地方向推进，使新的洪积扇扇顶置于老的洪积扇扇中之上，而新洪积扇的扇中又置于老洪积扇的扇缘之上，因而在剖面上形成下细上粗的沉积层序。反之，当沉积物堆积速率小于盆地沉降速率时，洪积扇向物源区后退，或侧向迁移，结果可以形成下粗上细的沉积层序。

6.1.3.2 扇间洼地

扇间洼地是指两个相邻洪积扇之间的低洼地带。从洪积扇本身的相变来看，在横向上也具有与纵向相似的岩性变化规律。从山口向两侧，沉积物从扇顶相的砂卵砾石过渡为扇缘相的砂和亚砂土等，甚至过渡为滞水相的粉砂、黏土、泥炭等。如果洪积扇的规模较小或两个山口距离较远，则扇间洼地位于两个洪积扇的扇缘结合带。此时，洼地中黏性土成分增加，地下水位虽不深，但富水性很差。

在不利于洪积扇发育的条件下，各个山口所形成的洪积扇规模很小，彼此分隔，两扇之间无水力联系。扇间洼地由坡积物堆积而成，在横剖面上含水层呈凸透镜状零散分布，富水性极不均匀。

6.1.3.3 洪积裙

在冲洪积扇形成的历史时期中，当自然条件对其形成特别有利时，则在山前形成巨大的洪积扇，扇顶相粗粒物质分布很宽，再加上两个相邻山口距离较近，使两个洪积扇的扇顶或扇中相的沉积物直接连接，形成有水力联系的洪积裙。洪积裙是透水性良好的、沿山麓呈带状分布的含水层。例如，我国西北地区的玛纳斯河洪积扇与清水河洪积扇，通过下伏老洪积扇相连接，形成富水性很好的洪积裙（图6.3）。

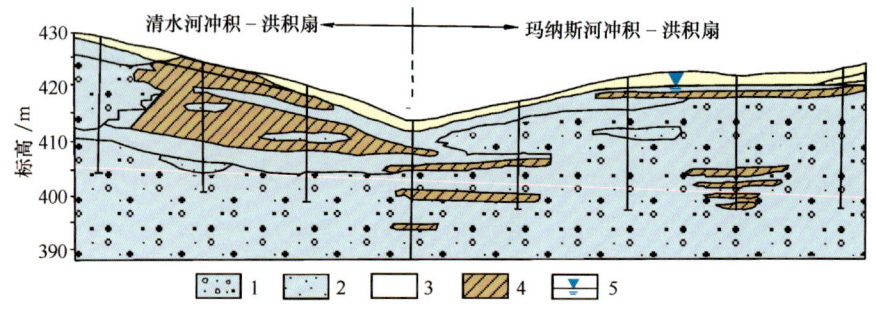

图6.3 新疆玛纳斯河与清水河洪积扇水文地质剖面图
（据石油部北京勘测设计院，转引自沈照理等，1985）
1—砂砾石；2—砂；3—亚砂土及亚黏土；4—黏土；5—地下水位

6.1.3.4 山前倾斜平原地下水

在我国西北内陆盆地和东部沉积平原的山前，广泛发育有山前倾斜平原。山前倾斜平原位于山地与平原交接地带，沿山麓分布，由洪积扇相互叠置，或与山麓坡积-洪积裙彼此相连而形成。山前倾斜平原是区域地下水盆地的补给区。例如准噶尔盆地，在盆地周边，山区降水及积雪融水是区域地下水的补给来源，河流出山后即渗入地下，至洪积扇前缘溢出地表，形成绿洲。地下水由山前埋藏很深的潜水过渡为多层结构的承压水，然后再流到盆地中心的沙漠带。钻井涌水量逐渐由大到小，水质由淡到咸。沙漠淡水仅见于河流两侧。

图 6.4 是华北平原第四系沉积类型与分区图。依据第四系沉积类型和地貌特征，华北平原的区域地下水分为山前倾斜平原、中部冲积平原和滨海平原三大地下水单元。

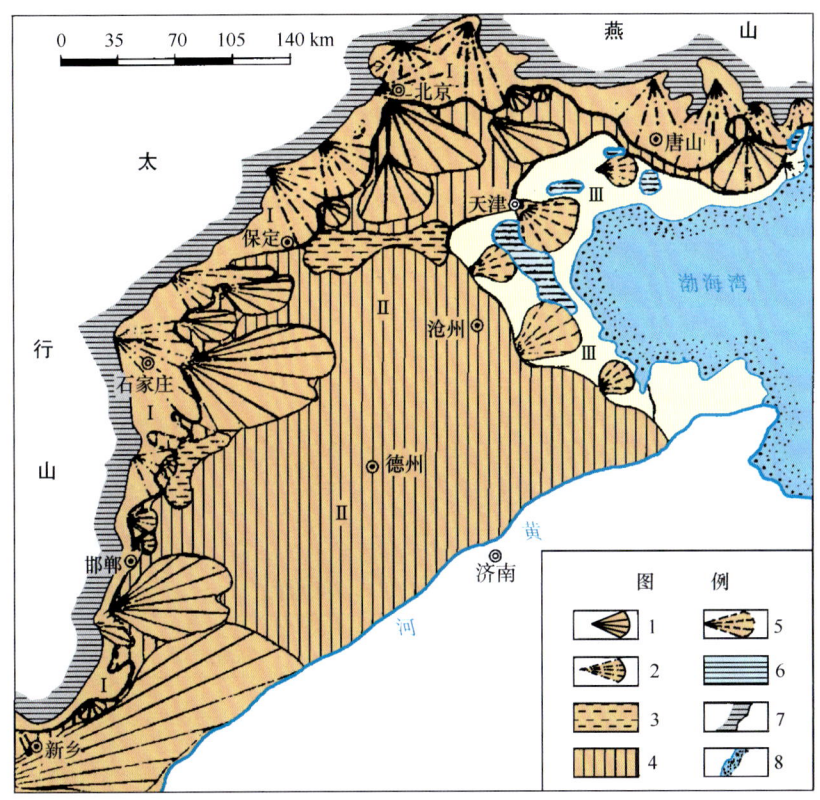

图 6.4　华北平原第四系沉积类型与分区图
(据吴忱，1992)

1—洪积扇；2—冲积扇；3—扇缘洼地；4—冲积平原；5—三角洲；6—湖泊；7—山区与平原界线；8—海岸线。Ⅰ—山前倾斜平原；Ⅱ—中部冲积平原；Ⅲ—滨海平原

华北平原的山前倾斜平原主要由永定河、滹沱河、漳河等河流冲积物堆积而成。太行山东麓由第四系砂砾石组成的洪积扇群十分发育，含水层厚度大，多为潜水或局部微承压水，钻孔单位涌水量普遍大于 30 m³/h·m，最大可达 200 m³/h·m。地下水水质良好，以 $HCO_3-Ca·Mg$ 型水为主，矿化度一般小于 0.5 g/L，成为极好的供水水源。

中部冲积平原多由古河道和近代河道冲积物形成，含水层主要为中细砂和粉细砂，单层厚度较薄，水量不大，但在深部常有 3~4 层颗粒较粗的承压含水层，钻井单位涌水量一般大于 10 m³/h·m，为区内主要供水水源。

滨海平原主要由互层的冲、湖积和海相沉积物构成，第四系岩性以细粉砂和亚黏土为主。含水层多为透镜体状，以粉砂、细砂为主，单层厚度一般小于 10 m，局部为 10～20 m。天津南部及其以南地区，含水层导水系数为 10～50 m²/d，钻井涌水量多小于 2.5 m³/h·m，上覆黏土或砂质黏土，大气降水入渗补给条件差。除河道带有微弱的径流外，地下水一般处于滞流状态，具有明显的承压性。浅层地下水以蒸发作用为主。地下水矿化度多大于 15 g/L。

6.2 冲积物中的地下水

冲积物是河流沉积作用形成的堆积物。河流的沉积环境可以分为河床与河漫滩两类，河床是经常流水的河道或河槽，沉积物颗粒较粗；河漫滩是汛期河水淹没的河床以外的低洼平坦区域，沉积物颗粒较细。在河流沉积剖面上，常常可以见到下部是河床相粗颗粒，上部是河漫滩相细颗粒的沉积层序，称为冲积层的"二元结构"。

一般情况下，在河流冲积物中都能储集地下水，并具有地下水埋藏浅、含水层透水性好、水交替积极、开采后还可以获得大量的河水诱发补给的特点。根据冲积物中地下水的形成和分布特点，可以分为山区河谷、河谷平原、冲积平原和河口三角洲地下水。

6.2.1 冲积物的沉积特征

根据现代河流发育的地貌特征，Allen 于 1964 年提出了曲流河沉积环境立体模型，并根据微地貌划分出各类次级沉积环境或模式（图 6.5）。

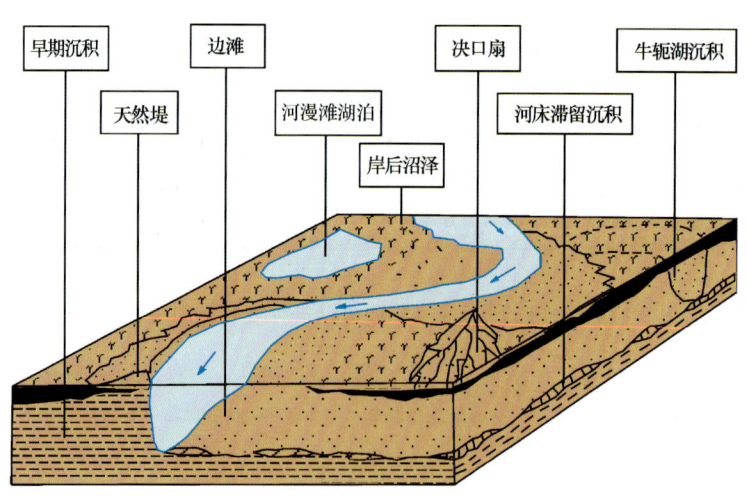

图 6.5 曲流河沉积相模式
（据 Allen，1964，转引自冯增昭等，1994）

6.2.1.1 河床沉积

在河床的不同地带，由于沉积环境的差异，相应的冲积物有滞留沉积、边滩沉积、心滩沉积等亚相。

(1) 滞留沉积

汛期洪峰来临时,洪水将上游搬运来的或近岸冲塌下来的粗碎屑物质集中堆积在河床底部,称为河床滞留沉积。沉积物以砾石等粗碎屑物质为主,砾石成分复杂,既有河流源区砾石,也有河床下伏岩层的砾石。滞留沉积一般呈透镜状断续分布于河床最底部,向上过渡为边滩或心滩沉积。

(2) 边滩沉积

水流通过弯曲河道时,横向环流冲刷凹岸并把河底沉积物搬向凸岸,称为边滩沉积。边滩沉积以砂砾石为主,交错层理发育,自下而上常出现由粗至细的粒度或岩性正韵律。边滩沉积是曲流河中主要的沉积单元,是河床侧向迁移和沉积物侧向加积的结果(图6.6)。

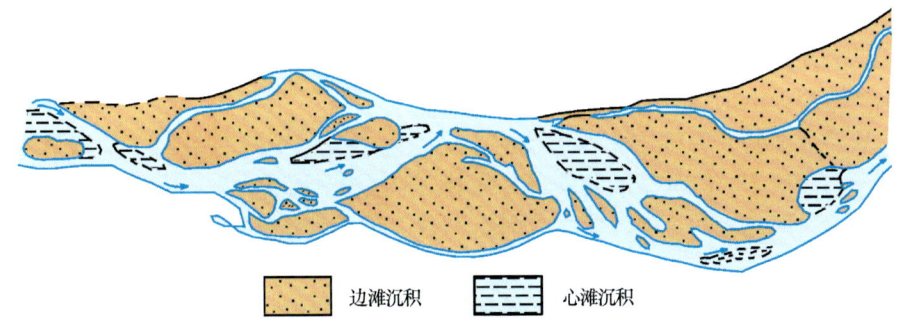

图6.6 黄河下游游荡型河床边滩与心滩沉积

(据北京大学等,1978)

(3) 心滩沉积

心滩是双向环流搬运跃移质泥沙侧向沉积的产物,经常出现在平原河流中(图6.6)。心滩上游水流速大易受冲刷,下游流速低利于沉积,所以心滩具有向下游移动的特征。心滩进一步发展可形成江心洲。江心洲一般具有清晰的二元结构,下部为心滩沉积的河床相,上部为厚度不大的河漫滩相沉积。

在经常性水流搬运作用下,河床相沉积砂体的分选性好、磨圆度高。在纵向上,从河流上游到下游,河谷宽度由窄变宽,冲积物由粗变细,含水层由单一砂体变为砂、泥互层,单井涌水量由大变小。在横向上,受近岸水流条件的影响,含水层的富水性向远岸方向明显减弱。含水层呈条带状沿河谷分布,富水性在纵向差别较小,横向变化较大。

6.2.1.2 河漫滩沉积

汛期河水位上涨。河水溢出河床后,水流突然放缓,流速降低,河水携带的悬移泥沙沿河床两岸堆积,形成河漫滩沉积。河漫滩沉积以黏土、黏性土和粉细砂为主,在横向上有一定分异性。近主河槽地带沉积颗粒较粗,距河床愈远颗粒愈细。河床两岸多沉积细砂和粗粉砂,河漫湖泊、沼泽区为黏土沉积。

河漫滩的发育与河谷的发育阶段有关。河谷发育初期,以侵蚀下切为主,河谷呈"V"字形(图6.7a),河漫滩沉积不发育。河谷发育的中后期,河流以侧向侵蚀为主,河谷加宽,河床在河谷中仅局限于较窄的部分,河漫滩发育较好。与河漫滩沉积物有关的还有天然堤、决口扇、牛轭湖等沉积。

图6.7　山区深切河谷（a）；河谷平原地貌与第四系沉积物（b）

（1）天然堤沉积

洪水漫滩时，河水携带的粗颗粒悬砂首先在河床两岸沉积，形成堤状堆积体，称为天然堤。天然堤由细砂、粉砂、黏性土组成，是河漫滩沉积中颗粒最粗、分选最好的沉积体。砂体形态沿河床两侧呈弯曲的砂垄。随着河床迁移，凸岸天然堤随边滩不断扩大、增长，形成覆盖边滩之上的盖层，所以古天然堤砂体呈面状分布。

（2）决口扇沉积

在平原区的弯曲河流中，河床因天然堤的围限和本身的沉积作用而逐渐抬高，往往高出河岸两侧漫滩区。河水冲破天然堤后，河水携带的泥砂物质在决口处堆积成扇形沉积体，称为决口扇。决口扇主要由细砂、粉砂组成，粒度比天然堤沉积物稍粗。砂体形态呈舌状，向河漫平原方向变薄、尖灭，剖面上呈透镜状。

（3）河漫湖沼沉积

洪水漫溢至两侧的河漫滩以后，低洼地区就会积水，再加上河水对两侧低地的渗漏补给，从而在低洼地带形成了河漫湖泊。在潮湿气候条件下，低洼积水地带植物生长繁茂，逐渐淤积成河漫沼泽。河漫湖沼以黏土沉积为主，是河流相中最细的沉积类型。在干旱地区，河漫湖泊可演化成盐湖，形成盐类沉积。

6.2.2　河谷地下水

河谷的基本形态可分为谷底与谷坡。谷底比较平坦，由河床与河漫滩组成；谷坡分布在河谷两侧，常有阶地发育。河谷地下水主要埋藏在谷底河漫滩和低阶地中，高阶地富水性较差。

6.2.2.1　山区河谷地下水

山区河流坡降大，侵蚀下切作用强烈，河谷呈"V"字形（图6.7a），河漫滩缺失或局部发育。因此，山区河谷含水层为局部发育，分布面积小，沉积厚度薄。含水层对地下水的调蓄能力差，地下水主要来自于两侧基岩侧向补给及河水补给，地下水位动态基本与河水位变化保持一致。

6.2.2.2　河谷平原地下水

半山区和丘陵区的河流坡降减小，以侧蚀作用为主，堆积较厚的冲积物，常形成宽阔的河谷平原（图6.7b）。河谷平原的河水面常是当地的侵蚀基准面，地势最低。在河谷平原，无论谷底基岩是否隔水，冲积层都可以储集地下水，并能汇集较大面积的地表水的补给。河谷平原地下水主要分布在河流的凸岸边滩、江心洲，以及具有二元结构的河漫滩中。

天然条件下，河谷平原地下水接受大气降水和基岩地下水的补给，向河流排泄。在开采规模较大的条件下，地下水位低于河水位，可以获得大量的河水补给。蒸发也是河谷平原地下水的一种排泄方式。

在气候湿润的地区，大气降水较充沛，河流中可以保持常年有水，或断流时间短，河谷孔隙含水层中的地下水较丰富，旱季水位降低较小。而在干旱半干旱地区，由于降水量较少，常集中在夏季较短的时期，形成许多间歇性河流或仅在洪水期短时间有水的干河谷。这类河谷孔隙水在汛期获得补给后，旱季逐渐消耗于蒸发和排入河流中。随着地下水位的降低，河水断流，地下水向下游继续径流，水位持续下降，甚至地下水趋于枯竭，因而地下水动态变化很大。

河谷平原区常发育有各种类型的阶地。河流阶地是在地壳上升运动影响下，由于河流的下切侵蚀作用，使原谷底抬高，出现在洪水位之上的阶梯状地形。如果区内发生过多次上升运动，就可能出现多级阶地。河流阶地含水层的富水性变化较大，特别是有多级阶地发育时更复杂，必须查明各阶地的类型和结构，才能分析横向富水性的变化。一般是低阶地富水性较好，高阶地富水性较差，同一阶地在前缘富水性好，后缘富水性较差。

河谷区地下水交替积极，矿化度低，多为重碳酸盐型水。埋藏在高阶地中的地下水，有的水流交替缓慢，水质略差。由于河谷平原地下水埋藏浅、盖层薄、地势低，故也易被污染，应当注意防护。

6.2.3 冲积平原地下水

在大河的中下游，一般都堆积有很厚的松散沉积物，形成宽广的冲积平原。冲积平原以河流沉积物为主，常夹有湖积物、风积物甚至海相堆积物。

冲洪积平原地势平坦。河流进入平原后，河床坡度变缓，河水携带泥沙的能力下降，使河床淤积变浅。洪水漫滩时，河水携带的粗颗粒悬砂首先在河床两岸沉积，形成天然堤。又因天然堤的围限，河床不断抬高，久而久之，河床高出地表，形成所谓"地上河"（图 6.8）。当洪水冲破天然堤后，河水携带的泥沙物质在决口处堆积，形成决口扇。洪水漫溢至河流两侧平原区后，低洼地区就会积水，从而形成了湖泊、沼泽。一次次的大洪水，会一次次冲决天然堤，如此持续不断，形成了许多古河道、沙堤、沙坝、牛轭湖、决口扇等地貌和沉积物。

例如华北平原，河流自山前倾斜平原进入中部平原以后，河床坡度变缓，河流改道频繁，形成了洪泛平原和湖泊、洼地相沉积，冲积层与湖积层相互交叠，具有游移的沉积特征（图 6.9）。含水砂体呈条带状、岛状分布，由河道、沙堤、沙坝、牛轭湖等沉积物构成，富水性和透水性均自西向东变差。

在冲洪积平原，地下水水平径流滞缓。地下水补给来源有大气降水、地表水、灌溉回归水和上游的侧向径流补给，排泄方式有蒸发、向下游的侧向径流排泄和人工开采等。在以蒸发排泄为主的地区，常见地表盐渍化现象。地下水水质表现为，上层潜水是咸水或微咸水，下部承压水是淡水，大体具有"上咸下淡"的水质变化。

在平原地区深部的冲积物中常存在层状或透镜体状的砂层含水层，赋存有较为丰富的地下水。地下水呈承压状态，有时钻井揭露后能自流出地表。地下水主要是获得来自上游

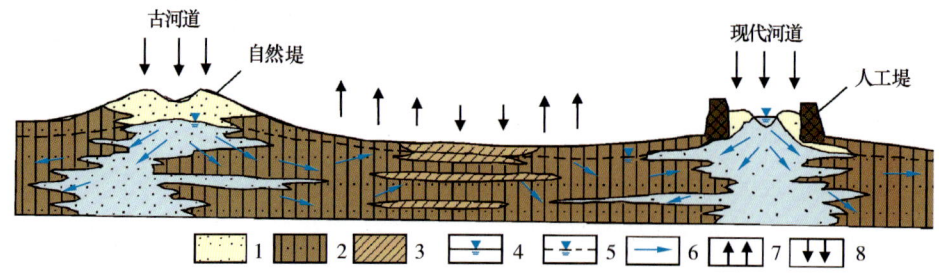

图 6.8 黄河冲积平原地下水示意剖面图

(据王大纯等，1995)

1—砂；2—亚黏土及亚砂土；3—黏土；4—潜水位；5—承压水位；6—地下水流向；
7—蒸发排泄；8—大气降水主要补给区；6~8 箭头愈长，强度愈大

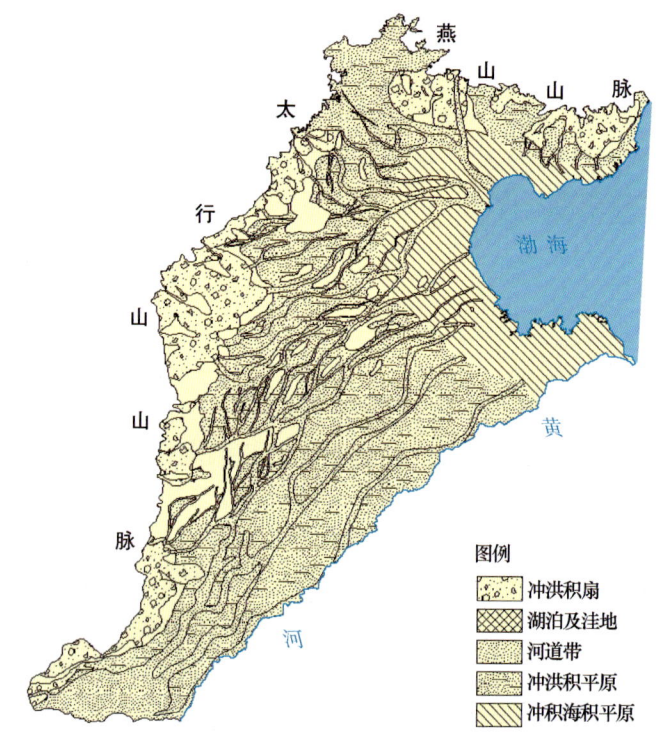

图 6.9 华北平原第四系沉积类型示意图

的侧向径流补给，向下游侧向径流排泄，或向上部浅部含水层越流排泄。地下水位动态变化相对比较稳定。由于地下水补给区距离远，地下水不易获得补给，开采这种地下水一般不可获得恢复补充。过量开采这种地下水会导致地下水位逐年持续下降。

6.3 三角洲地下水

三角洲是河流注入海洋或湖泊时，因水流扩散，河水所携带泥沙大量沉积，逐渐发展成的冲积平原，又称河口平原。从平面上看，多呈三角形，顶部指向内陆，底边对着外海，故称为三角洲。例如我国的长江三角洲、珠江三角洲、黄河三角洲、滦河三角洲等。

从河口区的动力特点来看，在潮水上下移动的范围内，因河水受潮流的顶托，首先出现一系列水下浅滩、心滩或沙嘴，使水流发生分叉，同时形成向海倾斜的水下三角洲。随着各岔道的消长与心滩的归并扩大，滩地淤高，便变为水上三角洲的组成部分。后期的水流冲开原来的堆积物，将泥沙堆积在更向外的位置上，堆到一定高度后，又被水流冲开继续向前堆积。水下三角洲如此不断向海里推进，而其后缘岔道的不断变迁，在三角洲上往往形成许多交错的滨河床沙堤及湖沼洼地。河口附近主要是砂沉积，堆积高度直达水面，坡度平缓；向外渐变为坡度较大的三角洲斜坡，粒度变细，主要由粉细砂组成；再向前为黏土淤积（图6.10）。

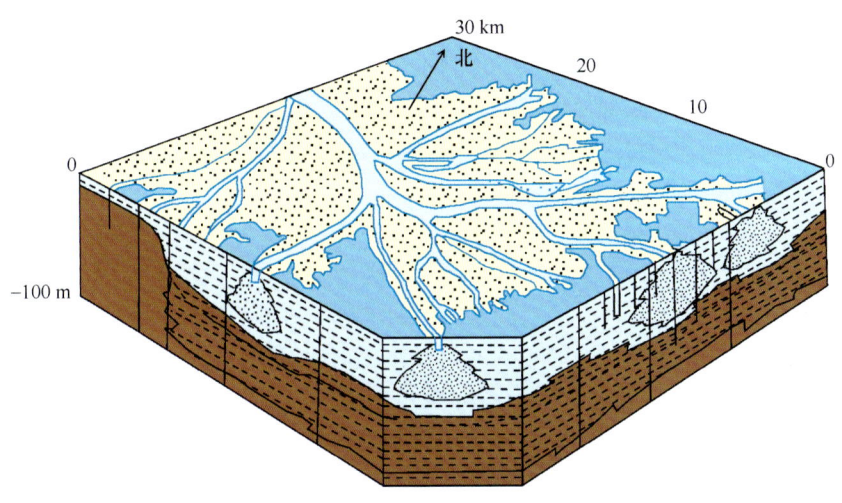

图6.10 美国密西西比河三角洲砂体沉积分布

（据北京大学等，1978）

随着三角洲不断扩展，河道不断伸长，流速更加变慢，沉积物堆于河口，堵塞河道。水流寻找自然堤上薄弱之处冲决而出，形成新的河道，原来的河道即被细粒物质堵塞，沉积物逐渐固结压缩而变薄，没入水中，其上便再沉积黏土、泥炭等。较大的河流，常在大范围内左右游荡，形成连续多期的三角洲沉积。当河流入海口距山区很近时，三角洲沉积粗粒部分便以砾石为主要成分。实际上这是山前洪积扇延伸入海，故砾石的分选较差，但是具有较强的富水性。

滨海三角洲沉积一般都属半咸水沉积，在海潮涨落幅度较大、地形坡度较小的地区，其影响范围更大。三角洲中虽然包含透水性良好的含水层，但是，如果不经过一定时期淡水的淋洗、替换，水质过咸，不能用于供水。在滨海地区，淡水淋洗替换的深度受海水位的控制，除非三角洲沉积高出地表达到一定高度，含水层淡化部分的厚度与范围一般都是有限的，含水层下往往保留着咸水。在开发利用此类含水层地下水时，应该预防因水位降低而导致的海水入侵。

6.4 黄土高原地下水

黄土是第四纪时期形成的土状堆积物。我国北方黄土最发育，特别是在黄河中下游的陕西北部、甘肃中部和东部、宁夏南部以及山西西部、东部和河南西北部，黄土沉积的厚度大，分布面积广，形成黄土高原。此外，在华北、东北地区的山前地带也有黄土分布。

黄土主要由粉土颗粒组成，粉土成分含量大于60%。黄土结构疏松，垂直节理发育，且有较大的孔洞，孔隙度一般为40%~55%。在适当的地形条件下在黄土中也能赋存地下水。张宗祜等在甘肃进行黄土渗水试验，结果表明黄土垂直方向的渗透系数一般为0.19~0.37 m/d，平均为0.285 m/d；水平方向的渗透系数一般为0.002~0.003 m/d，平均为0.0025 m/d。由此看出，垂直渗透系数比水平方向大100倍左右。另外，根据甘肃省水文二队所做的野外试验资料，黄土垂向渗透系数比水平方向大50倍。

黄土中地下水的补给来源主要为大气降水，仅在沟谷中可以接受洪流的短期渗漏补给。大气降水垂直渗入的强度与地形和地下水位埋深有关。低凹的负地形，有利于汇集降水入渗。地下水位埋深愈大，接受补给愈困难。据陕西水文一队的野外实际观测资料，可以说明渗入量与水位埋深的关系。1972年8~10月的降水量为115 mm，埋深8~17 m的地下水位升高2.2~7.6 cm，埋深19~30 m地下水位升高2.8 cm左右。埋深小于10 m，在雨后1 d即上升；埋深10~30 m，雨后1~2 d才上升。

黄土中地下水的排泄途径，一是向深部其他含水层越流排泄；另一方面可以在深切沟谷中以泉的形式在沟壁出露，一般泉的流量较小，有时是咸水泉；此外，在局部地段还可以通过蒸发排泄。

黄土地貌的基本特点是沟谷发育、地形破碎。沟谷以及沟谷之间的梁、峁、塬是黄土高原的主要地貌形态（图6.11）。黄土塬表面较为宽阔平坦，有利于降水入渗与保存。黄土塬中的地下水向四周流散，向周边沟谷径流以泉的形式排泄。野外常见地下水在黄土塬边缘谷壁上出露，形成悬挂泉（图6.12）。黄土塬区地下水的埋深变化很大。塬中心地下水位较浅，通常为20~30 m，塬边水位可深达60~70 m甚至100 m以上。

图6.11 黄土高原地貌

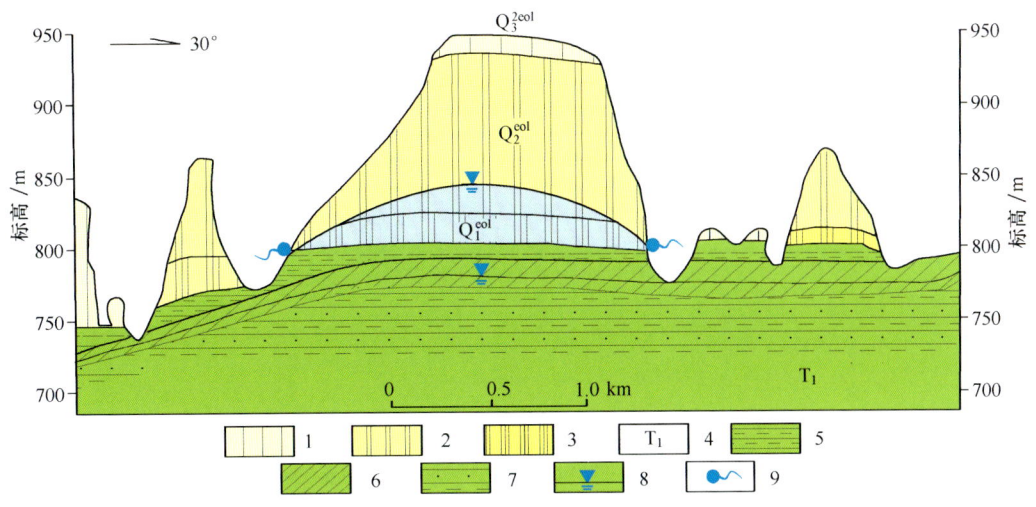

图 6.12　陕西省吴堡李家塔黄土梁峁地下水剖面图❶

1—上更新统黄土；2—中更新统黄土；3—下更新统黄土；4—下三叠统；5—泥岩；
6—基岩风化带；7—砂岩及泥岩；8—潜水位；9—下降泉

黄土梁、峁的地形不利于大气降水入渗。两侧沟谷下切很深，不利于地下水储存。因此，黄土梁、峁区常为严重缺水区。总体而言，黄土地区地下水并不是很丰富。

黄土中地下水的化学成分变化也很大，无论在水平方向上或垂直方向上，都可能发生急剧的变化。有时候两个相距仅 10～20 m 的井，地下水的矿化度竟会相差 5～10 g/L，水化学类型也会由重碳酸盐型骤变为硫酸盐-氯化物型。地下水的化学成分主要取决于黄土层中的含盐量及地形条件。据甘肃省水文二队的资料，矿化度小于 1 g/L 的地下水，包气带土层盐分的离子总量恒小于 0.11%；矿化度大于 10 g/L 的地下水，包气带土层盐分离子总量恒大于 0.18%。地下水的矿化度与含水层可溶盐离子总量的关系更为密切，地下水矿化度随土层盐分的增加而增长。

黄土富含碳酸钙，遇水浸湿后，会发生可溶盐类溶解和部分黏土及其他细粒物质的流失，使黄土强度显著降低，在受到上部土层或建筑物的重压时，会发生强烈的变形和沉陷，在工程上称为黄土湿陷。

1. 洪积扇自扇顶至扇缘地下水的特点有什么变化？
2. 开采平原地区松散沉积物深层承压水的钻井，井水可能由哪几部分构成？
3. 黄土的垂向渗透系数远大于水平方向的渗透系数，试分析这一现象对黄土高原地下水有什么影响？
4. 沙漠地区降雨量很小，但是也可能发现大量的地下水或有泉水出露，为什么？

---

❶　西安地质矿产研究所，2008，陕北能源基地地下水勘查。

第7章 裂隙水

在坚硬岩石分布区特别是山区广泛分布有裂隙水。在裂隙水研究中，裂隙是断层、节理、层面等地质不连续面的统称。按照埋藏特征，裂隙水分为风化壳状裂隙水、层状裂隙水、脉状裂隙水三种类型。裂隙水的研究内容包括裂隙发育规律、裂隙岩体渗透特征、裂隙水的形成与分布等。

7.1 裂隙的成因类型

按照裂隙的成因类型，一般将裂隙划分为成岩裂隙、构造裂隙和风化裂隙。

7.1.1 成岩裂隙

成岩裂隙是指在岩石形成过程中由于冷凝收缩、固结脱水等作用而产生的原生裂隙。如火山熔岩的柱状节理、侵入岩的原生节理及沉积岩的层面裂隙等。在岩浆冷凝过程中，侵入体边缘散热快，岩石脆性较大，体积收缩时容易产生脆性拉断；又因为侵入体内部散热较慢，尚未完全凝固的岩浆仍在继续运动，使边缘已凝固的岩石产生裂隙，甚至形成边缘逆断层。因此，侵入岩体与围岩的接触带，常常也是裂隙发育带。火山熔岩的柱状节理以玄武岩柱状节理（图7.1a）最为典型，节理张开性好、相互连通，是良好的储水和导水空间。沉积岩成岩裂隙在沉积物压实脱水过程中形成，以层面裂隙最为常见。

侵入岩与沉积岩的原生裂隙多数属闭裂隙或隐裂隙，含水性和导水性微弱。在经历构造变动或风化作用的改造之后，这些裂隙可以发展成为导水的裂隙。

7.1.2 构造裂隙

构造裂隙是岩石成岩后由构造作用形成的岩石裂隙（图7.1b）。按其力学性质分为张性裂隙、剪性裂隙和压性裂隙三种基本类型。

7.1.2.1 张性裂隙

张性裂隙是由拉应力作用产生的岩石裂隙，裂隙面与应力方向垂直。其特点是裂隙张开较大，裂隙面粗糙，裂隙延伸距离较短。

张性断层可以是较简单的断裂面，也可以形成较复杂的破碎带，主要取决于断层规模及断裂的方式。断层破碎带一般由构造角砾岩及一系列张节理和少数扭节理构成。构造角

图7.1 （a）玄武岩的垂直裂隙（据刘时彬，2005）；（b）花岗岩的构造裂隙

砾岩结构疏松，空隙率大；节理张开度大，但向两盘岩石内延伸不远，影响的范围不大。一般认为，张性断层的导水性较强，尤其是断裂带的中心部位导水性最强。

7.1.2.2 剪性裂隙

剪性裂隙是岩石受剪应力作用产生的裂隙，包括剪节理和走滑断层。剪节理多表现为相互交叉的两组裂隙，所以又称 X 节理。剪节理的特点是裂隙细长、裂隙面平直，走向稳定，砾岩中裂隙面常切断砾石而过。剪裂隙分布较均匀，如果发育两组裂隙，裂隙网格呈菱形分布。走滑断层可以分为两种，一种是单剪性质的走滑断层，习惯上称为平移断层。另一种是作为挤压带、伸展带侧向联系和调整的走滑断层。大多数走滑断层都具有陡而直的特点，断层附近岩石挫碎现象明显。较大的走滑断层发育有破碎带，并常伴生有低序次的分支断层。

剪性裂隙的特点是走向稳定、延伸远，经过后期构造变动，容易变为开口裂隙，使其导水能力大为增强。

7.1.2.3 压性裂隙

压性裂隙包括劈理、板理、片理等细微裂隙以及压性断层。它们是在压应力和剪应力共同作用下形成的。压性断层多为逆断层和逆掩断层。由于其断裂面上所受的压应力和剪应力较大，所以断裂带岩石破碎较剧烈，裂隙多呈闭合状态。较大的压性断裂带的中心常有不透水或透水性极差的糜棱岩、断层泥及胶结紧密的构造角砾岩和压片岩。断层带两侧则常有扭节理和破劈理分布。一般认为，压性断层的富水性差，导水能力低。

7.1.3 风化裂隙

风化作用使岩石发生崩解，形成风化裂隙。风化裂隙具有出现不规则、延伸短、分支多、分布均匀而密集的特点。风化裂隙的密度和性质取决于岩石的物质成分和力学性质，以及岩石露头所处的构造部位等。

风化裂隙在岩石表层形成风化裂隙带。风化裂隙带上部岩石破碎，裂隙多被砂泥质充填。向深处，裂隙发育程度减弱，充填程度变小。风化壳的厚度可以从几十厘米至几百米。在寒冷地区风化壳的厚度较小，在湿热的热带地区可以达到100～200 m，在一些局部的构造破碎带上，例如断层带、背斜轴部张裂带等，风化壳可以达到更大深度。

另外，应力释放裂隙也是一种重要的裂隙，对地下工程、矿山掘进等具有特殊意义。应力释放裂隙是由于应力解除或失去平衡而产生的岩石裂隙，主要包括卸荷裂隙和塌陷裂隙。

7.2 裂隙的水力性质

7.2.1 裂隙的几何特征

7.2.1.1 张开度

隙宽是裂隙两个壁面之间的距离，用以度量裂隙的张开程度，所以又称张开度。按张开度划分，有开裂隙、闭裂隙和隐裂隙三种类型。①开裂隙是具有明显开口的缝隙，两壁岩石脱离接触。这种裂隙储水空间大，含水量多，导水能力强。②闭裂隙的两壁非常贴近，且在许多点上直接接触，用肉眼能够清楚地看出裂隙的存在，但看上去裂隙是闭合的。这种裂隙储水空间很小，导水能力和含水量均较微弱。③隐裂隙是用肉眼不易观察到的裂隙，通过岩面着色的方法可以识别出它的存在。隐裂隙基本不导水，也不含水，经过后期的构造变动和风化作用改造以后，可以变为开裂隙或闭裂隙。

裂隙的几何形态大多是不规则的，裂隙的张开度一般可以用平行板模型的等效水力隙宽表征：

$$b^3 = \frac{12q\nu}{gI} \tag{7.1}$$

式中：b 为等效水力隙宽，即平行板之间的距离；q 为通过单位长度裂隙的流量；g 为重力加速度常数；ν 为运动黏滞系数；I 为水力梯度。

由式（7.1）可知，裂隙的导水能力对隙宽的变化最敏感。因此，裂隙岩体中隙宽较大的裂隙主要起导水作用，构成了导水裂隙系统；小裂隙发育密集，主要起储水作用，组成了储水裂隙系统。

7.2.1.2 粗糙度

粗糙度是度量岩石裂隙壁面粗糙程度的指标，一般用裂隙壁面起伏差来表征。粗糙度是影响裂隙渗透性的因素之一。岩石裂隙壁面起伏不平，有许多凸体，使水流阻力加大，渗透性降低。另一方面，由于裂隙壁面有许多凸体，岩石裂隙在剪切变形时发生剪胀，使隙宽增大，而且裂隙面越粗糙，增加值越大。在法向压应力的作用下，裂隙趋于闭合，但是对于岩石强度大、壁面粗糙的裂隙来说，壁面凸体之间仍可以留有空隙。因此，粗糙度对岩体渗透性影响是双向的，需要具体情况具体分析。

7.2.1.3 充填与胶结

裂隙的充填与胶结状况对裂隙的渗透性有很大影响。典型的充填物有砂、粉土、黏土、角砾、断层泥、糜棱岩等，胶结物有石膏、方解石、白云石、黄铁矿、菱铁矿、绿泥石、蛋白石、石英等。裂隙被充填的方式分为局部充填与完全充填，被完全充填的裂隙的渗透性取决于充填物的性质。据肖楠森的研究，硅质或铁质胶结的岩石裂隙透水性极差，钙质胶结或砂泥质充填的裂隙仍具有一定程度的透水性。

7.2.1.4 产状

裂隙的产状可以用走向、倾向和倾角来表示，也可以用裂隙面外法线与三个坐标轴夹角的余弦表示。裂隙产状及其与构造形迹的关系是裂隙分组的重要依据。例如，褶皱翼部的 X 节理是同时形成的两组节理，而褶皱轴部发育的纵张节理又为另一组节理，不同裂隙组之间存在明显的产状差异。

7.2.1.5 间距与密度

裂隙间距是同一组裂隙的垂直距离，裂隙密度是单位距离上裂隙的条数，两者互为倒数关系。裂隙间距与裂隙密度都是度量裂隙发育密集程度的指标。同一组裂隙中，各裂隙的间距并不严格相等，通常用平均值（期望或众数）表示。因此，裂隙的间距与密度都是统计指标。

7.2.1.6 迹长

迹长是裂隙（断层）展布范围和延伸长度在地表的反映，用裂隙面与出露岩面的交线长度表示。如果岩体露头比裂隙延伸长度小，这时真实的延伸长度只能估计。迹长是裂隙分组与判断裂隙水力特性的重要指标。迹长越长，切穿地层和其他断裂面的数量越多，裂隙的汇水能力就越大。

7.2.1.7 连通性

裂隙的连通性是指各组裂隙系统相互连通的程度。连通性包括两个方面，一是单个裂隙面连通的程度；二是不同裂隙面之间的连通程度。只有相互连通的裂隙才可以构成导水的裂隙网络，否则就类似于"死端孔隙"只能储存地下水。

7.2.2 裂隙的发育特征

7.2.2.1 岩性对裂隙发育的影响

弹脆性岩石受力超过弹性极限后，主要以脆性破裂的形式释放应力；黏塑性岩石受力后，主要以塑性变形的方式释放应力。弹脆性岩石的裂隙较长、较宽，裂隙的切穿性较大，泥质充填物一般较少。黏塑性岩石的裂隙较窄、较短、分布较密，常常被泥质产物充填。岩石从弹脆性向黏塑性过渡的排列顺序大致为（刘光亚，1979）：石英砂岩、硅质砾岩、石灰岩与白云岩、长石砂岩、酸性岩浆岩、中性岩浆岩、基性与超基性岩浆岩、砂质页岩、泥灰岩、云母片岩、绿泥石片岩。这个排列顺序不是绝对不变的。岩石的力学性质与环境围压大小、温度高低及应力作用时间的长短等因素有关。

在层状岩石中，如果相邻各层岩石的力学性质差别较大，例如砂岩与页岩互层、砾岩与凝灰岩互层等，则在构造变动中，黏塑性较强的岩石主要表现为塑性变形，弹脆性岩石主要表现为脆性破裂（图7.2）。构造裂隙主要在弹脆性较强的岩层中发育，形成裂隙含水层。黏塑性岩层则构成相对隔水岩层。

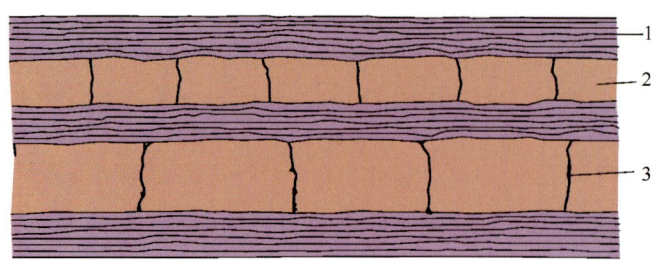

图 7.2　层状地层岩性与裂隙发育关系
1—黏塑性岩层；2—弹塑性岩层；3—裂隙

在基岩山区找水实践中，人们积累了这样一条经验，即"软中找硬，硬中找软"。就是在裂隙不发育的黏塑性岩层分布区寻找裂隙发育的弹脆性岩层；在裂隙发育而容易漏水的弹脆性岩石地区寻找裂隙不发育的黏塑性隔水岩层。因为容易漏水的地区，隔水层是保持地下水储存的关键条件。

7.2.2.2　构造对裂隙发育的影响

（1）褶皱轴部

在背斜的轴部，纵张裂隙发育。在弯曲挤压带，常因层间错动而产生层面张裂隙。向斜轴部是否发育有纵张裂隙，要看具体受力条件而定。如果向斜轴部岩层埋藏很深，岩层所在环境的围压太大就不能产生脆性拉断，只能以塑性流变或扭裂方式产生构造变形。如果向斜轴部岩层埋藏不深，所受围压不大，则向斜轴部可以产生纵张裂隙。

在平卧褶皱或倒转褶皱的轴部，往往岩层弯曲率较大，纵张裂隙和层面张裂隙都比较发育（图 7.3）。

图 7.3　广东省廉江龙湾南薄层砂岩平卧褶皱轴部裂隙发育剖面图
（蓝淇锋、胡长霄素描）

一般来说，在岩层产状出现比较剧烈变化的地方，只要不是黏塑性岩石，在这个地方局部就可以形成裂隙发育带。

（2）断层影响带

断层的形成首先从节理开始，节理继续发展变为节理密集带，沿节理密集带发生岩层位移则形成断层。所以，最初的断裂面是由许多节理拼接成的、凸凹不平的齿状曲面。当断层两盘作相对位移时，凸起的部分被碾碎，成为断层带中的构造岩。断层两盘产生新的羽状排列的张裂隙和扭裂隙，甚至出现低序次的分支断层。在某些层状岩层中，还常形成牵引褶皱。在牵引褶皱的顶部又会出现局部张应力，形成张性裂隙。于是，在断层两盘的影响带形成裂隙发育密集带（图7.4）。

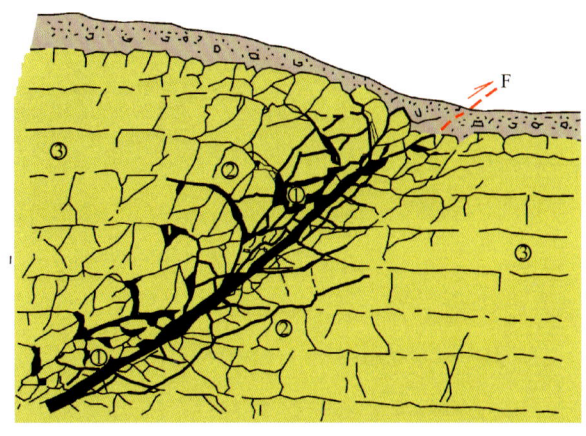

图 7.4 断层破碎带横剖面分带示意图
(据刘光亚，1979)
①构造岩带；②断层影响带；③未受断层影响的岩石

压性及压扭性断层构造岩多为断层泥、糜棱岩、断层角砾岩等。在泥质岩石（如页岩、板岩、千枚岩、凝灰岩等）中的压性断层中常出现压片岩。这些岩石孔隙极小，孔隙率很低，一般起隔水作用。张性及张扭性断层构造岩，多为压碎岩、碎块岩及结构较疏松的断层角砾岩。因此，张性及张扭性构造岩带的孔隙及孔隙率都比较大，透水性和富水性较强。扭性断层构造岩的性质，一般介于压性和张性两种断层构造岩的性质之间。

断层影响带分布在构造岩带的两侧，岩石受断层影响而破坏，产生大量张裂隙、扭裂隙以及分支断层，形成碎块岩和裂隙发育带。随着远离断层面，裂隙发育程度逐渐减弱。由于断层影响带的充填胶结程度低，一般都有较好的透水性和富水性，常成为良好的断层含水带。

7.2.2.3 埋深对裂隙发育的影响

埋深对裂隙发育的影响主要表现在两个方面，一是裂隙数量随埋深逐渐减少；二是裂隙随埋深趋于闭合。

（1）裂隙密度随深度的变化

在岩体的浅表层，各种外动力地质作用强烈，裂隙发育密集。随着埋藏深度的增加，表生作用逐渐减弱，裂隙数量也发生相应的减少。图 7.5 和图 7.6 是云南宝顶煤田 V 井田和 II 井田不同深度的裂隙发育强度图。勘探数据显示，随着埋藏深度的增加，裂隙的总条数和密度都在减少。但这种变化趋势并非一成不变，在断裂带等局部条件的控制下，可以出现反常现象，如图 7.5 所示。

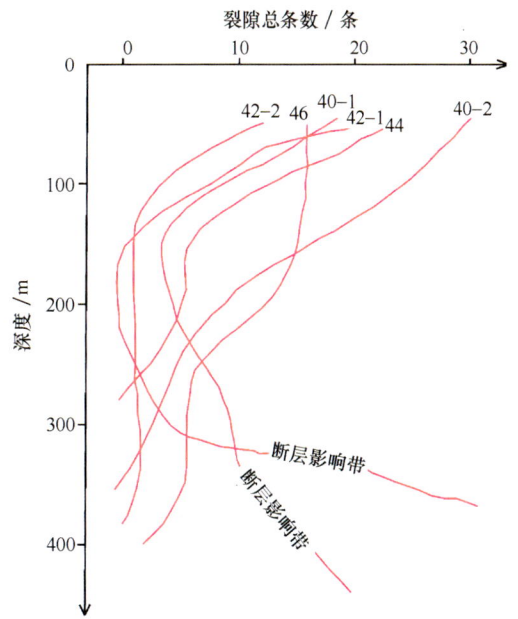

图 7.5 云南省宝顶煤田 V 井田各勘探线裂隙发育
随深度变化曲线
(据云南地质局第六、八、十地质队，转引自田开铭等，1989)

深度区间 m	煤层、泥岩及粉砂岩		细粒砂岩		中粗粒砂岩及含砾砂岩		砂砾岩及细中粗粒砾岩	
	含水裂隙总条数 条 40 80 120 160	单位长度(m)裂隙条数 条 0.6 1.2	含水裂隙总条数 条 40 80 120 160	单位长度(m)裂隙条数 条 0.6 1.2	含水裂隙总条数 条 40 80 120 160	单位长度(m)裂隙条数 条 0.6 1.2	含水裂隙总条数 条 40 80 120 160	单位长度(m)裂隙条数 条 0.6 1.2
0~500	168	1.21	71	1.02	178	1.191	94	0.777
50~100	0	0	21	0.384	94	0.466	42	0.375
100~150	1	0.073	16	0.176	40	0.335	43	0.533
150~200	0	0	2	0.0285	34	0.197	15	0.178
200~250	0	0	1	0.013	26	0.162	17	0.202
250~300	0	0	1	0.014	42	0.261	20	0.267
300~350	0	0	2	0.0416	15	0.152	9	0.420
350~400	0	0	0	0	10	0.0671	6	0.225
400~450	0	0	0	0	0	0	0	0

图 7.6　云南省宝顶煤田 II 井田不同岩石在不同深度的裂隙发育强度
（据云南地质局第六、八、十地质队，转引自田开铭等，1989）

(2) 隙宽随深度的变化

1968 年，Snow 统计了裂隙几何参数随深度的变化规律。图 7.7 为 Snow 对 8 种不同岩石的隙宽与深度关系所作的统计图。裂隙测量数据表明，随埋藏深度增加，裂隙的隙宽具有明显的减小趋势。

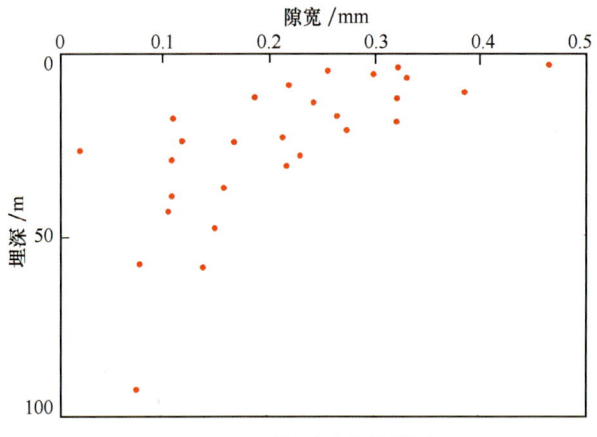

图 7.7　埋深对隙宽的影响
（据 Snow，1968，有改动）

裂隙隙宽随埋深增加而减小的规律是围岩压力作用的结果。随着埋藏深度的增加，地层压力越来越大。埋藏在地下深处的裂隙，在地层压力的作用下趋于闭合，由开裂隙逐渐变为闭裂隙或隐裂隙。对于岩石坚硬、粗糙度大的裂隙，在围岩压力的作用下，裂隙面的接触率逐渐增加，裂隙空间呈葫芦串形（田开铭等，1989）。由于隙宽是影响裂隙介质渗透性的重要水力参数，故隙宽随埋深的衰减对裂隙岩石渗透性随埋深变化规律无疑会产生极其深刻的影响。

7.3 裂隙水的埋藏类型

裂隙水的分布主要取决于控制裂隙发育的地层岩性条件和地质构造条件以及地形条件，只有对控制和影响裂隙水分布的各种条件和因素进行全面了解，才能正确认识裂隙水的分布规律。比较常见的基岩富水带有：含水带穿越脆性岩层或可溶性岩层的地段；褶皱轴部的张力带或转折端；断层交叉带或主、支断层的汇合带；张性断层的构造岩带；压性断层两盘（尤其是上盘）影响带及大断层两侧影响带；塑性岩层中的脆性岩脉；经过后期构造变动的侵入接触带等。按裂隙水的埋藏与分布特征，可以分为风化壳状裂隙水、层状裂隙水及脉状裂隙水三种类型。

7.3.1 风化壳状裂隙水

风化壳状裂隙水的基本特征是：①裂隙水呈似层状分布；②随埋深增加，裂隙的富水性和渗透性减弱。

7.3.1.1 风化裂隙水

在风化带的剖面上，各部位岩石风化程度及裂隙发育特征是不同的。风化作用所产生的岩石破坏程度和裂隙密度都随埋深增加而迅速减小。以花岗岩为例，其典型的风化带剖面自上而下分为以下三带（图7.8）。

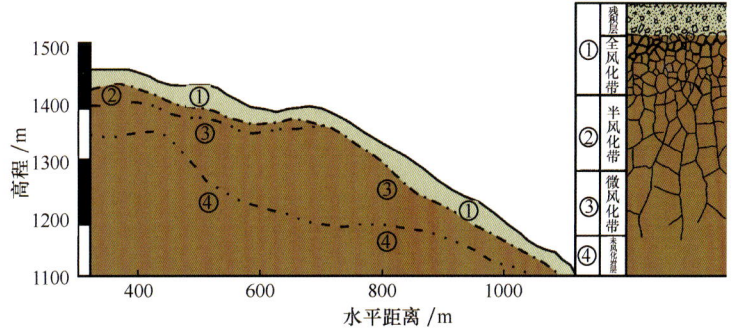

图7.8　风化壳的风化程度垂直分带示意图
（据严钦尚等，1985）
①全风化带；②半风化带；③微风化带；④未风化岩层

（1）全风化带

在全风化带，岩石严重破碎，呈碎块状，化学风化作用的影响很深，岩石的矿物成分大部分已经改变，产生大量次生黏土矿物，充填堵塞裂隙，空隙率低，透水性不大，含水较少。

（2）半风化带

在半风化带，岩石的化学成分改变不多，以机械破裂为主，呈砌石状；裂隙比较发育，泥质充填物少，透水性及含水性比较强。

（3）微风化带

在微风化带，岩石破坏程度低，裂隙稀少、闭合；岩石化学矿物成分基本未变，透水性和含水性弱。

在一个保存完整的风化带里，通常以半风化带的透水性和含水性较好。全风化带泥质太多，微风化带裂隙不发育，它们的透水性和含水性都较差。

在地势较高的基岩山区，风化裂隙出露在地表有利于降水补给，又因其位置较高地下水容易流失。只有在适宜的地形或地质条件下，才能形成似层状的风化裂隙水（图7.9）。

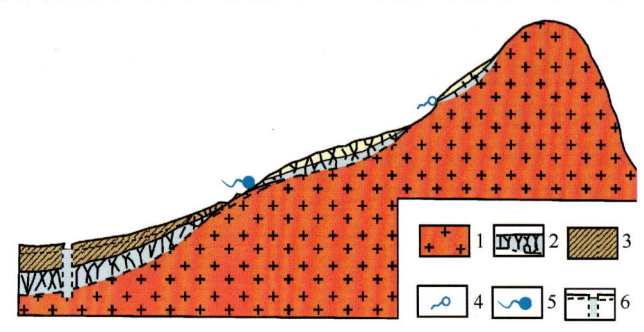

图 7.9　风化裂隙水示意图

（据王大纯等，1995）

1—母岩；2—风化带；3—黏土；4—季节性泉；5—常年性泉；6—井及地下水位

一般来说，风化裂隙水的水量不是很大。风化裂隙含水层的富水性与地形、岩性及地质构造条件关系密切，现举例说明如下（沈照理等，1985）。

（1）地形的影响

浙江溪口片麻岩和花岗岩地区，分水岭地带钻孔涌水量为 $1\sim10\ m^3/d$，斜坡地带增至 $10\sim30\ m^3/d$，河谷冲沟附近 $30\sim50\ m^3/d$。低洼的汇水地形有利于地下水储集。

（2）岩性的影响

四川重庆群砂泥岩分布区，以泥岩为主的地段多数钻孔涌水量小于 $100\ m^3/d$，以砂岩为主的地段钻孔涌水量在 $100\sim500\ m^3/d$ 之间，相对坚硬的砂岩裂隙更为发育。

（3）构造的影响

川西平原白垩系古风化壳裂隙承压水区，在成都龙潭寺一带钻孔涌水量一般为 $200\sim300\ m^3/d$，但在局部构造裂隙发育带上，由于风化作用加剧，裂隙极为发育，钻井涌水量达 $1000\ m^3/d$。

风化裂隙水多处于地下水积极交替带中，所以水质较好，多为低矿化的 HCO_3-Ca 型水。在丘陵地区多为 $HCO_3-Ca\cdot Mg$ 型水。在花岗岩、正长岩分布区，也常出现低矿化的 HCO_3-Ca 型水。

7.3.1.2　壳状裂隙水

由于裂隙的张开度和数量都随埋藏深度减小，必然导致岩体渗透性也随埋深增加而减弱。Louis（1974）提出一种比较简单的渗透性随深度变化的关系式：

$$K/K_0 = e^{-\alpha\sigma} \tag{7.2}$$

式中：$\sigma\ (=\gamma h)$ 为上覆岩层重量，h 为深度，γ 为岩石容重；K_0 为初始渗透系数；K 为介质渗透系数；α 为衰减常数。实践证明，裂隙岩体的渗透系数与埋藏深度之间的变化关系可以用负指数函数来描述。一般把式（7.2）写成如下的形式：

$$K = K_0 e^{-\alpha(L-L_0)} \tag{7.3}$$

式中：L 表示深度；L_0 为起始深度；K_0 为对应于 L_0 的渗透系数；其余符号同式（7.2）。L_0，K_0，α 三个参数由实测数据可以得到。

例如，黄河上游拉西瓦水电站为高山峡谷地貌（图 7.10），谷底与岸顶相对高差 680~700 m，两岸岩体为灰白色中粗粒花岗岩，平行于岸坡发育有厚度达 80~100 m 的风化卸荷带，其下为深部原岩。由于水库蓄水前坝肩山体处于地下水面以上的包气带中，勘查中采用三段压水试验确定断层带和节理的渗透性。对断层带单位吸水量❶进行统计可以发现（图 7.11），单位吸水量随埋深的增加而减小。由于图 7.11 的横坐标是对数坐标，单位吸水量与埋藏深度成对数线性关系，故渗透性与埋藏深度之间满足负指数函数关系。

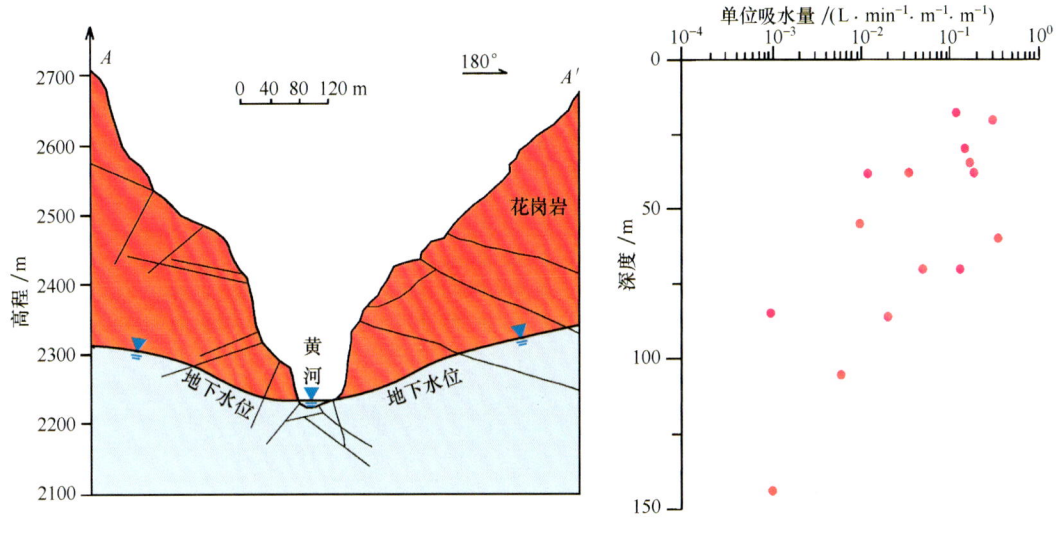

图 7.10　黄河拉西瓦水电站 $A-A'$ 剖面图 ❷　　　图 7.11　单位吸水量随深度变化 ❷

从剖面图（图 7.10）上也可看出岩体渗透性的这种变化规律。从总体上看，在左右两岸岩体中的地下水是向黄河流动的，但地下水面在距岸边 80~100 m 处水力梯度突然增大，这说明岩体渗透性发生急剧变化，而且岸边的岩体渗透性较大，深部岩体渗透性较小。

风化裂隙水与壳状裂隙水在空间上的分布形态具有相似性，前者受风化壳发育规模控制，后者是埋深作用对裂隙水的控制。

7.3.2　层状裂隙水

层状裂隙水埋藏在层状裂隙岩体中，常见于沉积岩地区。层状裂隙岩体中常含有大量的原生层理、构造裂隙和次生裂隙，裂隙的发育程度受岩性、地层厚度及所处的构造部位等控制。在软硬相间的层状岩体中，脆性岩层裂隙密集且多与层面垂直，塑性岩层裂隙稀

---

❶ 单位吸水量是指单位压力（1 m 水头）下，单位长度试段在单位时间内的吸水量（L/min）。

❷ 万力，1994，黄河拉西瓦水坝址区裂隙岩体渗透规律研究，中国地质大学（北京）。

疏。虽然岩体中有切层性较好、延伸较远的大裂隙，但多数裂隙为切层性较差的层间裂隙。脆性岩层和塑性岩层裂隙发育程度上存在较大差异，形成了互层分布的裂隙含水层与相对隔水层。

层状裂隙水主要埋藏在砾岩层、砂岩层以及具有一定可溶性的各类薄层灰岩层中，页岩、泥岩等塑性岩层一般是相对隔水层。地下水以侧向径流为主，一般属于承压水。位置较高的层状裂隙水也可能呈无压状态。由于裂隙含水层导水能力强、储水能力差，所以，层状裂隙水的富水性主要取决于侧向补给条件。

山西晋中（榆次）市以东分布有向西倾斜的裂隙水单斜储水构造（图7.12）。下部下三叠统刘家沟组（T_1l）浅紫红色中层状细粒长石砂岩夹页岩厚度约500 m，裂隙极为发育，为层状裂隙水含水层。中部为下三叠统和尚沟组（T_1h）紫红色泥岩、页岩夹薄层砂岩，厚度约150 m，为隔水层。上部中三叠统二马营组（T_2e）灰绿色中厚层砂岩夹泥岩，厚度85~150 m，裂隙发育，也呈层状裂隙水含水层。含水层在东部的裸露区为地下水的补给区，在西侧发育有地堑式阻水构造，使地下水汇集。在晋中市以东13km的西窑建设水源地。揭露T_1l含水层的钻井涌水量一般1000~2000 m^3/d，T_1e层钻井涌水量一般小于1000 m^3/d，T_1l层的地下水头比T_2e层高10~15 m，高出地面9~12 m（常怀荣，1993）。

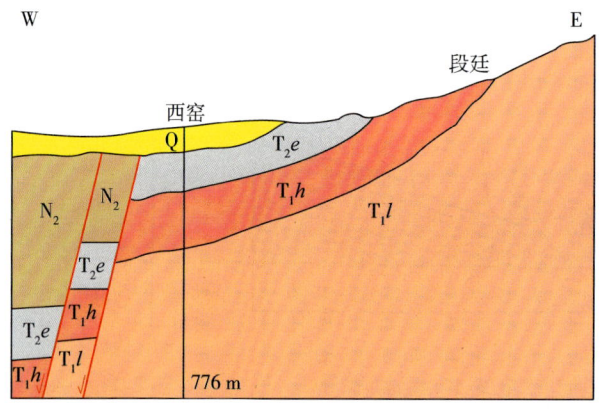

图7.12 山西晋中市东部层状裂隙水剖面图
（据常怀荣，1993，有改动）

Q—第四系；N_2—新近系；T_2e—中三叠统二马营组砂岩夹泥岩；
T_1h—下三叠统和尚沟组泥岩、页岩夹砂岩；T_1l—下三叠统刘家沟砂岩夹页岩

虽然层状裂隙水的埋藏和分布主要受地层岩性控制，与一定层位的岩层相一致，但其含水层的富水性也并非均匀一致。在不同的构造部位及不同的深度上含水层的富水性往往有很大的差异。例如，褶皱轴部张性裂隙带富水性较强，褶皱翼部富水性较差；同一含水岩层埋藏较浅的地段富水性较强，埋藏深的地段富水性较差。

层状裂隙水的水质主要受含水层埋藏深度控制。浅部的含水层，地下水处于水积极交替带中，水化学类型为重碳酸盐型；向下水交替作用渐弱，水化学类型逐渐过渡为硫酸盐型；深部为氯化物型水。总矿化度随着深度的增加而升高。例如金沙江向家坝侏罗系砂泥岩中的裂隙-孔隙承压水，浅部为淡水，深部为硫酸盐型水，硫酸根含量可以达到4 g/L。

7.3.3 脉状裂隙水

脉状裂隙水埋藏在构造破碎带中，沿某一方向延伸一定的距离，并有一定的深度，例如断层破碎带、褶皱轴部张裂带、侵入岩体与围岩的接触带，以及岩脉裂隙带等。脉状裂隙水的渗透空间由规模较大的导水断裂和数量众多而规模较小的储水裂隙构成。导水断裂延伸远、渗透性强，利于地下水汇集和传输；储水裂隙数量多、总空隙体积大，利于地下水的储存。

导水断裂带可以穿越不同性质的岩层（图7.13）或岩体，并保持一定的水力联系。但是，其富水性差异较大。例如，断裂带通过脆性岩层时，裂隙较发育，张开度较大，含水性及导水性较强；断裂带通过塑性泥质岩层时，裂隙发育程度弱，且多闭合或被泥质充填，含水性及导水性较弱，甚至成为局部隔水段。

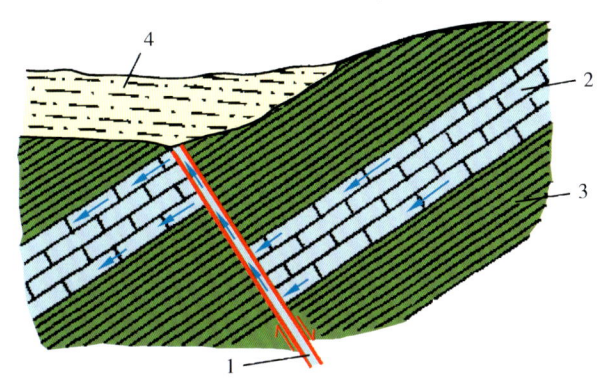

图7.13 导水断层示意剖面图

1—导水断层；2—石灰岩含水层；3—页岩隔水层；4—第四系隔水层

脉状裂隙水分布方向与其所处的应力环境有关。例如，垂直于褶皱构造线方向的、延伸较长的横张断裂，导水性一般较好。在剪应力作用下，断裂带的隙宽加大，导水性增强。断裂带走向与地应力的法向压应力垂直时，导水性变差甚至阻水。此外，断裂带的导水性还与其形成时间有关。在漫长的地质历史过程中，较老的断裂带多为硅质或铁质胶结物质堵塞，渗透性极差。而新构造断裂，特别是活动断裂，或被泥沙充填或为钙质胶结，仍保留较大的导水空间，有利于脉状裂隙水的形成。

在垂向上，脉状裂隙水可以分为三个径流带❶：垂直入渗带（风化淋滤带）、水平径流带和滞流带（图7.14）。

（1）垂直入渗带（Ⅰ）

垂直入渗带位于脉状裂隙水带的上部，与风化壳对应。在多数地方，垂直入渗带的深度在50 m左右，有的可达100 m以下，甚至更深。在这一带内，裂隙被泥沙充填，大气降水淋滤作用显著，可以形成风化裂隙潜水。

（2）水平径流带（Ⅱ）

水平径流带位于垂直入渗带之下，是导水断裂带的主体部分。埋深一般50~150 m或

---

❶ 萧楠森，1981，新构造对裂隙水的控制作用，江苏仪征凿井工程队。

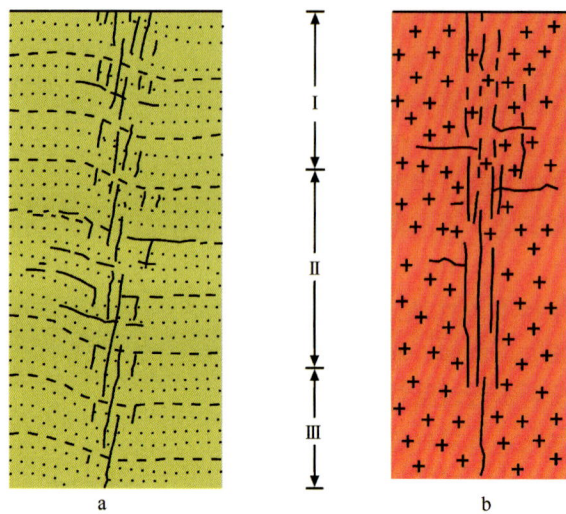

图 7.14　新构造断裂在垂直方向三个径流带示意图❶
a—岩层中垂直方向水平扭动；b—岩石中垂直方向水平扭动

更深。此带为承压裂隙水，水动力条件好，水平径流积极，水质良好，水量稳定，是脉状裂隙水的富水段。

（3）滞流带（Ⅲ）

滞流带位于水平径流带之下，地下水几乎处于停滞状态。只有遇热增温的情况下，才会向上涌流，这种情况也是很常见的。大多数滞流带中的地下水已溶解有大量物质，矿化度较高，并且常因热浓缩以致达到饱和与过饱和状态，由于此带裂隙数量少，受地压而闭合的裂隙较多，再加上沉淀矿物的充填，因而富水性较差。滞流带的埋藏深度大，多数在 150~180 m 以下。

因断裂带发育规模、岩性以及区域构造应力上的差异，上述脉状裂隙水垂直分带的深度并非一成不变（图 7.15），也不一定在各地区都会存在。有些构造断裂含水带向地下延伸的深度很大，使地下热水沿着这个导水通道上升至地表，形成温泉。当脉状裂隙水的交替循环深度较大时，地下水的水量、水位、水温、水质等动态就比较稳定，气候及

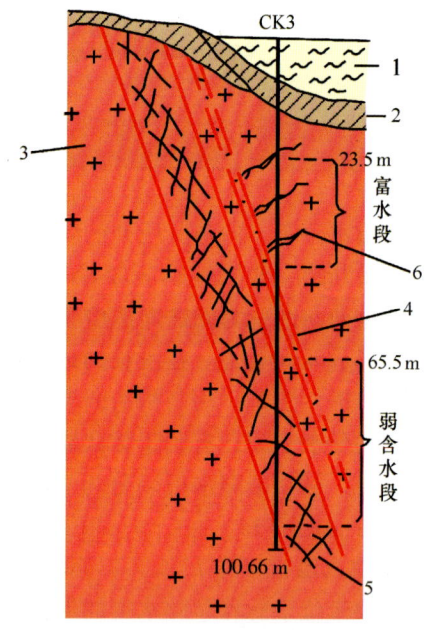

图 7.15　福建省三都某水源地地质剖面图
（据福建地质局水文地质队，转引自刘光亚，1979）
1—砂质淤泥；2—砂质黏土；3—花岗岩；4—辉绿岩脉；
5—压扭性断层破碎带；6—断层张扭性裂隙带

---

❶ 萧楠森，1981，新构造对裂隙水的控制作用，江苏仪征凿井工程队。

地形对其影响不大。

脉状裂隙含水带的出水量常常较大，一般可以成为良好的供水水源。当钻井揭露主干裂隙时，井的出水量显著增加。脉状裂隙水带也是矿山突水的通道，常对矿床开采及其他地下工程建设构成巨大威胁。因此，必须重视脉状裂隙水的调查与研究。

 思考题

1. 试述断裂带的水文地质意义，并尽可能用示意图加以说明。
2. 断层对矿坑涌水与供水有什么意义？
3. 在基岩山区寻找地下水，哪些地方最为有利？

第8章 岩溶水

岩溶又称喀斯特（Karst）。喀斯特一词原是前南斯拉夫西北部沿海靠近意大利一带碳酸盐岩高原的地名（Milanovic，1981），那里的岩溶现象和岩溶作用被研究得最早和最详细。19世纪末，前南斯拉夫学者Cvijic研究了喀斯特高原的地貌，并把这种地貌称为喀斯特。后来，在国际上习惯将可溶岩地区一系列特殊的地貌和水文过程及现象称为喀斯特。岩溶作用是指在岩溶地区水对可溶性岩石进行以化学溶蚀作用为主要特征，包括水的机械侵蚀和崩塌作用，以及物质的携出、转移和再沉积的综合地质作用（《岩溶地质术语》(GB 12329—90)）。岩溶作用泛指在一个岩溶系统中，在可溶岩、水、土、空气、生物界面之间发生的物质、能量的交换作用及结果。岩溶作用及其在地下和地表所产生的水文、地貌等各种现象统称为岩溶。

全球岩溶地区面积约 $2000 \times 10^4 \text{ km}^2$，约占陆地面积的12%。我国碳酸盐岩分布面积约为 $346.3 \times 10^4 \text{ km}^2$，其中出露面积约有 $90.7 \times 10^4 \text{ km}^2$，分布在岩溶地区的岩溶水约 $2000 \times 10^8 \text{ m}^3/\text{a}$，约占我国地下水资源的四分之一（袁道先，1994），成为重要的供水水源。由于地表和地下岩溶形态空间分布的不均匀性，在岩溶地区勘查和评价水资源以及石油、天然气资源的难度很大。在岩溶地区开采金属矿、煤矿等矿产时常受到岩溶水涌入矿坑的威胁，在岩溶地区建设水利工程时需要防止地下通道的渗漏。岩溶地区的生态环境极为脆弱，地下有水但地上贫水，土壤贫瘠，而且矿井突水、地面塌陷、景观退化、石漠化等频频出现。岩溶地区可溶岩及化学沉积物由于对环境变化的敏感性而保存有大量不同时间尺度的古环境演化信息，特别是古气候、古水文和生态变化的记录。岩溶地区众多的奇峰异洞、流泉飞瀑和动物化石遗址等常成为宝贵的旅游资源。因此，开展岩溶和岩溶水的研究具有重要的理论意义和实际意义。

8.1 岩溶发育的基本条件与岩溶动力系统

岩石与水是构成岩溶作用的基本要素。岩石必须是可溶的，否则水就不可能对其进行溶蚀，岩溶作用也就无从发生。其次，岩石必须是透水的，当岩石具有透水性时，地下水才能进行溶蚀作用。就水而言，水必须具有溶蚀能力，如果水没有溶蚀能力，岩溶作用也就无法进行。纯水的溶蚀能力是微弱的，但当水中含有 CO_2 时，水的溶蚀能力大大增强。其次，水必须是流动的，停滞的水很快就会变成饱和溶液，岩溶作用就会停止。流动的水易于保持其溶蚀能力。此外，土壤和生物对可溶岩也存在溶蚀作用。因此，与碳、水、钙循环共存的各种岩溶作用,应当同发生在岩石圈、水圈、大气圈、生物圈界面上的物理作用、化学作用和生物作用联系起来,在岩溶动力系统中考察岩溶作用。

8.1.1 岩石的可溶性

岩石的可溶性主要取决于岩石的成分和岩石的结构。层厚质纯的碳酸盐岩利于溶蚀。

从岩石的成分来看,可溶岩基本上可以分为三类:碳酸盐类岩石(石灰岩、白云岩、硅质灰岩和泥灰岩及大理岩等);硫酸盐类岩石(石膏、硬石膏、芒硝等);氯化物类岩石(盐岩、钾石盐和光卤石等)。其中氯化物类岩石最易于溶蚀,硫酸盐类岩石次之,碳酸盐类岩石相对难于溶蚀。虽然碳酸盐岩难于溶蚀,但是由于分布广,却是主要的研究对象。通常所说的岩溶作用和岩溶水主要是针对碳酸盐岩而言的。

石灰岩主要由方解石组成,白云岩主要由白云石组成。在同一地区的碳酸盐岩中两者的矿物含量常有一些过渡。对于不同时代或层位的碳酸盐岩,其方解石和白云石的含量有差异。除了方解石和白云石以外,在碳酸盐岩中还含有少量不溶物质。一般说来,石灰岩比白云岩易溶蚀,白云岩比硅质灰岩易溶蚀,硅质灰岩又比泥灰岩易溶蚀。

从碳酸盐岩的结构来看,通常是隐晶质和细晶质的溶解度比粗晶质的大,不等粒结构的比等粒结构的要大。但是粗粒结构又易于水流渗透,这又在一定程度上促进了溶蚀作用。由生物碎屑组成的礁灰岩由于生物孔隙大而最易溶蚀。除此之外,还要考虑胶结物质和胶结类型等影响。根据碳酸盐岩与非碳酸盐岩的厚度比例及组合形式,可以将岩溶层组分为连续型、夹层型、互层型、间层型,岩溶作用按此顺序由易到难。

8.1.2 岩石的透水性

虽然碳酸盐岩也具有孔隙,但除了生物碎屑灰岩和礁灰岩外,其他碳酸盐岩的孔隙都很小,孔隙度和渗透率都很低。碳酸盐岩中原生孔隙在溶蚀作用下有可能形成溶孔,进一步形成蜂窝状溶孔。

岩溶作用多是在可溶岩石原有裂隙的基础上发展而成,溶蚀作用使裂隙加宽形成溶隙,沿一定方向溶隙进一步发展形成溶洞(图8.1)。岩石的透水性主要取决于裂隙发育程度。

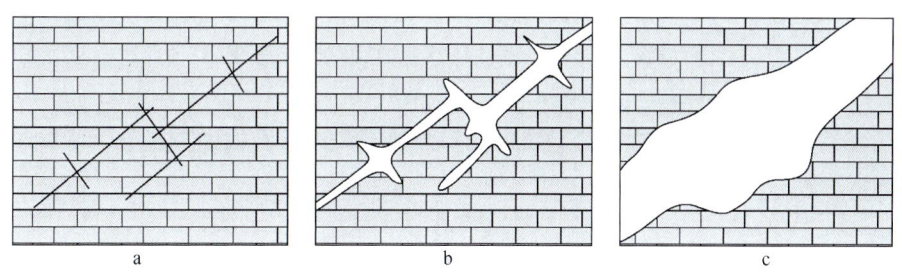

图8.1 由裂隙(a)到溶隙(b)再到溶洞(c)

可溶岩的裂隙与可溶岩的性质有着密切的关系。纯质石灰岩刚性强,张性裂隙发育,透水性好,对岩溶发育很有利。泥灰岩的刚性弱,有时裂隙虽多,但多为闭合的,透水性差。同时泥灰岩经溶蚀之后残留很多黏土物质,常将裂隙堵塞,不利于岩溶的进一步发展。此外，裂隙发育还与岩层的厚薄有关。厚层的可溶岩，裂隙连通性较好，所以透水性也较好。薄层的可溶岩中，夹隔水层较多，连通性较差，所以透水性也较差。

裂隙的发育和分布情况，除了与岩性有关之外，与地质构造的关系更为密切。在褶皱轴部、背斜倾伏端等裂隙密集发育的地方，有利于岩溶发育。张性断裂透水性好，也是易于发育岩溶的部位。压性断裂带多被糜棱岩、糜棱化角砾以及断层泥等充填胶结，岩溶一般不太发育。但在压性断裂带两侧，特别是在逆断层的上盘，节理裂隙发育，岩溶化程度也较高。

由此可以看出，至少在初期岩溶发育和分布的基本格局是受岩性和构造控制的，所以岩溶总是沿着岩性变化带、构造断裂带、节理裂隙发育带、褶皱弯曲带的方向分布。

8.1.3 水的溶蚀性

纯水的溶蚀能力是微弱的，只是当水中含有 CO_2 时，才具有较强的溶蚀能力，与碳酸盐岩接触后，才有可能发生溶蚀作用。在含 CO_2 的水中，CO_2 与 H_2O 化合成碳酸。碳酸又离解为 H^+ 与 HCO_3^-。水中的 CO_2 含量越高，H^+ 也越多。当含有较多 H^+ 的水对石灰岩作用时，H^+ 就会与 $CaCO_3$ 中的 CO_3^{2-} 结合成 HCO_3^-，分离出 Ca^{2+}，而使 $CaCO_3$ 溶解于水。即

空气　　　CO_2
　　　　　　↓
水　　　　$CO_2 + H_2O \rightarrow H_2CO_3 \longrightarrow H^+ + HCO_3^-$
　　　　　　　　　　　　　　　↓
石灰岩　　　　　　　　　　$H^+ + CaCO_3 \longrightarrow HCO_3^- + Ca^{2+}$

总反应：
$$CO_2 + H_2O + CaCO_3 \Leftrightarrow Ca^{2+} + 2HCO_3^- \tag{8.1}$$

对于白云岩，溶蚀作用的总反应为
$$2CO_2 + 2H_2O + CaMg(CO_3)_2 \Leftrightarrow Ca^{2+} + Mg^{2+} + 4HCO_3^- \tag{8.2}$$

式（8.1）和式（8.2）的化学反应是可逆的，正反应的速度取决于水中 CO_2 的浓度，逆反应的速度取决于水中 Ca^{2+} 和 Mg^{2+} 的浓度。也就是说，水中 CO_2 的含量越多，水的溶蚀能力越强；水中 Ca^{2+} 和 Mg^{2+} 的含量升高，水的溶蚀能力就减弱。显然，当水中侵蚀性 CO_2 的含量越高时，水的溶蚀力越强。

水是否具有溶蚀性可以根据以下公式计算方解石和白云石的饱和指数（White，1988）的结果加以判断：

$$SI_c = \lg \frac{[Ca^{2+}][CO_3^{2-}]}{K_c} \tag{8.3}$$

$$SI_d = \lg \left[\frac{[Ca^{2+}][Mg^{2+}][CO_3^{2-}]^2}{K_d} \right]^{1/2} \tag{8.4}$$

式中：SI_c 和 SI_d 分别为方解石和白云石的饱和指数；[Ca^{2+}]，[Mg^{2+}]，[CO_3^{2-}] 分别为 Ca^{2+}，Mg^{2+}，CO_3^{2-} 的活度；K_c、K_d 分别为方解石和白云石的平衡常数。当 $SI_c > 0$ 或 $SI_d > 0$ 时，水中方解石或白云石为过饱和，存在发生沉淀的趋势；当 $SI_c = 0$ 或 $SI_d = 0$ 时，

水中方解石或白云石正好饱和；当 $SI_c<0$ 或 $SI_d<0$ 时，水中方解石或白云石为未饱和，水还具有侵蚀性。

8.1.4 水的流动性

水的流动性不仅是保持其溶蚀能力的必要条件，流动的水还具有机械侵蚀作用、搬运作用和沉积作用。岩溶作用包括化学溶蚀和物理破坏两个方面。在岩溶发育的初期以化学溶蚀为主，在早期化学溶蚀和物理破坏两者兼而有之，在中、晚期则以物理破坏为主。水的流动可以加速物理破坏的进行。除了岩石的透水性和地形的高差之外，使水发生流动的最主要因素是降水量。降水不但使可溶岩体中的水在量上得到补充和更替，同时还在空气中吸收了 CO_2，经过土壤时又再次吸收 CO_2，增强了水的侵蚀性。因而潮湿气候地区岩溶作用比干旱半干旱地区要强烈些。除了可溶岩地区的大气降水、地表水和地下水外，来自非可溶岩地区的外源水常具有较低的碳酸盐饱和度和更强的侵蚀性，可以加强可溶岩地区的岩溶作用。

8.1.5 岩溶动力系统

在开放系统中岩溶作用发生在一种气相、液相和固相三相不平衡的体系中，因而必然与全球碳循环即 CO_2-有机碳-碳酸盐岩系统（图 8.2）相耦连。岩溶作用主要发生在图 8.2 的左边，但是它是同 CO_2 的运移、植物的光合作用、有机碳的形成、沉积碳酸盐岩的溶蚀和沉积有密切关系。因此，岩溶作用是全球碳、水、钙循环的一部分。

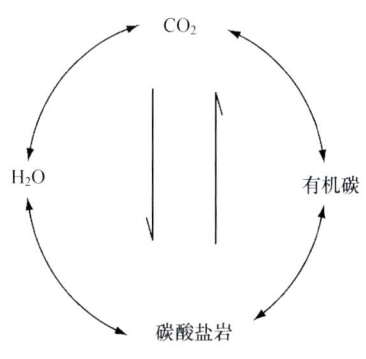

图 8.2　全球碳循环示意图

（据袁道先等，2003）

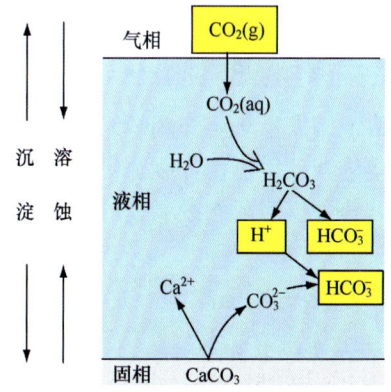

图 8.3　岩溶动力系统的概念模型

（据 Bogli，1980 修改，转引自袁道先等，2003）

岩溶动力系统的结构可以用图 8.3 的概念模型来表示。它由固相、液相和气相三相构成，固相部分为各种以碳酸盐岩为主的岩石及其中的裂隙网络构成；液相部分为含有以 Ca^{2+}、Mg^{2+}、HCO_3^-、CO_3^{2-}、H^+ 和溶解 CO_2 为主要成分的水流；气相部分则为以 CO_2 为主的各种参与岩溶作用的气体。由于岩溶动力系统是一个开放系统，其边界既受制于已有的地表地下岩溶形态系统，又与地球 4 圈层有密切联系。在下部的固体部分，不但通过碳酸盐岩及其中的裂隙网络而与整个岩石圈联系，而且还通过现代活动深断裂与地幔联系，使幔源 CO_2 得以积极参与岩溶动力系统的运行并向大气释放。中间的液相部分实际上是全球水圈的一部分，它不但是岩溶动力系统的枢纽，而且通过它与生物圈、人类活动、大气圈的联系，使它们积极参与岩溶作用（溶蚀或沉淀）。上部的气相部分属于大气圈的组成部分，也通过气体特别是 CO_2 交换而和生物圈、岩石圈及人类活动密切联系，使它们积极参与岩溶动力系统的运行。

岩溶动力系统的基本功能是驱动岩溶作用（溶蚀或沉淀）。其基本运行机制也显示在图8.3上，用两对箭头来表示。简单地说，每当有较多的 CO_2 由大气进入该动力系统时，就发生溶蚀作用，产生各种溶蚀岩溶形态，进入的 CO_2 越多溶蚀作用越强。反之，每当有较多的 CO_2 由该系统中逸出时，就发生沉淀作用，产生各种沉淀岩溶形态，CO_2 逸出越快沉淀作用也越快。具体地说，岩溶动力系统的功能可概括为四个方面：①驱动各种岩溶形态的产生，并通过其所造成的地表地下双层岩溶空间结构和碱性地球化学背景导致一系列环境问题，例如旱、涝、石漠化、水土贫瘠、地面塌陷、生物多样性受限等；②通过岩溶作用由大气回收或向大气释放 CO_2，调节大气温室气体浓度，缓解环境酸化；③驱动元素的迁移、富集、沉淀，形成有用矿产资源，影响生命；④记录全球环境变化过程。这是因为岩溶动力系统与地球4圈层的密切联系，它可以敏感地反映并记录各种环境因子，包括降水量、气温、植被、地下水位与海平面升降、酸碱度变化等，为研究全球变化提供依据。可见，对岩溶动力系统结构、功能、运行机制的正确认识，是科学合理地解决岩溶地区乃至某些全球性资源环境问题的关键（袁道先等，2003）。

8.2 岩溶发育特征

8.2.1 岩溶形态特征

岩溶地区发生岩溶作用的结果，是在可溶岩的地表和地下留下各种各样的岩溶形态，既有化学溶蚀伴以机械冲刷和重力坍塌后的岩溶形态，也有化学沉积和机械沉积留下的岩溶形态。各种岩溶形态既有呈个体岩溶形态出现的，也有不同岩溶形态组合在一起而存在的。

8.2.1.1 地表岩溶形态

（1）个体岩溶形态

在地表能够观测到的主要个体岩溶形态大体上有四类，第一类包括溶痕、溶沟、溶槽、脚洞、干溶洞、穿（山）洞、岩溶竖井、岩溶漏斗、落水洞、岩溶洼地、峰丛洼地、干谷、天坑（图8.4a）、岩溶峡谷、岩溶盆地等；第二类包括石牙、岩溶石柱、石林（图8.4b）、残丘、孤峰（图8.4c）、峰林（图8.4d）、岩溶丘陵、天生桥、常态山、岩溶高原等；第三类包括岩溶泉、暗河、溶潭、岩溶瀑布、岩溶塘、岩溶湖等；第四类是钙华。在岩溶地区的一部分泉口附近和某些河道内分布有钙华，钙华的形态也是多种多样的，包括钙华斜坡、钙华台地、钙华瀑布（图8.5a）、钙华梯田（见图3.10a）、边石坝（图8.5b）等。

（2）组合岩溶形态

在某些岩溶地区，存在若干种岩溶形态组合在一起的情形。例如，在峰丛山区存在峰林（有时是石林）、峰丛洼地、落水洞等岩溶形态组合。在岩溶平原（峰林平原，图8.4c）存在残丘、孤峰、脚洞、岩溶竖井等岩溶形态组合。在半干旱岩溶山区存在常态

图 8.4　（a）重庆奉节县小寨天坑（http：//baike.baidu.com/picview）；（b）云南路南的石林；（c）广西桂林地区的峰林平原和孤峰（据 Zhu，1988）；（d）桂林漓江两岸的峰林或峰丛

图 8.5　（a）钙华瀑布；（b）边石坝（据 Pentecost，2005）；（c）石灰岩中的裂隙和溶隙；（d）地下河出口

山、干谷、溶痕、干溶洞、岩溶泉等岩溶形态组合。

8.2.1.2 地下岩溶形态

地下岩溶形态包括溶孔、溶隙（图 8.5c）、溶洞（见图 1.10b）、岩溶管道（图 8.6）、地下河（暗河）（图 8.5d）等，还包括红壤土、岩溶角砾岩等沉积物。

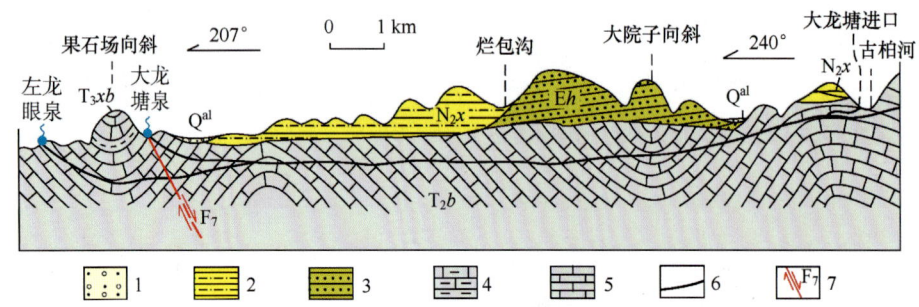

图 8.6　四川省盐源马坝龙塘暗河剖面示意图

（据鄢毅等，2006）

1—第四系全新统冲积砂砾卵石；2—新近系昔格达组黏土岩；3—古近系红崖子组砂砾岩；4—上三叠统下博达组含泥质灰岩夹黏土岩；5—中三叠统百山组厚层灰岩；6—岩溶管道；7—断层及编号

8.2.1.3 洞穴沉积物

位于地下水位以上的溶洞常分布有碎屑沉积物和化学沉积物。碎屑沉积物包括由水流携带来的砾石、砂、黏土等。化学沉积物主要是碳酸钙达到饱和后沉淀形成的，其化学反应可以用式（4.5）表示，具有各种各样的形态（图 8.7）。可以分为：①洞顶滴水沉积的碳酸钙，包括石钟乳、石笋和石柱（图 8.8a）等；②洞壁流水沉积的碳酸钙，例如石幔（图 8.8b）；③洞底斜坡流水沉积的碳酸钙，例如石梯田（图 8.8c）；④洞底池水沉积的碳酸钙，例如边石；⑤洞底飞溅水沉积的碳酸钙，例如石葡萄（图 8.8d），等等。

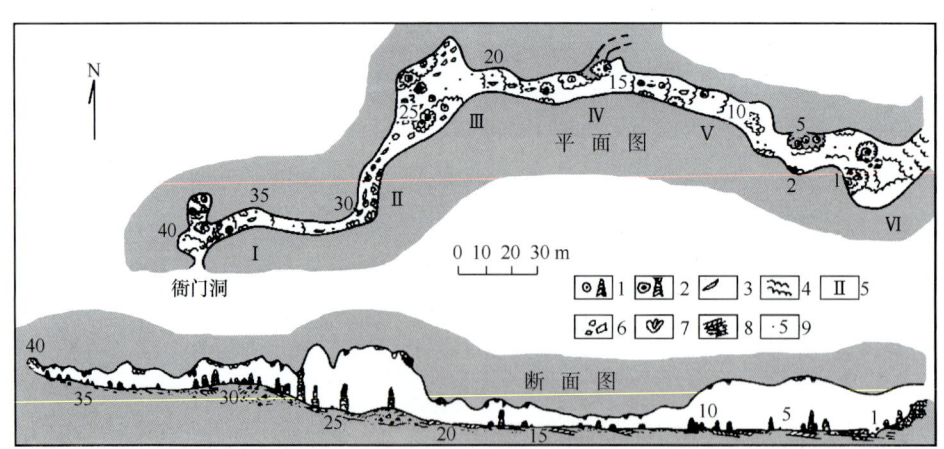

图 8.7　贵州省荔波衙门洞及洞穴沉积物

（据袁道先等，2003）

1—石笋及其剖面；2—石柱及其剖面；3—石盾；4—边（流）石坝；5—景观点；6—塌石；7—扇状石笋；8—钙华黏土层；9—观测点及编号

图8.8 （a）石钟乳、石笋、石柱（云南宜良县九乡溶洞）；（b）石幔（重庆武隆县芙蓉洞，http://image.baidu.com/）；（c）石梯田（云南宜良县九乡溶洞）；（d）石葡萄（据Zhu，1988）

8.2.2 理想的岩溶发育和岩溶水系统演化过程

图8.9显示了在厚层纯质的可溶岩分布区，在热带亚热带湿润气候下，岩溶和岩溶水系统演化过程的4个不同时期的情景。最初在发育一定裂隙的可溶岩中岩溶作用几乎没有发生或极其微弱，这时作为当地侵蚀基准面的河流还处于较高的位置，地下水在原有的孔隙-裂隙中几乎不流动或流动极慢（图8.9a）。随着河流逐渐下切和溶蚀作用的进行，裂隙扩展成溶隙，多个溶隙逐渐连接在一起，当连通的裂隙溶蚀扩展到一定程度，便形成多个地下管道系统（图8.9b），并存在完整的岩溶水含水系统和流动系统，含水系统的空隙以溶隙和溶洞为主，地下水向河流径流和排泄。随着河流继续下切以及岩溶作用的不断进行，地下洞穴不断增加，岩溶介质导水能力不断加强，介质场的演化又反馈作用于渗流场，使岩溶水水力梯度变小，岩溶水水位降低，势能较低，构成较强的势汇，吸引较多的水流，使地下分水岭不断向右侧迁移。同时，在远离河流地区发育岩溶洼地、岩溶漏斗和落水洞，靠近河流的地区以水平溶洞为主，使溶洞系统和地下水流更趋于集中化。由于地下空间的不断扩大，上部岩石不断坍塌，使地形降低（图8.9c）。随着侵蚀基准面的继续

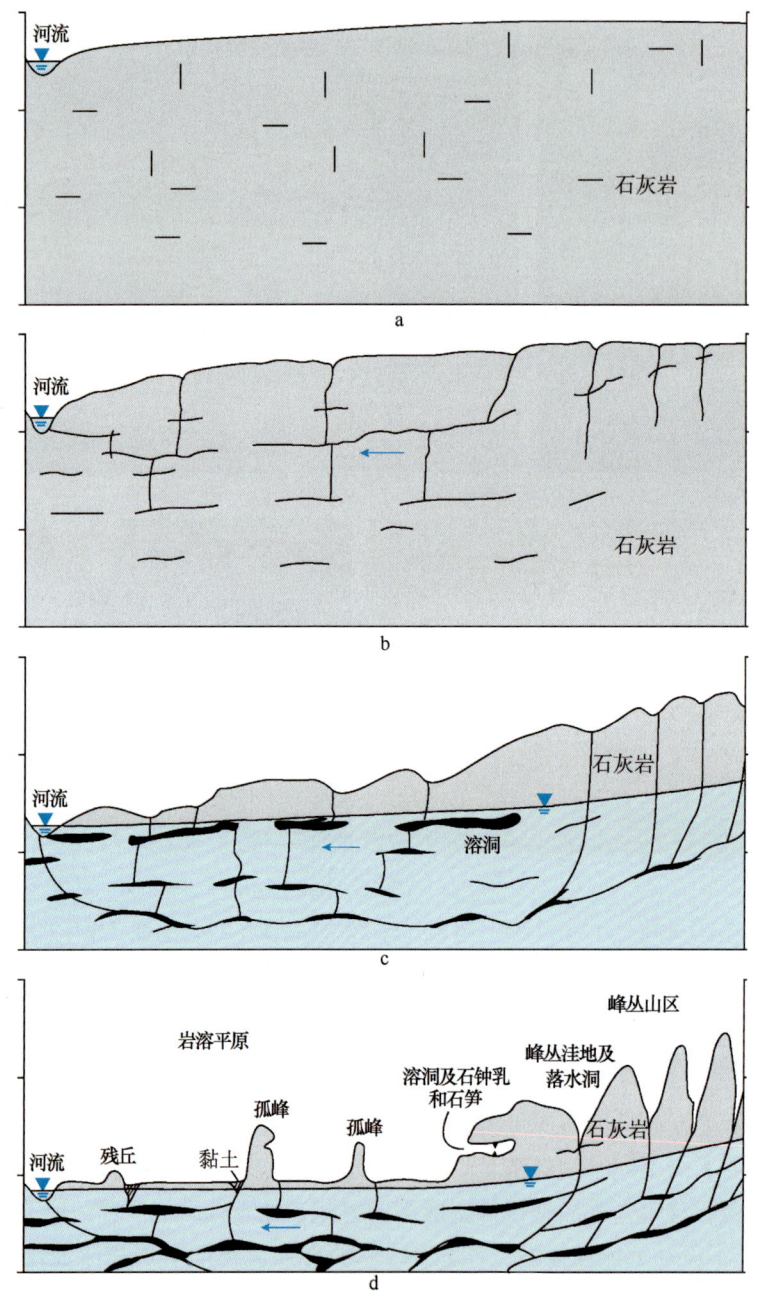

图 8.9 岩溶发育和岩溶水系统演化示意剖面图
a—初期;b—早期;c—中期;d—晚期

降低,岩溶水系统的流域不断扩展,溶蚀作用在更大的深度上进行,在远离河流靠近分水岭的地区形成峰丛山区,地形起伏很大,发育峰丛洼地和落水洞,在靠近河流的地区化学溶蚀作用和物理破坏强烈,可溶岩被大量侵蚀。到了岩溶演化晚期,靠近河流的地区形成岩溶平原,地势低平,可溶岩残留有孤峰和残丘,由于水位降低,使一部分原先位置较高的岩溶洞穴或管道悬留于岩溶水水位之上而干涸,在洞中逐渐形成滴水、流水的化学沉积物，在地下则岩溶管道强烈发育，使地下水流动系统水流循环加速，最终发育形成范围包括整个可溶岩体在内的完整的地下河系（图 8.9d）。

在一个可溶岩分布区在地壳相对稳定的情况下，上述岩溶发育和岩溶水系统的演化从初期到晚期是连续进行的发展序列，中间并没有明确的分界线，是一个岩溶旋回。岩溶作用结果总的来说是地面上地形降低、分水岭外移，最终形成岩溶平原和峰丛山区，地下则出现地下河和多层溶洞。岩溶水系统演化总的趋势是水流越来越集中、迅速，出现地下河系化。在经历了地壳相对稳定的时期后，如果出现地壳抬升并又稳定一个时期，则在上述晚期岩溶的基础上又开始新的岩溶旋回，又出现一个岩溶发育和岩溶水系统演化过程。在不同的可溶岩分布区，并非都经历从初期到晚期的岩溶发育过程。在给定的相同时间段内，地处干旱半干旱地区的可溶岩也许只是到达岩溶发育和岩溶水系统演化的早期阶段，而地处潮湿多雨的热带亚热带的可溶岩可能出现不止一个旋回的岩溶发育和岩溶水系统演化，形成了多期岩溶作用的产物。

8.2.3 岩溶发育的分带与分层

受多种因素的影响，在可溶岩地区岩溶发育呈现某种分带特点。

8.2.3.1 岩溶水动力垂直分带

在厚层可溶岩分布区，在不同的岩溶发育和岩溶水系统演化时期，特别是在早期，依据岩溶水的运动特征可以在垂向上大体上分为四个带（图 8.10）。

（1）垂直入渗带

此带位于地表以下，丰水期的潜水面以上。这里平时没有多少水，只是在阵雨

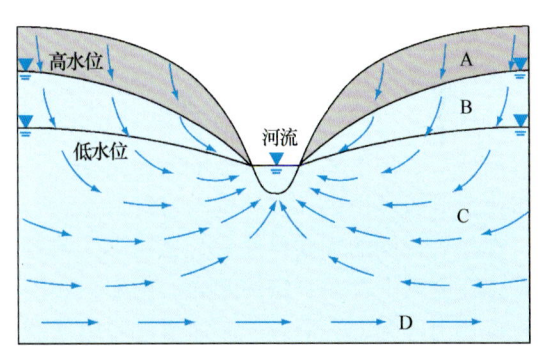

图 8.10 岩溶水动力垂直分带示意图（剖面图）
A—垂直入渗带；B—季节变动带；C—水平径流带；D—深部缓流带

的时候，大量的水才从地表入渗到岩溶地块中，所以又称充气带。水流主要是沿着岩层中的垂直裂隙和管道向下渗透。如果在向下运动过程中，遇到局部的近似水平的阻水岩层或水平孔洞，也会局部作水平流动，在岩体中形成含水透镜体，在谷坡上可以形成悬挂泉。大部分的入渗水一直渗透到潜水面为止。充气带的厚度取决于潜水面的高低，而潜水面的高低又受控于主干河流河床的位置。在被大河深切的岩溶高原中，垂直入渗带的厚度很大，在河谷宽大、潜水面埋藏不深的岩溶平原中，其厚度就比较小。在垂直入渗带中发育垂向岩溶形态为主，例如垂向溶隙、溶洞和落水洞等。

（2）季节变动带

由于潜水面是随季节而升降的，因此存在一个水位变动带，称为季节变动带。在该带中，雨季潜水面上升，地下水以水平运动为主，在旱季潜水面下降，地下水以垂直向下运动为主。也就是说，当潜水面升高时，此带并入水平径流带，当潜水面下降时，此带并入垂直入渗带，因此出现了水平流动与垂直渗透的周期性交替。在不同的岩溶地区和同一岩溶地区的不同年份，季节变动带的厚度是变化不定的，降水的季节分配越不均匀，其厚度就越大。同时，可溶岩地块的岩溶化程度越强，该带的厚度也就越小。在季节变动带既发育垂向岩溶形态，也存在水平岩溶形态。

(3) 水平径流带

此带的上限是枯水期的潜水面，下界位于河床下某一定深度，因水动力条件而异。水平径流带常年处于饱水状态，岩溶水以近似水平运动为主。在接近主河谷的地方，径流量增大。可溶岩中多数溶洞都是在水平径流带形成。在水平径流带中发育近似水平的岩溶形态为主。

(4) 深部缓流带

水平径流带下部的岩溶化岩层仍然是饱水的，但在深部岩层中的地下水运动极为缓慢，岩溶作用也因此变得非常微弱，故称深部缓流带。此带中的地下水具有承压性，运动方向也不受当地排泄基准面控制，而是极缓慢地流向远处，参与到更大尺度的区域地下水循环中。如果地下深处有较大的构造裂隙或古岩溶或硫化矿床的氧化带，深层地下水也可以在这些局部地段有较大的流速，形成深部岩溶。在深部缓流带以发育水平岩溶形态为主。

8.2.3.2 岩溶发育的水平分带

在同一个可溶岩地区的岩溶水系统中，经过较长时期的岩溶作用后，在岩溶发育和岩溶水系统演化的晚期，常是在靠近排泄基准河流地带形成岩溶平原，地表有孤峰、残丘，典型的例子是广西桂林市区附近地表为岩溶平原，有叠彩山、独秀峰、伏波山和象鼻山等孤峰或残丘，地下多处有水平的岩溶形态，而在远离排泄基准河流（漓江）靠近分水岭地带则形成峰丛山区，多有垂向岩溶形态。

在接近相同的气候条件下，受控于区域地形和水文条件，可溶岩的岩溶发育程度和岩溶形态在区域上存在一定的差异。例如，我国西南部以贵州高原为中心的地区地势高，多发育峰丛山区的岩溶形态，而地形地势较低的广西和广东，则多有岩溶平原分布。

大区域气候条件的差异，对岩溶发育有着明显的影响，形成大区域的岩溶分带。例如，在我国南方和北方，分别处于热带亚热带湿润气候和温带半干旱气候区，无论是在岩溶发育程度和岩溶形态，还是在岩溶水系统的特点方面，都存在巨大的差异。西部青藏高原等高山高寒地区的岩溶也不同于南方和北方的岩溶。

8.2.3.3 岩溶发育的多层性

由于岩溶作用和岩溶水系统演化的特点以及地壳的间歇性抬升，在可溶岩分布区常存在多层岩溶现象。不同高程的夷平面是不同岩溶旋回的产物，即使是同一岩溶旋回也会形成高度不同的洞穴。结果，在一些地区可以见到不同高程的数个岩溶夷平面或者不同高程的数层溶洞（图8.11），通过钻孔揭露也能发现在地下不同的几个深度处溶洞明显发育。例如，在湖南省洛塔岩溶盆地面积约119 km^2 内下二叠统和下三叠统岩溶化碳酸盐岩共有大小溶洞340个，大体上呈4层分布，标高分别为1300 m、1100 m、900 m、640 m，其中位于中间的两层溶洞占全区溶洞的84.11%，各溶洞层之间又常为落水洞、岩溶竖井、垂向溶隙等垂向岩溶形态所沟通，构成层楼式溶洞系统（梁彬等，2006）。

8.2.4 岩溶发育的影响因素

8.2.4.1 地质因素

(1) 地层结构

在厚层可溶岩层中，岩溶发育较完整，在薄层可溶岩层中，只能形成规模较小的岩溶形态。若可溶岩与非可溶岩成互层状，或非可溶岩夹层较多，岩溶发育就会受到阻碍。

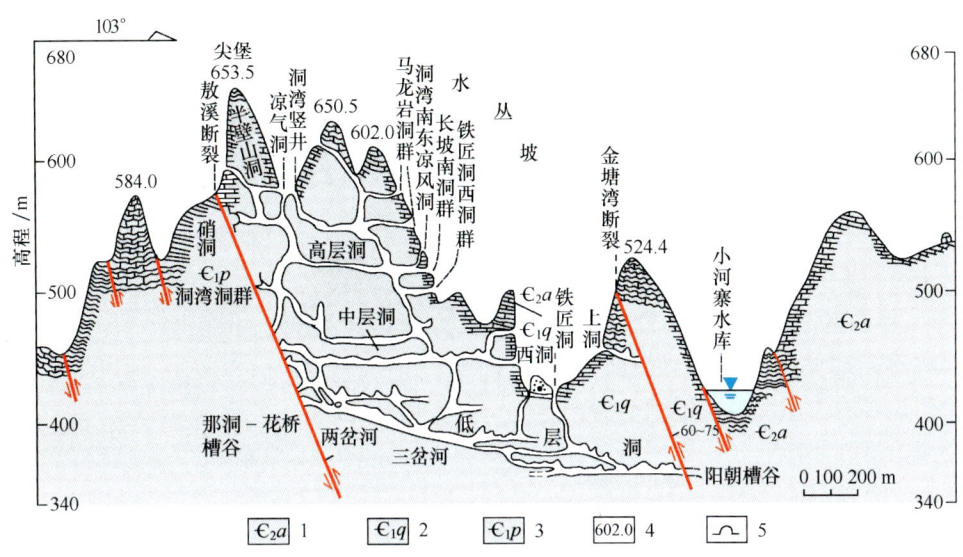

图 8.11　湖南省保靖白岩洞多层溶洞洞穴系统（剖面图）

（据袁道先等，2003）

1—中寒武统敖溪组黑色页岩、泥灰岩及上部碳酸盐岩；2—下寒武统清虚洞组碳酸盐岩；
3—下寒武统杷榔组粉砂质页岩；4—高程（m）；5—在敖溪断裂带出露地表的洞口

（2）地层产状

岩层倾斜较陡时，层理外露地表的范围大，地表水沿层理下渗，故岩溶发展方向主要受层面控制，则造成沿层面伸展的岩溶形态。岩层水平时，地下水主要为水平运动，岩溶形态主要为水平溶洞。

（3）岩层底板

可溶岩底层在与不透水层接触的地带，溶洞、溪沟、暗河特别发育（图 8.12）。可溶性岩层底板若为透水的非可溶岩，在可溶岩底部则无强烈岩溶发育。

（4）断裂构造

构造裂隙对岩溶的发育影响较大。主要裂隙或断层的方向往往控制岩溶发育的方向（图 8.13），而且沿断裂带或主要裂隙交汇处，岩溶发育规模较大。沿可溶岩断裂带常是地下水富集带和强径流带。

（5）褶皱构造

背斜和向斜的轴部常是岩溶易发育的部位

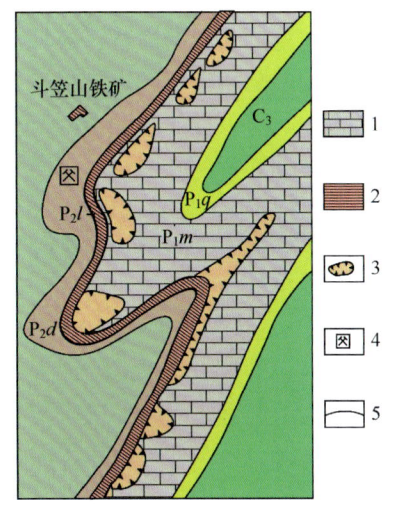

图 8.12　湖南省涟源斗笠山矿区碳酸盐岩与碎屑岩接触界面的岩溶塌陷（平面图）

（据卢金凯，1985）

1—灰岩；2—页岩；3—塌陷区；4—矿井；
5—地层界线。P_2d、P_2l—中二叠统；P_1m、P_1q—下二叠统；C_3—上石炭统

（图 8.13）。背斜顶部有张裂隙，岩溶以漏斗和竖井等垂向形态为主。向斜轴部低洼，易积水，多暗河。由于洞顶易坍塌，又可以产生漏斗和落水洞，故向斜轴部垂向和水平溶蚀

通道都有发育。

褶皱轴部尤其是向斜轴部，往往发育张开裂隙，又是地下水汇集的部位，流线在此格外密集，地下河系的主干河道往往沿此分布。广西地苏地下河系的主干河道即沿着向斜轴展布，其支流则沿着横张裂隙发育。

8.2.4.2 侵蚀基准面与地壳抬升

岩溶作用受当地侵蚀基准面的控制，大多数岩溶作用发生在侵蚀基准面以上及侵蚀基准面附近。地表河流是控制岩溶发育的基准面之一，称为岩溶侵

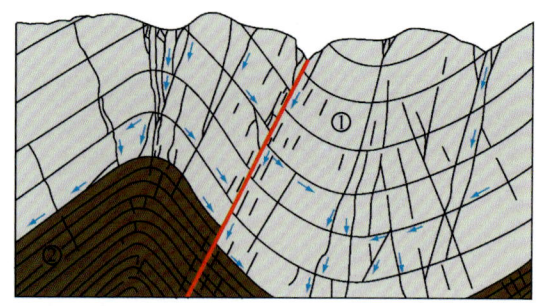

图8.13　影响岩溶作用的主要裂隙系统（剖面图）
（据 Milanovic，1981）
①岩溶化灰岩；②低渗透泥质白云岩和泥灰岩

蚀基准面。在基准面上方，岩溶水以垂直下渗为主，垂向岩溶发育；在基准面附近，岩溶水以水平流动为主，水平岩溶发育；在地下深处，水流滞缓，岩溶发育程度一般较弱。典型的岩溶现象发生在岩溶化地面与岩溶侵蚀基准面高差较大的情况下，高差愈大，岩溶作用愈强烈。岩溶发育的初期和早期发生在岩溶地块的隆起时期。这个阶段以垂向岩溶占优势，地表水流减少，地面出现岩溶漏斗与溶蚀洼地。岩溶发育中期发生在岩溶地块稳定时期。在这个阶段，充分发育着水平岩溶形态。岩溶地块稳定的时期愈长，地下廊道的规模愈大。随着溶洞顶板的崩落，破坏产物的搬运也更加强烈，最终形成溶蚀谷地。溶蚀谷地也可能由构造陷落形成，但是构造形成的溶蚀谷地在地区上的分布不是有规律地集中在某一高度上，只有大量的溶蚀谷地在近似同一高度上出现或连成一片出现岩溶平原时，才是岩溶发育晚期和岩溶旋回接近尾声的标志。

随着岩溶地块抬升、稳定、再抬升的交替变化，河流产生下蚀、侧蚀、再下蚀的交替作用。在地块稳定时间较长的条件下，岩溶沿侵蚀基准面发育，形成水平溶洞。后经构造抬升，呈现出岩溶发育的成层性。溶洞的成层性与河流阶地可以在高程和时间上进行对比。

现有的岩溶地貌多是多旋回岩溶发育形成的。从发育地表水流至出现岩溶平原为终结的第一个岩溶旋回之后，如果可溶岩层很厚，随着地壳的构造抬升，就可以开始第二个岩溶旋回。这时，原来准平原化了的地面又被抬高，岩溶漏斗与岩溶竖井重新发挥作用，地表水流迅速减少，少数大河从准平原化的地面深切为峡谷，在岩溶峡谷陡壁上分布有数层溶洞。

8.2.4.3 气候因素

一般认为，气候对岩溶作用有着重要的影响。降水量的多少，直接影响到地表和地下岩溶的发育，而较高的蒸发量则会减弱降水对可溶岩的溶蚀，特别是减弱水向地下渗透和地下岩溶的发育。气温对岩溶作用的影响，若单纯考虑水对碳酸钙的溶解，则温度为正影响，而考虑 CO_2 在水中的溶解和碳酸的形成以及它们对碳酸钙的溶解，则温度应为负影响，但气温对植被、细菌及土壤中的 CO_2 含量有重要影响，因此，气温对岩溶作用的正影响大于其负影响。在高寒地区偏低的气温下所发生的物理风化作用对那里的岩溶形态起到重要作用。总的来说，岩溶作用是一种比较快的地质作用，在半干旱地区地表溶蚀速度

可达10~30 mm/ka，在湿润条件下可达50~300 mm/ka。溶痕在湿润条件下是一种百年级的岩溶产物，而在半干旱条件下是一种千年级的产物；岩溶洼地和峰林在湿润条件下是十万年至百万年级的岩溶产物；每形成1 m厚的红壤土需要剥蚀掉约25 m厚的纯质灰岩，在湿润条件下也是一种十万年级的岩溶产物（袁道先，1994）。

8.2.4.4 生物因素

生物因素在岩溶的溶蚀作用和沉积作用中起到重要作用，即是由生物作用特别是细菌类微生物及藻类微生物的作用产生的CO_2，在水、酸（H_2CO_3、H_2SO_4）或碱（NH_4OH）作用下导致的溶蚀作用或沉积作用。生物的溶蚀作用包括直接和间接两种。直接作用是指大量的生物（藻类、菌类等）对可溶岩的溶蚀和钻孔作用以及植物、动物对可溶岩的破坏作用，间接作用主要是指生物的新陈代谢或死亡腐烂，为水提供大量的CO_2，提高了水的溶蚀能力。

生物的沉积作用包括各种水生生物对水体CO_2的同化作用，该过程在植物体内则为光合作用，可以消耗CO_2致使钙华发生沉积，以及生物构架作用是苔藓类及藻类乃至草丛等植物所共有的一种重要作用。在此过程中植物本身作为钙华沉积的重要组成部分而又同时作为方解石沉积依附的骨架形成疏松多空隙的钙华，野外可以见钙华围绕植物的树干、树枝和根须生长。总的来说，生物因素对岩溶作用起到促进和增强的作用。

8.2.5 表层岩溶、深部岩溶和古岩溶

在可溶岩分布地区存在多种多样的岩溶。可以依据多种因素对岩溶进行分类。例如，根据剖面上的位置可以将岩溶分为表层岩溶、浅部岩溶和深部岩溶。浅部岩溶分布在侵蚀基准面上、下，大多数岩溶为浅部岩溶，因为活跃在岩石圈、水圈、大气圈、生物圈界面附近的岩溶作用，主要还是发生在侵蚀基准面上、下。根据岩溶形成的营力时间可以将岩溶分为古岩溶和现代岩溶。现代岩溶是指现代营力环境下形成的岩溶，大多数岩溶为现代岩溶。按照可溶岩的出露情况，可以将岩溶分为裸露型岩溶、覆盖型岩溶和埋藏型岩溶。在裸露型岩溶中可溶岩裸露地表，缺少松散沉积物覆盖；在覆盖型岩溶中可溶岩被新生界松散沉积物覆盖；在埋藏型岩溶中可溶岩埋藏在已固结的非可溶性岩层之下。根据气候条件可以将岩溶分为热带岩溶、亚热带岩溶、温带岩溶、寒带岩溶以及干旱区岩溶、高原寒区岩溶等。在此只对表层岩溶、深部岩溶和古岩溶进行简要介绍。

8.2.5.1 表层岩溶

表层岩溶是指在可溶岩地区地表形成的岩溶，主要分布于热带亚热带湿润气候下的峰丛山区的峰顶、垭口和峰麓地带（图8.14），呈局部不连续的表层岩溶带分布。表层岩溶带的岩溶形态主要有溶沟、溶槽、浅部溶隙、溶孔、不规则小型溶穴、溶痕及石牙等。其总体形态为不规则的强岩溶岩体呈片状或带状分布于地表表层。表层岩溶带的发育深度一般为1~3 m，局部达4~7 m，最大不超过10 m。表层岩溶带的底界无明显的隔水层，由未发生过岩溶作用的相对完整的可溶岩构成局部隔（阻）水底界。

表层岩溶带与其中的植被涵养降水及地表坡流，构成表层岩溶带地下水含水系统，通过表层岩溶泉排泄后再汇入落水洞等垂向岩溶形态到达下部饱水带中，或以分散潜流的形式补给下部饱水带。在表层岩溶带与其下部饱水带之间有一定厚度的岩溶弱发育带，在整个垂向剖面上常具有双层水位现象（蒋忠诚等，2006）。

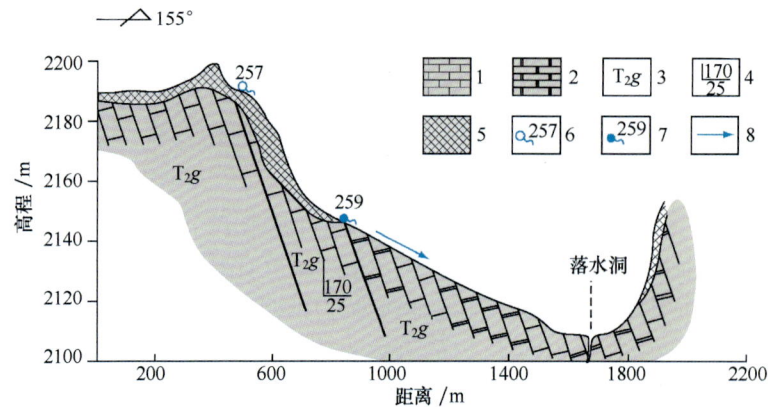

图 8.14　云南省泸西小江流域湾半孔表层岩溶带和表层岩溶泉剖面图

(据王宇，2007)

1—灰岩；2—白云岩；3—地层代号；4—地层产状；5—表层岩溶带；6—季节性表层岩溶泉及编号；7—常年性表层岩溶泉及编号；8—地表径流方向

8.2.5.2　深部岩溶

在深部缓流带内发育或深埋于地下的岩溶称为深部岩溶。一般来说，深部岩溶不受当地侵蚀基准面控制。深部岩溶的分布位置有以下特征（任美锷等，1983）。

(1) 古岩溶风化壳

在华北地区，由于中奥陶世后期整个华北陆台长期均衡上升，在长期溶蚀作用下，在中奥陶统顶部的碳酸盐岩中形成了溶洞、溶隙的强烈发育带，后被中石炭统掩埋，成为深部岩溶，这种岩溶属于古岩溶。

(2) 硫化物分布区

硫化矿床多沿构造带分布，硫化物因氧化与水作用成硫酸，沿构造带运动，形成深部岩溶。

(3) 深部导水断裂带

断陷盆地边缘的深大断裂、热液矿床和热液活动区，以及某些温泉的深循环带内，可以有深部岩溶发育。

(4) 深部储水构造

深部储水构造如湖南涟源市思门矿山，在地面以下 800 m 的向斜轴部发育岩溶洞穴。

(5) 沉积盆地深部岩溶层

某些沉积盆地深部存在岩溶层，例如位于四川盆地中西部数千米深处的下三叠统嘉陵江组和中三叠统雷口坡组碳酸盐岩存在古岩溶现象。

8.2.5.3　古岩溶

在非现代营力环境下形成的岩溶称为古岩溶。每一次地壳运动，都可能导致可溶岩抬升遭受溶蚀，不同程度地留下地质历史时期的古岩溶，有的已被后期沉积物充填和埋藏。

我国最早的古岩溶是元古代岩溶，在长城系高于庄组碳酸盐岩沉积后的滦县上升运动、蓟县系雾迷山组碳酸盐岩沉积后的芹峪和铁岭上升运动和晚元古代末的蓟县上升运动，都使碳酸盐岩遭受溶蚀，形成起伏不平的古溶蚀面（图 8.15），具有岩溶漏斗和溶隙及古溶蚀洼地等。早古生代是我国主要的古岩溶发育时期，自中奥陶世至中石炭世，华北地块受加里东运动影响而整体均匀上升，发生了长达 150 Ma 的剥蚀期，在古剥蚀面上形成溶蚀残丘、溶蚀洼地、岩溶漏斗、落水洞、溶洞等，并在一些地方沉积了风化壳型红黏土、铝土矿、铁矿及洞穴角砾岩等，有些地方存在"古岩溶陷落柱"现象。晚古生代岩溶主要发育在扬子地块及华南准地块的西南部，受海西运动的影响，在下二叠统和上二叠统之间出现沉积间断及间断面之下岩层厚度变化和缺失，有古岩溶漏斗及堆积于其中的高岭土矿。中生代三叠纪末的印支运动使南方许多地方上升为陆地并留下岩溶痕迹及岩溶角砾岩。白垩纪末是北方岩溶化最强烈的一个阶

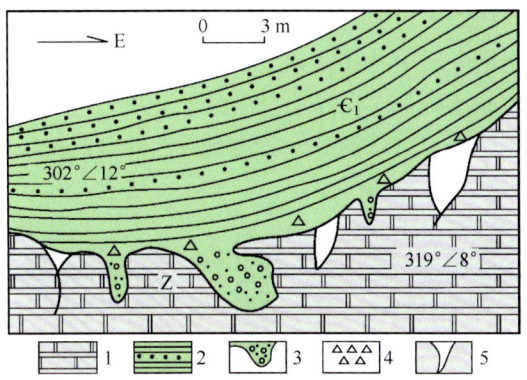

图 8.15 山西省昔阳小东峪元古代末古岩溶剖面图
（据韩行瑞等，1993）
1—长城系顶部含燧石条带白云岩；2—下寒武统页岩夹砂岩；3—古岩溶漏斗及充填的砾石；4—下寒武统底砾石；5—古溶隙

段，形成大量溶洞、暗河及溶丘、岩溶洼地等，出现峰峦起伏的岩溶地貌景观，在华北平原深部古近系之下的"古潜山"及岩溶现象也是该期岩溶作用形成的。

有些岩溶地区在古岩溶的基础上发育现代岩溶，使岩溶现象更加复杂。

8.3 岩溶水的基本特征

由于岩溶含水介质的空隙空间大且分布不均匀，使岩溶水具有一系列独特的特点。岩溶水的特点突出地表现在其分布的不均匀性、流动快速、补给迅速、排泄集中和动态变化较显著及"三水"转化快等方面。

8.3.1 岩溶水的分布与运动

岩溶介质中的空隙主要有孔隙、溶孔、裂隙、溶隙、岩溶管道、溶洞等。碳酸盐岩的原生孔隙包括粒间孔隙、粒内孔隙、晶间孔隙、泥晶孔隙、印膜孔隙以及生物礁灰岩内的生物骨架孔隙等，次生孔隙则是成岩后溶蚀形成的，例如溶孔，溶孔数量较多时成为蜂窝状溶孔。可溶岩中的裂隙经过溶蚀进一步扩大形成溶隙，也有未经溶蚀改造而保持原状的裂隙。溶蚀作用伴随机械冲刷作用形成不同规模的管道和溶洞，是可溶岩中最常见的空隙。依据空隙类型可将岩溶介质大体上分为溶孔型岩溶介质、溶隙型岩溶介质和溶洞型岩溶介质。溶孔型岩溶介质以溶孔为主，伴有少量裂隙，溶隙型岩溶介质以溶隙为主，伴有少量裂隙和溶孔，溶洞型岩溶介质以溶洞为主，伴有少量溶隙裂隙和很少量的溶孔。

从埋藏条件来看，岩溶含水层可以是裸露型、覆盖型和埋藏型的。裸露型岩溶含水层地下水为潜水，覆盖型和埋藏型岩溶含水层地下水则多为承压水。在一些大型的盆地深部的岩溶含水层赋存的地下水包括地下热水和地下卤水，具有很高的测压水头，甚至高出地表。在许多单斜或向斜岩溶储水构造中，在岩溶含水层的出露区属裸露型，在单斜的倾伏端和向斜的核部常是埋藏型。在表层岩溶带地下水为潜水。

相对于孔隙含水层和裂隙含水层，岩溶含水层中溶穴的分布是最不均匀的，这在溶洞型岩溶介质中尤其如此。岩溶水的不均一性是指岩溶含水系统中不同块段富水的差异性和水力联系的各向异性。它是由于岩溶发育过程中的分异作用所造成的，而且其不均一程度取决于岩溶发育程度。在岩溶强烈发育的块段（如地下暗河处），其渗透性比原始岩石的渗透性大大提高，而在岩溶不发育地段，其渗透性与原始岩石的渗透性相比变化不大。因此，导致相距很近的钻孔或泉在涌水量或流量上有很大的差异，而且沿着大的溶隙及管道的延伸方向水力联系密切，而在其他方向上水力联系微弱。溶孔类型岩溶介质的富水性相对均匀，溶隙型岩溶介质的富水性则界于溶洞型岩溶介质和溶孔型岩溶介质之间。

溶孔型岩溶介质和溶隙型岩溶介质构成层状或似层状地下水系统，具有统一的地下水位分布，地下水的运动多为层流，服从达西定律。在溶洞型岩溶介质中地下水为集中式的暗河式地下水系统，当水流流速很慢时，水在岩溶管道中的流态可以是层流，当水流流速很快时也可以是紊流，或者在岩溶管道中因管道横截面积发生变化或在不同季节流量变化使流速改变而存在层流和紊流的互相转化。

8.3.2　岩溶水的补给、排泄、径流与动态

岩溶水的补给来源主要为大气降水。岩溶化地表溶隙密集，通常大气降水以面状渗入式补给地下水。在高度岩溶化地区，发育溶蚀洼地、岩溶漏斗、落水洞等，大气降水以灌入式补给地下水。在这种地区，地下水位和泉流量动态变化十分强烈，如图 8.16 所示。

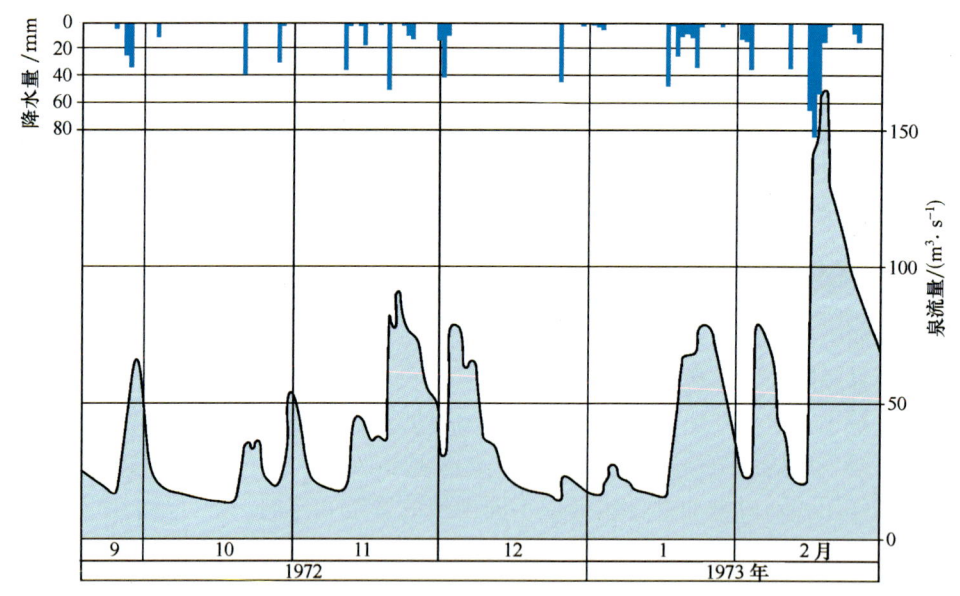

图 8.16　克罗地亚 Ombla 岩溶泉流量变化
（据 Milanovic，1981）

在岩溶出露区，岩溶水不仅接受本地大气降水的补给，而且有可能接受相邻非可溶岩地区地表水和地下水的补给，来自非可溶岩地区的补给量甚至有可能大于本地补给量。在有些岩溶覆盖区，大气降水或地表水通过上覆松散层间接补给岩溶水。

在裸露型峰丛、峰林岩溶山区，地下径流空间分布极不均匀，水流通道和断面变化大，水力梯度随时间变化，不同季节的流量、水位动态变化异常，致使地下水流态是多变的，一般超出层流区，流态多呈紊流或过渡流类型。但在岩溶平原、大型开阔谷地和隐伏岩溶区，岩溶水循环系统特征相对均匀，水力坡度小，水力联系好，一般具有统一流场，流态显得较稳定，多呈过渡流和层流。

总体来说，在水平方向上，从分水岭到河谷，地下水的交替由强变弱（图8.17）。在垂向上，地下水径流随深度增大而变弱，含水层透水性、地下水运动速度和地下水的溶蚀力随深度增大而降低。

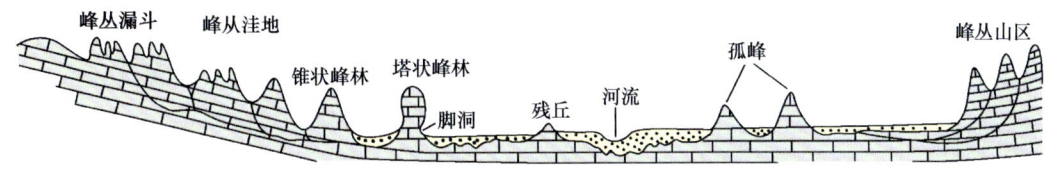

图8.17　峰丛山区向岩溶平原过渡示意图（剖面图）

（据北京大学等，1978，有改动）

岩溶水一般是以泉或暗河的形式进行排泄。有的排向地表然后流入河流，有的直接排入河流、湖泊或海洋，有的在地下排入其他含水层。岩溶水的水量一般很丰富。在一些岩性变化的地带，往往引起地下水位壅水上升，又转向地表排泄，所以岩溶水排泄点的位置一般多在水文地质边界上，如岩性变化带、断裂带、河流或沟谷切割的地方。由于储水构造的不同，岩溶水有无压的和承压的，无压的被地形切割之后一般多以下降泉的形式排泄，承压的通常以上升泉的形式排泄。除了上升泉和下降泉之外，还可以偶尔见到泉水流量有周期性变化的感潮泉，流量时大时小，时断时流。周期的长短是随补给量的多少而变化。在雨季周期变短，旱季周期变长。偶尔还能见到虹吸泉，主要是由于岩溶管道复杂和补给量不足而产生的一种虹吸现象。当向洞穴充水时空气会被排走，至水面超过虹吸管最高点而虹吸管充满水时，水就向外排泄，当洞穴内水位低于虹吸管中的水位时虹吸管中又进入空气，水即断流。

由于岩溶的发育深度可以不受当地侵蚀基准面的限制，在有的地方可以低于当地侵蚀基准面以下很深，甚至可以低于海平面以下很大的深度。所以岩溶水不一定完全在当地排泄。

8.3.3　岩溶水系统的"三水"转化

岩溶地区大气降水、地表水和地下水"三水"转化迅速。在岩溶发育的可溶岩地区，地表各种垂向岩溶形态有利于大气降水的入渗。由降水汇集和地下水泄流形成的地表河流在流经渗漏河段可以渗漏补给地下水，在岩溶山区的一些河流可以整体转入地下成为地下河，在流经一定距离后又流出地表成为地表河流。在岩溶山区除了切割较深成为当地地下水排泄基准面的河流外，其余大多数河流、溪流成为季节性或暂时性河流。在一些峰丛山区，地下水动态变化大，在枯水季节地下水位埋藏深，地表常干旱贫水。在洪水期河流及地下河出口流量迅速增大，严重时形成洪灾。

8.4 我国南方和北方的岩溶和岩溶水

我国东部的南方和北方两大区，无论是岩溶形成的地质基础和气候环境，还是岩溶形态和岩溶水分布、形成、动态等方面的特征，都存在着明显的差异。

8.4.1 南方的岩溶和岩溶水

南方可溶岩主要包括震旦系、寒武系、奥陶系、志留系、泥盆系、石炭系、二叠系和三叠系的碳酸盐岩，主要分布在扬子地块和华南准地块，地处广西、广东、湖南、贵州、云南、四川、重庆、湖北、江西、江苏等省（区）。碳酸盐岩在广西、湖南、贵州、云南等省（区）有大面积裸露，在碳酸盐岩分布区存在小型褶皱和断层错动（图8.18），有些地方碳酸盐岩被非可溶岩分隔，在一些坳陷盆地（如四川盆地）和断陷盆地（如昆明盆地）深处也分布有碳酸盐岩。

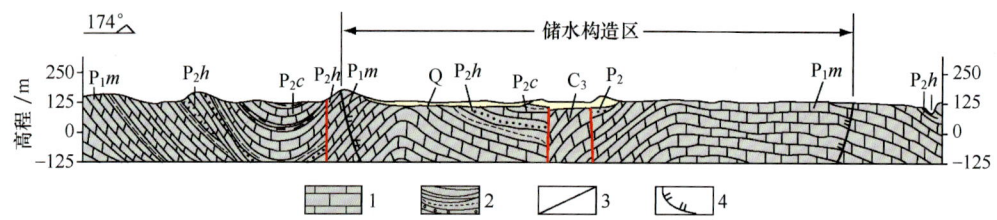

图 8.18 广西扶绥县东门岩溶储水构造剖面图
（据梁礼革，2006）

1—纯质碳酸盐岩；2—不纯碳酸盐岩；3—断层；4—储水构造界线。Q—第四系；P_2，P_2c，P_2h—中二叠统；P_1m—下二叠统；C_3—上石炭统

南方地处热带亚热带湿润气候区，年降水量多大于1200 mm，碳酸盐岩裸露区各种各样的岩溶形态极为发育，地表多见峰丛山区、峰林平原，有大量塔状山峰和岩溶洼地，并有红壤土和洞外钙华沉积，地下多发育各种规模的溶洞和地下河，位于地下水面以上的溶洞内有钟乳石、石笋等大量洞穴沉积物。在广西桂林-阳朔间漓江两侧以峰丛山区（洼地）和峰林平原为特征，在桂林市区附近150 km² 范围有220个塔状岩溶孤峰，平均高度74 m，底部平均直径208 m。在广西西部与云贵高原边缘接壤的斜坡地带，发育有绵延千里的峰丛山区和峰丛洼地，峰林平原零星分布其间。部分分布在盆地内和非可溶岩以下的埋藏型岩溶则以溶孔、溶隙和小型溶洞为主。

在南方大面积碳酸盐岩裸露区以溶洞型岩溶介质为主，埋藏型岩溶区则存在溶隙型岩溶介质。溶洞型岩溶介质多呈单层或多层非连续的溶隙-管道双重结构，其富水性极不均匀，揭露地下溶洞的钻孔和没有揭露溶洞的钻孔涌水量相差巨大。在岩溶平原区地下溶洞发育较多，地下水分布的均匀性和水力联系程度都好于峰丛山区。地下水的补给主要在碳酸盐岩裸露区通过垂向岩溶形态接受大气降水的入渗补给，补给集中而迅速，当地表河流转入地下后，也可以看成是地表水对地下水的补给。地下水的排泄方式通过地下河出口和泉排泄出地面后再汇入河流中，或者直接泄流到流经可溶岩的河流中。地下水的径流方向是自补给区向泉和地下河出口,其特点是水流比较集中而迅速。在洪水期还能见到部分岩溶水系统内存在多级泄洪或溢洪现象。在碳酸盐岩裸露区岩溶水系统以地下河流域和泉域为基本单元,在褶皱发育地区往往一个背斜或一个向斜构成一个岩溶水系统,而在被非可溶岩分隔的碳酸盐岩分布区常构成单独的岩溶水系统,非可溶岩分布区的部分区域有可能成为岩溶水系统的间接补给区。以表层岩溶泉排泄的表层岩溶带也以泉域构成岩溶水系统。

我国南方岩溶水分布区有众多泉水和地下河。由于泉域岩溶水系统范围不大,所以泉流量一般不大,平均流量多数为每秒数十升至数百升,少数达数千升。泉域岩溶水系统进一步演化成为地下河岩溶水系统。南方地下暗河发育,据统计,仅在广西、贵州、云南、四川、湖南五省(区),枯季流量大于 50 L/s 的地下河或伏流有 2836 条,又以云贵高原向广西峰林平原过渡的斜坡地带地下河数量多、流量也大(杨立铮,1985)。分布在广西中西部都安县的地苏地下河系(图 8.19),汇水面积 1004 km², 有 12 条支流,总长度 241.1 km,其中主河道长 57.2 km。地下河系发育于强岩溶化的中泥盆统东岗岭组、上泥盆统及二叠系纯质灰岩中,受多期构造运动及挽近期间歇性上升的影响,岩层发生褶皱和断裂;长期季节性短时间集中的降水通过峰丛洼地和落水洞注入地下(有效降水入渗系数 0.5~0.8,区内年均降水量 1739 mm、年内平均气温 21.3 ℃),沿断裂带和向斜轴部裂隙带逐渐溶蚀发育形成岩溶管道,并导致多层状和纵剖面阶梯状复杂地下河系的形成。地下河系在上游埋深近 100 m,为较简单的裂隙状岩溶管道,一般宽数米至 20~30 m,高十余米至数十米,中游多为脉状水系,河道宽度和高度为十余米至数十米,下游河道宽度数十米,高度为十余米至数十米。地下河系剖面上为多层结构,最多为 4 层,常见为 2

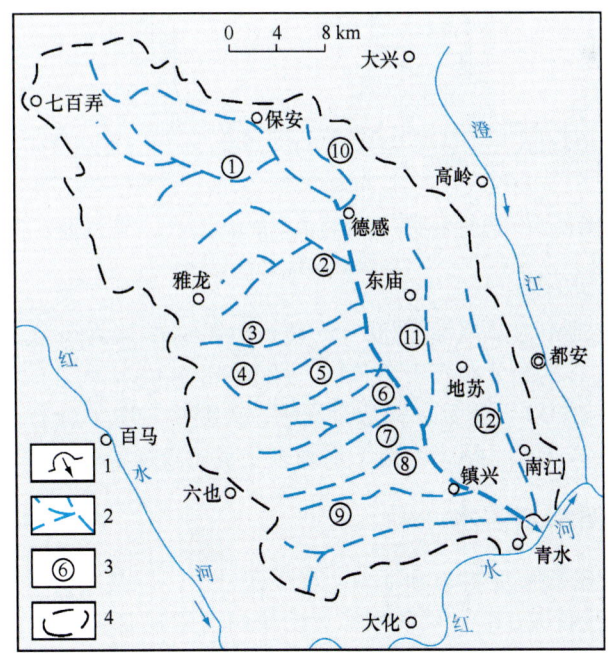

图 8.19 广西地苏地下河系略图(平面图)

(据陈文俊,1988,转引自袁道先,1994)

1—地下河出口;2—地下河;3—地下河编号;4—地下河汇水区界线

层，支流常以跌水或瀑布形式汇入主流地下河道中。地苏地下河出口流量动态与降水关系密切，最大流量为 544.9 m³/s，枯季最小流量为 4.03 m³/s（袁道先，1994）。

南方岩溶水、大气降水、地表水"三水"之间转化迅速，地下水动态变幅大、变化迅速，滞后时间短，岩溶水系统的调节性能差。由于地下水获得大气降水的集中迅速补给，使地下水位迅速抬高，通过迅速径流以泉或地下河排泄，使地下水位又迅速下降。岩溶水流速每天数百米，在洪水期可达每天数千米。无论是泉排泄还是地下河排泄，流量都极不稳定，不稳定系数大。特别是在峰丛山区，每当较大的降水发生后，地下水位、泉流量及地下河出口流量迅速升高，降水结束后不久，地下水位、泉流量及地下河出口流量迅速下降，滞后时间最短只有几小时，最长仅数天。例如，广西乐业县百郎地下河系由主流和 11 条支流组成，流域面积 835.5 km²，主流长 64.1 km，地下河出口总流量总体上随降水量变化而具有季节性变化，也受每场较大的降雨影响，变幅大且变化迅速（图 8.20），最小流量为 2.04 m³/s，最大流量为 121 m³/s，最长滞后时间为 4 d（易求芳，1983）。

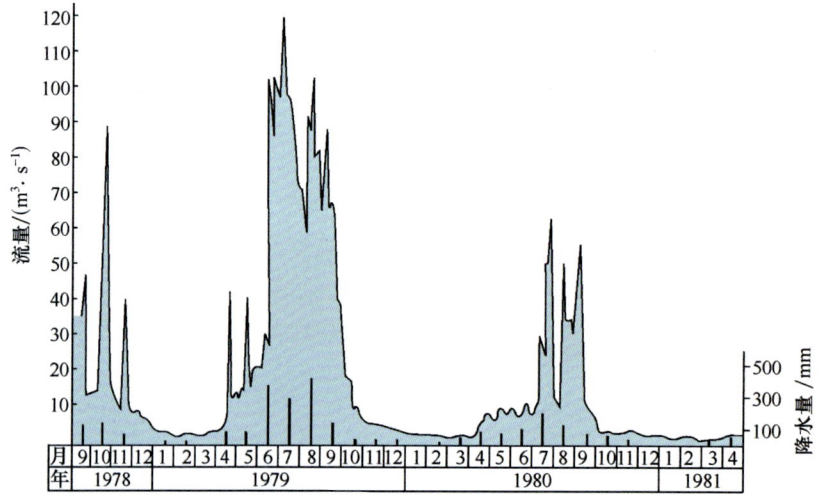

图 8.20　广西乐业县百郎地下河流量过程线与降水量关系
（据易求芳，1983）

此外，在四川盆地中西部埋深 1000~3500 m 处的碳酸盐岩中分布有热卤水，成为储卤层，并与石油、天然气的分布有密切关系，埋深 200~1000 m 处的碳酸盐岩中分布有地下热水（刘俊贤等，2003）。在云南省昆明盆地的碳酸盐岩中也分布有地下热水。只有分布在盆地内的埋藏型岩溶水系统中的地下水动态才是比较稳定的。

8.4.2　北方的岩溶和岩溶水

北方可溶岩主要有中上元古界和下古生界碳酸盐岩，以及石炭系煤系地层中的薄层灰岩，又以寒武-奥陶系碳酸盐岩和蓟县系雾迷山组白云岩最为重要，它们分布在华北地块中，主要位于山西、陕西、河北、河南、山东、北京、天津、内蒙古、辽宁等省（市、区）。北方自古生代以来，地壳运动相对缓和，地层褶皱平缓，主要是较大块体的整体隆起或沉降，碳酸盐岩因此被分割，在隆起区和坳陷区又被不同级别的断层切割以及侵入岩体分隔，因此多呈不同规模的块状分布。在隆起山区碳酸盐岩有较大裸露面积，有些地方被上覆非可溶岩埋藏，在山西高原附近局部被黄土覆盖，而在断陷或坳陷盆地则被上覆厚层松散沉积物覆盖或被非可溶岩埋藏。

北方岩溶区地处温带半干旱气候区，年降水量多在 400~800 mm 之间，可溶岩中主要沿构造裂隙及层间裂隙溶蚀形成溶隙网络，在局部构造裂隙密集带和断层破碎带可以形成强岩溶发育带，地下岩溶形态以溶隙为主，也有溶孔，在现代排泄基准面之上有不少大型溶洞，地表岩溶形态多见常态山、干谷、溶痕、岩溶大泉等，以及较少的洞穴沉积和洞外沉积。

北方碳酸盐岩分布区以溶隙型含水介质为主，局部为溶孔型含水介质或溶洞型含水介质。相对于南方以溶洞型含水介质为主的岩溶区，北方岩溶地下水分布比较均匀，含水介质一般为溶隙网络构成的连续介质。但是北方岩溶含水层的富水性仍然存在差异，在断裂带及地下水主径流带钻孔涌水量往往较大。

在碳酸盐岩的块体状分布的基础上，我国北方半干旱岩溶区常形成岩溶大泉，以岩溶泉域构成一个个完整的岩溶水系统。泉域内岩溶含水层呈单斜、向斜、背斜及断块等储水构造展布，有明确的地表分水岭和地下分水岭以及隔水边界。泉域面积小者数十平方千米，大者可达数千平方千米。岩溶泉的流量在每秒数十升到数千升，其中流量在 1 m^3/s 以上的大泉有 50 多处。岩溶大泉成为北方岩溶水的重要特征，主要分布在山西高原、太行山东麓、山东中北部和西南部、燕山南麓和辽东半岛等地区。

岩溶泉一般出露在泉域边界最低点的深切河谷或山前地带，多以泉群的方式出露，在泉口附近常存在阻水构造，例如阻水地层或岩体，或者渗透性差的沉积物，因而北方岩溶泉多是溢流泉，而且多数是全排型泉，有少数为非全排型泉。泉域地下水的补给主要是在碳酸盐岩裸露区的大气降水入渗补给，降水入渗系数达到 0.15~0.3，来自非可溶岩地区的河流流经碳酸盐岩裸露区及被第四系覆盖的河床的渗漏补给也是重要的补给来源。地下水自补给区向泉口径流，流速较慢，常存在若干个强径流带，在强径流带内地下水面水力梯度小、地下水流速比非主径流带快。

由于岩溶泉域规模大，岩溶水径流途径长、流速慢，致使岩溶水系统的动态相对比较稳定，具有巨大的储存和多年调节地下水的能力。北方大多数岩溶泉的流量动态比较稳定，其不稳定系数多为 1~2，少部分为 2~5。泉流量过程线在一年内多为一峰一谷，峰值比当年降水峰值滞后 2~6 个月（见图 5.21，图 5.22，图 5.26），少数泉出现两个峰值，第二个峰值常是由远距离的补给形成的。泉域岩溶水系统的多年调节能力与泉域的规模、岩溶发育程度、补给区的大小及远近等有关。调节期为 1~2 年的岩溶泉有山东济南泉、河南辉县百泉、山西郭庄泉和坪上泉等，调节期为 3~5 年的岩溶泉有河北黑龙洞泉、山西广胜寺泉和神头泉等，调节期大于 5 年的有山西娘子关泉、辛安泉和龙子祠泉等（袁道先，1994）。

位于山西省平定县的娘子关泉是我国北方最大的岩溶泉，地处太行山东麓，泉域面积 4667 km^2（图 8.21），其中碳酸盐岩裸露区面积 2188 km^2，隐伏岩溶区面积 2549 km^2（韩行瑞等，1993）。泉域内地形自西向东降低，而地层则向西倾斜。岩溶水系统内主要地层东部为中奥陶统和下奥陶统灰岩，西部为石炭-二叠系砂岩、页岩、泥灰岩及煤层。灰岩裸露区地表、地下岩溶广泛发育，常见有垂直溶隙、层面溶隙，包气带保留有一些古溶洞，地表有很多干谷和干沟，在泉口附近局部发育岩溶管道，在中奥陶统与石炭系接触带发育溶隙密集带,在中奥陶统的含石膏层发育似层状溶隙、溶孔、溶洞及蜂窝状溶蚀混合体。下奥陶统白云岩岩溶发育微弱,为相对隔水层。泉域内发育有两条溶蚀裂隙密集形成的岩溶水强径流带,一条自南部的昔阳向北经阳泉后向东至娘子关,长约 50 km,另一条由西向东经由阳泉至娘子关,长约 70 km。泉域内岩溶水的主要补给方式为大气降水入渗和河流渗漏补给。娘子关泉出露在桃河和温河汇流地段,由 11 个泉组组成,包括五龙泉、水帘洞泉、城西泉、坡底泉等泉组,其成因是地下水在向东径流的过程中,受到娘子关附近南北向的娘子关背斜的下奥陶统白云岩相对隔水层的阻水而在河谷中溢出,属于侵蚀接触溢出泉,也是全排型泉。

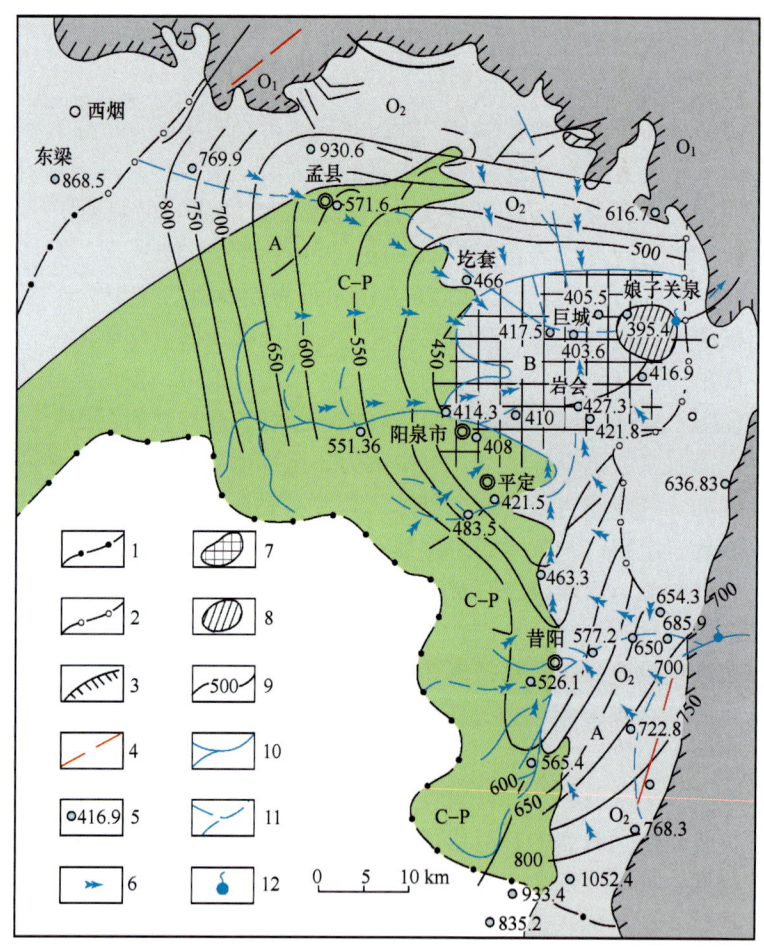

图 8.21　山西省娘子关泉泉域水动力条件图(平面图)
(据韩行瑞等,1993)

1—地形分水岭;2—可移动的地下分水岭;3—隔水边界;4—断层;5—钻孔及水位标高(m);6—地下水径流方向;7—地下水汇集区(B);8—地下水排泄区(C);9—等水位线(m);10—主河流;11—季节性河流;12—岩溶泉。C-P—石炭-二叠系;O_2—中奥陶统;O_1—下奥陶统。A—地下水补给径流区

除了泉域岩溶水系统外,埋藏在北方沉陷区或沉积盆地深处的碳酸盐岩也构成岩溶含水层,例如黄淮海平原(包括华北盆地)、下辽河盆地、汾渭盆地以及鄂尔多斯盆地等。

华北盆地数百米至数千米深处的碳酸盐岩及其上覆非可溶岩，常被北东向深大断裂及其他方向次级断裂切割形成一系列隆起和坳陷及凸起和凹陷，其上部被古近系、新近系和第四系沉积物覆盖（图8.22）。在碳酸盐岩分布区特别是被称为古潜山的隆起及凸起区的碳酸盐岩中岩溶发育，常分布有地下热水，成为热储层。这种岩溶含水层规模大，地下水较丰富，但由于地下水补给区极远，长期开采后容易导致地下水位持续下降。沉陷区岩溶含水层还与石油、天然气的分布有关系。在盆地边缘开采埋藏较浅的石炭-二叠系中的煤矿时，常受到下伏奥陶系灰岩岩溶水突水的威胁。

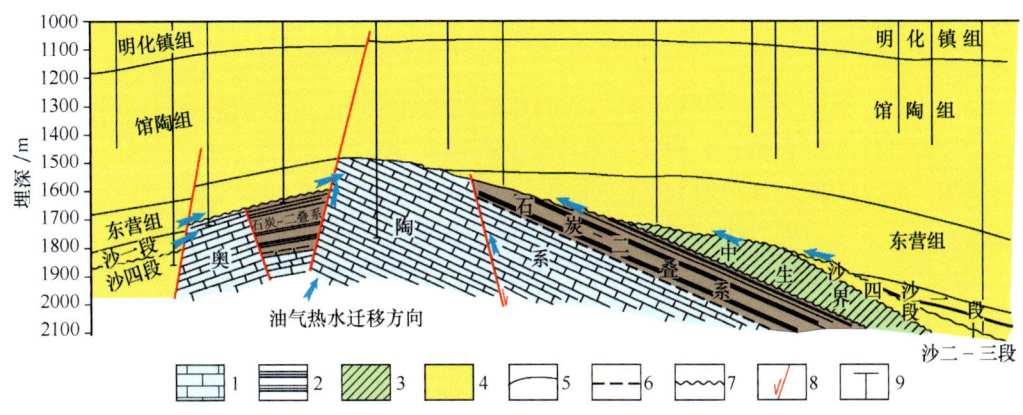

图 8.22　华北平原深部碳酸盐岩剖面图

（据刘鸿麟，1978，转引自王钧等，1989，有改动）

1—奥陶系碳酸盐岩；2—石炭-二叠系砂页岩夹煤层；3—中生界碎屑岩；4—古近系和新近系砂岩、泥岩；5—地层界线；6—假整合；7—不整合；8—断层；9—钻孔

1. 哪些因素会影响地下水对碳酸盐岩的溶蚀能力？
2. 试述有利于和不利于碳酸盐岩溶蚀的水文地球化学作用，并简述产生这些作用的水文地球化学环境，写出相应的反应式。
3. 指出地下非可溶岩裂隙发育和可溶岩岩溶集中发育的常见的地质构造部位。
4. 为什么岩溶水的分布一般很不均匀？
5. 说明岩溶地区下列岩溶现象的形成：
（1）多层溶洞。
（2）溶洞中的石钟乳、石笋和石柱。
（3）岩溶平原。
（4）峰丛山区。
6. 我国北方和南方岩溶地下水各有什么基本特点？简述它们对供水和排水的影响。

第9章 地下水资源及其利用

地下水是一种宝贵的水资源，可以作为重要的供水水源。在我国的北方干旱半干旱地区，社会经济发展所需要的水资源主要来自于地下水。例如，华北平原是中国人均水资源量最低的区域（不到全国平均水平的 1/6），农业和工业生产不得不大量抽取地下水，以弥补地表水的不足，到 2004 年地下水已经占总供水量的 67% 以上。北京市作为中国的首都，人均水资源量不足 300 m^3/a，属于严重缺水且依赖于地下水的城市，2004 年地下水开采量达到总供水量的 77%。另一方面，如前所述，不合理开采地下水，又会引发一系列地质环境问题。因此，了解地下水资源的特征，在开展地下水资源评价的基础上，考虑如何保护和合理开发利用地下水，是一个地区水资源管理的重要任务。

9.1 地下水资源的概念和特征

地下水资源从属于水资源。对于水资源的概念，目前仍然没有统一的定义，但是总体上可以分为广义和狭义两种。广义的水资源概念泛指地球上可被人类利用的水，即 "一切具有利用价值，包括各种不同来源或不同形式的水，均属水资源范畴"[1]。《中华人民共和国水法》第二条中将水资源规定为地表水和地下水，就是采用了广义的水资源概念。狭义的水资源概念指广义水资源中参与陆地水循环的液态水，是能够在人类现有经济技术条件下可调控利用的、可更新的、水质满足特定行业标准的水分。《中国大百科全书》（大气科学·海洋科学·水文科学）中把水资源规定为 "每年可更新的水量资源……对人类最有实用意义的水量资源，是陆地上每年可以更新的降水量、江河径流量或成层地下水的淡水量"，就是一种狭义的水资源概念。在进行水资源评价时，采用狭义水资源概念。

地下水资源具有水资源的一般属性，即参与陆地水循环、可再生、可调控。地下水的循环过程是水文循环的地下部分，其补给、径流和排泄都受到整体气候－水文系统的约束，因此地下水资源与地表水资源本质上是统一的。水文循环是一个持续不断的过程，地下水在参与水循环时不断与大气水和地表水相互转化，因此是一种可再生、可更新的资源。地下水不像地表水那样可以修建水库和渠道进行调配，但人类也可以通过井孔开采和回灌等技术对其进行一定程度的调节和控制。

地下水资源的特征表现在天然条件下的宝贵性、系统性、流动性、可恢复性或有限可

---

[1] 陈梦熊，1991，《水科学进展》笔谈。

再生性、可调节性以及人为影响下的衰减性和脆弱性等。地下水资源虽然具有水资源的一般属性，但一些属性的具体特征与地表水资源存在重要区别。

首先，地下水资源的赋存和流动空间比地表水资源更为广泛。地表水主要存在于水系，即由河流、湖泊、水库、渠道等构成的水文网络系统。地下水主要存在于含水层系统，并且大多数处于流动状态，它由平面上展布的、具有一定厚度的松散沉积物含水层、基岩裂隙或岩溶含水层组成，也可以存在于断层破碎带，不同程度参与地球表面的水循环。含水层系统的面状结构比水文网络系统的线状结构具有更大的赋存体积，使地下水循环对外界环境变化的缓冲能力更强，循环过程表现得更稳定。流域水系的边界可以通过地貌分水岭来圈定，但这并不一定是地下水系统的边界；一个大型流域内也可能连接了一系列相对独立的含水层系统或流动系统。因此，在进行区域水资源管理的规划时，既不能仅仅根据地表水系也不能单凭一个含水层系统或一个流动系统的分布确定管理范围，应考虑整个地下水系统的范围。

其次，从循环的速率来看，地下水资源是有限可再生的。地下水的循环交替速率远远小于地表水。一个水库的库容降低到死库容之后，在第二年的丰水季节即可恢复。这种以水文年为周期的循环交替过程使地表水具有很强的再生能力。然而，地下水的可再生能力远不如地表水，尤其是深层地下水循环速率很小，以致一个严重超采区"地下水库"的恢复可能需要几十年甚至上百年的时间。某些含水层中的地下水年龄达到几万年乃至几十万年以上，就是因为循环速率十分缓慢、循环路径十分漫长，虽然它仍然是可再生的，但"恢复"时间太长，以至于缺乏现实意义。地下水资源的有限可再生性，还体现在水质的"恢复"十分困难。相对于地表水，地下水的污染治理需要耗费几十倍、几百倍的时间和成本，即使去除了污染源，已经到达地下水中的污染物还能长时间停留在含水层中。这里所说的有限可再生性，并非否定地下水是可再生资源，而是强调地下水循环速率的有限性。

再次，地下水资源的调控难度也大于地表水资源。地下水的赋存空间大、对地表环境的变化有较大缓冲余地，从水资源的利用角度看比地表水资源更稳定。然而，这种稳定性并不意味着地下水资源是容易调控的。地表水系可以直接观察到，赋存空间相对狭小而明确，人类通过选择有利地形即可进行大范围地表水的工程控制和实时调节。含水层系统中的水流是无法直接观察的，其展布范围往往很大，与地表水的联系也十分复杂，一般只能通过分散的井孔进行监测，存在较大的不确定性。长期以来，人们试图以单个或者少数几个水源地为对象研究地下水的优化管理方法，但实际成功的案例极少。这是因为含水层系统的尺度通常都远大于由若干个井孔确定的水源地面积，不同水源地之间的响应时间也通常远大于一个水源地内部井孔之间的响应时间。这种尺度上的巨大差异使地下水资源的调控必须打破地域限制，对现有水利工程的管理模式是一个挑战。

此外，地下水资源与其他流体矿产资源（例如石油、天然气）相比，虽然它们在开采条件下都具有流动性，但是石油和天然气不具有可恢复性，在开采条件下逐渐趋于枯竭。大多数地下水资源虽然具有可恢复性，是有限可再生的，但是在人为过量开采的情况下也会衰减，对于没有补给来源或补给量极其微弱的深层地下（卤）水，在开采条件下也会逐渐趋于枯竭。地下水资源对人为因素的干预表现出一定的敏感性或脆弱性，不仅表现在水量上的变化，也表现为水质上的变化。例如，在人类过量开采的情况下地下水资源会发生衰减，而人类不适当的污染物排放容易导致地下水污染，地下水一旦被污染，治理十分困难。

9.2 地下水资源评价简介

地下水资源评价是开发利用地下水之前，根据水文地质条件对地下水的资源总量和开采潜力进行评价的工作，可以为地下水资源的开发利用提供资源数据。

9.2.1 地下水资源（量）的分类

在对地下水资源进行定量评价时，需要给出不同类型的资源数量。地下水资源可以分为补给资源、储存资源和开采资源。补给资源和储存资源是地下水系统天然存在的，属于天然资源。补给资源是一个地下水系统在一定时期（通常为一年）内获得的补给量，在天然条件下在多年时间内每年的补给量与每年的排泄量接近相等。地下水的补给资源也可以看成是通过地下水系统的补给和排泄过程体现出来的径流量，反映了含水系统每年可更新的水量，具有流量单位（m^3/a）。地下水的储存资源是一个地下水系统内长期积累和保存的水量，取决于地下水系统的分布空间和储水、导水能力，是在含水层空隙介质中储存的水量，具有体积单位（m^3）。补给资源使地下水系统具有可恢复性和可更新性，储存资源使一般的地下水系统具有一定的可调节性。值得注意的是，地下水储存资源的调节作用是依赖于其补给资源的存在而起作用的，如果一个地下水系统没有补给资源（例如深层地下（卤）水），则其储存资源也起不到调节作用（周训，2013）。

地下水的补给资源（即补给量或排泄量）已经成为地下水资源开发利用的主要依据。补给量主要由地下水侧向径流的流入量、降水入渗量、地表水渗漏量等构成。排泄量主要由潜水蒸发量、地表溢出量（溢出为地表水）和侧向径流的流出量等构成。至于是把补给量还是排泄量作为有效的补给资源，应根据具体的情况加以处理，不宜绝对化处理。在天然的零均衡状态下，补给量和排泄量是相等的，因此任何一个都可以作为补给资源，选择更易于准确评价的即可。补给资源在一定程度上代表了地下水可循环更新的水量，代表了人类对地下水资源的最大开采限度。也就是说，一个地下水系统的开采量一般不宜超过其补给量。

对于地下水的储存资源，即储存量，一般认为它具有调节意义。这种调节作用是指枯水季节可以动用一部分储存量以解需水之急，然后在丰水季节进行补充，达到总体上储存量不变的目的，俗称"以丰补歉"。地下水储存资源的调节作用大于地表水储存资源。地表水更新速率大，作为储存资源的河槽蓄水量相对作为补给资源的河川径流量而言，基本可以忽略。地下水的循环更新速率小，储存空间大，含水层中储存的水量往往比每年实际更新的水量大，使得储存资源的重要性远大于地表水资源。地下水储存资源的重要性，还在于人类开发利用地下水不可避免的会改变其储存量。式（5.21）表明，即使开采条件下地下水系统又达到了补给量与排泄量相等的平衡状态，新旧两种平衡状态的储存量也很可能不同，多数情况下储存量是减少的。在许多地区，人类所开采的地下水有很大部分是来自于储存量的消耗，这些已经被利用的储存资源不能忽视，应在丰水年份予以补偿。

地下水的补给资源或储存资源不等于人类可以完全开发利用的地下水资源。人类对地下水的开采增加了地下水的一种排泄途径，将引起地下水系统的一系列响应。如果开采强度等于地下水的天然排泄量，意味着地下水的其他排泄方式将全部中断，这可能产生非常严重的后果。如果地下水的储存量不断被消耗，那么经过一段时间之后含水层将面临枯竭的命运。为避免引发不良的生态和地质环境后果，人类只能开发地下水资源的一部分。如果一个地下水系统存在激发补给，意味着这个地下水系统的开采量可以增加，其增加的数值不超过激发补给量，同时也意味着相邻地下水系统补给量的减少，需要统筹兼顾相邻地下水系统的开采。如果只是在一个地下水系统内部的局部地段存在激发补给，则意味着整个地下水系统的补给量并没有增加，地下水的开采量不应超过这个地下水系统的总补给量。

地下水的开采资源是指地下水系统中可以开采的水量。开采资源并不是一个地下水系统独立存在的，而是由补给资源和（或）储存资源转化而来的（周训，2013）。地下水开采资源中目前可以被人类利用的部分称为允许开采资源（或可采资源、可开采量，简称可采量）。《地下水资源分类分级标准》（GB 15218—1994）把地下水资源分为能利用的资源和尚难利用的资源，其中能利用的资源就是允许开采资源，定义为"具有现实经济意义的地下水资源。即通过技术经济合理的取水构筑物，在整个开采期内出水量不会减少、动水位不超过设计要求、水质和水温变化在允许范围内、不影响已建水源地正常开采、不发生危害性的环境地质问题并符合现行法规规定的前提下，从水文地质单元或水源地范围内能够取得的地下水资源。"《水资源评价导则》（SL/T 238—1999）中也规定：地下水可开采量是指不发生因开采地下水而造成水位持续下降、水质恶化、海水入侵、地面沉降等水环境问题和不对生态环境造成不良影响的情况下，允许从含水层中取出的最大水量。

9.2.2　地下水资源评价方法简述

在新建任何一个地下水开发利用工程（水源地）之前，都必须知道研究区有多少地下水资源，预测工程实施之后地下水均衡状态的变化，判断相关的地质环境和生态环境是否会恶化。回答这些问题就是地下水资源评价的主要任务。地下水资源评价包括水量评价和水质评价两个部分，都要在专门的国家规范指导下进行。

水量评价的目标是确定地下水均衡要素的总量，预测不同开采规模对地下水均衡状态的影响，限定地下水的允许开采量。地下水资源的水量评价一般按以下的步骤来进行。

（1）圈定合理的评价区

根据地表水资源和地下水资源评价一致性的规定，地下水资源的评价也要按照不同级别的江河水系进行流域分区，而不能只限于某个水源工程建筑物的覆盖范围，也不能限于某个特定的含水层，以"影响半径"来圈定评价区往往也是不合理的。目前还存在用行政分区作为评价区的习惯，但这样做只是为某个行政区域的管理者提供参考，其资源数量必须在流域背景下进行合理的划分。

（2）资料收集、补充勘探

对评价区气象、地理、水文、含水层特点、水资源利用水平等现状条件进行调查，收集资料数据。如果现有的资料数据不足或由于年代太老不适应新情况，就需要开展补充勘探，选择适用的测绘遥感技术、地球物理探测技术、地下水钻探和试验技术、同位素示踪技术等。对全部资料进行系统的分析，按照重要程度排列出评价区所有的地下水补给要素和排泄要素，并确定各种要素对应的评价参数，如降水入渗系数及潜水蒸发极限埋深等。

(3) 取多年平均数据或典型水文年数据进行现状水均衡分析

计算现状条件下地下水的总补给量和总排泄量，确定当前的水均衡状态。如果评价区地下水的现状是零均衡，那么总补给量或总排泄量都可以作为地下水的资源数量，其单位一般为 $10^8 m^3/a$。对于已经存在地下水开采的地区，需要特别注意地下水是否处于负均衡状态。如果地下水向负均衡状态演变，应计算其储存量的年度递减值，即评价地下水存量资源的消耗速率。由于地下水均衡要素都存在一定程度的不确定性，现状水资源的计算也要对结果的精度进行评估，并给出不同保证率下的资源量。

(4) 对地下水均衡状态的影响

采用合适的分析模型，按照不同的方案预测新增地下水开发利用工程对地下水均衡状态的影响。根据问题的复杂程度，可以选取经验公式、地下水动力学解析理论、数值模拟等手段进行地下水开采动态预测。随着计算工具的进步，数值模拟越来越成为地下水资源评价的重要方法。但是，使用数值模拟软件并不能代替对地下水分布和运动规律的认识，必须使模型的建立符合评价区含水层的特点和计算精度要求，充分考虑地下水与地表水的相互作用，考虑地下水均衡状态变化后可能导致的参数变化。模型预测的时间可以达到 10 年或 20 年，但并没有最长时间的限制，因为 10 km 尺度以上的区域地下水响应时间可以非常长，甚至达到 1000 年。

(5) 确定可开采量

以水资源保护和生态环境保护为约束条件，根据预测结果确定可开采量。地下水开发利用的约束条件在各个地区是不一样的，并且是随着时代的发展而变化的，有些地区要防止河流干涸、泉水断流、湿地退化，有些地区要防止地面沉降、土壤盐渍化、海水入侵，还有些地区要避免含水层被疏干等，应尽可能在分析中考虑周全。新建工程不损害现有地下水开发工程、不损害邻近地区的用水也是重要的约束条件。可开采量就是满足上述综合约束条件的地下水开采规模，其单位一般也是 $10^8 m^3/a$。但是，实际可开采量与开采方式（布井位置、布井数量、抽水周期等）也有关系，应在水资源评价报告中加以讨论。

地下水的水质评价目标是确定地下水的化学成分作为饮用水源的适宜性，判断是否受到污染和可能遭受污染的风险。水质评价必须从有代表性的地下水监测孔中提取水样，进行常规水化学分析、污染物检测等调查。对于存在地表水渗漏或灌溉水回归补给的情况，地表水、土壤水的污染程度和地下水接受污染的途径也在调查之列。地面存在的各种点源和面源污染都应该在地下水污染的风险评价中加以考虑。

地下水的水量评价和水质评价应相互结合。如果评价区地下水的矿化度有差异，需要将其按照淡水区、微咸水区、咸水区分别评价水量资源。水量评价的预测模型不仅要计算地下水位的变化，在条件具备的情况下，还可以建立溶质运移模型以便计算地下水矿化度、特定化学组分浓度的变化。

9.2.3 流域水资源评价要点

在一个流域范围内，单独的地下水资源评价或单独的地表水资源评价不能作为水资源研究和管理的充分依据，因为地表水和地下水本质上是统一的水资源，必须综合评价。

对于以出海口为控制点的一级流域，如我国的长江流域和黄河流域，其水资源总量从根本上取决于大气降水与流域蒸发的平衡关系。大气降水总量扣除天然蒸散总量，即为人类可能控制的流域可更新水资源总量，分别以地表径流和地下径流的方式存在，通过农田灌溉、工业生产、生活用水等方式消耗，剩余部分转化为入海流量。对于一级内陆河流域，出境水量为零。在一级内陆河流域的次级流域，除了大气降水，来自相邻次级流域的入境水量（包括地表水和地下水）也是本流域水资源的一部分。然而，这实际上属于水资源在大型流域上中下游的重新分配，并不会使水资源总量增加或减少。因此，全国性的水资源评价会特意把次级流域之间交换的地表径流和地下径流扣除，避免重复计算。

由于气候、地貌、地质条件的差异，不同流域的水资源评价重点也不一样。在我国南方部分多雨多山地区，地表水系发达，而地下水主要赋存于风化壳裂隙含水层，或者赋存于厚度较小范围较窄的坡积、冲积含水层中，水资源开发对象主要为地表水，因此流域水资源评价以地表水资源为主。在我国北方大型沉积盆地的平原区，地表水径流量较小，而地下水主要赋存在厚度很大的第四系含水系统中，并且是水资源利用的主体，因此流域水资源评价应突出地下水资源的作用。

9.3 地下水资源的可持续利用

地下水资源虽然是一种可更新、可再生的资源，但从水循环速率的有限性这一点看，地下水资源又是有限可再生的。如果人类对地下水的开采速率过快，导致地下水储存资源大量消耗而难以恢复，将引发一系列不利于人类可持续发展的后果。在这方面，国内外的教训很多。因此，如何保持地下水资源的可持续利用，是人们向地下水系统汲取地下水之前需要认真考虑的问题。

9.3.1 地下水可持续利用的含义

联合国环境与发展大会（1992）所倡导的"可持续发展"概念指出，当代人类的发展必须留下足够数量的自然资源和足够良好的生态环境，以满足后继人类生存和发展的需求。这种可持续发展的概念强调了当代人与后代人之间的道德关系。根据这一道德指引，人类今天的水资源开发不能导致后代陷入严重的水资源短缺困境和生态环境困境。

实际上，可持续发展还必须强调当代人与当代人之间的道德关系，即一个地区人类的发展，不宜夺取其他地区人类发展所需要的自然资源和破坏其他地区的生态环境。在人类社会经济联系全球化越来越显著的时代，不同地区的发展是相互制约的。如果某个地区的发展滥用自己的优势形成了对其他地区不利的条件，本地区的发展也将最终受到制约。根据这一道德指引，一个流域上游地区的水资源利用，必须考虑中下游地区发展所需要的水资源。而这种上下游人类发展之间的关系，正是目前流域水资源开发面临的重要问题。20世纪60~90年代，属于我国西北地区黑河流域中游的河西走廊地区大力发展绿洲农业经济，来自祁连山的地表水被不断涌现的水利工程截流到各个灌区，用水量持续增加，使下游的额济纳盆地得不到足够的入境水量，继1961年终端湖西居延海干涸后，1991年另一终端湖东居延海也开始出现多年干涸状态，湖底沙土暴露成为新的沙源，加重了沙尘暴对河西走廊地区乃至华北地区的危害。这正是流域中下游水资源配置不谐调、违反可持续发展原则的后果。

依照上述两个原则，地下水资源的可持续利用，一方面是指一个地区的地下水资源开发利用，要维持本地区可持续发展所需要的地下水储存资源，避免出现严重的生态环境问题，另一方面是指一个地区的地下水资源开发利用不能破坏地表水资源的可持续性，不能影响相邻地区地下水资源的需求。如果一个地区的地下水开采总量和开采方式满足上述两个要求，可以认为达到了可持续利用的效果。否则，这个地区就会存在过量开采地下水或地下水开发利用方式不合理的现象。

9.3.2 过量开采地下水的后果

如果区域地下水的开采规模太大，导致地下水位持续不断下降，并引发了严重地面沉降等环境地质问题，可以认为地下水的开采过量。一般认为地下水开采量超过可开采量即属于超采，属于过量开采状态。但是，目前还没有地下水超采的统一定义。我们决不能认为地下水开采量小于其补给资源就意味着没有过量开采。可以想象，地下水99%的补给资源都被人类利用了，只剩1%留给大自然，必然在局部或很大范围内引起河川断流、湖泊干涸、植被退化等环境问题。

过量开采地下水的一个直接后果就是导致大范围地下水位多年持续下降，不能通过丰水年的水文调节自动恢复。这标志着区域地下水的储存资源处于不断的消耗状态。我国许多集中开采地下水的地区都出现了不同程度的地下水位持续下降现象。号称"天下粮仓"的华北平原，在20世纪50~60年代以前很少开采地下水，很多地方的第四系承压水井孔可以自流。1960~1970年以来，华北平原地下水开采量逐年增加，开采深度逐渐加深。例如，河北省的地下水开采量从不到 50×10^8 m³/a 到超过 160×10^8 m³/a，开采井超过70万眼，开采深度从不到40 m延伸到350 m以下。与之相伴随的是地下水位降落漏斗的持续加深和扩大，漏斗区浅层地下水位普遍下降到埋深10 m以下，而深层承压水的水头甚至下降到距地面90 m以下。目前，河北省所产生的23个水位漏斗区已经与北京、天津的水位漏斗区连成一片，地下水位普遍低于海平面（图9.1），成为面积达 7×10^4 km² 的复合水位漏斗，是世界上最大的地下水位漏斗。河北平原典型地下水位漏斗的发展趋势见表9.1。地下水位大幅度下降使原来掘进较浅的机井无法出水而报废，石家庄、衡水、沧州3个地区1996年报废的机井总量达到19000多眼（邵爱军等，2003），地下水开采的成本不断增加。

表9.1　河北平原典型地下水位漏斗水位变化情况　　　　　单位：m

	年份	1965	1970	1975	1980	1985	1990	1998	2006
漏斗中心水位埋深	石家庄漏斗	7.57	10.37	15.29	20.39	31.32	37.22	37.82	45.32
	冀枣衡漏斗	—	12.06	32.68	50.31	56.10	56.84	76.21	93.83
	沧州漏斗	0	—	50.28	69.99	75.65	82.08	93.73	101.00

注：1965~1990年数据据邵爱军等（2003）。石家庄水位漏斗为浅层潜水，冀枣衡水位漏斗和沧州水位漏斗为深层承压水。

地下水位的持续下降可能伴随一系列的环境地质问题。首先是增加地表水的渗漏损失，使河道和渠道断流、湖泊干涸、湿地退化。位于河北平原的海河流域已经干涸了4000 km的河道，湿地面积从20世纪70年代的 1.0×10^4 km² 急剧减少到不足 0.2×10^4 km²。北京圆明园遗址公园原本是地下水的排泄区，地下水位下降使之从一座"水景

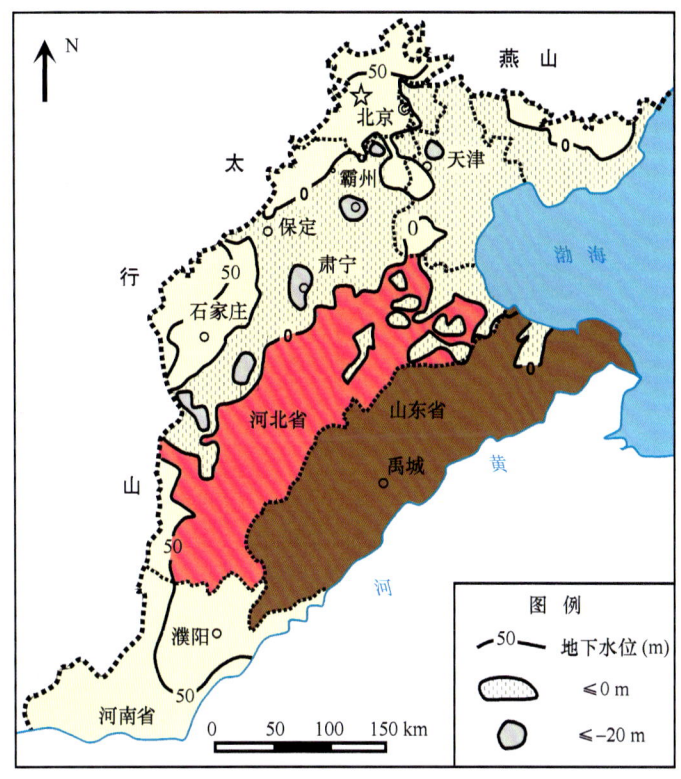

图 9.1　华北平原 2007 年 6 月浅层地下水位分布图（平面图）
（据中国地质环境监测总站资料绘制）

园"变成了"漏水园",2005 年圆明园管理处试图通过湖底铺膜工程防止渗漏,曾引起全国的一片激烈争议。济南趵突泉、太原晋祠泉等世界闻名的泉水也由于地下水位持续下降出现过断流。北京小汤山温泉因附近大量开采地下热水而断流（图 9.2）。其次,地下水位的下降还可能诱发地面沉降、地裂缝、咸水入侵等地质灾害。我国上海、天津、西安等地区均有比较严重的、由地下水开发导致的地面沉降问题。不均匀地面沉降的发展,也加剧了西安地区和河北地区地裂缝的发育规模,对人类生产生活造成很大的影响。我国东部沿海含水层在过去以向海洋排泄地下水为主,现在许多城市化地带开辟了大量水源地抽取地下水,地下水位漏斗向海岸线延伸,而海水则逐渐侵入含水层污染可饮用的淡水,造成了地下水资源的破坏。

9.3.3　地下水开发工程的科学管理

为了避免出现过量开采或开发利用方式不合理产生的不良后果,有必要根据可持续利用的原则,对区域地下水开发工程进行科学的管理。这种管理必须遵循地下水资源形成的特点和地下水与环境之间的客观联系。

合理的地下水资源评价是进行地下水资源科学管理的前提。一个区域地下水的补给资源、储存资源和允许开采资源,决定了这个地区社会经济发展所能依赖的地下水资源。也就是说,地下水资源对社会经济需求的承载力是有限的。可开采资源决定了最适宜的地下

图 9.2　干涸的北京小汤山温泉

水需求量。补给资源决定了不计生态环境后果所能达到的最大开采量。储存资源决定了地下水耗竭型开采所能达到的规模和时间。因此，合理确定区域地下水可开采量，使补给资源的截取和储存资源的消耗在可持续利用所允许的范围内，是区域地下水开发利用规划首先要完成的任务。应该避免在没有对地下水开发后果进行科学预测评价的情况下，就根据现状统计数字使用所谓经验系数来估算地下水的可开采量。

地下水开发工程的科学管理应该有全局的观念。地下水资源不是在一口开采井方圆数千米范围形成的，也不是在一个城市的行政区内形成的，而是涉及某种层次的整个流域和含水系统。这就要求地下水的管理打破单个水源地和行政区的限制，在流域尺度上进行通盘考虑。同时，地下水资源不是在含水层内孤立产生的，而是和地表水以及生态系统发生着密切的联系，地下水资源的开发利用必须照顾到地表水资源的管理和生态环境的保护。同样，地下水资源的管理者也应当敏感地认识到水利工程、农业工程、生态环境整治工程对地下水的影响。

地下水资源的科学管理需要以监测为基础。地下水开发利用对含水系统、地表水、生态环境所产生的影响，只有在严密监测的情况下才能掌握其动态，进行定性或定量分析，做出符合实际的判断，使管理措施能够及时而准确。地下水的水位和水质监测主要通过井孔来实现。不同类型、深度、位置的井孔所能够反映的地下水状态是有差异的，因此监测孔的布局和观测频率应能够满足监控所有被开采和受影响的含水层。目前，我国全国性的地下水监测网基本建立，而在信息化和实时监控方面还有待开展大量的工作。地下水资源的管理不仅仅需要监测地下水本身，地表水、地面污染源等其他环境监测信息也应该及时掌握，以便增强应变能力。

有效的法规和制度是进行地下水科学管理的社会保障。地下水开发利用的管理不能依赖于本专业的工程师，因为水资源的管理问题不是纯粹的科学技术问题，在很大程度上恰恰是社会问题。地下水科学与工程的研究者们曾经开发了具有最优解的地下水管理模型，但被成功应用的案例极少。这是因为单纯的管理模型很难把握人类活动和价值取向的复杂性。然而，在国家可持续发展的观念指引下，人们越来越意识到社会的发展不能脱离资源与环境的约束条件,所制定的法规和制度逐渐加强了人类与自然和谐相处的目标。例如,江苏省在 2000 年通过省级人大常委会立法,在苏(州)(无)锡常(州)地区限期禁止开采地下水(2003 年底以前在地下水超采区实现禁开采地下水,2005 年底以前在苏锡常地区全部实现禁采地下水),2005 年又制定发布了《江苏省地下水利用规程》(DB 32/791—2005)。北京市从 2008 年 3 月 1 日起,按照《北京市建设工程施工降水管理办法》,行政区内所有新开工的各类工程限制进行施工降水,以防止浪费地下水资源。国家统一的水资源论证制度和环境影响评价制度,也在不断加强对地下水资源的关注,这种局面为发展地下水的科学管理带来了契机。

1. 试述 2~3 种地下水资源(量)分类,探讨它们各自的优缺点,并举例加以说明。
2. 地下水资源有哪些特点?与地表水相比,有哪些不同之处?
3. 地下水资源为什么具有可恢复性?
4. 地下水资源为什么具有可调节性?这一特性在供水中有什么意义?
5. 补给资源和储存资源在供水中有什么实际意义?
6. 举例说明地下水的补给资源如何随人类对地下水的开采活动而变化?
7. 如果采排地下水一段时间后,新增的补给量及减少的天然排泄量与人工排泄量相等,含水层水量达到新的平衡。在地下水位动态曲线上表现为:地下水位在比原先低的位置上波动,而不出现持续下降。请用示意图表示上面的说法。据此说明地下水资源的分类依据和开采潜力的制约因素。
8. 试说明以垂直交替为主和以径流排泄为主的两种潜水含水层地下水资源的特征。
9. 傍河水源地开采地下水时,河水对地下水的补给存在哪几种基本方式(试绘出剖面图并加以说明)?在不同方式下评价该类水源地的地下水资源时,如何处理河流边界?
10. 过量补充和开发地下水会引起哪些环境地质问题?

第10章 地下水与地质环境

地下水不仅是一种宝贵的水资源,也是地质过程和地质环境中无处不在的活跃因子。地下水循环中的补给、径流和排泄过程都与含水介质发生相互作用,成为岩石圈地质过程的一个部分。因此,地下水的物理化学性质和流场特征反映了地质环境的形成和演化机理,同时也可以对地质环境的变化起到推动作用。当这种地质环境的变化对人类的生存和发展产生不利影响时,地下水对人类来说实际上是存在危害的。在这种情况下有必要研究地下水与地质环境的相互作用,以便尽可能降低以致消除地下水的危害。

10.1 劣质地下水的危害与控制

地下水是否适合作为人类使用的水资源,取决于其物理化学性质。凡是物理化学性质不符合供水标准的地下水,称为劣质地下水。这里考虑的供水标准主要面向生活用水和农业用水,而工业用水对不同的工业类型有特殊的要求,工业供水标准暂不作为判断劣质水的依据。我国目前实行的生活用水和农业用水的水质标准为《生活饮用水卫生标准》(GB 5749—2006)和《农田灌溉水质标准》(GB 5084—2005)。

10.1.1 劣质地下水的类型及其危害

劣质地下水从形成条件上分类,主要包括天然成因的劣质地下水和人类污染成因的劣质地下水。

10.1.1.1 天然成因的劣质地下水

天然成因的劣质地下水,是地下水在自然循环过程中与岩土介质发生水-岩相互作用,经长期演化而形成的。这种天然形成的劣质地下水主要有高矿化度水、高氟水、高砷水和其他有害离子超标的地下水,以及由于某些重要的微量元素缺乏而形成的劣质地下水。天然成因的劣质地下水容易导致地方病的发生。高矿化度水和高氟水往往是伴生的,有时还与高砷水伴生,会加重劣质地下水的严重性。

这里的高矿化度水是指矿化度大于 1 g/L 的地下水,主要考虑了供水和饮用的目的。高矿化度地下水的形成与溶滤作用、蒸发浓缩作用、海相沉积作用有关,受古气候环境和沉积规律的影响。矿化度高的地下水往往硬度和碱度也高,味咸而苦,被人们称为"苦咸水"。这种苦咸水不仅会损害饮用者的健康,也不适合作为灌溉用水。如果浅层地下水主要为高矿化度水,将严重影响一个地区的社会经济发展。我国有近 4000 万人生活在浅层地下水为高矿化度水的地区，主要分布在华北、西北各省。

高氟水是指氟含量大于 1.2 mg/L 的地下水。地下水中的氟主要来源于岩石矿物的溶解，如萤石、冰晶石、氟磷灰石、云母和电气石等都含有氟。经过地下水的搬运，氟离子可以迁移到低洼地区，并在干旱气候条件和一定的物理化学环境中富集，从而成为高氟水。长期饮用高氟水会导致慢性氟中毒，即氟斑牙和氟骨症，还容易诱发动脉硬化。我国的高氟地下水主要分布在东北、华北和西北地区，地方病情况比较严重的有吉林西部、内蒙古、晋北、陕北、宁夏南部、甘肃、青海、新疆东部等地区，涉及人口约3000万。

高砷水是指砷含量大于 0.05 mg/L 的地下水。高砷地下水的形成与古地理、古沉积环境有很大的关系，通过含砷无机物的氧化、向富含铁锰的矿物吸附、细粒沉积物中的厌氧还原、生物作用等途径在地下水中富集。高砷水的分布具有很强的地域性。世界范围内主要分布在孟加拉国、印度西部的孟买、美国阿拉斯加以及我国的山西、内蒙古等地区。砷在人体的积累可以导致各个器官的损害，出现皮肤癌、乌脚病、色素沉着等病症，还容易导致肝病和肾病。

有些地区的地下水因缺乏某种微量元素而成为劣质地下水。我国西北地区的一些人群曾长期饮用缺乏碘（含量低于 0.01 mg/L）的地下水，导致甲状腺肿大。沿大兴安岭、长白山、太行山、六盘山至云贵高原的一些山区，曾流行大骨节病（克山病）。这些地区的地下水普遍缺少硒元素。

10.1.1.2　人类污染成因的劣质地下水

天然条件下满足供水标准的地下水，在人类活动的作用下受到污染而不再符合供水标准，就是人类污染成因的劣质地下水。由于人类向自然界排放的污染物种类很多，这种劣质地下水类型也很复杂。从饮用水供水标准来看，人类污染成因的劣质地下水有些是无机物超标，有些是有机物超标，甚至多种化学成分超标，与地下水补给过程接受的污染物有关。

长期使用化肥和农药的耕地、果园，可以导致大面积浅层地下水的氮污染和杀虫剂污染。其中，"三氮"污染是我国地下水污染的主要类型。氨氮通过淋滤扩散从土壤进入到地下水之后，能够转化为亚硝酸盐和硝酸盐类的致癌物质。难以降解的杀虫剂可以在生物体内积聚，危及人体健康。浅层地下水由于这种面源污染演变为劣质地下水，严重威胁着我国广大平原地区农村和城市的饮水安全。

有机污染物对地下水劣质化有很大的推动作用。难以降解的有机氯农药、多环芳烃及其他持久性有机物，是"致癌、致畸和致突变"的高危物质，这些物质现在已经频繁出现在地下水中。这些污染物主要来自垃圾填埋场、排放污水的河沟、化工厂排污系统、污水灌溉等。石油管线、加油站储油库的泄漏也会导致地下水中总酚、苯、甲苯等碳氢化合物的超标。

地下水污染已造成我国严重的水质型缺水现象。很多地区的浅层地下水已经演变为Ⅳ类和Ⅴ类水，不宜直接饮用，这种劣质水的分布面积在淮河平原接近总面积的70%，在太湖流域达到90%以上。

10.1.2　劣质地下水的调查评价

劣质地下水的调查评价是在进行常规区域地下水水质调查评价基础上，针对劣质地下水的特定类型和供水安全问题，进行进一步的调查评价，以确定劣质地下水的分布范围、形成条件、赋存含水层特征、致害程度等。

对天然成因的劣质地下水需要集中调查总溶解固体或关键元素（氟、砷等）的浓度和不同浓度地下水的分布特征，与区域地下水化学背景下的本底值和供水标准进行对比。在调查评价其成因时，更要考虑大区域（流域或构造单元）内的地下水循环过程、水-岩相互作用机理和地质历史演化过程，因此调查的对象不限于地下水。

调查评价人类污染成因的劣质地下水是综合性的工作，不仅需要掌握地下水的天然水质特征（物理化学要素的本底值）和现状成因，还应该评价水质的未来演变趋势。来自地面的污染物种类多、分布不均匀，迁移到地下水的时间和浓度也各不相同，很难通过少量的井孔来判断一个地区的水污染状况。对于潜在的点源污染，如加油站、垃圾填埋场和化工厂，可以重点调查其附近的土壤水和井孔地下水是否存在特定的污染物，根据点源污染存在时间和场地的地下水条件判断未来污染物迁移趋势，在必要的情况下可以布置新钻孔和高密度地球物理探测提高调查的准确性。对于线源和面源污染，应在污染源分布区大量调查现有井孔地下水中是否存在相关的污染物，有机物的检出率（检测到地下水中含特定有机物的井孔占全部调查井孔的比例）越高，说明一个地区污染物迁移到地下水的范围越大。地下水受污染的风险不仅受污染源的影响，还与地面污染源下部的包气带特征和含水层条件有关，因此为了评价未来变化趋势，有必要同时调查表层土壤和包气带深部的情况，并在受影响的范围内确定浅层地下水和深层地下水是否存在水力联系的条件。

10.1.3 劣质地下水的利用与控制

如何化害为利和治理劣质地下水是人类面临的重要课题。通过长期的生产实践和科学技术研究，国内外已经在劣质地下水的利用和控制方面取得了一定的进展。

对于高矿化度劣质地下水，存在着资源化利用的潜力。首先，矿化度很高的盐卤水是一种能够产生经济效益的矿产资源。盐卤水中的 NaCl 和 KCl 可以提炼出来作为工业盐甚至是食盐。另外，卤水中往往还含有较高浓度的溴、锶等元素，具有很高的工业价值。其次，微咸水也可以在农业灌溉中进行合理的利用，研究表明小麦、棉花等农作物有一定的耐盐度，使用略大于 1 g/L 的微咸水进行灌溉不会明显降低产量。河北省从 20 世纪 90 年代开始，将浅层咸水、微咸水与开采的深层淡水混合进行农田灌溉，取得了很好的效果。但是，微咸水灌溉也应当进行科学的调控，以免造成大面积土壤盐分的有害积累。

为了防止天然成因的劣质地下水造成地方病流行，加强饮水安全是重要的措施。生活用水的水源地应选择水质良好的含水层进行开采，然后运送到存在浅层劣质地下水的居民区，帮助人们摆脱本地劣质水的危害。目前，城市地区的供水安全有较大的保障，农村偏远地区饮水安全问题还面临很多困难，正在逐步解决。某些地区饮用水中缺碘的问题，已经通过含碘盐的推广而解决。利用先进的水质处理工艺对天然成因的劣质地下水进行集中处理，也可以提供安全的饮用水。河北省沧州市积极发展咸水淡化工程，采用电渗析或反渗透膜技术对开采的浅层地下水进行除盐、除氟，解决了几十万人的饮水困难问题。沧州化工集团还建成了国内最大的日产 18000 m³ 淡水的苦咸水淡化生产线，实现了劣质地下水的规模工业化处理。

对人类污染成因的劣质地下水，从污染源上进行控制是最妥当的办法。一旦含水层受到污染，治理的难度相当大。目前，国际上主要采用上游截获处理的办法防治地下水污染，即在污染物迁移的路径上降低它的浓度，减轻水源地受到污染的风险。对于进入包气带的可降解污染物，可以通过注气或注入降解菌方法进行去除。对于已经进入含水层的污染物，可以在捕获区将地下水抽出来，经处理后再回灌到含水层，这种方法称为抽出处理法。另外，也可以设置地下反应栅（墙），让地下水在流过时污染物能够原位降解。这些方法对点源污染比较适用。对于面源污染的地下水，人类目前还缺乏有效的原位修复技术。

10.2 地下水与地质灾害

地质灾害的形成往往与地下水存在十分密切的关系。这不仅是因为地下水的流动反映了地壳物质能量的分布和转移，还因为地下水积极参与水-岩相互作用，能够改变地质环境的物理化学属性。如果这种能量的变化和物理化学性质的变化朝着对人类不利的方向发展，就可能诱发地质灾害。

10.2.1 地下水开采引发的地质灾害

在天然条件下，长期的地下水循环过程已经与岩石圈的地质过程建立了相对稳定的平衡关系。人类对地下水的开发利用一般会降低局部地区乃至大范围内的地下水位，从而打破天然平衡状态，使水圈与岩石圈朝着新的平衡状态演变，其中的某些演变以地质灾害的方式出现。

在一些断陷盆地的平原区，开采松散沉积物中的地下水容易导致地面沉降。严重的地面沉降特别是不均匀地面沉降属于地质灾害。根据有效应力原理，含水层的水压力在被开采之后将下降，沉积物承受的有效应力将增加并发生垂向压缩，从而导致地面下沉。地面沉降并不全都是地下水开采引起的，也可能有构造沉降的影响，但地下水开采导致的灾害性地面沉降要比其他原因所致的沉降速率大很多。发生这种灾害性地面沉降的条件是：①含水系统具有较大厚度的欠固结软弱岩土层，特别是发育大量黏性土夹层，这些地层的厚度往往是不均匀分布的；②区域性的地下水开采导致地下水位持续多年下降，下降幅度和地下水位漏斗的扩展范围都很大；③地面上存在对地面沉降敏感的人类建筑物。这些条件在国内外的许多地区都已经满足。美国亚利桑那州的井灌平原区发育很厚的黏性土层，在 1948~1969 年间，地下水位下降了 70~100 m，地面下沉普遍超过 1.2 m，最大沉降量达到 2.5 m，严重的不均匀地面沉降破坏了输水管线和道路。大型城市往往大量开采地下水作为生活用水，容易诱发地面沉降并对大城市的发展构成威胁。一些典型城市的最大累计沉降量为：美国长滩市 9.5 m，墨西哥城 6.0 m，日本东京 4.6 m，天津 3.3 m，上海 2.6 m。我国的长江三角洲、华北平原、西安地区等都受到地面沉降灾害的困扰。表 10.1 给出了华北平原典型地区的地面沉降、地下水开采层和地下水位埋深等情况，从中可以看出，地下水位每下降 1 m 会导致 10~40 mm 的地面沉降量。

地裂缝是地下水开采引发地面沉降之后伴生的又一地质灾害。地裂缝原本是构造地质活动形成的地表裂缝，但是不均匀地面沉降加剧了地裂缝的发育。截至 2006 年，河北省已经发现的地裂缝有 482 条，影响到 70 个县市。河北柏乡县的一条地裂缝延伸长度达到 8 km，最宽超过 1 m，目视深度可达 2 m。西安地区到 1999 年为止，共发现 11 条地裂缝，基本呈北东走向，延伸长度多数超过 5 km，最长的超过 20 km。地裂缝对建筑物有很大的危害。

表 10.1　华北平原典型地区的地面沉降情况（截至 2005 年）

典型地段	主要开采层位及时代	压缩层深度 m	地下水位下降深度/m	累积沉降量 mm	地下水位每下降 1 m 的沉降量/mm	近年来年均地面沉降量/(mm·a^{-1})
北京	第 1 含水组（Q_4+Q_3） 第 2 含水组（Q_2）	<120	40	661	16.5	15~20
廊坊	第 3 含水组（Q_2） 第 4 含水组（Q_1）	300~500	48.53	798	16.4	30.47
天津武清	第 3 含水组以下 （Q_1+N_2）	180~370	73.04	2890	39.6	68.4
天津市区	第 4 含水组以下 （$Q_1^1+N_2$）	>300	72	2960	41.1	15~20
天津西青至静海	第 2 含水组（Q_2）至 第 4 含水组（$Q_1^1+N_2$）	130~430	98.8	1600	15.2	50~90
沧州	第 3 含水组（Q_2）	200~400	100.97	2457	40.6	55.3
德州	第 4，5 含水层 （N_2 明化镇组上部）	300~500	95~105	936	13.7	51.9

（据李国和等，2008）

碳酸盐岩地区地下水的开采还可能诱发地面塌陷等具有一定突发性的地质灾害。在石灰岩分布地区发育的溶洞和落水洞往往被第四系砂砾石、黏土等覆盖，在地下水位较高的情况下，这些覆盖物的有效荷重在承载范围内。地下水开采或矿井的疏干会降低这些岩溶含水层的地下水位，同时降低对覆盖物的承载能力或增加覆盖物的有效荷重，从而可能诱发地面塌陷（图 10.1）。地下水的长期溶蚀和侵蚀、地下水在丰枯季节的水位大幅度波动都是岩溶塌陷的自然诱发因素，而地下水的强烈开采可以增加岩溶地面塌陷的发生频率。据统计，我国岩溶塌陷区分布面积约为 330×10^4 km^2，已发生岩溶塌陷 900 余处，塌陷坑约 32000 个（贺可强等，2005）。

10.2.2　地下水与斜坡稳定性

滑坡是一种典型的地质灾害，它的发生除了地质地貌上的原因，还与地下水存在十分密切的关系。松散堆积物滑坡、岩体滑坡和路基边坡的破坏，往往是由于地下水径流条件或滑动面含水条件异常变化，使斜坡的抗滑力无法与滑动力平衡而失稳。例如，位于三峡库区的宜昌市秭归县的千将坪村位于一个古滑坡体上，2003 年 7 月 13 日零时 20 分发生滑坡，造成 24 人死亡，1100 多人无家可归。这次滑坡的发生与三峡水库蓄水和前期持续降雨导致的滑坡体内地下水条件变化有密切的关系（文宝萍等，2008）。

地下水对滑坡的作用主要有三种（王旭升等，2003）：①赋存在滑动带的地下水对滑

图 10.1　（a）山东泰安市省庄镇东羊楼村附近的岩溶塌陷（2003 年 5 月 31 日发生，直径约 30 m。据贺可强等，2005）；（b）河北抚宁县石门寨西南部的岩溶塌陷（2013 年春发生，地面直径约 6 m）

动面的润滑、软化作用，降低了滑动面的抗剪强度；②地下水对滑坡产生的浮力（静水压力）减少了滑坡体的有效自重和作用在滑动面的有效应力；③向下流动的地下水会对滑坡体产生渗透推力（动水压力），增加滑坡体的下滑力。如图 10.2 所示，取一个理想滑坡模型来分析地下水的作用，这个滑坡体在一个斜面上无限延伸，垂直滑面的厚度为 D，滑坡体土质均匀，宽度为 L 的滑坡体单元所对应的滑动力（平行滑面）为

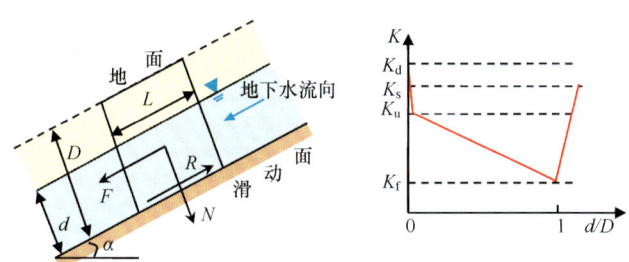

图 10.2　理想滑坡示意图（剖面图）及其稳定性与地下水位的关系

$$F = G\sin\alpha + J \tag{10.1}$$

式中：F 为滑动力；$G\sin\alpha$ 为有效自重在平行滑动面方向的分量；G 为重力；J 为地下水产生的渗透力。两者可以分别计算为

$$G = [\gamma_u(D-d) + \gamma_s d]L \tag{10.2}$$

$$J = \gamma_w Ld\sin\alpha \tag{10.3}$$

式（10.3）中 G 的计算考虑了地下水面以上的天然容重（γ_u）和地下水面以下的浮容重（γ_s），而 J 的计算考虑滑动面方向的水力梯度即为 $\sin\alpha$，γ_w 是水的容重。滑动面产生的抗滑力（R）为

$$R = CL + G\cos\alpha\tan\phi \tag{10.4}$$

式中：C 为滑动面的有效黏聚力；ϕ 为滑动面的有效摩擦角。滑坡的稳定性系数（K）为

$$K = \frac{R}{F} \tag{10.5}$$

将式（10.4）和式（10.1）代入式（10.5），求得稳定性系数（K）为

$$K = \frac{(C/\cos\alpha) + [\gamma_u D + (\gamma_s - \gamma_u)d]\tan\phi}{[\gamma_u D + (\gamma_s + \gamma_w - \gamma_u)d]\tan\alpha} \quad (10.6)$$

这种理想滑坡模型的稳定性系数随地下水位的变化过程而变化（图10.2）。当滑坡体完全干燥时，滑动面的抗剪强度参数 C 和 ϕ 较大，可以达到一个最大的稳定性系数（K_d）。随着滑坡浸水，滑动面的抗剪强度参数将减小，即使地下水位很低，其稳定性系数也将显著降低到 K_u。地下水位越高，滑坡的稳定性系数越低，当地下水位上升到滑坡地表时稳定性系数降低到最小值（K_f）。但是，如果滑坡完全淹没于静水中，将不再有地下水的渗透力，滑坡稳定性系数又可以恢复到较高的数值（K_s）。这一结果只是理想滑坡模型的理论结果，说明地下水对滑坡稳定性具有关键作用。实际滑坡稳定性变化与地下水状态变化之间的关系要更加复杂。

因此，地下水位的抬升一般会加大滑坡失稳的风险。地下水位在雨季容易受到大气降水入渗补给而抬升，在少雨季节则受蒸发和排泄作用而下降，这种地下水位的波动也导致斜坡的稳定性发生季节性的变化。地下水位的抬升过程往往是滞后于降水过程的，这意味着斜坡的失稳往往发生在强降水若干小时甚至若干天之后。有时，一次低强度的降水过程也可能导致滑坡，因为前几次暴雨已经使地下水位抬升到了靠近临界态的位置。地下水还可以在降水和地表水位联合波动的情况下发生抬升和下降的运动，并引起滑坡稳定性的变化。图10.3 给出了三峡库区黄蜡石滑坡群石榴树包滑坡稳定性动态的一个研究结果，从中可以看出，滑坡稳定性系数降低到最小值的时间滞后于强降水发生时间10~20 d。

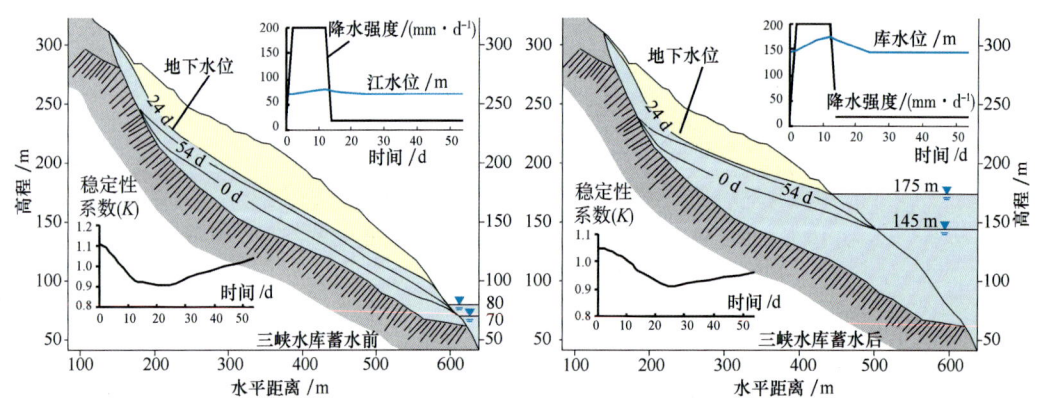

图10.3　三峡库区石榴树包滑坡稳定性变化（剖面图）和地下水动态
（据常宏等，2004）

滑坡的防治应该重视地下水的作用。为了防止地下水位抬升引起的斜坡失稳，加强地下水的排泄是关键措施。路基边坡都必须布置一定数量的横向排水管，使渗入边坡岩土体内的水能够较快地排出。对滑坡的监测不仅仅限于滑坡体的形变，钻孔地下水位也可以提供重要的预警信息。

10.2.3　地下水与盐渍化和沙漠化问题

土地的盐渍化和沙漠化是一种具有致灾性的地表环境变化，其发生总体上取决于气候

条件，但与地下水的作用也存在密切联系。

　　一般将地表 0.2 m 厚度内可溶盐含量大于 0.1% 的土壤称为盐渍土。如果土壤中的盐分不断积累并最终发展为盐渍土，就是发生了盐渍化。由人类活动造成的土壤盐渍化属于次生盐渍化。在干旱地区，地下水位的抬升可以诱发次生盐渍化。当地下水埋深较浅而气候又很干燥时，土壤的蒸发将非常强烈，蒸发出去的水分来自于地下水。地下水在向上运移到土壤中时，也同时带来了溶解在地下水中的盐分，蒸发浓缩作用带走了水分，却留下了盐分。干旱地区降水稀少，这些盐分难以通过下渗淋滤作用回到地下水，因而不断在土壤中积累并导致盐渍化。修建水库和渠道、进行大规模灌溉等人类活动，都可能使地下水位抬升到足以造成土壤盐渍化的地步。内蒙古引黄灌区在 20 世纪 50 ~ 70 年代末大力发展水利工程，浇灌面积扩大了 3 倍，盐渍化土地的面积也扩大了 10 倍。新疆塔里木河流域的渭干河三角洲由于长期引水灌溉，地下水位抬升显著，也付出了土壤盐渍化的代价，有 50% 以上范围的土地演变为盐渍土。为了防止耕地也发生盐渍化，西北灌区往往实行秋浇，即在秋季农作物收割完毕之后进行一次人工灌溉，把土壤中的盐分淋滤到地下水中。这种做法加剧了水资源的短缺局面。如何在干旱平原区发展灌溉农业，又不造成严重的盐渍化灾害，合理控制地下水位是重要措施。

　　沙漠化是以风沙活动、沙丘起伏为标志的沙漠景观逐渐替代绿色植被景观的一种环境变化。沙漠化主要是在一定的气候背景下发生的自然现象，但不合理的人类活动会加速沙漠化的进程。我国干旱内陆河流域的下游是生态环境极为脆弱的地区，往往靠近沙漠、荒漠。这些地区地下水位过高容易导致盐渍化，但是地下水位过低又会使土壤干燥而不适宜天然植被生长，湿地也将发生退化。植被退化、湿地消失会加强当地的风沙活动，并为周围沙漠的推进创造条件。新疆塔里木河流域是中国最大的内陆河流域，近 40 年来其中游地区耕地灌溉规模迅速扩大，大量拦截塔里木河水，导致下游河段干涸、地下水位持续下降。从 1958 ~ 1993 年，塔里木河下游的流动沙丘从占地面积的 44.34% 上升到 64.47%（徐恒力等，2001）。祁连山以北的黑河流域、石羊河流域和疏勒河流域也存在类似的问题。

10.3　地下水与工程建设

　　如果在采矿、修路、建房等工程建设过程中遇到地下水，地下水往往会产生不利的影响。因此，许多工程建设项目需要同时把地下水的处理作为关键问题。

10.3.1　矿坑和地下洞室的涌水

　　开采煤矿、金属矿等埋藏在地下的矿产，需要开挖坑道。如果坑道揭穿了含水层或导水通道，地下水将以渗出或涌出的方式进入坑道。为了防止坑道被淹没、避免坑道水流对采矿活动的干扰，一般需要将进入坑道的地下水抽排到地表。如何判断地下水流向矿坑的途径以及如何预测地下水的排泄强度，就是矿坑涌水问题。类似的问题同样出现在道路工程、水利工程的地下洞室开挖过程中，所以又称为巷道涌水或隧道涌水问题。

　　在地下水强烈活动地区，防止突然的、大流量的矿坑涌水，是保证采矿顺利进行的关键。有时候，矿坑周围的岩体突然破坏，大量的地下水在很短的时间内涌入，这种现象被采矿行业称为矿坑突水事故。矿坑突水是导致煤矿发生矿难的"杀手"之一，我国在2000~2006年间发生重特大煤矿突水事故435起，事故死亡及失踪人数达2199人。因此，矿坑在开挖之前必须进行仔细的地下水调查，确定可能发生突水的条件（水的来源与通道），预测计算矿坑涌水量，并制订合理的开挖方案。矿坑开挖之后还必须加强顶板和底板岩体的保护，使强透水的含水层或含水带与矿坑之间有足够的阻水构造。2005年8月7日，广东省兴宁市大兴煤矿发生特大突水事故，造成121人死亡（赵苏启等，2006）。据分析，这次突水事故是由于大兴煤矿坑道上部110 m厚的隔水煤层发生冒落造成的。如图10.4所示，位于隔水煤层顶板上的含水层厚度达442 m，地下水主要充填在早期开挖的采煤坑道中，隔水煤层是关键的阻水构造。当隔水煤层被破坏之后，大量地下水在极短的时间内就涌入大兴煤矿，淹没了矿坑。实际上从2005年3月开始这一带就发生了煤柱垮落的现象，对突水事故有一定的预警作用，但没有引起重视。

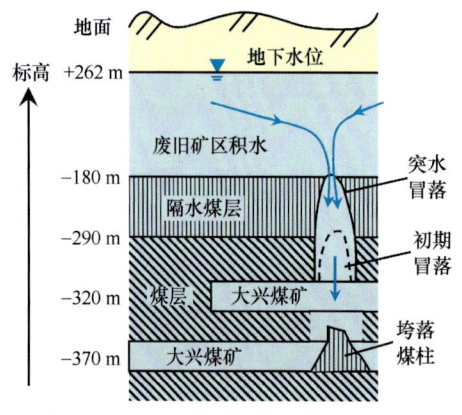

图10.4　广东大兴煤矿突水事故分析剖面图
（据赵苏启等，2006）

矿坑和地下洞室涌水的治理主要采取堵、排、抽这三种措施。堵就是对围岩进行防渗处理，如灌注水泥浆堵塞裂隙和断裂，使洞室附近的围岩形成一圈阻水屏障，但同时也必须能够承受较强的外水压力。排就是利用坑道的高低起伏特征，在坑道底部开挖排水沟，将渗出的地下水排到最低的地方去，再抽至地面。某些洞室工程还特意在围岩中布设排水管，主动排放地下水，降低含水层的水头。抽就是在矿坑或地下洞室的汇水区用泵将地下水抽到地表排放。这三种措施往往在地下工程中使用其中一项或联合使用。

10.3.2　建筑基坑降水

高层建筑在修建地面结构之前，要先开挖巨大的基坑进行建筑地基的施工。如果基坑周围存在含水层，地下水可能将基坑淹没。为此，人们需要利用一定的技术，强迫基坑周围的地下水位下降，使基坑所在位置的地下水位低于基坑底部一定深度，这种技术称为基坑降水技术。

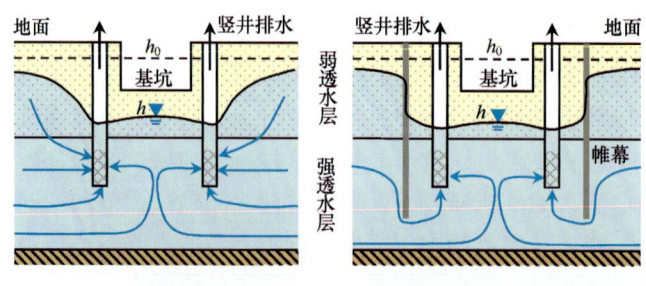

图10.5　基坑降水方法剖面示意图

基坑降水的常规方法是在基坑周围布设一圈抽水竖井，竖井的滤水管位于强透水层内。如图 10.5 所示，初始的地下水位（h_0）高于基坑的底部，在竖井排水作用下，将形成一个地下水位降落漏斗，使基坑中心的地下水位降低到 h，$h_0 - h$ 就是基坑降水工程需要达到的降深目标。如果基坑周围的弱透水层是欠固结软弱地层，水位下降很可能引起不均匀地面沉降，影响到附近建筑物的安全。为此，某些基坑的降水工程还需要在井排外侧增设阻水帷幕，形成一个相对封闭的地下水流条件（图 10.5）。这样帷幕圈闭的区域地下水位大幅度下降，而帷幕以外的地下水位则只有轻微的降低，不至于产生明显的地面沉降。基坑降水的研究需要根据抽水井的布局计算达到目标降深的抽水量，或者根据目标降深和抽水井的抽水能力设计抽水井的布局等。

1. 试论述由于不合理开采地下水引起的环境地质问题。
2. 过量补充和开发地下水会引起哪些环境地质问题？
3. 对于上海市的地面沉降，有人认为是抽取地下水引起的，也有人认为是高层建筑不断兴建引起的。试分析这些论断所依据的原理和可能的论证方法。
4. 试述碳酸盐岩地区出现岩溶地面塌陷的原因和机理。
5. 为什么在雨季容易发生滑坡？

参考文献

北京大学，南京大学，上海师范大学，等.1978.地貌学.北京：人民教育出版社.

曹文炳，万力，周训，等.2003.西北地区沙丘凝结水形成机制及对生态环境影响初步探讨.水文地质工程地质，30（2）：6~10.

常宏，王旭升.2004.滑坡稳定性变化与地下水非稳定渗流初探——以三峡库区黄蜡石滑坡石榴树包滑坡为例.地质科技情报，23（3）：94~98.

常怀荣.1993.利用同位素方法确定有效补给面积及补给高程.见：王东升，等.中国同位素水文地质学之进展：第二届全国同位素水文地质方法学术讨论会论文集.天津：天津大学出版社，180-183.

车用太，王吉易，李一兵，等.2004.首都圈地下流体监测与地震预测.北京：气象出版社.

陈崇希.1982.地下水资源评价的原则和勘探思想的探讨.见：地质矿产部水文地质工程地质研究所.全国第一届水资源评价学术研讨会论文集.北京：地质出版社，22~33.

陈振鹏.1985.济南保泉供水研究.中国岩溶，4（1~2）：22~30.

程先锋，徐世光，张世涛.2008.云南省安宁温泉地热地质特征及成因模式.水文地质工程地质，35（5）：124~128.

冯增昭，王英华，刘焕杰，等.1994.中国沉积学.北京：石油工业出版社.

《供水水文地质手册》编写组.1983.供水水文地质手册.北京：地质出版社.

郭占荣，韩双平.2002.西北干旱地区凝结水试验研究.水科学进展，13（5）：623~628.

郭占荣，荆恩春，聂振龙，等.2001.不同潜水埋深条件下蒸发蒸腾试验研究.勘察科学技术，（5）：27~31.

国家地质总局.1979.综合水文地质图编图方法与图例.北京：地质出版社.

国家技术监督局.1990.岩溶地质术语（GB 12329—90）.北京：中国标准出版社.

国家技术监督局.1994.地下水资源分类分级标准（GB 15218—1994）.北京：中国标准出版社.

韩行瑞，鲁荣安，李庆松.1993.岩溶水系统——山西岩溶大泉研究.北京：地质出版社.

河北地质局水文地质四大队.1978.水文地质手册.北京：地质出版社.

贺可强，王滨，杜汝霖.2005.中国北方岩溶塌陷.北京：地质出版社.

姜宝良，付北锋，赵延涛.2002.泉水动态分析预测和资源评价.水文地质工程地质，29（3）：43~46.

蒋忠诚，覃小群，劳文科，等.2006.西南岩溶地区表层岩溶水的调查与开发.见：中国地质科学院岩溶地质研究所.中国西南地区岩溶地下水资源开发利用.北京：地质出版社，1~10.

荆恩春.1994.土壤水分通量法实验研究.北京：地震出版社.

李国和，荆志东，许再良.2008.京沪高速铁路沿线地面沉降与地下水位变化关系探讨.水文地质工程地质，35（6）：90~94.

李文鹏，周宏春，周仰效，等.1995.中国西北典型干旱区地下水流动系统.北京：地震出版社.

李学礼.1988.水文地球化学（第2版）.北京：原子能出版社.

梁彬，裴建国，李兆林，等.2006.湖南洛塔岩溶水资源开发与利用.见：中国地质科学院岩溶地质研究所.中国西南地区岩溶地下水资源开发利用.北京:地质出版社,183~194.

梁礼革.2006.广西扶绥县东门蓄水构造特征及地下水资源开发.见:中国地质科学院岩溶地质研究所.中国西南地区岩溶地下水资源开发利用.北京:地质出版社,209~213.

林年丰,李昌静,钟佐燊,等.1990.环境水文地质学.北京:地质出版社.

刘光亚.1979.基岩地下水.北京:地质出版社.

刘俊贤,李廷强,袁丙华,等.2003.四川埋藏型岩溶水及其开发利用.见:中国地质调查局.中国岩溶地下水与石漠化研究.南宁:广西科学技术出版社,265~271.

刘时彬.2005.地热资源及其开发利用和保护.北京:化学工业出版社.

卢金凯.1985.基岩裂隙水的野外调查方法.北京:地质出版社.

罗戴.1964.土壤水.北京:科学出版社.

钱会,马致远.2005.水文地球化学.北京:地质出版社.

任美锷,刘振中,等.1983.岩溶学概论.北京:商务印书馆.

邵爱军,葛之艺,刘志刚,等.2003.环境变化对河北省可利用水资源的影响.南水北调与水利科技,1(4):33~36.

沈照理,刘光亚,杨成田,等.1985.水文地质学.北京:科学出版社.

沈照理,朱宛华,钟佐燊.1993.水文地球化学基础.北京:地质出版社.

《水科学进展》编辑部.1991.笔谈:水资源的定义和内涵.水科学进展,2(3):206~215.

田开铭,万力.1989.各向异性裂隙介质渗透性的研究与评价.北京:学苑出版社.

王大纯,张人权,史毅虹,等.1995.水文地质学基础.北京:地质出版社.

王恒纯.1991.同位素水文地质概论.北京:地质出版社.

王钧,黄尚瑶.1989.华北中新生代沉积盆地的地热资源及其开发利用远景.见:中国地质科学院地质力学研究所.地热专辑(第2辑).地质出版社,48~57.

王旭升,常宏,谭建民.2003.斜坡地下水渗透力计算与稳定性分析.水文地质工程地质,30(2):41~45.

王宇.2007.岩溶找水与开发技术研究.北京:地质出版社.

文宝萍,申健,谭建民.2008.水在千将坪滑坡中的作用机理.水文地质工程地质,35(3):12~18.

吴忱.1992.华北平原四万年来自然环境演变.北京:中国科学技术出版社.

徐恒力.2001.水资源开发与保护.北京:地质出版社.

薛禹群.1986.地下水动力学原理.北京:地质出版社.

鄢毅,刘明生,汪宇.2006.四川盐源盆地马坝龙塘暗河水资源开发与利用.见:中国地质科学院岩溶地质研究所.中国西南地区岩溶地下水资源开发利用.北京:地质出版社,62~72.

严钦尚,曾昭璇.1985.地貌学.北京:高等教育出版社.

杨金和,高俊彩.2008.安宁温泉地热区地热地质特征分析与研究.昆明理工大学学报(理工版),33(5):1~6.

杨立铮.1985.中国南方地下河分布特征.中国岩溶,4(1~2):92~100.

易求芳.1983.百郎地下河系.中国岩溶,2(2):127~135.

余钟波,黄勇,Schwartz F W.2008.地下水水文学原理.北京:科学出版社.

袁道先,刘再华.2003.碳循环与岩溶地质环境.北京:科学出版社.

袁道先.1994.中国岩溶学.北京:地质出版社.

张菀莹.1991.气象学与气候学.北京:北京师范大学出版社.

张宗祜,沈照理,薛禹群,等,2000.华北平原地下水环境演化.北京:地质出版社.

章至洁,韩宝平,张月华.1995.水文地质学基础.徐州:中国矿业大学出版社.

赵苏启,武强,尹尚先.2006.广东大兴煤矿特大突水事故机理分析.煤炭学报,31(5):618~622.

赵运昌.2002.中国西北地区地下水资源.北京:地震出版社.

《中国大百科全书》总编辑委员会《大气科学·海洋科学·水文科学》编委会. 1987. 中国大百科全书: 大气科学·海洋科学·水文科学. 北京: 中国大百科全书出版社.

中国地质调查局. 2013. 水文地质手册（第二版）. 北京: 地质出版社.

中国地质调查局. 2003. 严重缺水地区地下水勘查论文集. 北京: 地质出版社.

中国地质调查局. 2006. 西部严重缺水地区人畜饮用地下水勘查示范工程. 北京: 中国大地出版社.

中华人民共和国卫生部, 中国国家标准化管理委员会. 2006. 生活饮用水卫生标准（GB 5749—2006）. 北京: 中国标准出版社.

中华人民共和国国家质量监督检验检疫总局, 中国国家标准化管理委员会. 2005. 农田灌溉水质标准（GB 5084—2005）. 北京: 中国标准出版社.

周文敏, 傅德黔, 孙宗光. 1990. 水中优先控制污染物黑名单. 中国环境监测, 6（4）: 1~3.

周训, 胡伏生, 何江涛, 等. 2009. 地下水科学概论. 北京: 地质出版社.

周训, 金晓媚, 梁四海, 等. 2010. 地下水科学专论. 北京: 地质出版社.

周训, 王旭升, 郭华明, 等. 2011. 地下水科学习题集. 北京: 地质出版社.

周训, 吴胜军, 周海燕, 等. 2006. 甘肃西北部黑河中下游影响绿洲植被发育的某些因素. 地质通报, 25（1~2）: 256~260.

周训. 2013. 深层地下卤水的基本特征与资源量分类. 水文地质工程地质, 40（5）: 4–10.

周训. 1990. 降雨量、泉流量时间序列的谱分析. 勘察科学技术, （2）: 11~16.

周训. 2002. 水文地质学习题集（中文英文对照）. 北京: 地质出版社.

Anderson M P, Woessner W W. 1992. Applied Groundwater Modeling: Simulation of Flow and Advective Transport. New York: Academic Press, Inc.

Atkinson T C, Davison R M. 2002. Is the water still hot? Sustainability and the thermal springs at Bath, England. In: Hiscock K M, Rivett M O, Davison R M (eds). Sustainable Groundwater Development. London: The Geological Society.

Back W, Rosenshein J S, Seaber P R. 1988. The Geology of North America, Volume O–2, Hydrogeology. Boulder: The Geological Society of America, Inc.

Bear J, Cheng A H D. 2010. Modeling Groundwater Flow and Contaminant Transport. Dordrecht: Springer.

Bear J. 1972. Dynamics of Fluids in Porous Media. New York: American Elsevier.

Bear J. 1979. Hydraulics of Groundwater. London: McGraw–Hill, Inc.

Bentley H W, Phillips F M, Davis S N, et al. 1986. Chlorine 36 dating of very old groundwater, 1. The Great Artesian Basin, Australia. Water Resources Research, 22: 1991~2001.

Bonacci O. 1987. Karst Hydrology. Berlin: Springer–Verlag.

de Marsily M. 1986. Quantitative Hydrogeology. London: Academic Press, Inc.

Domenico P A, Schwartz F W. 1990. Physical and Chemical Hydrogeology. New York: John Wiley & Sons, Inc.

Erdélyi M, Gálfi J. 1988. Surface and Subsurface Mapping in Hydrogeology. New York: John Wiley & Sons, Inc.

Fetter C W. 2001. Applied Hydrogeology. London: Prentice–Hall, Inc.

Fitts C R. 2002. Groundwater Science. New York: Academic Press.

Freeze R A, Cherry J A. 1979. Groundwater. London: Prentice–Hall, Inc.

Graton L C, Fraser H J. 1935. Systematic packing of spheres—with particular relation to porosity and permeability. Journal of Geology, 43: 785~909.

Hubbert M K. 1940. The theory of ground–water motion. Journal of Geology, 48: 785~944.

Hudak P F. 2000. Principles of Hydrogeology. London: Lewis Publishers.

Kashef A I. 1986. Groundwater Engineering. New York: McGraw–Hill, Inc.

Louis C. 1974. Rock hydraulics. In: Muller L (ed). Rock Mechanics. Vienna: Springer–Verlag.

参 考 文 献

Maas K. 2007. Influence of climate change on a Ghijben–Herzberg lens. Journal of Hydrology, 347: 223~228.

Matthess G. 1982. The Properties of Groundwater. New York: John Wiley & Sons, Inc.

Milanovic P T. 1981. Karst Hydrogeology. Littleton: Water Resources Publications.

Moore J E. 2002. Field Hydrogeology. London: Lewis Publishers.

Nonner J C. 2003. Introduction to Hydrogeology. Amsterdam: A. A. Balkema Publisher.

Pentecost A. 2005. Travertine. Berlin: Springer–Verlag.

Price M. 1996. Introducing Groundwater. London: Chapman & Hall.

Romm E S. 1966. Flow Characteristics of Fractured Rocks. Moscow: Nedra.

Singhal B B S, Gupta R P. 1999. Applied Hydrogeology of Fractured Rocks. London: Kluwer Academic Publishers.

Snow D T. 1968. Rock fracture spacings, openings, and porosities. Journal of the Soil Mechanics and Foundation Division, American Society of Civil Engineerings, 94: 73~91.

Turcotte D L, Schubert G. 2002. Geodynamics (Second Edition). Cambridge: Cambridge University Press.

Tóth J. 1963. A theoretical analysis of ground–water flow in small drainage basins. Journal of Geophysical Research, 68 (16): 4795~4811.

Tóth J. 2009. Gravitational Systems of Groundwater Flow: Theory, Evaluation Utilization. Cambridge: Cambridge University Press.

USA Environment Protection Agency. 2004. 2004 Edition of the Drinking Water Standards and Health Advisories. EPA 822–R–04–005.

USA Environment Protection Agency. 2008. Toxic and Pretreatment Effluent Standards, Federal Water Pollution Control Act, Section 307.

USA Environment Protection Agency. 2009. Underground Storage Tank Program, 25 Years of Protecting our Land and Water. EPA–510–B–09–001.

White W B. 1988. Geomorphology and Hydrology of Karst Terrains. Oxford: Oxford University Press.

Zaporozec A, Miller J C. 2000. Ground–Water Pollution. UNESCO, Paris, France.

Zhou X, Ruan C, Yang Y, et al. 2006. Tidal effects of groundwater levels in the coastal aquifers near Beihai, China. Environmental Geology, 51: 517~525.

Zhou X, Yan X, Li J, et al. 2007. Evolution of the groundwater environment under a long–term exploitation in the coastal area near Zhanjiang, China. Environmental Geology, 51 (5): 847~856.

Zhu X. 1988. Guilin Karst. Shanghai: Shanghai Scientific & Technical Pubishers.

附录A 练 习 题

1. 已知井口处的压力为大气压力，水的密度为 1000.0 kg/m³，温度为 10 ℃，压缩系数为 4.7×10^{-10} m²/N。假定井口和井底处水温相同，试计算深度为 500 m 的井底处水的密度。

2. 计算下列情形的孔隙度。

（1）等直径球体以立方体、斜方体、菱形六面体排列时。

（2）上述以立方体、斜方体排列的球体形成的孔隙被另一种球体充填时。

（3）等直径圆棒以立方体、斜方体排列时。

（4）上述以立方体、斜方体排列的圆棒形成的孔隙被另一种圆棒充填时。

3. 计算下列情形的孔隙大小。

（1）等直径球体（直径为 D）以立方体、斜方体、菱形六面体排列时，孔隙的最大内切球直径和最小内切球直径。

（2）等直径圆棒（直径为 D）以立方体、斜方体排列时，孔隙的最大内切圆棒直径。

4. 计算下列情形的比表面积。

（1）等直径球体（半径为 R）以立方体、斜方体排列时。

（2）等直径圆棒（半径为 R）以立方体、斜方体排列时。

5. 在野外采集一份土样放置于容量为 75.0 cm³ 的容器中。在天然含水量条件下土样的质量为 150.79 g。土样饱水后的质量为 153.67 g，土样烘干后的质量为 126.34 g。所有测量均在 20 ℃ 下进行，此时水的密度为 0.998 g/cm³。

（1）计算土样的孔隙度、质量含水量、体积含水量、饱和度和干容重。

（2）计算固体颗粒的密度。

（3）用密度公式核算孔隙度。

6. 什么是给水度？试述：①影响给水度的因素；②给水度在地下水科学研究中的意义；③测定给水度的方法及其应用条件。

7. 将一毛细管插入具有自由液面的水中，待毛管水上升达到稳定状态时，如图 A.1 所示。已知 A，B，C 和 D 四点到自由液面的距离分别为 2 m、1 m、0 m、1 m，并可取自由液面为基准面。试求 A，B，C 和 D 四点的相对压强（测压计压强）和测压水头值。

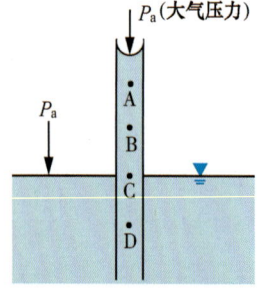

图 A.1 毛细管示意图

8. 在下列 4 个剖面图（图 A.2 ~ 图 A.5）中，标出 A，B，C，D，E 点的水头。

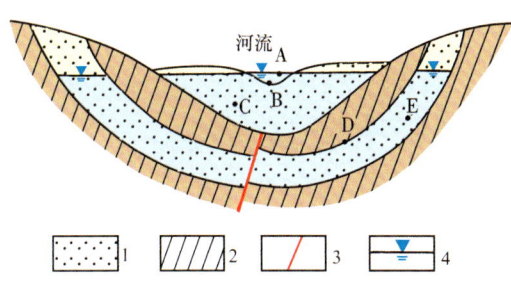

图 A.2　通过导水断层发生水力联系的
承压水和潜水示意剖面图

1—含水层；2—隔水层；3—导水断层；4—地下水位

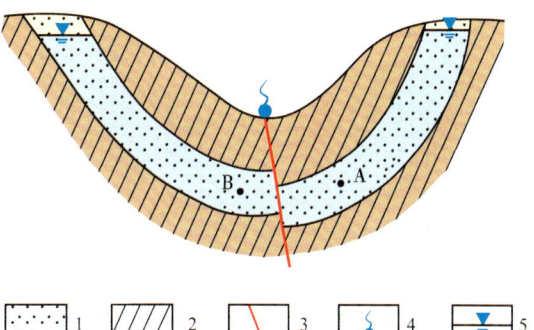

图 A.3　以断层泉排泄的承压水示意剖面图

1—含水层；2—隔水层；3—导水断层；4—泉；
5—地下水位

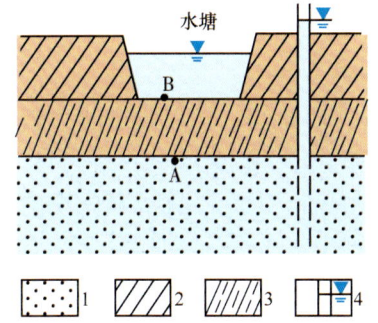

图 A.4　通过弱透水层发生水力联系的承压水
与地表水塘示意剖面图

1—含水层；2—隔水层；3—弱透水层；4—钻孔及水位

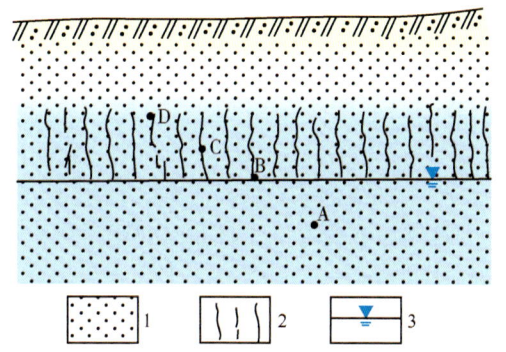

图 A.5　潜水与毛细水示意剖面图

1—砂；2—毛细水带；3—地下水位

9. 在下列 4 个剖面图（图 A.6～图 A.9）中，比较准确地标出测定点 A，B 处的测压井（孔）内水位，并说明理由。

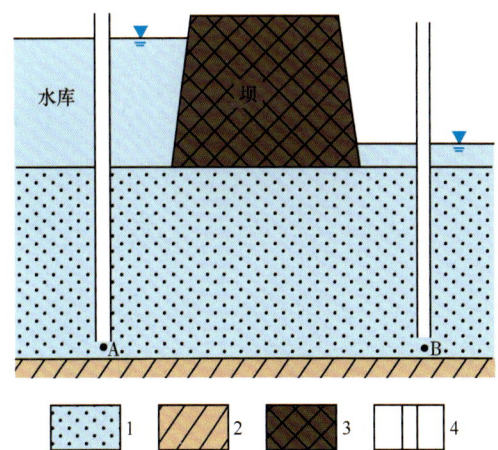

图 A.6　坝下含水层示意剖面图

1—含水层；2—隔水层；3—坝体；4—测压孔

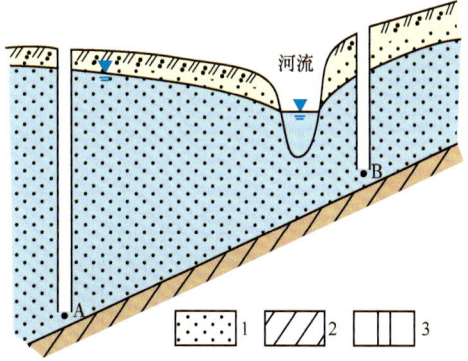

图 A.7　河流附近潜水含水层示意剖面图

1—含水层；2—隔水层；3—测压孔

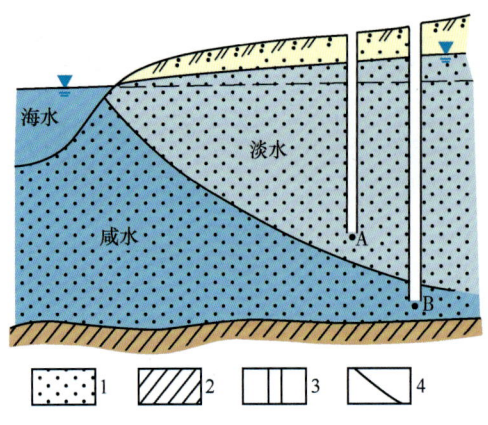

图 A.8　海岸带潜水含水层示意剖面图

1—含水层；2—隔水层；3—测压孔；
4—咸淡水界面

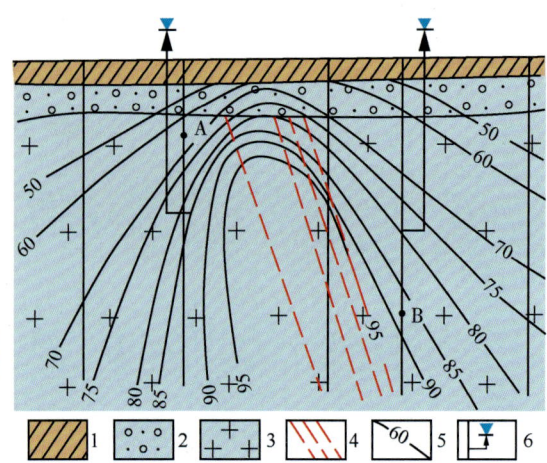

图 A.9　断裂带附近地下热水分布示意剖面图

1—黏土及淤泥；2—砂砾石；3—花岗岩；4—断裂带；
5—热水等温线（℃）；6—钻孔及水位

10. 如图 A.10 所示，有一观测孔打在湖下含水层中。

（1）试分别讨论下列两种情况：①含水层的顶板是隔水层；②含水层的顶板是弱透水层。当湖水位上升 ΔH 后，观测孔中的水位将会如何变化？为什么？

（2）如果湖水位保持不变，而由于天气变化，大气压力增加了 ΔP，试问在前两种情况下观测孔中的水位又将如何变化？

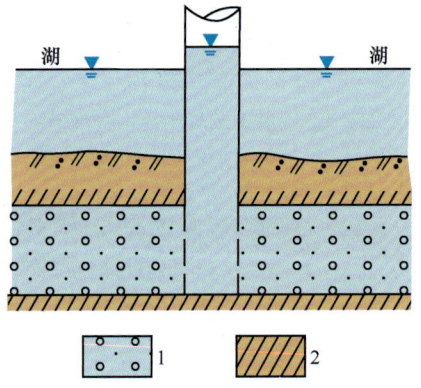

图 A.10　湖下含水层示意剖面图

1—含水层；2—隔水层

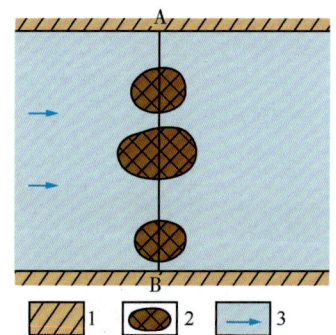

图 A.11　承压含水层中任意断面示意剖面图

1—隔水层；2—固体颗粒；3—地下水流向

11. 在图 A.11 所示的含水层中任意断面 AB 上，示意性标出以下地下水流的 4 种不同速度。

（1）水质点的实际运动速度。

（2）水质点平均实际运动速度。

（3）过水断面平均实际流速。

（4）过水断面渗流速度。

12. 利用钻孔中给出的潜水位绘出下列两个剖面图（图 A.12，图 A.13）中的地下水位线，并说明引起潜水位变化的原因。

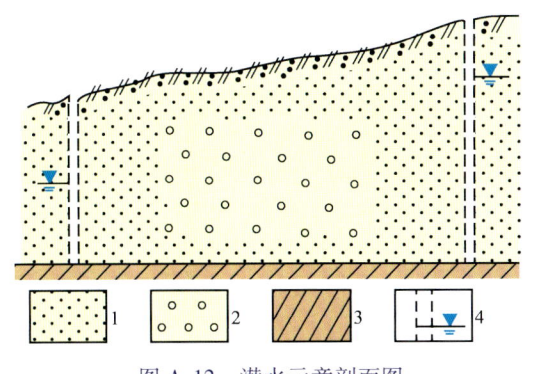
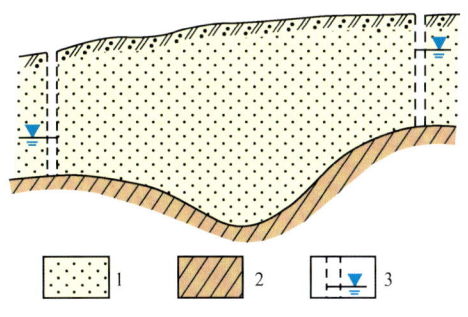

图 A.12 潜水示意剖面图
1—砂；2—砾石；3—隔水层；4—钻孔及水位

图 A.13 潜水示意剖面图
1—含水层；2—隔水层；3—钻孔及水位

13. 有一均质等厚承压含水层被断层错动，其剖面图如图 A.14 所示。断层破碎带的渗透系数 K_2 大于含水层的渗透系数 K_1。已知含水层两侧观测孔的地下水位，试绘制从孔 1 至孔 2 之间的地下水头线，并加以说明。

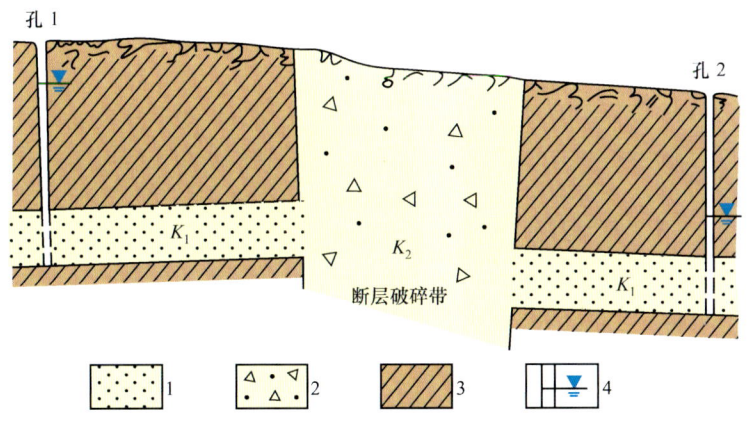

图 A.14 断层破碎带附近含水层示意剖面图
1—含水层；2—断层破碎带；3—隔水层；4—观测孔及水位

14. 根据图 A.15 所示水文地质剖面图及资料，绘制出从钻孔至河流之间的潜水位线，并加以说明。其中 K_1，K_2 分别为介质 1 和介质 2 的渗透系数，M_{cp} 为介质 2 的平均厚度，w 为入渗强度。

15. 在均质各向同性的承压含水层中，沿地下水流向以等距离（L）布置 3 眼完整井。试在图 A.16a，b 的剖面图中分别画出各井以等流量同时抽水时和各井以等降深同时抽水时的水位降落漏斗曲线示意图。

16. 已知均质潜水含水层中地下水的流向及观测孔上游某点的水位（图 A.17）。试比较孔内 A，B，C 三点处地下水渗流速度的大小。

17. 有一埋藏较深而具有一定水力梯度的潜水流，利用地表圆形坑塘进行人工补给（图 A.18），潜水面获得均匀入渗补给后形成稳定水丘。试绘制饱水带中平面上和剖面上的流网图。

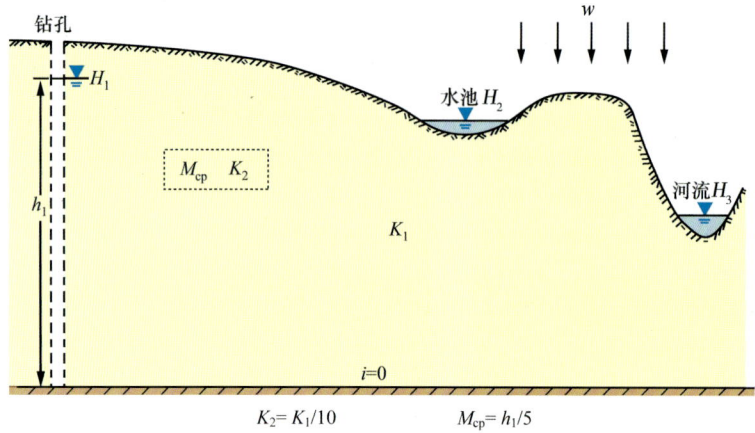

图 A.15　水文地质剖面图

h_1—钻孔揭露含水层的厚度；H_1—钻孔水位标高；H_2—水池水位标高；

H_3—河流水位标高；i—隔水底板坡降

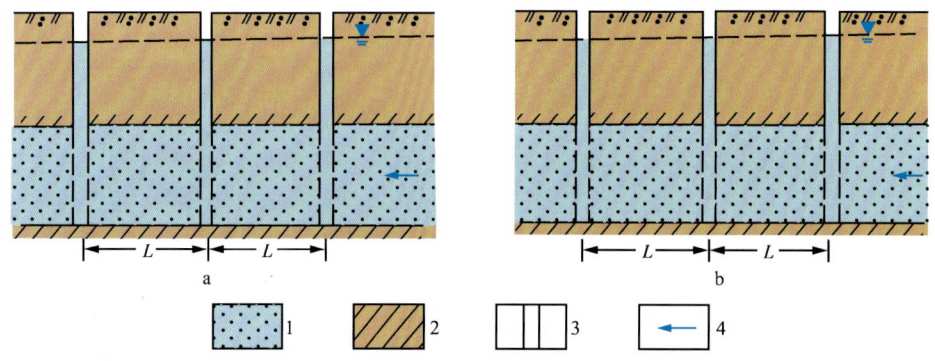

图 A.16　等流量同时抽水时（a）和等降深同时抽水时（b）的水位降落漏斗示意剖面图

1—含水层；2—隔水层；3—抽水井；4—地下水流向

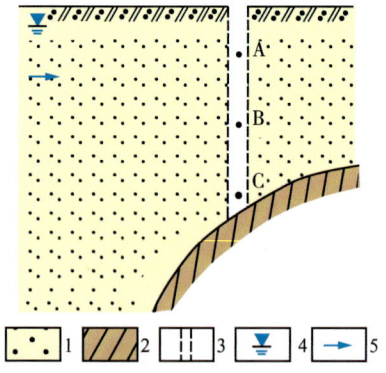

图 A.17　潜水含水层剖面图

1—含水层；2—隔水层；3—观测孔；

4—地下水位；5—地下水流向

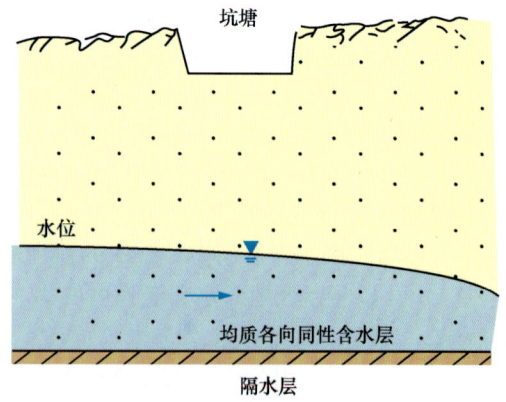

图 A.18　潜水含水层剖面图

18. 绘出下列4种情形的流网图,并加以讨论。

(1) 在有部分入渗补给的条件下,河流一侧均质潜水含水层中的地下水流,剖面图如图 A.19 所示。

(2) 均质、各向同性、顶底板水平的承压含水层地下水流中有一眼定流量注水井,平面图如图 A.20 所示。

(3) 均质潜水含水层中有一条河流,既排泄有入渗补给的右岸地下水,又补给左岸地下水,剖面图如图 A.21 所示。

(4) 分布有一不透水岩体的均质、各向同性介质渗流场,平面图如图 A.22 所示。

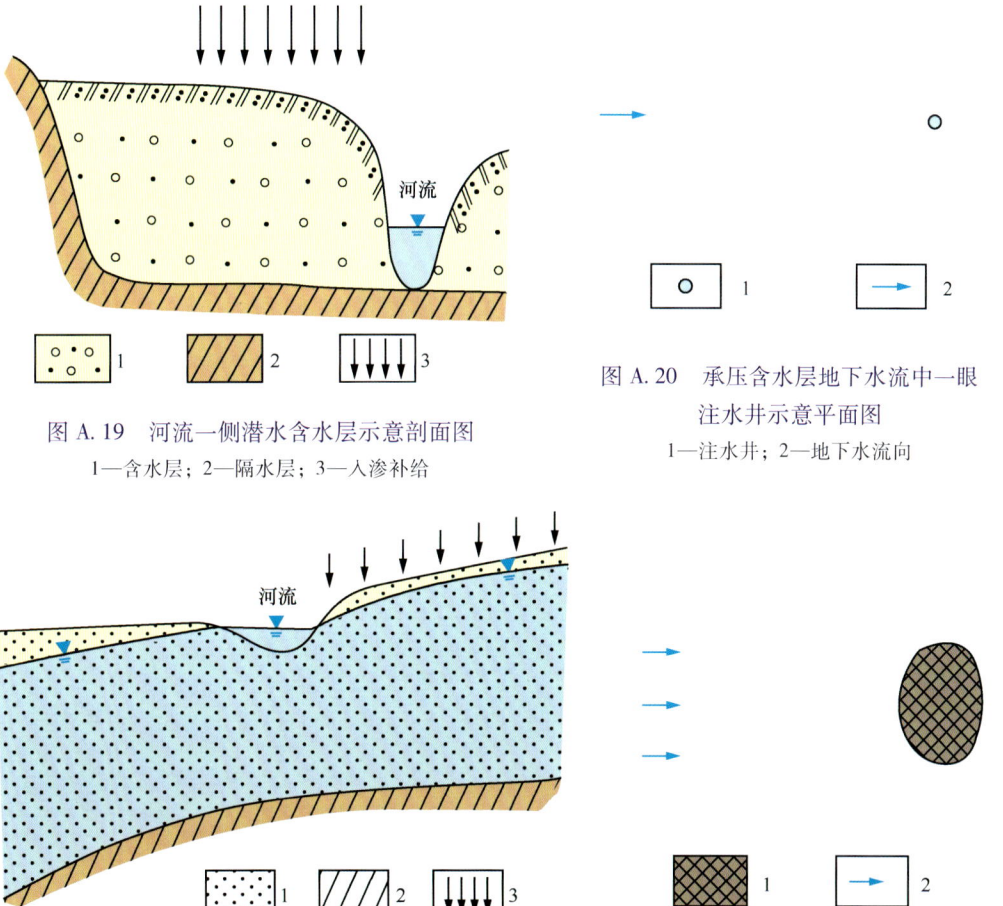

图 A.19　河流一侧潜水含水层示意剖面图
1—含水层；2—隔水层；3—入渗补给

图 A.20　承压含水层地下水流中一眼
注水井示意平面图
1—注水井；2—地下水流向

图 A.21　河流附近潜水含水层示意剖面图
1—含水层；2—隔水层；3—入渗补给

图 A.22　分布有不透水岩体的渗流场平面图
1—不透水岩体；2—地下水流向

19. 试分析在哪些条件下可能会形成图 A.23 所示的流网图和图 A.24 所示的潜水等水位线图。

20. 依据图 A.25 所示的水文地质剖面图完成以下各题。

(1) 确定 A, B, C, D, E, F 点的位置水头、压力水头和总水头值。

(2) 在图 A.25 上确定地下水的补给区和排泄区。

(3) 在图 A.25 上绘出通过 X, Y, Z 点的流线。

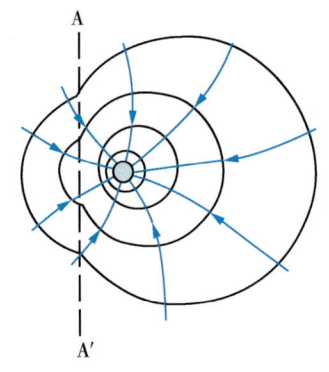

图 A.23 抽水井附近的平面流网图

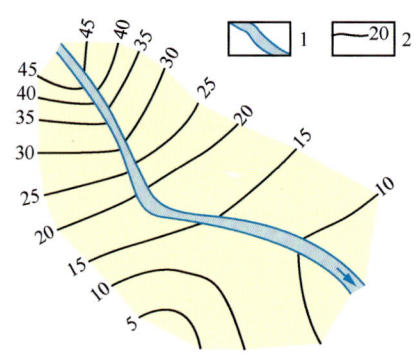

图 A.24 河流附近潜水等水位线图

1—河流；2—等水位线（m）

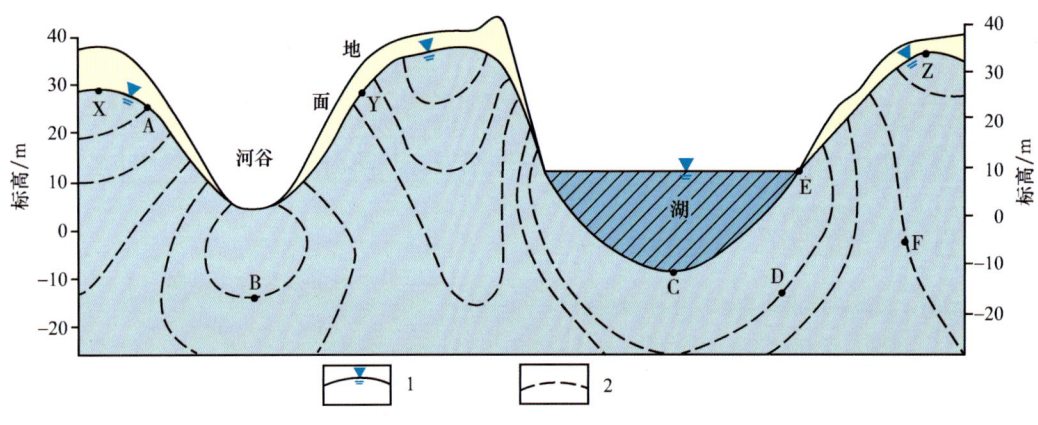

图 A.25 水文地质剖面图

1—地下水位线；2—等水头线（m）

21. 某向斜盆地在 d 点有线状泉水出露，平均单宽流量为 120 m³/d。根据勘探工作获得 a，b，c，d 点的水头和水文地质剖面图，如图 A.26 所示。已知 cd 含水层平均厚度

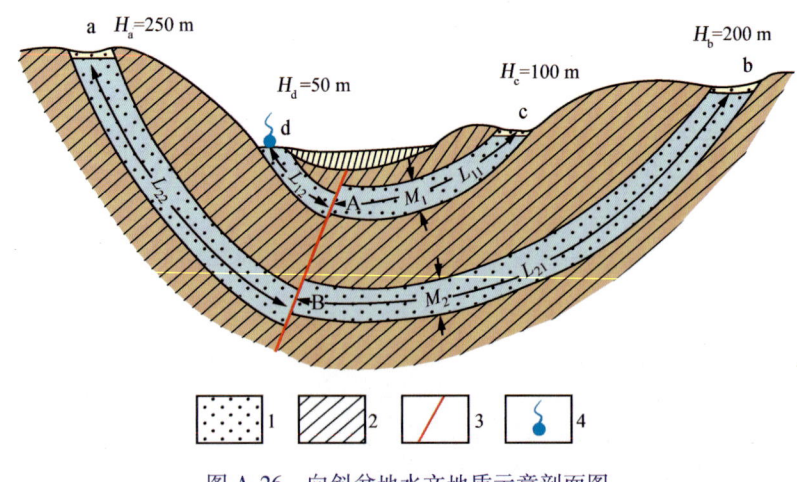

图 A.26 向斜盆地水文地质示意剖面图

1—含水层；2—隔水层；3—导水断层；4—泉

$M_1 = 10$ m，$L_{11} = 100$ m，$L_{12} = 50$ m，ab 含水层平均厚度 $M_2 = 20$ m，$L_{21} = 2000$ m，$L_{22} = 1500$ m，cd 含水层平均渗透系数 $K_1 = 20$ m/d，ab 含水层平均渗透系数 $K_2 = 30$ m/d，断层为导水断层。试求 ab 含水层在断层带 B 点和 cd 含水层在断层带 A 点相应的水头值。

22. 水从图 A.27 所示的 A 点流入承压含水层中，而在 C 点以线状泉的形式排泄。

（1）试求位于 B 点处的观测井中的测压水头 H_B。

（2）在什么条件下 B 点的井会变成自流井？

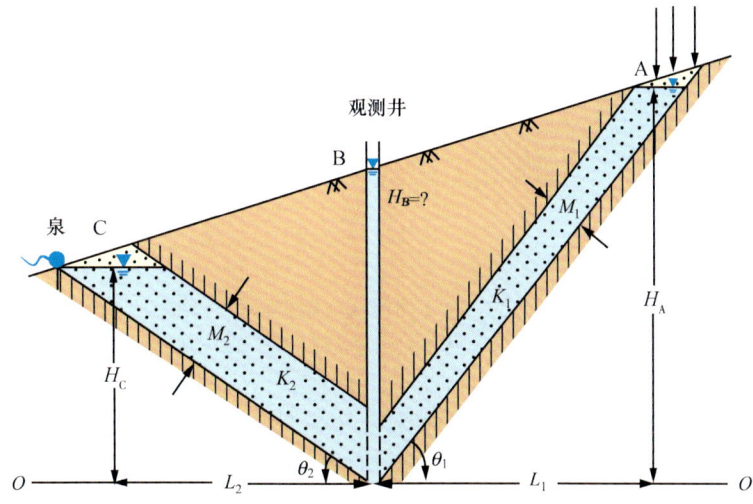

图 A.27　承压含水层示意剖面图

M_1，K_1—右侧承压含水层的厚度和渗透系数；M_2，K_2—左侧承压含水层的厚度和渗透系数；
H_A，H_C—A 点和 C 点的水头；L_1，L_2—A 点和 C 点距 B 点的水平距离；θ_1，θ_2—右侧和左侧承
压含水层隔水底板与水平面的夹角

23. 在图 A.28 所示的部分承压水、部分潜水的地下水流中，试确定含水层承压段长度 b 及流量 Q。

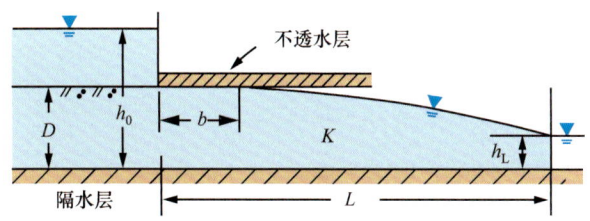

图 A.28　部分承压水、部分潜水的地下水流示意剖面图

K—含水层的渗透系数；h_0，h_L—左侧和右侧水位；
D—含水层厚度；L—渗流长度

24. 在图 1.27 的剖面图所示的承压-无压地下水稳定流中，已知孔 1 和孔 2 的地下水位 $h_1 = 82.15$ m、$h_2 = 40.34$ m，承压含水层厚度 $M = 52.5$ m，渗透系数 $K = 28.5$ m/d，孔 1 至孔 2 的距离 $L = 460$ m，L_1 为孔 1 至承压、无压分区界线的距离。假定含水层的宽度为 100 m，试求地下水稳定流量 Q 及长度 L_1。

25. 图 A.29a，b 表示两种坝下渗漏的水文地质剖面图。已知上、下游水头差 ΔH 相等，第一、第二含水层的导水系数 T_1，T_2 分别相等，但渗透系数 $K_1 > K_1^1$ 和 $K_2 > K_2^1$。试分析在这两种条件下的坝下单宽渗漏量是否相等？为什么？

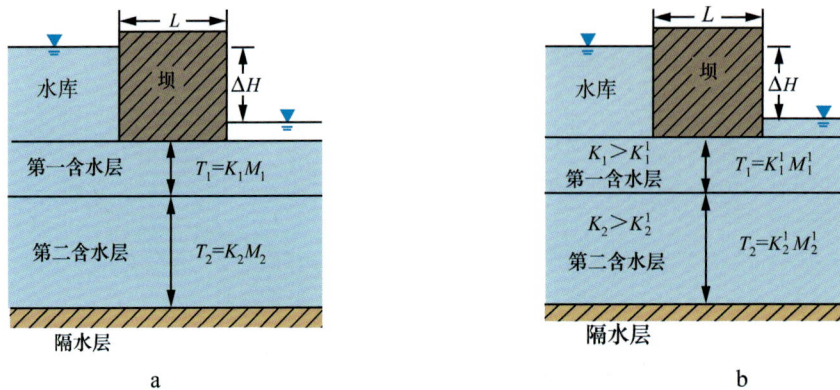

图 A.29　坝下渗漏水文地质示意剖面图

L—坝宽；K_1，K_2，K_1^1，K_2^1—相应含水层的渗透系数；M_1，M_2，M_1^1，M_2^1—相应含水层的厚度

26. 已知水流以 30° 的入射角由渗透系数为 K_1 的介质流入渗透系数为 K_2 的介质。
（1）求 $K_1 = 10K_2$ 的情况下水流的折射角。
（2）求 $K_1 = 0.1K_2$ 的情况下水流的折射角。

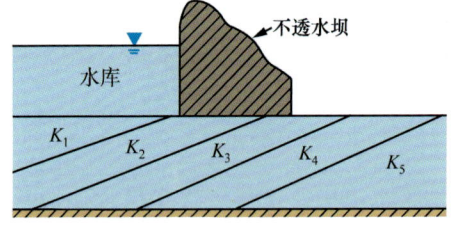

图 A.30　坝基倾斜层状岩层剖面图

27. 如图 A.30 所示，坝基由一倾斜层状岩层组成，每层岩层均为均质各向同性，且各层的渗透系数的大小符合下列关系：$K_5 = 10K_4$，$K_4 = 10K_3$，$K_3 = 10K_2$，$K_2 = 10K_1$，$K_1 > 0$。试分析坝下是否存在渗漏（可用一流线来表示）？

28. 在 0～4.5 m 深的包气带土层剖面中，测得不同深度各点的土水势，列于表 A.1。

（1）试绘制土水势剖面（基准面选在地表）。
（2）分析剖面上水分运移特点。
（3）确定零通量面位置及其类型。

表 A.1　不同深度土层土水势观测数据

深度/m	0	0.13	0.25	0.30	0.50	0.75	1.00	1.25	1.50
土水势/mbar①	−800	−700	−600	−640	−900	−600	−400	−360	−400
深度/m	1.75	2.00	2.25	2.50	2.75	3.00	3.50	4.00	4.50
土水势/mbar	−430	−450	−465	−500	−530	−550	−560	−620	−680

注：1 mbar = 0.001 bar = 0.1 kPa。

29. 某山区的地表水系如图 A.31 所示，由分水岭圈闭的流域面积为 24 km²，在 8 月份观测到出山口 A 处的平均流量为 8.0×10^4 m³/d，而 8 月份这个地区的总降水量是 700 mm。

（1）试求出该流域8月份的径流深度和径流系数。

（2）思考以下问题：①为什么径流系数小于1.0？②A处的平均流量中是否包括地下径流？

30. 在降水量不同的情况下，大气降水入渗过程也各异。试以不同时刻包气带土层含水量剖面图，描绘出某次降水后，大气降水入渗至潜水面的过程。假设土层容水度为0.30，降水前实测得到其野外含水量为0.08。

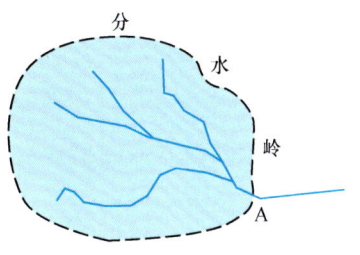

图 A.31 地表水系平面图

31. 在图 A.32 这张已经画好的水文地质剖面图中，有关图例说明尚未标注好。请写出12个图例所表示的内容和图中8个英文字母所示部位的名称。

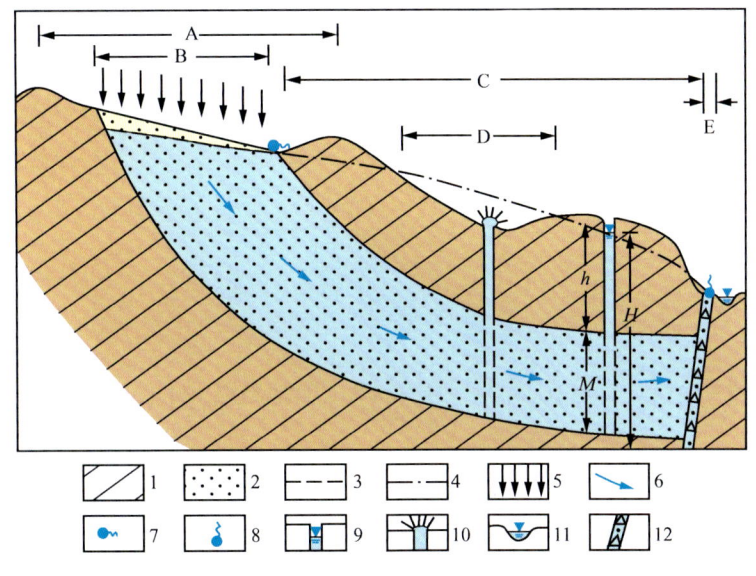

图 A.32 水文地质示意剖面图

32. 在图 A.33 的剖面图中标出地下水的汇水区、补给区、承压区和排泄区。

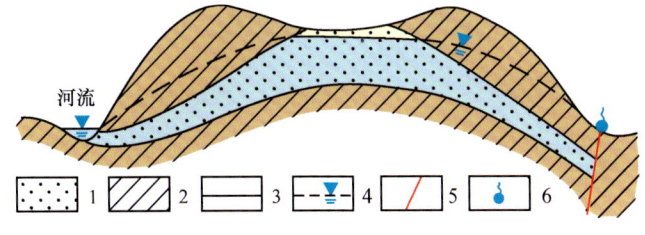

图 A.33 水文地质示意剖面图

1—含水层；2—隔水层；3—潜水位；4—承压水位（水头）线；5—导水断层；6—上升泉

33. 如图 A.34 所示，当断层导水性能良好时，在图上标出：（a）补给区、（b）排泄区、（c）地下水流向、（d）承压含水层汇水区和（e）测压水位线。当断层导水不良时，情况又如何？

235

34. 在如图 A.35 所示的剖面图中，原来有 a，b，c 三个泉。

（1）当 A 谷单独修建水库使水库水位抬高到图示处时，请绘出含水层测压水位线及地下水流向。

（2）A 谷和 B 谷同时修建水库时，如何能使两个水库都不发生明显渗漏？

（3）A 谷及 B 谷修建水库后，对 c 泉有什么影响？

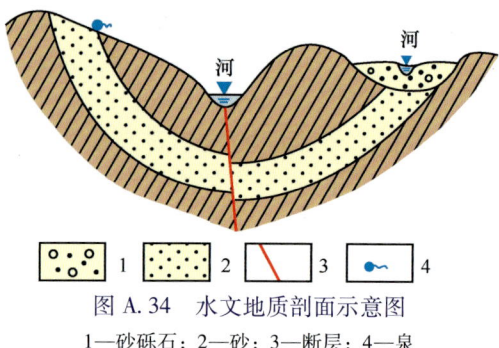

图 A.34　水文地质剖面示意图
1—砂砾石；2—砂；3—断层；4—泉

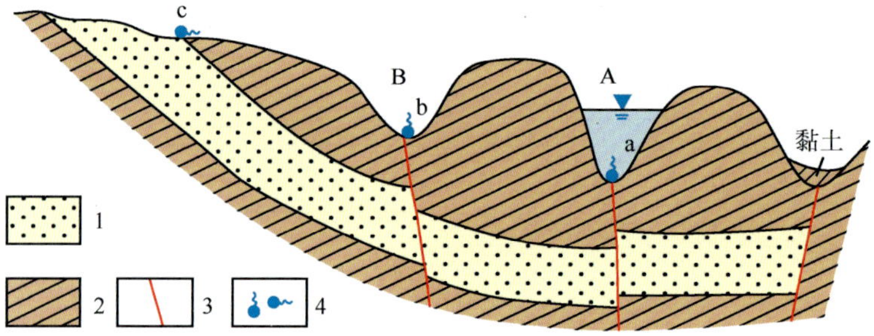

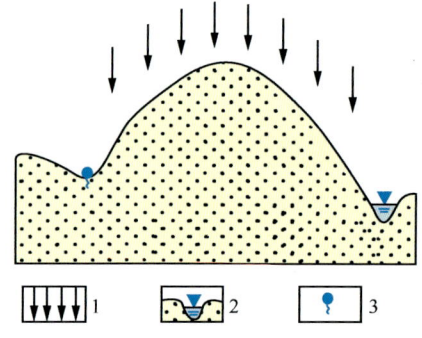

图 A.35　水文地质示意剖面图
1—含水层；2—隔水层；3—断层；4—泉

35. 在下列 4 个剖面图（图 A.36～图 A.39）中绘出地下水位线和地下水径流方向。

图 A.36　渗入-径流型山区潜水示意剖面图
1—入渗补给；2—河流；3—泉

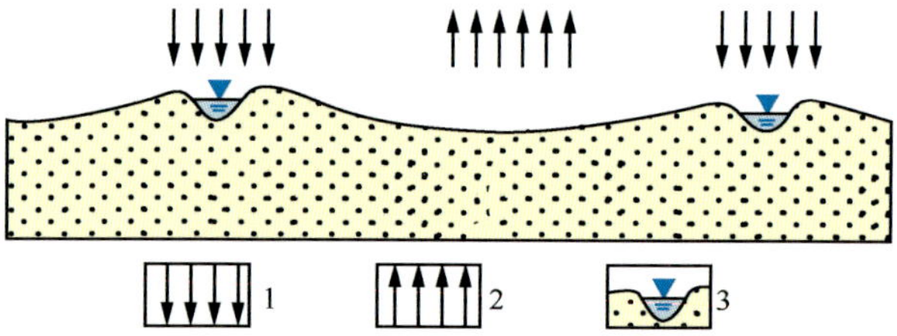

图 A.37　渗入-蒸发型的干旱-半干旱平原地区潜水示意剖面图
1—入渗补给；2—蒸发排泄；3—河流

36. 为了了解南北向的河流和潜水的补给关系，在垂直河流的东西方向布置了水位观测孔，所观测得到的水位标高列于表 A.2。

（1）试绘制一个东西方向的示意剖面图，标出水位线。

（2）河水对地下水是否存在补给？如果存在补给，是饱水补给，还是非饱水补给？

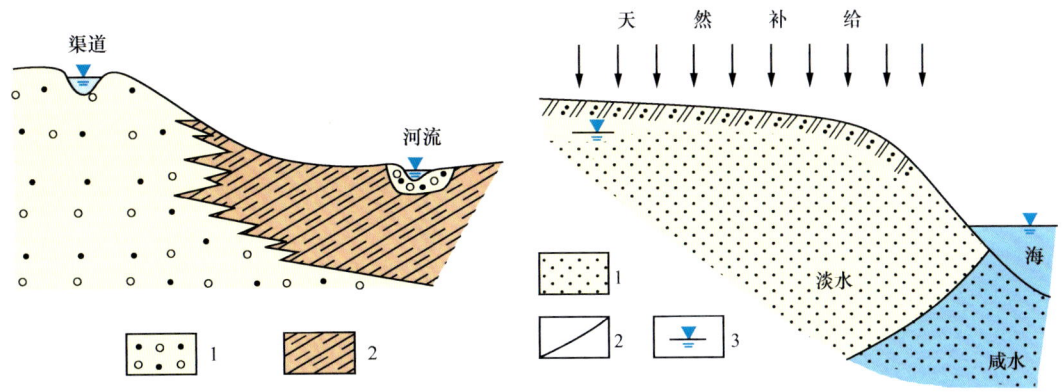

图 A.38 渠道附近示意剖面图
1—砂砾石；2—亚黏土

图 A.39 滨海含水层示意剖面图
1—含水层；2—咸淡水界面；3—地下水位

表 A.2 水位观测数据

观测孔位置	河流中心	河流东岸	河流东岸	河流东岸	河流西岸	河流西岸	河流西岸	河水
孔号	A	1	2	3	4	5	6	—
距河流中心距离/m	0	30	60	100	20	45	85	—
水位标高/m	50.0	48.0	47.0	46.5	48.5	47.5	47.0	58.0

37. 图 A.40 给出了 6 幅潜水等水位线图，试在图上标明地下水流向，并讨论地下水与地表水体（河流、湖泊、水库）的补给、排泄关系。

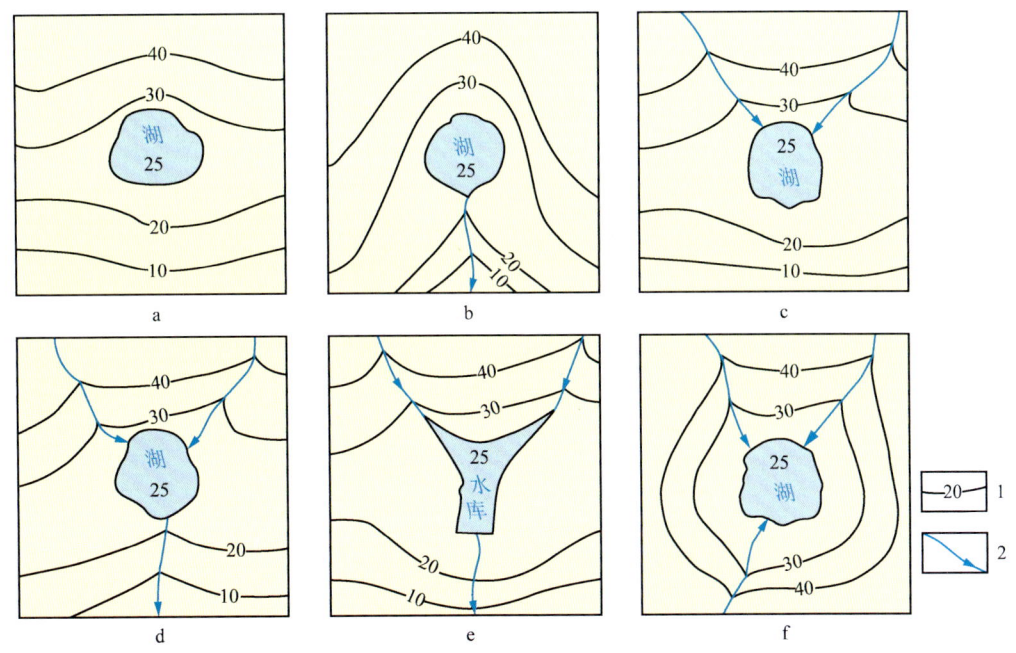

图 A.40 地下水与地表水体的补给、排泄关系平面图
1—潜水位等高线（m）；2—河流及流向

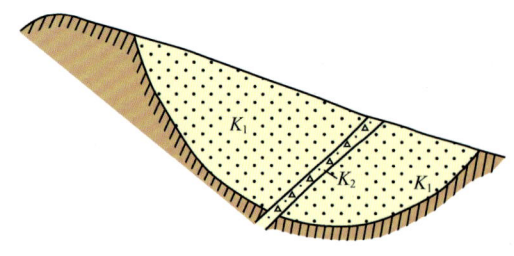

图 A.41 含水层剖面图

38. 在剖面图（图 A.41）中，在均质含水层中有宽度较大的破碎带，并且渗透系数 $K_2 \gg K_1$。假定大气降水是地下水的补给来源，试在剖面图上标出补给区的范围；如果有泉水出露，试标出泉的位置，并标出泉域的范围。

39. 某地区西部为基岩山区，出露地层为太古宇片岩、片麻岩和千枚岩，分布有风化裂隙水；东部为洪、冲积平原，分布有第四系松散沉积物，孔隙潜水丰富；东侧地下水位很浅，局部地段成为沼泽地。有一条河流发源于该地区以西，流经西部山区，河床切割基岩，往东流经山前洪、冲积平原，经过东侧沼泽地后流到区外。试根据题意绘制该地区（主要为河流附近）潜水等水位线示意平面图，并作简要说明（地下水位高程可自行假定）。

40. 不同地区地下水的水化学资料列于表 A.3。试总结各水样的水化学基本特征，并确定它们的成因类型。

表 A.3　地下水样水化学测试资料　　　　　　　　　单位：mg/L

水样地点、名称	山东济南趵突泉眼（见图3.16a）	山西娘子关泉五龙泉眼	山西朔州神头泉附近自流井（见图1.23c）	河北丰宁县杨树沟自流热水井（见图1.23a）	云南安宁温泉"天下第一汤"泉眼（见图3.18a）	云南龙陵县邦腊掌温泉大滚锅泉眼（见图3.11a）	四川盆地开县温泉镇咸泉（温泉）	四川盆地中三叠统雷口坡组碳酸盐岩卤水
K^+	0.95	1.77	1.17	1.39	1.78	21.3	102	3146
Na^+	16.6	44.0	21.8	117	6.75	21.3	3849	84706
Ca^{2+}	85.2	126	60.5	8.6	56.5	<0.5	640.7	3210
Mg^{2+}	18.6	37.3	24.3	<0.2	18.2	<0.2	157.6	766
$Fe^{2+}+Fe^{3+}$	<0.004	<0.004	0.008	0.059	0.008	0.008	0.257	
Li^+	0.0036	0.0201	0.0091	0.123	0.036	0.672	0.0948	69
Sr^{2+}	0.345	1.83	0.470	0.698	0.19	0.055	14.3	91
Ba^{2+}	0.075	0.055	0.001	0.008	0.152	0.009	0.074	0
HCO_3^-	214	266	284	29.3	260	255	231.9	0
SO_4^{2-}	63.9	254	29.8	141	11.9	28.8	2220	2102
Cl^-	41.8	58.5	12.4	28.3	8.0	17.0	6130	139970
CO_3^{2-}	0.0	0.0	0.0	18.0	0.0	118	0	
F^-	0.15	0.50	0.04	17.7	0.1	21.5	3.24	
Br^-	0.19	0.38	0.55	<0.05	0.15	<0.05	<0.05	680
I^-	<0.02	<0.02	<0.02	<0.02	<0.02	<0.02	<0.02	13
NO_3^-	37.8	17.5	0.29	<0.1	0.01	<0.05	<0.1	
偏硅酸	21.8	16.4	16.3	52.3	32.1	224.6	41.6	
总硬度	289	469	251	22	216	0	2249	
总碱度	175	218	233	54	213	405	190	
总酸度	2.5	2.5	2.5	0.0	5.0	0	17.5	
pH	7.76	7.62	7.88	8.27	7.55	9.15	7.09	
TDS	496	818	466	401	364	875	13367	234760
水温/℃	18.5	18	14	37.4	42	95	39	

41. 试用水文地球化学理论解释下列现象。

（1）油田水中含 H_2S、NH_4^+ 浓度高；SO_4^{2-} 和 NO_3^- 含量很低。

（2）某供水井抽出的地下水进入水池后，开始为透明无色，不久出现土红色絮状悬浮物。

（3）灰岩地区泉口出现钙华。

42. 试根据下列水化学分析资料（单位：mg/L）鉴别水样属于何种水。$K^+ = 387$，$Na^+ = 10700$，$Ca^{2+} = 420$，$Mg^{2+} = 1300$，$Cl^- = 19340$，$SO_4^{2-} = 2688$，$HCO_3^- = 150$，$Br^- = 66$。

43. 下列公式可以用来表征泉流量的衰减动态特征：

$$Q = Q_0 e^{-\beta t}$$

式中：Q_0 为泉流量开始衰减时刻的流量值；Q 为泉流量衰减段任一时刻的流量值；β 为衰减常数；t 为泉流量衰减段时间。

（1）试讨论该公式所依据的模式是什么？

（2）已知 $Q_0 = 5.5$ m³/s，当 $t = 80$ d 时，$Q = 1.25$ m³/s，试求衰减常数 β，并求 $t = 60$ d 时的泉流量 Q_{60}。

44. 假设某泉流量的自然衰减可以近似地用负指数函数公式描述，且在衰减期不受其他因素的影响。已知当 $t_0 = 0$ 时 $Q_0 = 3.5$ m³/s，当 $t_3 = 100$ d 时 $Q_3 = 1.5$ m³/s。试求：①衰减常数；②当 $t_1 = 40$ d 时的 Q_1；③当流量衰减到 $Q_2 = 1.75$ m³/s 时所需的时间 t_2 和衰减到 $Q_4 = 1.0$ m³/s 时所需的时间 t_4；④当衰减时间 $t_5 = 10t_2$ 时的流量 Q_5；⑤泉在衰减期的全部排泄量。

45. 某岩溶大泉的流量衰减近似符合负指数函数变化，在衰减开始之后的第 69 d 时，测得流量为 12.0 m³/s，第 180 d 时测得流量为 8.0 m³/s，此后一直衰减至流量为零。试求：①衰减常数；②在开始衰减时刻 t_0 时的最大泉流量 Q_0；③泉流量衰减到 $Q_0/2$，$Q_0/8$，$Q_0/128$ 和 $Q_0/1024$ 时所需的时间；④衰减至第 19 d、95 d、380 d 和 949 d 时的泉流量；⑤泉在衰减期的全部排泄量。

46. 某泉流量的衰减期在 $\lg Q - t$ 图上出现 3 个直线段（衰减亚期或"亚动态"），衰减常数分别为 β_1、β_2 和 β_3（图 A.42）。已知 $t_0 = 0$ d，$t_1 = 7$ d，$t_2 = 27$ d 和 $t_3 = 42$ d 时对应的泉流量分别为 1.36 m³/s，0.58 m³/s，0.20 m³/s 和 0.15 m³/s。①试给出描述泉流量在衰减期变化的数学表达式；②试求衰减开始后第 5 d，20 d 和 50 d 时的泉流量；③试求泉流量衰减至 0.95 m³/s，0.35 m³/s 和 0.10 m³/s 时的时间；④假定在衰减期泉流量不受其他因素影响，试求泉的全部排泄量。

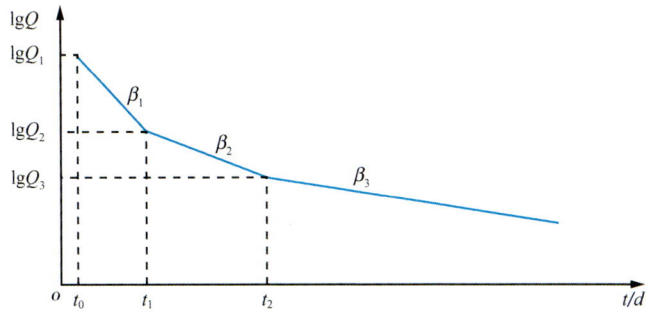

图 A.42　泉流量衰减期的 3 个直线段

47. 如图 A.43 所示的均质承压含水层，所有其他条件完全相同，仅含水层渗透系数 K 不同，有 a，b 两种情况，且 $K_a > K_b$。试比较 a，b 两种情况下泉的流量在雨季、旱季及年平均流量的大小。

48. 某地山体上部为透水层，下部为隔水层，两侧有泉水出露，如图 A.44 所示。
（1）请在图上示意绘出雨季地下水位，标出地下分水岭位置。
（2）比较两泉流量 Q_a，Q_b 的大小和变化。
（3）如果含水层为石灰岩，哪个泉附近岩溶会更发育？

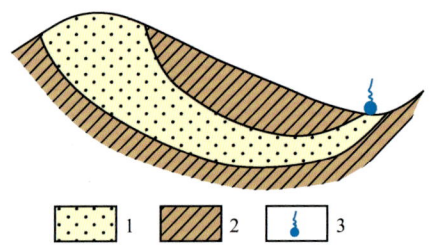
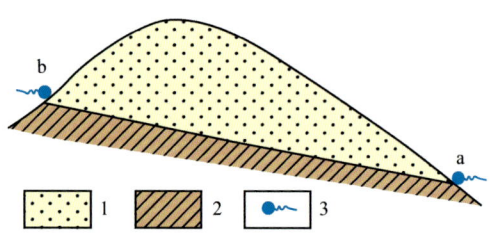

图 A.43　承压含水层示意剖面图
1—含水层；2—隔水层；3—泉

图 A.44　山体含水层示意剖面图
1—含水层；2—隔水层；3—泉

49. 在图 A.45a～d 中绘出了 4 张地下水动态曲线示意图，试分析它们的特点及可能的形成条件。

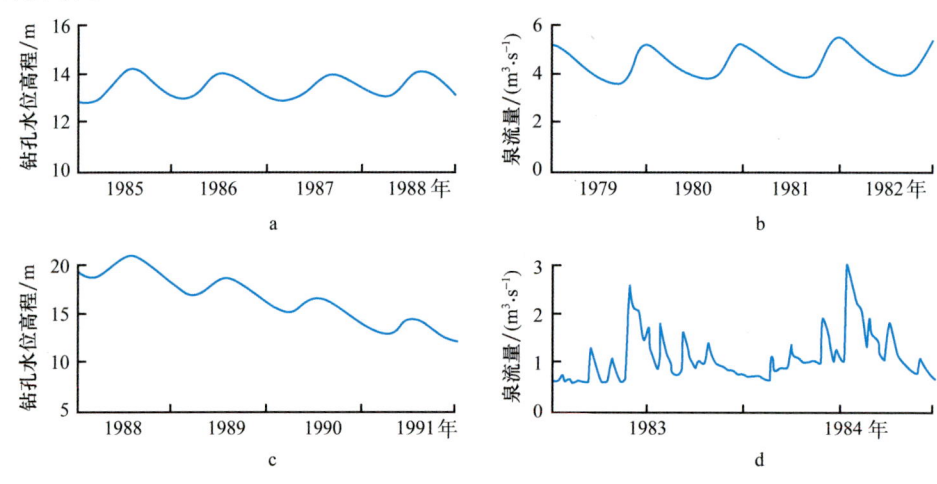

图 A.45　4 种地下水动态曲线示意图

50. 某地区分布有潜水含水层和承压含水层，潜水含水层与承压含水层之间的弱透水层厚度为 30 m，地下水开采层是承压含水层。有两个位于地下水开采区的相邻观测井，一个是 7 m 深的潜水位观测井，另一个是 70 m 深的承压水位观测井，它们的水位月平均值历时曲线如图 A.46 所示。试问：从这张水位历时曲线图中，你能了解到什么信息？

51. 图 A.47 为一河谷横剖面，其中：ⓐ为花岗岩，发育风化裂隙；ⓑ为中更新统（Q_2）冰碛黏土夹砾石；ⓒ为上更新统（Q_3）冲积砂砾石；ⓓ为全新统（Q_4）冲积砾砂，上部为亚黏土；河流为常年性河，河水位变化很小。试回答下列问题。
（1）泉的类型及动态特点。

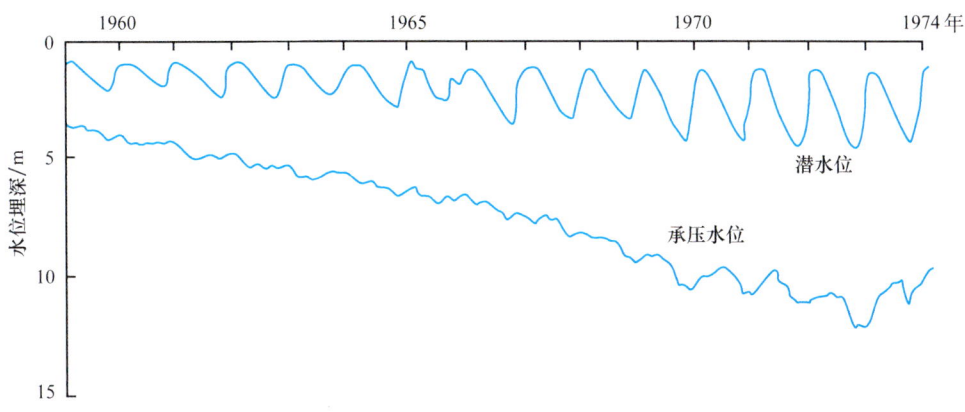

图 A.46　地下水位月平均值历时曲线

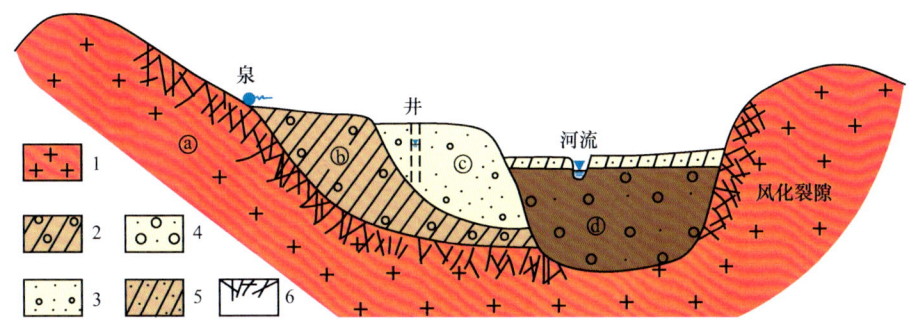

图 A.47　河谷示意剖面图

1—花岗岩；2—黏土夹砾石；3—砂砾石；4—砾砂；5—亚黏土；6—风化裂隙

（2）比较ⓒ，ⓓ两层的地下水位动态。

（3）哪一个含水层对供水最有利？

52. 有一水文地质剖面图如图 A.48 所示。

（1）示意绘出潜水含水层地下水位线和承压含水层测压水头线。

（2）列出潜水含水层可能的收入项与支出项。

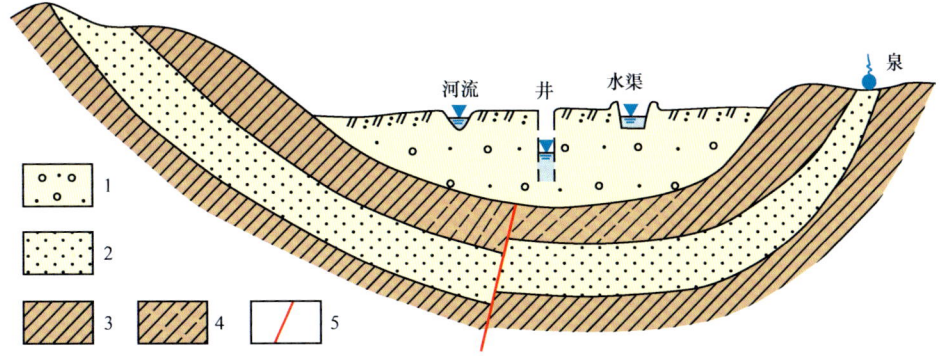

图 A.48　水文地质示意剖面图

1—潜水含水层；2—承压含水层；3—隔水层；4—弱透水层；5—断层

(3) 有哪些因素可以影响泉流量的变化？

(4) 泉流量是否能代表承压含水层的补给资源？

53. 山前洪积扇示意图如图 A.49 所示。试在剖面图上，用下列规定符号标明地下水的埋藏和分布，以及地下水的补给、径流和排泄条件。

规定符号：→表示地下水流向；↓表示大气降水入渗补给；↑表示蒸发排泄；▽表示潜水位；-·-·-表示深层承压水测压水位；井中有水的部分涂蓝色。

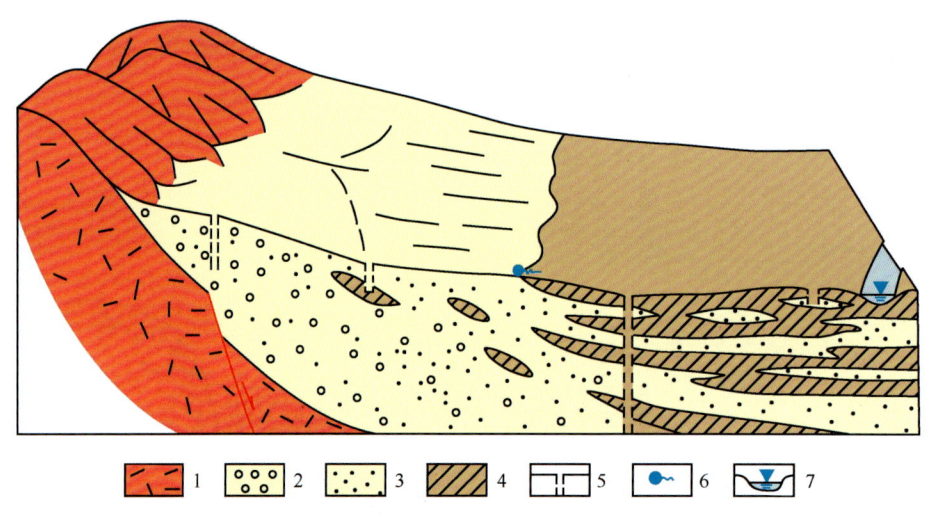

图 A.49　山前洪积扇示意图

1—基岩；2—砾石；3—砂；4—黏性土；5—井；6—泉；7—河流

54. 试讨论如图 A.50 所示的水文地质剖面图中浅层孔隙含水层中地下水的补给、径流和排泄条件。

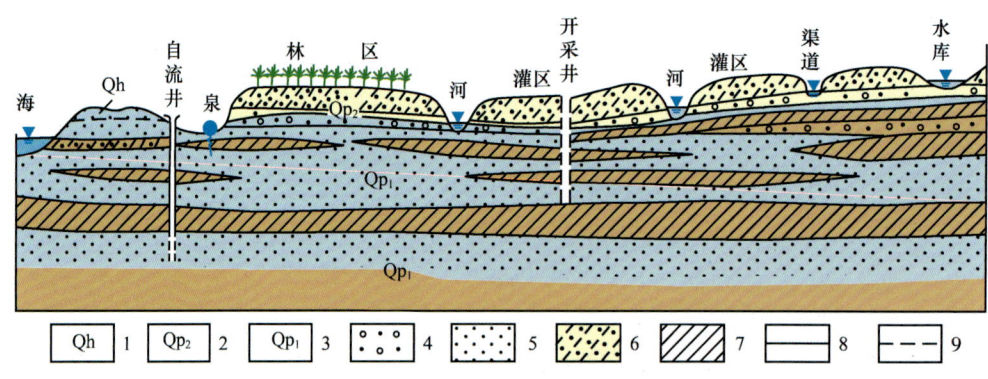

图 A.50　浅层孔隙水水文地质示意剖面图

1—第四系全新统；2—第四系中更新统；3—第四系下更新统；4—砂砾石；5—砂；
6—亚砂土；7—黏土；8—潜水位；9—承压水位

55. 根据云南永仁地质队的调查，云南省永仁地区三叠系煤系地层的岩性，自南向北由砾岩、粗砂岩渐变为细砂岩，岩层的裂隙率、裂隙宽度及钻孔涌水量也相应地由大变小，如图 A.51 所示。请根据这些信息对以下问题进行分析。

(1) 含裂隙砂岩地层的空隙类型有哪些？地下水在其中的赋存具有什么特征？

(2) 单位涌水量、裂隙率、岩石颗粒大小以及砂岩地层透水性之间有什么关系？

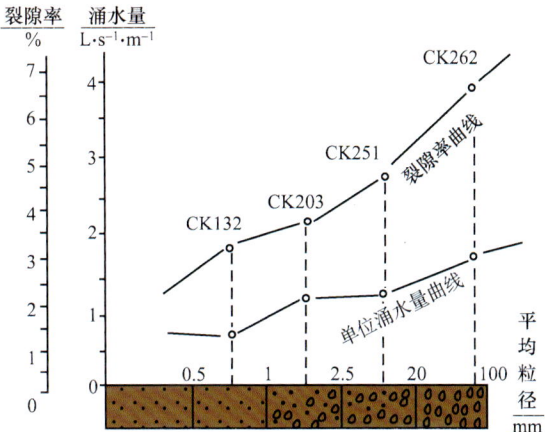

图 A.51　云南永仁地区砂岩的岩相变化与裂隙率及单位涌水量关系图

56. 碎屑岩地区有哪些主要的储水构造类型？以图 A.52 所示的向斜储水构造为例，说明一个储水构造的基本特点。

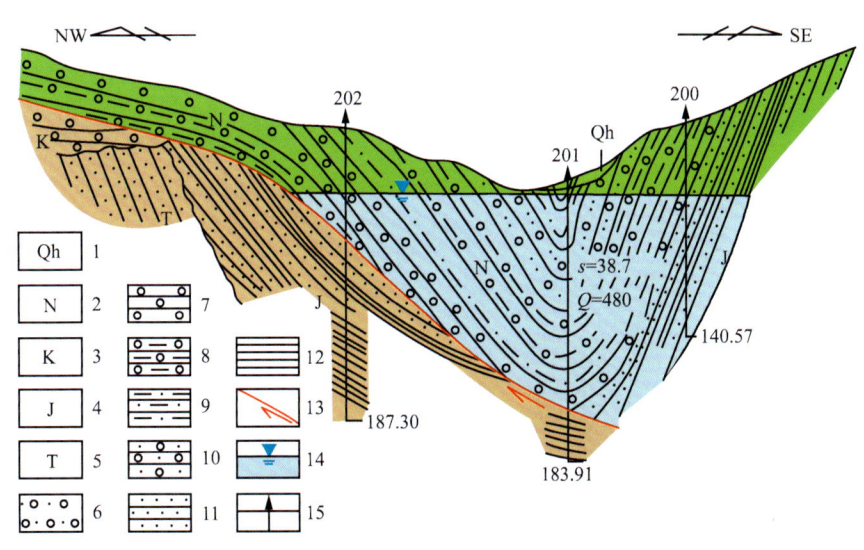

图 A.52　向斜储水构造示意剖面图

1—第四系全新统；2—新近系；3—白垩系；4—侏罗系；5—三叠系；6—砂砾石；7—砾岩；8—含砾泥岩；9—砂质泥岩；10—含砾砂岩；11—砂岩；12—页岩；13—断层；14—地下水位；15—钻井，顶部数字为编号，底部数字为井深（m），中部数据 s 为水位降深（m），Q 为涌水量（m^3/d）

57. 某地区分布有裸露的厚层纯质灰岩，水文地质剖面图如图 A.53 所示。试讨论从山区分水岭地带至平原河流之间可能出现的地貌分带、地表和地下岩溶形态以及地下水的基本特点。

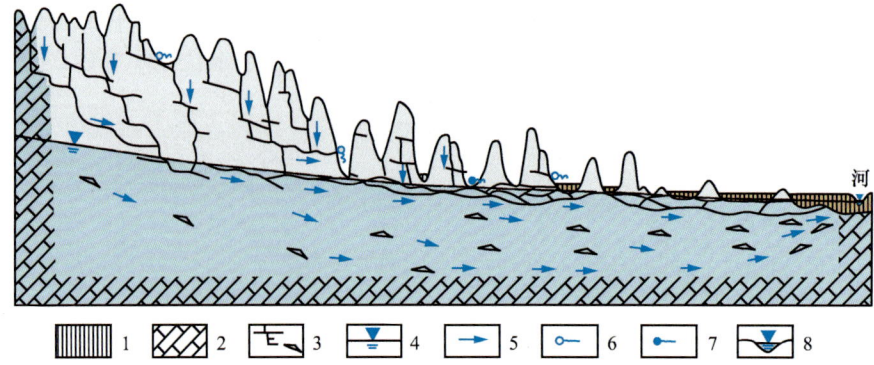

图 A.53　裸露厚层灰岩地区水文地质示意剖面图

1—第四系沉积物；2—石灰岩；3—溶洞；4—地下水位；5—地下水流向；6—季节性泉；
7—常年性泉；8—河流

58. 在某单斜断块盆地内（图 A.54），灰岩含水层的分布面积约 40 km^2，经过观测已获得该含水层岩溶-裂隙水最低集中排泄泉群的流量及钻孔水位的动态资料（图 A.55）。

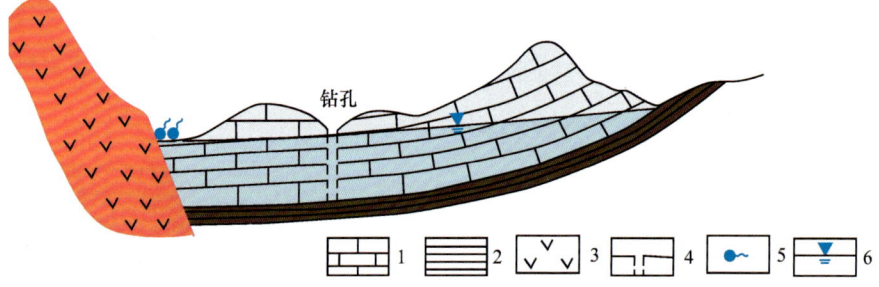

图 A.54　单斜断块盆地水文地质示意剖面图

1—灰岩；2—页岩；3—闪长岩；4—钻孔；5—泉；6—地下水位

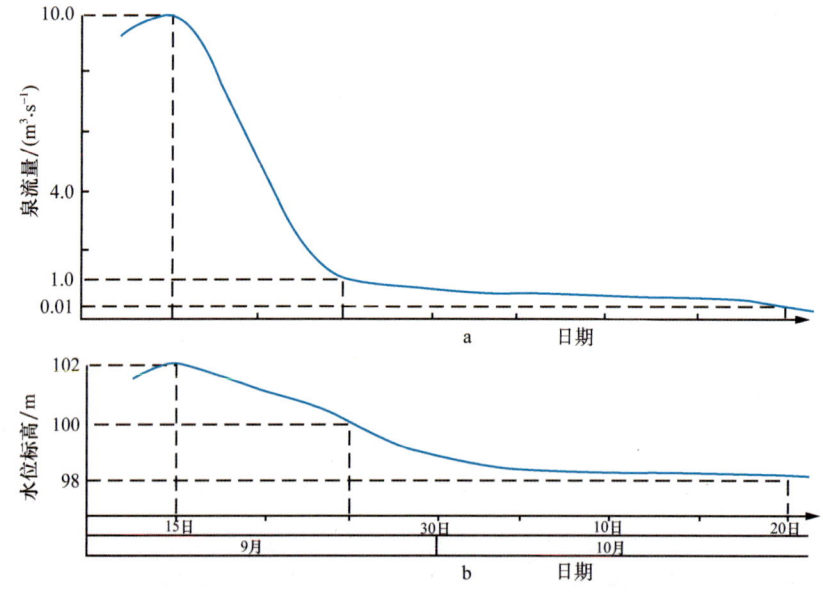

图 A.55　泉群流量（a）和钻孔水位（b）变化曲线

（1）估算含水层在钻孔中标高 100 m 以上及以下两段灰岩的岩溶率（或裂隙率）。

（2）该盆地岩溶-裂隙水的最大可采量是多少？

59. 根据图 A.56 的地质水文地质剖面图和资料分析岩溶形成的年代及形成条件。已知东丹河流量损失 0.8 m³/s，丹河同期流量增加 1.0 m³/s，泉 A 最大流量 0.6 m³/s，泉 B 最大流量 0.2 m³/s。

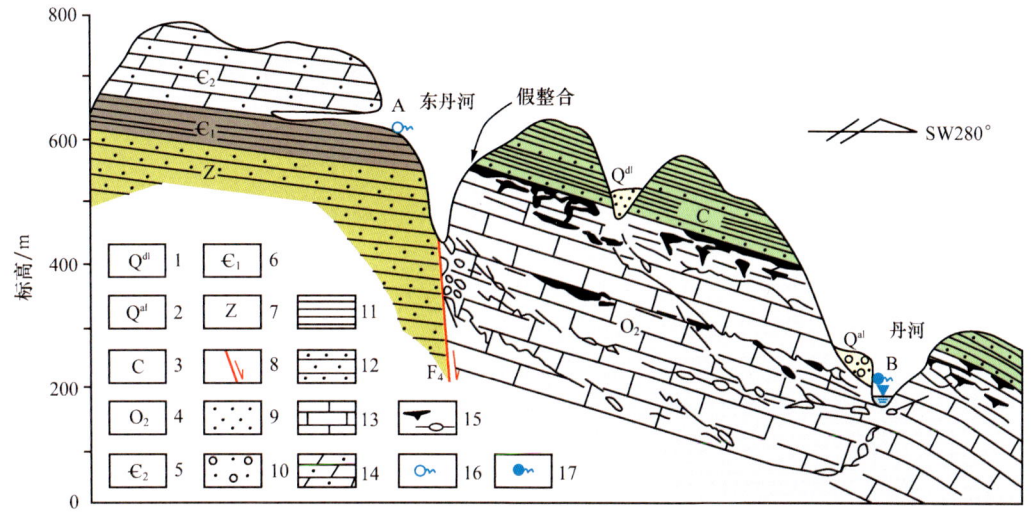

图 A.56　地质水文地质示意剖面图

1—第四系坡积物；2—第四系冲积物；3—石炭系；4—中奥陶统；5—中寒武统；6—下寒武统；7—震旦系；8—断层；9—砂土；10—砂砾石；11—页岩；12—砂岩；13—灰岩；14—泥灰岩；15—溶洞；16—暂时性泉；17—季节性泉

60. 图 A.57 为河北开滦煤矿范各庄矿发现的古岩溶陷落柱剖面图，试解释这一现象的成因。

61. 如果采排地下水一段时间后，新增的补给量及减少的天然排泄量与人工排泄量相等，含水层水量达到新的平衡。在地下水位动态曲线上表现为：地下水位在比原先低的位置上波动而不出现持续下降。请用示意图表示上面的说法。据此说明地下水资源的分类依据和开采潜力的制约因素。

62. 如图 A.58 所示，开采地下水后，地下水位由 a 处普遍降到 b 处，补给资源可能获得哪几方面的增量？

63. 图 A.59a 中有一个由阻水断层和隔水层围成的均质各向同性孔隙含水层，在补给区接受大气降水入渗补给。区域内分布有泉 A 和泉 B，而钻孔 $W_1 \sim W_4$ 的滤

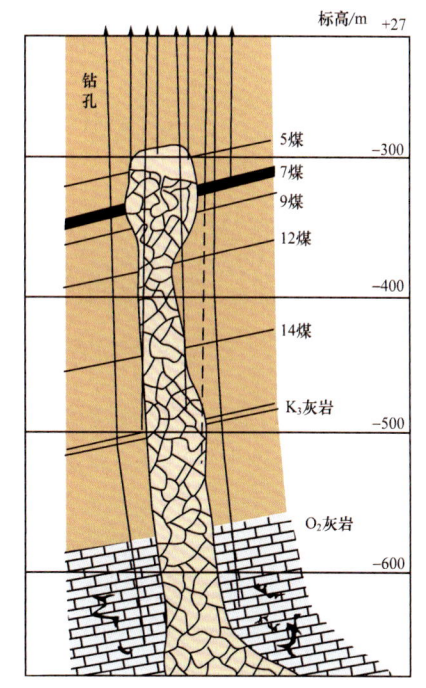

图 A.57　河北省开滦煤矿范各庄矿陷落柱剖面图

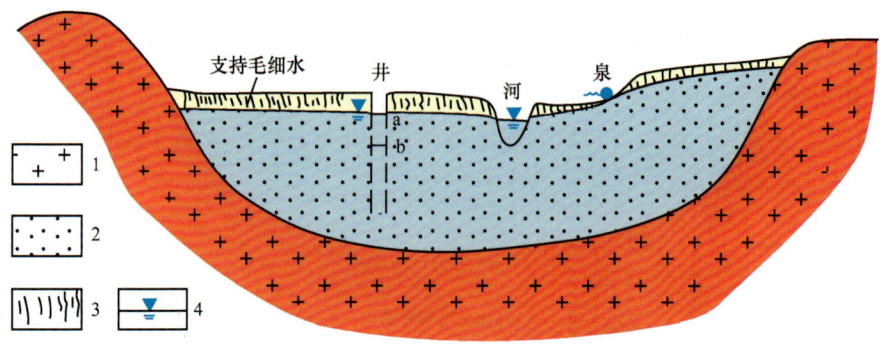

图 A.58 水文地质示意剖面图

1—不透水基岩；2—含水层；3—毛细水带；4—地下水位

水管均位于靠近孔底的部位。请完成以下各题。

（1）比较 W_3 和 W_4 钻孔内水位的高低。

（2）指出泉 A 和泉 B 各属于什么类型的泉？

（3）图 A.59b 中的两个泉流量变化曲线分别属于泉 A 和泉 B，指出哪一条属于泉 A，哪一条属于泉 B。

（4）如果在 W_4 孔中投入某种放射性示踪物质，在 W_1 和 W_2 孔中哪个钻孔能最先观察到？

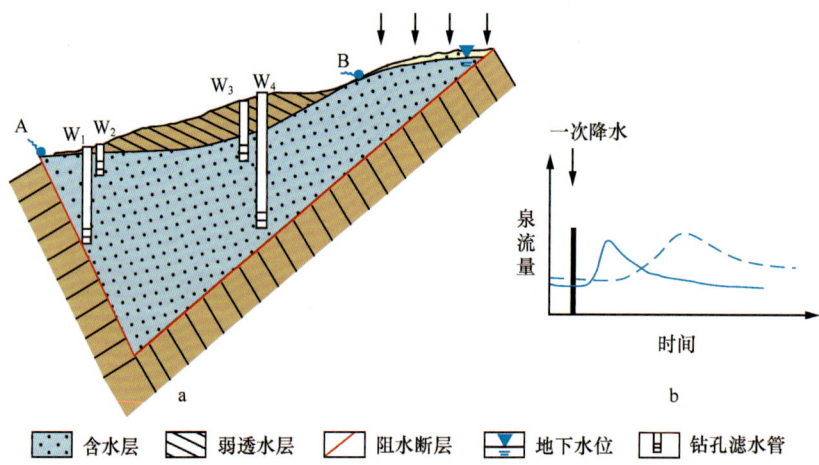

图 A.59 含水层剖面图（a）和泉流量变化曲线（b）

64. 如图 A.60 所示，有一单斜储水构造，已知 A 泉、B 泉均为常年性泉。

（1）在该剖面图上绘出地下水头线。

（2）简述 A 泉、B 泉的形成条件和泉的类型。

（3）若以 A 泉、B 泉作为供水水源，试评述它们的特点。

65. 根据图 A.61 所示的地质水文地质剖面图，试完成下列各题。

（1）指出并说明本区的隔水层（体）和主要含水层。

（2）指出地下水的补给来源与排泄去路。

（3）列出该地区 AB 段地下水均衡方程。

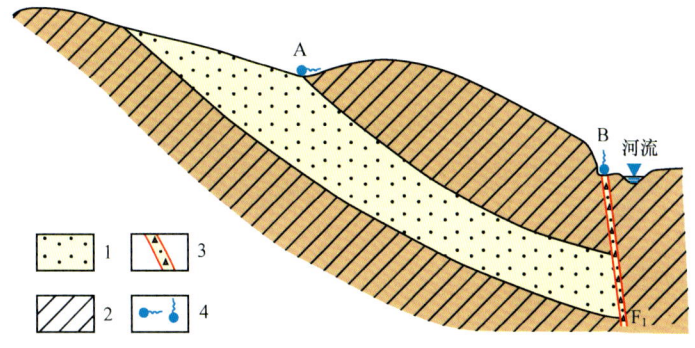

图 A.60　单斜储水构造示意剖面图

1—含水层；2—隔水层；3—导水断层；4—泉

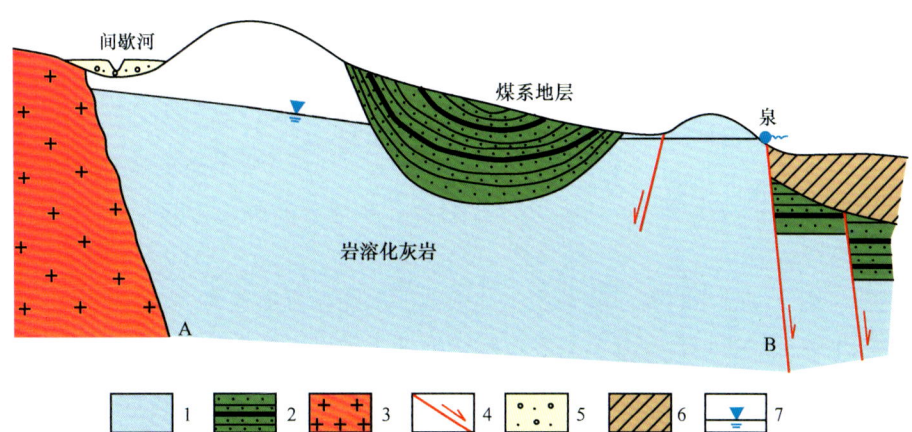

图 A.61　地质水文地质示意剖面图

1—岩溶化灰岩；2—煤系地层（砂岩、页岩夹煤层）；3—花岗岩；4—断层；
5—砂砾石；6—黏土；7—地下水位

66. 有一矿床，其上方有第四系沉积物覆盖并有河流通过。第四系沉积物之下有断层延伸至矿坑，断层导水性不明。

（1）简要说明为了查明该断层导水性应进行的主要水文地质工作。

（2）试绘出示意剖面反映上述条件，并在该剖面上布置目的在于查明断层导水性的钻孔。

67. 根据如图 A.62 所示的某矿区示意剖面，完成下列各题。

（1）分析天然条件下石灰岩含水层地下水的补给、径流和排泄条件。

（2）分析铁矿床充水条件及煤矿床充水条件（注意对 100 m，0 m，−100 m 不同开采水平的充水条件进行对比）。

68. 试述潜水含水层和承压含水层的水文地质特征及其差异，以及对供水的影响。

69. 试比较孔隙水和裂隙水的异同，并分析其原因。

70. 举例说明孔隙水、裂隙水和岩溶水的特点，并说明这些特点对地下水资源评价方法选择的影响。

71. 试对下列现象做出合理的解释。

（1）大多数泉水常给人以"冬暖夏凉"的感觉。

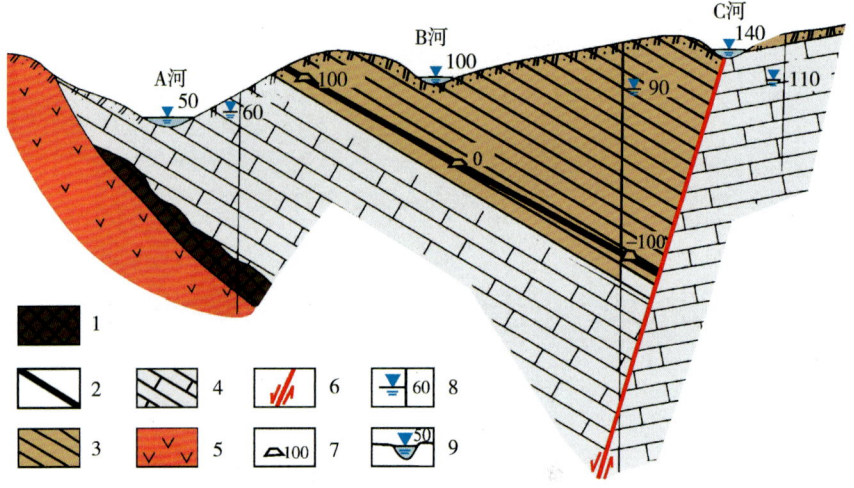

图 A.62　某矿区示意剖面图

1—铁矿；2—煤层；3—页岩；4—石灰岩；5—闪长岩；6—断层；7—坑道及标高（m）；
8—揭露灰岩的钻孔水位及其标高（m）；9—河流水位及其标高（m）

（2）在潜水等水位线图上，经常可以看到有一些地方的等水位线较密，而另一些地方的等水位线较疏。

（3）在一山区河谷中打有一眼钻孔，孔中地下水能自流出地面。

（4）深层地下热水钻井在开采热水过程中的动水位可以高于开采前的静水位。

（5）某承压含水层被开采时，其上部的潜水含水层水位也逐渐下降。

（6）在某些地区，穿越潜水含水层的水井也能出现自流现象。

（7）在岩溶管道发育的灰岩含水层中，沿地下水流向有两个相距不远的钻孔，位于下游的钻孔地下水位有时会高于位于上游的钻孔地下水位。

（8）某些河流的下游出现地上（悬）河。

（9）有些高温地下热水出露区分布有间歇性喷发的温泉——喷泉。

（10）开采某些金属矿和煤矿的过程中，矿坑排水通常呈酸性或具偏酸性。

72. 试对下列说法加以评述。

（1）自承压含水层的裸露补给区向排泄点——泉的方向，地下水的流速增大。

（2）某含水层的渗透系数很大，可以说该含水层的出水能力也很大。

（3）地下水的化学成分取决于它所流经地层的化学成分。所以，在碳酸盐岩地区地下水的化学成分通常以 HCO_3^-，Ca^{2+} 为主。

（4）由粗大颗粒的砂砾石组成的含水层有着丰富的地下水资源。

（5）只要地下水的开采量小于天然补给量，地下水很快就可以达到新的平衡状态。

（6）在松散沉积物分布地区过量开采地下水会导致地面沉降，如果采取人工回灌措施，只要回灌的水量足够多，就可以使地面恢复到原来的状态。

73. 选择题——在三个答案中选择一项最佳答案填在括号内。

【例题】岩石的给水度通常（　）它的空隙度。

　　　　a. 大于　　　　　　　b. 等于　　　　　　　c. 小于

例题最佳答案：c。

(1) 在相同的一块土样上测得的孔隙度通常（ ）其孔隙比。
  a. 小于   b. 大于   c. 等于

(2) 大气压力的升高有时可以引起承压含水层钻井或测压孔中水位（ ）。
  a. 升高   b. 降低   c. 不变

(3) 潜水含水层中的地下水流动时，通常是从（ ）的地方运动。
  a. 水头高的地方向水头低
  b. 地形坡度大的地方向地形坡度小
  c. 地形高的地方向地形低

(4) 决定地下水流动方向的是（ ）。
  a. 压力的大小   b. 位置的高低   c. 水头的高低

(5) 地下水按（ ）分类，可以分为孔隙水、裂隙水和岩溶水。
  a. 埋藏条件   b. 含水介质类型   c. 化学成分的形成

(6) 地下水的实际流速通常（ ）地下水的渗流速度。
  a. 大于   b. 等于   c. 小于

(7) 有入渗补给时或蒸发排泄时潜水面可以看作（ ）。
  a. 流面   b. 等水头面   c. 既非流面也非等水头面

(8) 在分水岭地带打井，井中水位随井深加大而（ ）。
  a. 升高   b. 不变   c. 降低

(9) 同一时刻在潜水井流中的观测孔测得的平均水位降深值总是（ ）该处潜水面的降深值。
  a. 大于   b. 等于   c. 小于

(10) 在无限含水层中，当含水层的导水系数相同时，开采同样多的水在承压含水层中形成的水位降落漏斗体积（ ）在潜水含水层中形成的水位降落漏斗体积。
  a. 大于   b. 等于   c. 小于

(11) 包气带岩层的渗透系数随包气带含水量的降低而（ ）。
  a. 增大   b. 减小   c. 不变

(12) 土层饱水带渗透系数 K 值一般（ ）相同土层包气带中的渗透系数 K 值。
  a. 等于   b. 大于   c. 小于

(13) 高矿化度地下水中的阳离子组分通常以（ ）为主。
  a. Na^+ b. Mg^{2+} c. Ca^{2+}

(14) 溶解于水中的二氧化碳称为（ ）。
  a. 侵蚀性二氧化碳   b. 平衡二氧化碳   c. 游离二氧化碳

(15) 用同位素（ ）可以研究地下水的起源。
  a. 氚和^{14}C b. 氚和^{18}O c. ^{34}S 和 ^{36}Cl

(16) 水对某种盐类的溶解能力随该盐类浓度的增加而（ ）。
  a. 增强   b. 不变   c. 减弱

(17) 土壤盐渍化的出现，是（ ）的结果。
  a. 溶滤作用   b. 蒸发浓缩作用   c. 阳离子交替吸附作用

（18）河流与地下水的补给关系沿着河流纵剖面而有所变化。一般说来，在山前冲洪积扇，河流（ ）地下水。

    a. 补给   b. 排泄   c. 既非补给也非排泄

（19）当潜水与河水有直接水力联系时，用直线分割法分割河水流量过程线求得的地下水泄流量将（ ）。

    a. 偏小   b. 偏大   c. 不偏小也不偏大

（20）山区地下水全部以大泉形式集中排泄时，可以认为泉流量（ ）地下水的补给量。

    a. 小于   b. 大于   c. 等于

（21）接受同等强度的降水补给时，砂砾层的地下水位变幅（ ）细砂层的地下水位变幅。

    a. 大于   b. 小于   c. 等于

（22）在设计重大工程的排水设施时，应根据多年地下水位动态资料，考虑（ ）地下水位时排水能力能否满足排水要求。

    a. 最高   b. 最低   c. 平均

（23）灰岩地区的峰林平原，是岩溶作用（ ）的产物。

    a. 早期   b. 中期   c. 晚期

（24）在同一厚层灰岩断面上分布有高程不同的几层干溶洞，通常位置高的溶洞形成时间（ ）位置低的溶洞形成时间。

    a. 晚于   b. 早于   c. 相同于

（25）一个地区水资源的丰富程度主要取决于（ ）的多寡。

    a. 降水量   b. 蒸发量   c. 地表径流量

（26）用一个泉作为供水水源时，供水能力取决于泉的（ ）流量。

    a. 最大   b. 最小   c. 平均

（27）矿坑充水水源以地下水的（ ）为主时，则矿坑涌水量充沛、不易疏干。

    a. 补给量   b. 储存量   c. 允许开采量

（28）人工补给地下水的目的之一是可以防止（ ）。

    a. 地下水污染   b. 地面塌陷   c. 海水入侵

（29）在松散岩层中打供水井，常在井内滤水管外围回填砾石，要求回填砾石层的渗透系数（ ）岩层的渗透系数。

    a. 小于   b. 大于   c. 等于

（30）在地下水水质分析中，常把（ ）称为暂时硬度。

    a. 碳酸盐硬度   b. 非碳酸盐硬度   c. 既不是碳酸盐硬度也不是非碳酸盐硬度

74. 填空题——在下列各题的括号内填写正确的内容。

【例题】对于均质的松散岩石，给水度的大小不仅受岩性的影响，而且还与初始地下水位（埋藏深度）以及地下水位（下降速率）等因素有关。

（1）地下水按埋藏条件分类，可以分为（   ）。

（2）潜水含水层接受补给时，主要表现为其（ ）将（ ）；承压含水层接受补给时，主要表现为其（ ）将（ ）。

（3）潜水面的起伏，大体上与地形起伏一致，但常比地形起伏缓和。潜水面的陡缓有时也能反映潜水含水层（　　）和（　　）的变化。

（4）在无入渗补给而有蒸发排泄的条件下，如果潜水含水层地下水位逐渐下降，其上部包气带的含水量将（　　），而地下水蒸发强度将（　　），这时潜水面（　　）看作流面。

（5）发育在风化裂隙带的泉属于（　　）泉。

（6）均质与非均质岩层是根据岩层的（　　）和（　　）的关系划分的，各向同性与各向异性岩层根据岩层的（　　）和（　　）的关系划分。

（7）在均质各向同性介质中，地下水必定沿着水头变化最大的方向运动，因此，（　　）和（　　）构成正交网格。

（8）饱水带任一点的压力水头是个定值，而包气带的压力水头则是（　　）的函数。

（9）地下水的排泄方式包括（　　）、（　　）、（　　）等。

（10）溶解了大量 CO_2 的地下水在温度（　　）或压强（　　）时将发生脱碳酸作用，并导致地下水矿化度（　　），pH 值（　　）。

（11）某开采井在一承压含水层中抽水，附近观测孔观测到该承压含水层水头下降了 6 m，则该处含水层有效应力将（　　）。

（12）在径流条件好、水交替迅速的地区，溶滤作用发育，常形成（　　）的地下水。

（13）河流补给地下水而引起地下水位抬升时，随着远离河流，地下水位变幅（　　），发生变化的时间（　　）。

（14）含水系统的调节能力取决于它的储蓄水量的能力，这与（　　）和（　　）有关。

（15）作为资源，地下水主要用于供水，而对供水水源的一个基本要求是能够持续而稳定地供应某一数量的水。这就要求地下含水系统能够获得（　　），并在含水系统中（　　）。

75. 绘制沙河地区潜水等水位线图。

根据附图 1 中的井孔水位资料和水点位置，利用手工或计算机绘图软件绘制沙河地区潜水等水位线图，并完成以下各题。

（1）在水文地质剖面图上绘制潜水位，标出地下水流向。

（2）说明潜水面变化的主要特点及其影响因素。

（3）计算图中 A、B 两处潜水面的水力梯度近似值，并加以对比。

（4）讨论潜水与河流的补给关系。

（5）试解释图中沼泽出现的原因。

（6）畜牧场要打一口饮用水井，试讨论在何处打井较为合适。

76. 洛河地区岩溶水系统的分析。

洛河地区的地质水文地质概况如图 A.63 所示。奥陶系灰岩的溶洞发育，含丰富的地下水。现将岩溶泉和有关钻孔的资料列于表 A.4。其他资料如下：在 2 号泉附近钻井取水 3.5 m³/s，泉水流量急剧减小，几乎不出流；在 3 号泉西北方向约 700 m 处有 5 号取水井，取水时对 3 号泉的流量有明显影响；4 号孔为最后打成的自流孔；现今 3 号泉流量已减少为 0.7 m³/s。

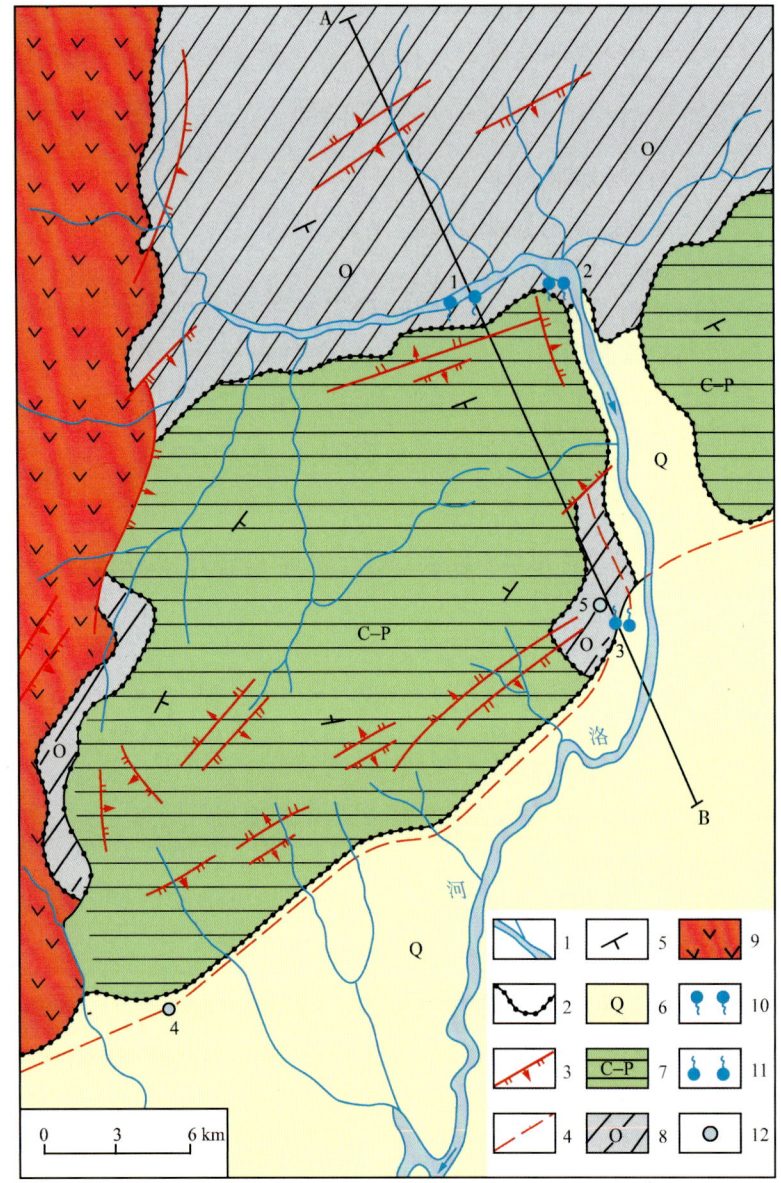

图 A.63 洛河地区水文地质略图

1—河流；2—地层界线；3—正断层；4—覆盖断层；5—岩层产状；6—第四系冲洪积物；7—石炭-二叠系砂页岩；8—奥陶系石灰岩；9—燕山期闪长岩；10—岩溶水下降泉群；11—岩溶水上升泉群；12—揭露灰岩含水层的钻孔

表 A.4 岩溶泉与钻孔资料

水点	水位标高/m	流量/(m³·s⁻¹)	矿化度/(g·L⁻¹)	水化学类型	水点间的距离
1号泉	109	1.0	0.4	HCO_3-Ca	距2号泉4 km
2号泉	107	4.0	0.6	HCO_3-Ca	距3号泉16 km
3号泉	106	1.7	0.8	HCO_3-Ca	距4号孔30 km
4号孔	104	1.0	1.8	$SO_4·HCO_3-Ca·Na$	

(1) 请根据上述情况对下列问题做出判断，并说明依据：① 3 个泉水是否来源于一个溶洞系统？② 4 号孔中水的来源和 3 个泉是否同一地下水系统？

(2) 沿 AB 线示意性绘制一个水文地质剖面图。

77. 东王村地区水文地质条件的分析。

仔细阅读东王村地区水文地质图（附图 2），包括平面图、剖面图及相关资料（表 A.5、表 A.6），然后编写一份水文地质条件分析报告，包括以下主要内容。

(1) 地形与水系

根据河流的分布及剖面图上的地形起伏和高程，分析该地区的地形条件。分析水系分布与地形、地层岩性、构造的关系，注意河水的补给来源及不同河段的流量变化。

(2) 地层

分析不同时代地层的岩性、出露和分布情况以及它们之间的接触关系。

(3) 构造

分析褶皱、断层的特征，注意它们对地层分布、地形、水系、地下水形成的控制作用。

(4) 含水层及其富水性

根据岩性、裂隙或岩溶发育情况、泉的流量及出露情况、钻孔单位涌水量等方面的资料（补充到表 A.5 中），分析不同地层的富水性，区分强含水层、弱含水层和隔水层，总结它们的水文地质特征。

表 A.5 东王村地区岩层含水性说明表

代号	时代	岩性	裂隙及岩溶发育情况	泉流量 $L \cdot s^{-1}$	钻孔单位涌水量 $L \cdot s^{-1} \cdot m^{-1}$	岩层含水性质	接触关系
Qh^{al}	第四系	冲积砂砾石					与老地层呈角度不整合接触
J_3	上侏罗统	砂岩与砂质页岩互层	裂隙闭合				
J_2	中侏罗统	长石石英砂岩	裂隙张开				
J_1	下侏罗统	页岩，距底部 15 m 处夹厚度 3~5 m 的可采煤层	裂隙闭合				
P	二叠系	纯质石灰岩	岩溶发育				与上覆地层呈角度不整合接触
C	石炭系	页岩夹薄层砂岩					
AnS	前志留系	片麻岩及片岩	构造裂隙闭合，发育风化裂隙				与上覆地层呈角度不整合接触

(5) 断层的导水性

根据断层上、下盘的岩性，出露于断层带上的泉流量，流经断层带的河流流量变化等，分析断层（带）的导水性能。

(6) 地下水的分布和补给、径流、排泄及地下水流场特点

①分析各含水层地下水的分布和补给来源、补给方式、径流方向、排泄方式和排泄量。

②总结该地区分布的储水构造类型。

③分析河流与地下水的补给、排泄关系。

④分析该地区出现的泉的类型和成因。

⑤根据地形、水系、水点的分布,初步分析二叠系含水层地下水流场的特点。

(7) 地下水资源特征和供水问题

①在综合分析全区水文地质条件的基础上,依据降雨量(表 A.6)和排泄量,初步分析该地区各含水层地下水资源的特点及其供水意义。

②分析该地区 P 含水层地下水作为供水水源开采地下水时可能存在或需要注意的问题。

表 A.6 东王村地区多年平均降雨量资料

月份	降雨量/mm	月份	降雨量/mm	月份	降雨量/mm
1	35.5	5	161.2	9	80.6
2	60.5	6	218.0	10	53.2
3	104.5	7	179.0	11	56.6
4	144.4	8	133.4	12	33.5

(8) 开采 J_1 地层中煤矿的涌水和排水问题

①分析如果开采 J_1 地层中的煤矿时的矿坑充水条件(来源和通道)。

②分析如果为了开采 J_1 地层中的煤矿而进行矿坑疏干排水时,可能会发生哪些地质环境问题。

部分练习题答案

1. $1002.3\ kg/m^3$。

2. (1) 以立方体排列时孔隙度为 47.64%,斜方体排列时孔隙度为 39.54%,菱形六面体排列时孔隙度 25.94%。

(2) 以立方体排列时孔隙度为 27.1%,斜方体排列时孔隙度为 30.96%。

(3) 以立方体排列时孔隙度为 21.46%,斜方体排列时孔隙度为 9.31%。

(4) 以立方体排列时孔隙度为 7.999%,斜方体排列时孔隙度为 4.952%。

3. (1) 以立方体排列时最大内切球直径为 $0.732D$,最小内切球直径为 $0.414D$;以斜方体排列时最大内切球直径为 $0.414D$,最小内切球直径为 $0.155D$;以菱形六面体排列时最大内切球直径为 $0.288D$,最小内切球直径为 $0.155D$。

(2) 以立方体排列时最大内切圆棒直径为 $0.414D$,以斜方体排列时最大内切圆棒直径为 $0.155D$。

4. (1) 以立方体排列时比表面为 $\pi/(2R)$,以斜方体排列时比表面为 $\pi/(\sqrt{3}R)$。

(2) 以立方体排列时比表面为 $\pi/(2R)$,以斜方体排列时比表面为 $\pi/(\sqrt{3}R)$。

5. (1) 36.5%,19.28%,0.325,0.891,$1.68\ g/cm^3$。

(2) $2.65\ g/cm^3$。

(3) 36.6%。

20. (1) 见表 A.7。

表 A.7 水头值列表

测定点	位置水头/m	压力水头/m	总水头/m	测定点	位置水头/m	压力水头/m	总水头/m
A	25	0	25	D	−15	30	15
B	−15	20	5	E	10	0	10
C	−10	20	10	F	−5	30	25

21. $H_A = 80$ m,$H_B \approx 114.3$ m。

22. (1) $H_B = \dfrac{K_1 \sin\theta_1 + K_2 \sin\theta_2}{K_2 \cos\theta_2/L_2 + K_1 \cos\theta_1/L_1}$;(2) $\dfrac{K_2}{K_1} \leqslant \dfrac{\cos\theta_1}{\cos\theta_2}$

23. $b = \dfrac{KD}{Q}(h_0 - D)$,$Q = KD\left(h_0 - \dfrac{D^2 + h_L^2}{2D}\right)/L$

24. $Q = 13141.55$ m³/d,$L_1 = 337.58$ m。

26. (1) $3°18'$;(2) $80°10'$。

31. (1) 隔水层;(2) 含水层;(3) 潜水水位线;(4) 承压水水头(位)线;(5) 大气降水入渗补给;(6) 地下水流向;(7) 下降泉;(8) 上升泉;(9) 钻井及水位;(10) 自流井;(11) 河流;(12) 导水断层。A—汇水区;B—补给区;C—承压区;D—自流区;E—排泄区;h—承压高度;H—测压水头高度;M—承压含水层厚度。

43. (2) 衰减常数 β 为 0.01852 1/d,$Q_{60} = 1.81$ m³/s。

44. ①衰减常数为 0.008473 1/d;②$Q_1 = 2.5$ m³/s;③$t_2 = 81.81$ d;$t_4 = 147.85$ d;④$Q_5 = 0.0034$ m³/s;⑤泉在衰减期的全部排泄量约为 3.56×10^7 m³。

45. ①衰减常数为 0.003653 1/d;②$Q_0 = 15.44$ m³/s;③流量衰减到 $Q_0/2$、$Q_0/8$、$Q_0/128$ 和 $Q_0/1024$ 时所需的时间分别为 189.75 d、569.24 d、1328.23 d 和 1897.47 d;④衰减至第 19 d、95 d、380 d 和 949 d 时的流量分别为 14.405 m³/s、10.913 m³/s、$Q_0/4$ m³/s 和 $Q_0/32$ m³/s;⑤泉在衰减期的全部排泄量约为 3.652×10^8 m³。

46. ①泉流量在衰减期的数学表达式为

$$Q_t = \begin{cases} 1.36\mathrm{e}^{-0.1217t} & (0 \leqslant t \leqslant t_1) \\ 0.58\mathrm{e}^{-0.0529(t-7)} & (t_1 \leqslant t \leqslant t_2) \\ 0.20\mathrm{e}^{-0.0196(t-27)} & (t_2 \leqslant t \leqslant \infty) \end{cases} \quad \text{或者} \quad Q_t = \begin{cases} 1.36\mathrm{e}^{-0.1217t} & (0 \leqslant t \leqslant t_1) \\ 0.84\mathrm{e}^{-0.0529t} & (t_1 \leqslant t \leqslant t_2) \\ 0.34\mathrm{e}^{-0.0196t} & (t_2 \leqslant t \leqslant \infty) \end{cases}$$

②衰减开始后第 5 d、20 d 和 50 d 时的泉流量分别为 0.74 m³/s、0.2916 m³/s 和 0.1276 m³/s;③泉流量衰减至 0.95 m³/s、0.35 m³/s 和 0.10 m³/s 时的时间分别为 2.95 d、16.55 d 和 62.44 d;④泉在衰减期的全部排泄量约为 2.054×10^6 m³。

58. (1) 标高 100 m 以上灰岩的裂隙率或岩溶率为 0.0594,100 m 以下裂隙率或岩溶率为 0.013635。

75. (3) A、B 处水力梯度近似值分别为 0.01 和 0.004。

附录B 基础实验

实验一 孔隙与水

一、实验目的

1. 加深理解孔隙介质的孔隙度、给水度和持水度的概念。
2. 熟练掌握实验室测定孔隙度、给水度和持水度的方法。

二、实验内容

1. 熟悉给水度仪并对仪器进行标定。
2. 测定三种松散沉积物试样的孔隙度、给水度和持水度数值。

三、实验仪器和用品

1. 给水度仪（图 B.1）。
2. 医用注射器（用来抽吸气体）。
3. 烧杯、量筒（25 mL）和胶头滴管。
4. 松散沉积物试样：①砾石（粒径为 5~10 mm，大小均匀，磨圆好）；②砂（粒径为 0.25~0.50 mm）；③砂砾混合样（指把砂样完全充填到砾石样的孔隙中得到的新试样）。

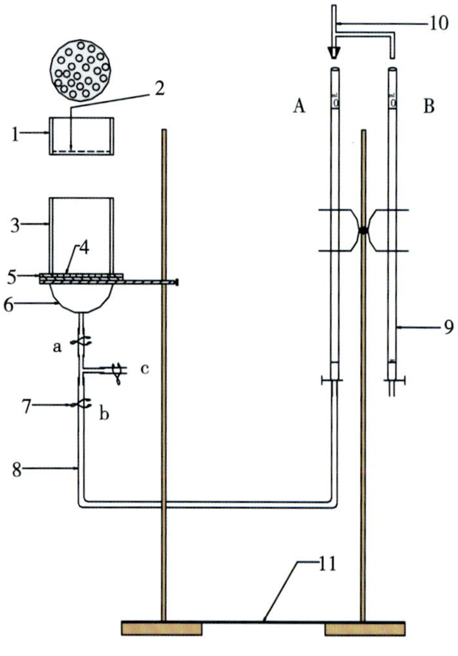

四、实验步骤

1. 标定透水石的负压值

透水石是用一定直径的砂质颗粒均匀胶结成的多孔板。透水石的负压值是指在气相、液相和固相三相介质界面上形成的弯液面产生的附加表面压强。标定方法如下。

第一步，用水饱和透水石并使试样筒底部漏斗充满水（最好用去气水，即通过加热或蒸馏的方法去掉水中部分气体后的水）。具体做法是，将试样筒与底部漏斗一起从开关 a 处卸下（图 B.1），浸没于水中并倒置，将漏斗管口与医用注射器连接，抽气使透水石

图 B.1 给水度仪装置图（截面图）

1—装样筛；2—筛板；3—试样筒；4—透水石；5—固定连接板；6—试样筒底部漏斗；7—止水夹；8—软管；9—滴定管；10—三通管；11—实验台

饱水，漏斗底部全充满水。用弹簧夹在水中封闭底部漏斗管，倒转试样筒，将装有水（可以不满）的试样筒放回支架。同时打开 a、b 两开关，关闭 c 开关，在两管口同时流水的情况下连接软管。关闭 a、b 开关，倒去试样筒中剩余的水，通过 c 开关将 A 滴定管液面调至零刻度，并与透水石底面水平。

第二步，测定透水石的负压值。打开 a、b 开关，关闭 c 开关，缓慢降低 A 滴定管，同时注意观测其液面的变化。当滴定管液面突然上升时，立刻关闭 b 开关。此时滴定管液面到透水石底面的高度就是透水石的负压值。

反复测定几次，选其中最小数值（指绝对值）作为实验所采用的负压值。

2. 标定试样筒的容积

将试样筒装满水，用量筒或滴定管测出所装水的体积即为试样筒的容积。

3. 装样

装样前，将 A 滴定管液面调到零刻度，关闭 a、b、c 开关，用干布把试样筒内壁擦干（注意不要将干布接触透水石）。装砾石样和砂样时，不用安装装样筛，直接将试样逐次倒入试样筒并轻轻振动试样筒以保证试样密实，直至与试样筒口平齐。装砂砾混合样时，先按上述方法把砾石装满，再安装装样筛，将砂样从装样筛中漏入，直至完全充填砾石样孔隙。

4. 测定孔隙度

适当抬高滴定管，使其液面略高于试样筒口。打开 a、b 开关（同时用秒表计时）。试样饱水后立即关闭 b 开关。记下 A 滴定管进水量及饱水累计时间，填入表 B.1。进水量（体积）与试样筒容积之比就是这种试样的孔隙度。

5. 测定给水度

将 A 滴定管加满水并装上三通管。用胶头滴管调整三通管液面（图 B.2）。将 B 滴定管初始刻度调至 100 mL 处。同时降低 A、B 滴定管后，打开 b 开关，使从试样中退出的水沿三通管进入 B 滴定管。退水过程中，三通管液面到透水石底面的距离不得大于透水石的选用负压值。退水终止后，将退水量和累计退水时间记入表 B.1。退水量（体积）与试样体积之比就是试样的给水度。

6. 重复上述 3、4、5 步骤，测定另外两种试样的孔隙度和给水度。

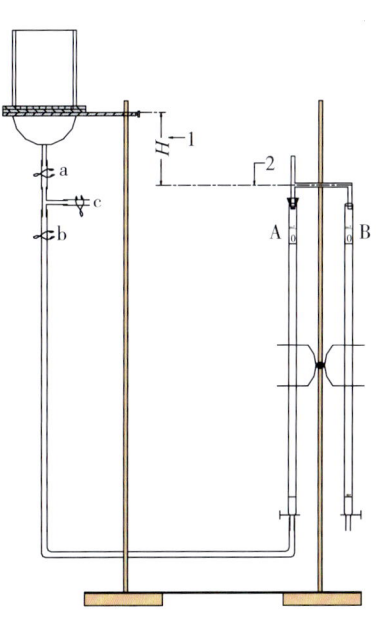

图 B.2　退水时给水度仪安置示意图
（截面图）

1—H 为三通管液面到透水石底面的距离；
2—三通管液面

五、实验成果

1. 将实验过程中测得的各项数据填写到实验数据表 B.1 中。

2. 提交一份"孔隙与水实验报告"。

姓名：　　　　学号：　　　　组号：　　　　小组成员：　　　　实验日期：　年　月　日
仪器名称：　　　　　　　　　　　　仪器编号：

表 B.1　孔隙与水实验数据表

仪器编号	试样体积/cm³	透水石负压值/cm	试样名称	粒径/mm	进水量/mL	累计饱水时间/min	退水量/mL	累计退水时间/min	孔隙度/%	给水度/%	持水度/%	备注

3. 回答下列问题。
(1) 从试样中退出的水是什么形式的水？退水结束后，试样中保留的水是什么形式的水？
(2) 根据实验结果，分析比较孔隙介质的孔隙度、给水度、持水度与颗粒粒径和分选的关系。

实验二 达西实验

一、实验目的

1. 通过稳定流条件下的渗流实验，加深对渗流基本定律——达西定律的理解。
2. 加深对渗流速度、水力梯度、渗透系数的概念及其之间的关系的理解，并熟悉实验室测定渗透系数的方法。

二、实验内容

1. 了解达西实验装置。
2. 根据达西公式即式（2.2）测定不同试样的渗透系数。

三、实验仪器及用品

1. 有达西仪（图B.3）3个，分别装有不同粒径的均质试样：①砾石（粒径5~10 mm）；②粗砂（粒径0.5~1.0 mm）；③砂砾混合（①与②的混合样）。
2. 秒表一个。
3. 量筒（500 mL，2000 mL 各一个）。
4. 直尺一把。

四、实验步骤

1. 测量仪器的几何参数。分别测量过水断面面积、测压管 a、b、c 的间距或渗透途径，填入表 B.2 中。
2. 调试仪器。打开进水开关2，待水缓慢充满整个试样，且出水管有水流出后，慢慢拧动开关2，调节进水量，使 a、c 两测压管读数之差最大。同时注意排尽试样中的气泡，使测压管 a、b 的水头差与测压管 b、c 的水头差相等。
3. 测定水头。待 a、b、c 三个测压管的水位稳定后，读出各测压管的水头值，填入表 B.2 中。
4. 测定流量。在进行步骤3的同时，利用秒表和量筒测量 t 时间内水管流出的水体积，及时计算流量 Q。连续测量两次，使流量的相对误差小于5%，取平均值填入表 B.2 中。利用下式计算相对误差：

$$相对误差 = \frac{|Q_2 - Q_1|}{(Q_1 + Q_2)/2} \times 100\%$$

5. 调节进水量。由大往小调节进水量，改变 a、b、c 三个测压管的读数，重复步骤3和4。

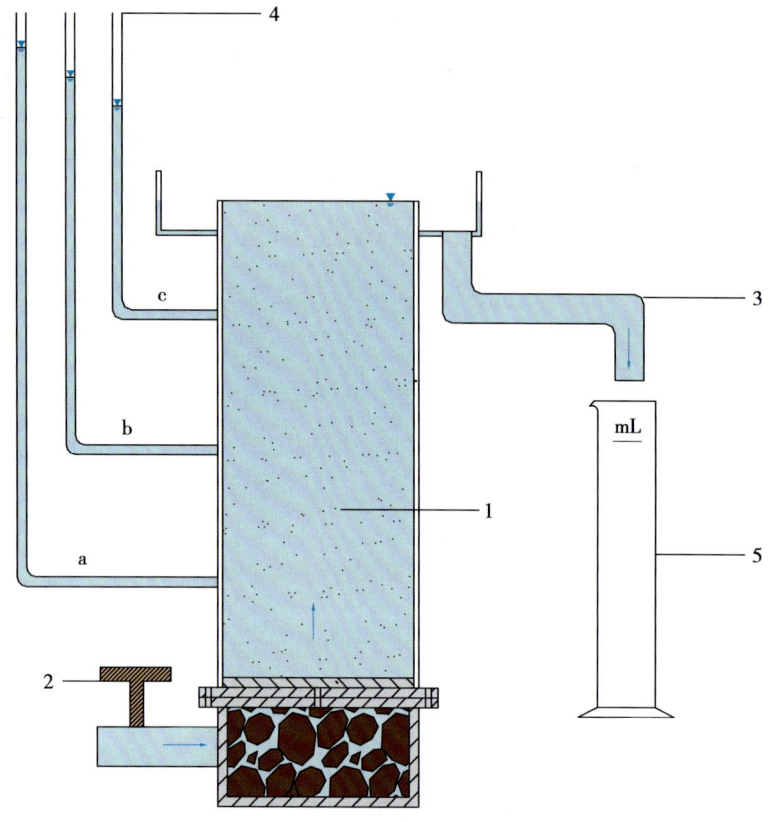

图 B.3 达西仪装置图（截面图）
1—试样；2—进水开关；3—出水管；4—测压管；5—量筒

6. 重复操作。重复第 5 步骤 1~3 次，即完成 3~5 次实验，取得 3~5 组数据。

7. 获取不同试样的实验数据。按照表 B.2 的要求计算各项数据，并抄录其他实验小组另外两种不同试样的实验数据（也可以分别做不同试样的实验）。

注意：（1）实验过程中要及时排除气泡。（2）为使渗流速度－水力梯度（$v-I$）曲线的观测点分布均匀，流量（或水头差）的变化要适当控制。

五、实验成果

1. 将实验过程中测得的各项数据填写到实验数据表 B.2 中。
2. 提交一份"达西实验报告"。
3. 在同一坐标系内（图 B.4）绘出三种试样的 $v-I$ 曲线，并分别用这些曲线求渗透系数 K 值，与直接根据表 B.2 中实验数据计算的结果进行对比。
4. 思考题：
（1）为什么要在测压管水位稳定后测定流量？
（2）讨论三种试样的 $v-I$ 曲线是否符合达西定律？试分析其原因。
（3）将达西仪平放或斜放进行实验时，其结果是否相同？为什么？
（4）比较不同试样的渗透系数 K 值，分析影响 K 值的影响因素。

姓名：　　　　学号：　　　　组号：　　　　小组成员：　　　　实验日期：　　年　月　日

表 B.2　达西实验数据表

试样名称	仪器编号	过水断面面积 A	渗流长度 L	实验次数	水力梯度 (I)			渗透流速 (v)			渗流速度 $v=Q/A$	渗透系数 (K)	
					测压管水头		水头差 $\Delta H = H_a - H_b$	水力梯度 $I = \Delta H/L$	渗流时间 t	渗流体积 V	渗流量 $Q=v/t$		$K=v/I$	
					H_a	H_b								
					cm	cm	cm		s	cm³	cm³·s⁻¹	cm³·s⁻¹	cm³·s⁻¹	m·d⁻¹
				1										
				2										
				3										
				4										
				5										
				6										
				1										
				2										
				3										
				4										
				5										
				6										
				1										
				2										
				3										
				4										
				5										
				6										

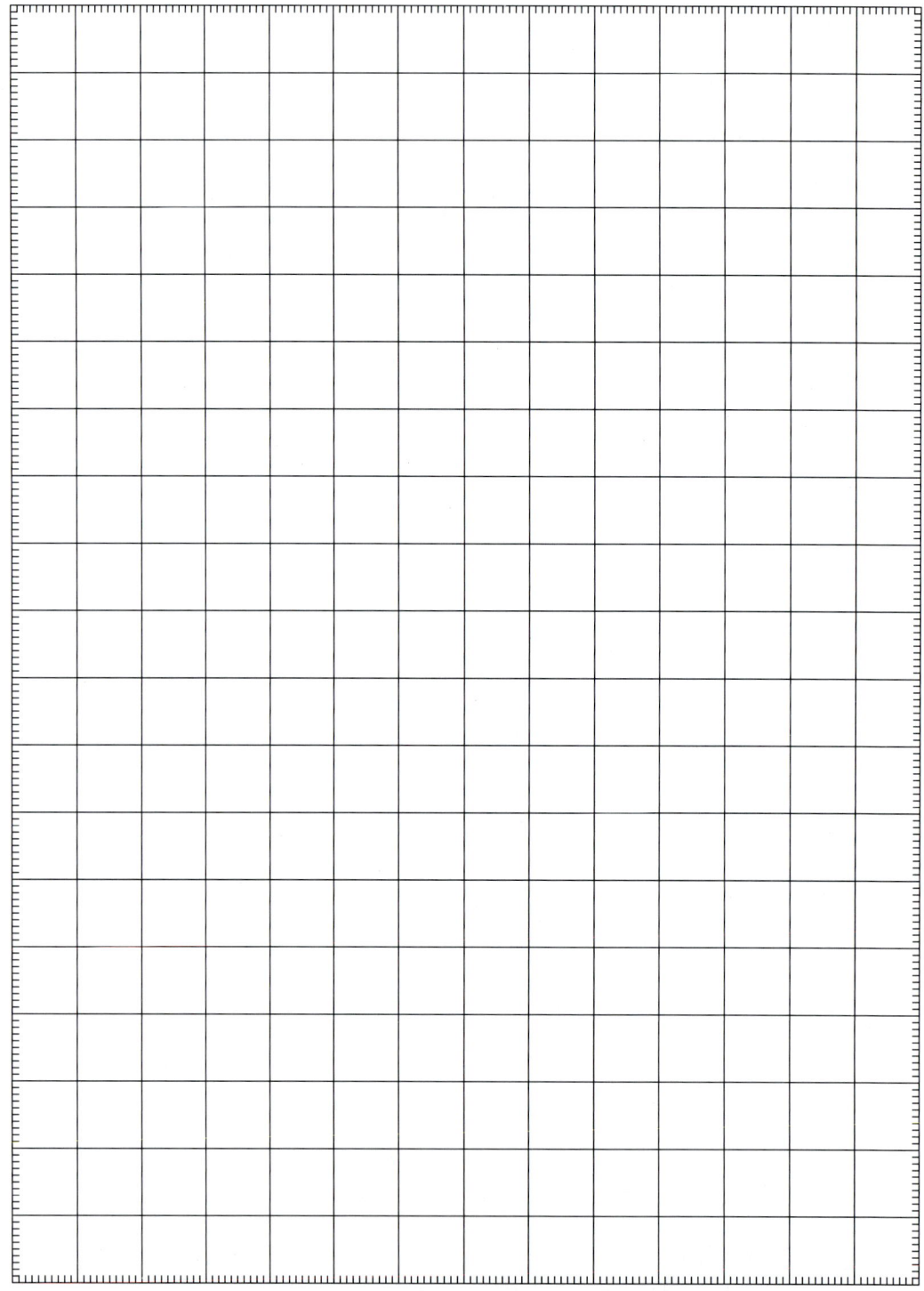

图 B.4　渗流速度（v）与水力梯度（I）关系图

实验三 砂土中水的毛细运动

一、实验目的

了解包气带中毛细水的分布与运动特征。

二、实验内容

1. 观测、比较不同粒径砂样的毛细上升速度。
2. 观测砂土毛细带水的运移。

三、实验仪器及用品

1. 实验装置如图 B.5 所示。
2. 有 5 根长短不一（分别为 70 cm、40 cm、40 cm、30 cm、6 cm 左右），底部有滤网的有机玻璃管，管上标有刻度。
3. 砂样：
①粗砂，粒径 0.5～1.0 mm。
②中砂，粒径 0.25～0.50 mm。
③细砂，粒径 0.1～0.25 mm。
4. 其他用品：秒表；方格纸；量杯（25 mL）；放大镜及卡尺；干布；内盛颜色水的塑料杯。

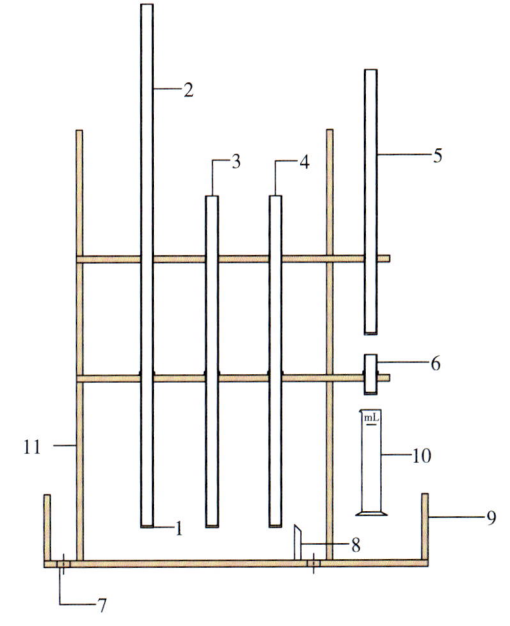

图 B.5 观测砂土中水的毛细运动装置图（截面图）
1—滤网；2—细砂；3—中砂；4—粗砂；5—长管；6—短管；
7—进水管；8—溢水板；9—水槽；10—量杯；11—支架

四、实验步骤

（一）砂土中水的毛细上升速度

1. 装样

选择一种砂样，均匀密实地装入有机玻璃管内。

2. 观测毛细上升速度

将装有试样的有机玻璃管放入水槽内的透水石上，使有机玻璃管的下端紧贴水面（图 B.5）。同时启动秒表，迅速准确地记录对应不同毛细上升高度的时间（表 B.3）。初期每上升 1 cm 观测一次时间；2 min 后每上升 0.5 cm 观测一次时间。也可以记录对应不同时刻的毛细上升高度。初期观测频率应尽可能加密，后期适当变疏。

注意：进行此步骤时，实验小组各成员应密切配合。

3. 重复步骤 1 和 2，做另外两种不同粒径试样的实验。

（二）毛细带水的运移实验

1. 测量短管 6 的容积 V_1 及长管 5 的长度，填入表 B.4。

表 B.3 砂土中水的毛细上升速度实验数据表

姓名：　　　　　学号：　　　　　组号：　　　　　小组成员：　　　　　实验日期：　　年　月　日

岩性：				岩性：				岩性：			
（粒径　　mm）				（粒径　　mm）				（粒径　　mm）			
序号	累计时间 s	毛细上升高度 cm		序号	累计时间 s	毛细上升高度 cm		序号	累计时间 s	毛细上升高度 cm	

表 B.4 毛细带水的运移实验数据表

姓名：　　　学号：　　　组号：　　　小组成员：　　　　　　实验日期：　　年　　月　　日

项目＼次数	试样粒径 /mm	长管长度 /cm	短管			长短管相接后滴水体积 V_2	$\dfrac{V_2}{V_1} \times 100\%$	备注
			长度 /cm	内径 /cm	容积 V_1 /cm³			

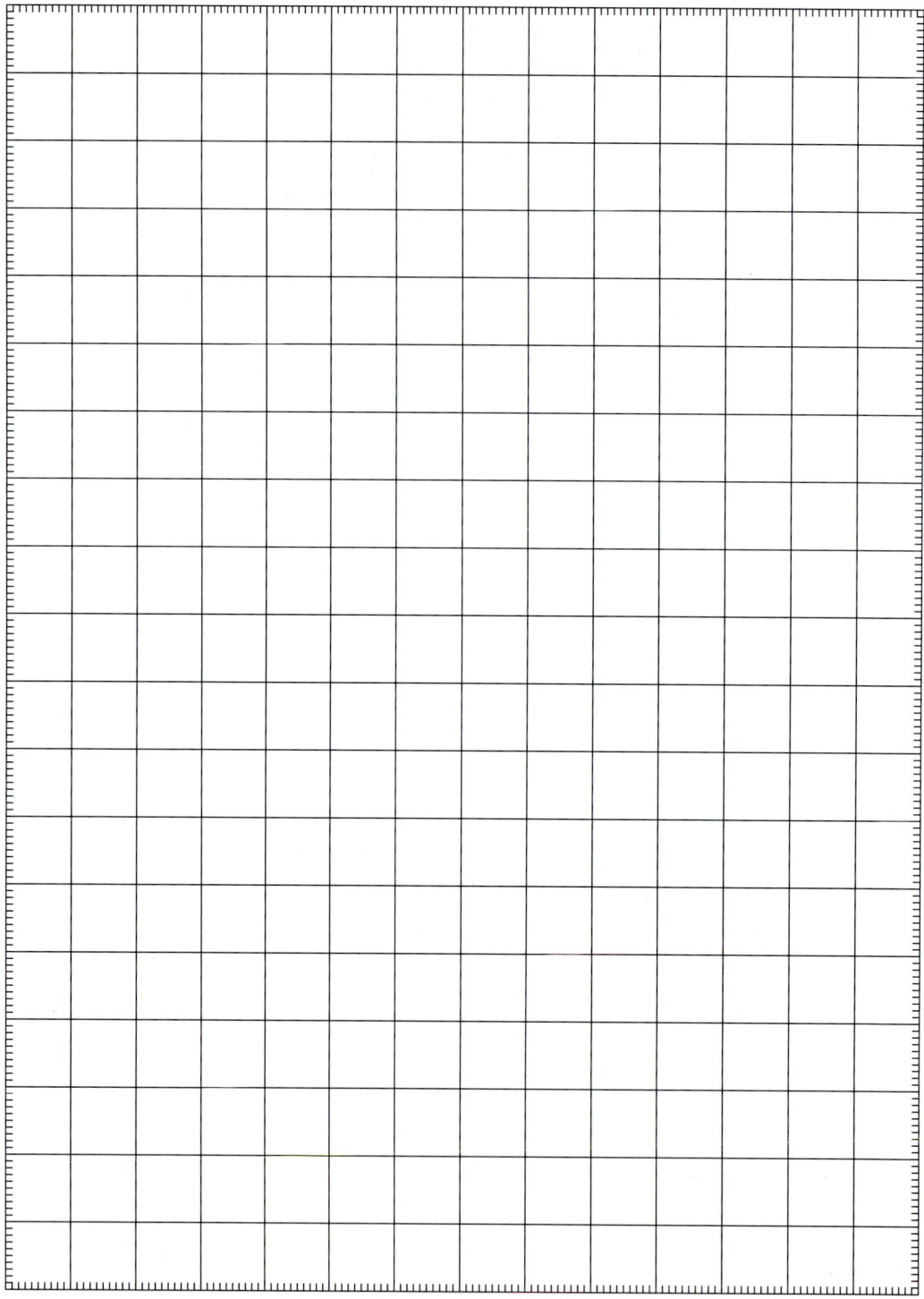

图 B.6　毛细上升高度与时间的关系

2. 装样。分别把同一种砂样均匀密实地装入长管和短管中，并使砂样与管口平齐。所选砂样不宜过细，其最大毛细上升高度应小于长管长度，毛细饱和带高度应大于或等于短管长度。

3. 长管饱水。将长管垂直缓慢地浸入水箱中，饱水后提起用干布擦干外壁，手持长管使其在重力作用下滴水。

4. 短管饱水。将短管垂直缓慢地浸入颜色水中，充分饱水后提起。用干布擦干外壁。用放大镜观察此时短管饱水情况及短管是否滴水，并比较长、短管的颜色。

5. 测定长、短管相接后的给水体积 V_2。待长管停止滴水后，将长管下端紧压在短管上端使二者紧密相接，并用量杯盛接滴出的水。滴水停止后，将流出的水体积 V_2 填入表 B.4，同时观察短管饱水情况及颜色，对比流出的水与塑料杯中水的颜色是否不同。

五、实验成果

1. 将两个实验的数据填写到表 B.3 和表 B.4 中。
2. 提交"砂土中水的毛细上升速度实验报告"和"毛细带水的运移实验报告"。
3. 在同一坐标系内（图 B.6）分别绘出 3 种砂样的毛细上升高度（以 cm 为单位）与时间（以 s 为单位）的关系曲线。
4. 思考题：

（1）比较实验得出的 3 种砂样的毛细上升高度与时间关系曲线。指出初期及后期 3 种砂样的毛细上升速度自大至小的顺序，并分析其原因。

（2）长短管相接后滴出的水相当于原先存在于管中的哪一部分水？$V_2/V_1 \times 100\%$ 表征什么？

（3）在毛细带水的运移实验中，短管饱水后提起为什么不滴水？而与长管相接后为什么又滴水？

实验四　潜水模拟演示实验

一、实验目的

1. 熟悉与潜水有关的基本概念，增强对潜水补给、径流和排泄的感性认识。
2. 加深对流网的概念和特征的理解，培养综合分析问题的能力。

二、实验内容

1. 观察地表径流。
2. 确定潜水面形状。
3. 分析地下水分水岭的移动。
4. 演示不同条件下的潜水流网。

三、实验仪器及用品

1. 潜水演示仪（图 B.7）。该仪器的主要组成部分及功能介绍如下：

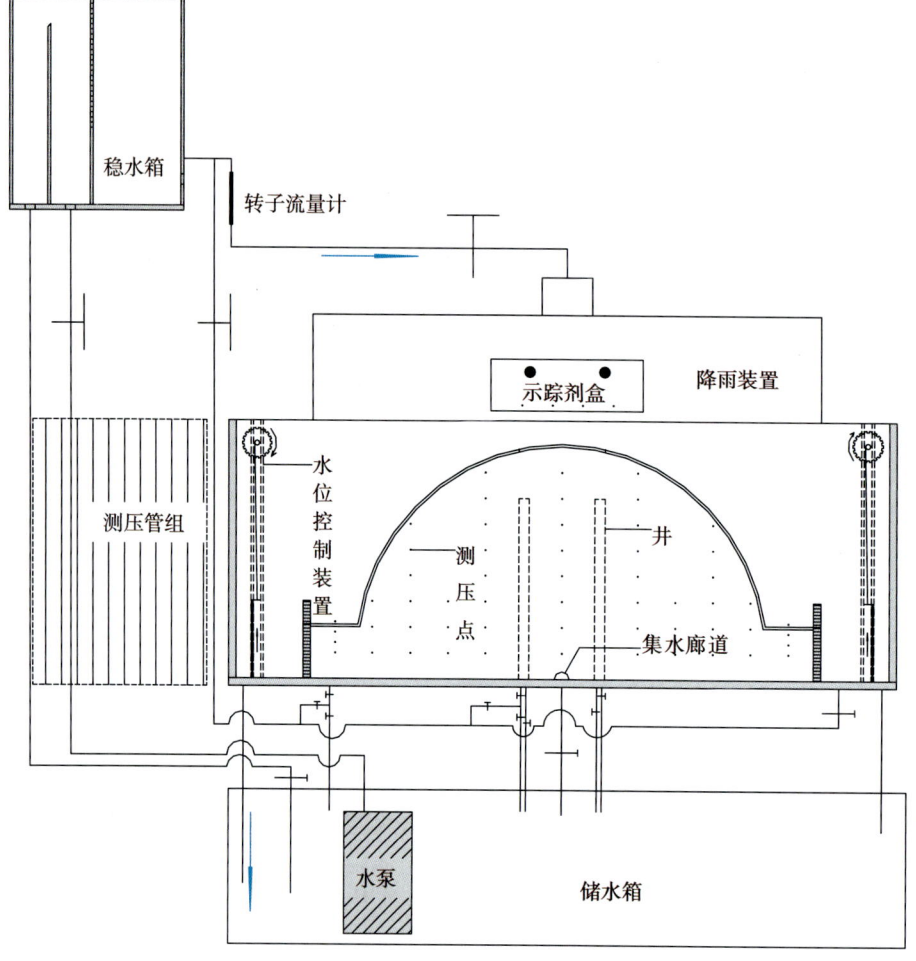

图 B.7　地下水演示仪装置图（剖面图）

（1）槽体：内盛均质砂，模拟潜水含水层。

（2）降雨器：模拟降雨，可人为控制降雨量大小及降雨的分布。

（3）模拟井：两个完整井和两个非完整井分别装在仪器的正面（A 面）和背面（B 面），均可以人为地对任一井进行抽（注）水模拟，也可以联合抽（注）水。

（4）模拟集水廊道：可以人为控制集水廊道的排水。

（5）测压点：与测压管架上的测压管连通，可以测定任一测压点的测压水头；与示踪剂注入瓶连通可以演示流线。

（6）测压管组。

（7）示踪剂注入盒。

（8）水位控制装置：用于调节河流水位。

（9）流量计。

（9）水泵。

2. 示踪剂。选用红墨水演示流线。

3. 直尺（50 cm）和计算器等。

四、实验步骤

1. 熟悉潜水演示仪的结构和功能。

学生通过课前预习，参看实验装置图或进入实验室参观潜水演示仪完成这一内容。

2. 地表径流的演示。

（1）打开降雨开关，人为调节降雨强度。保持两条河流较低水位排水。认真观察地表径流产生情况。分析讨论降雨强度与地表径流的关系。

（2）地形与地表径流的关系。

3. 观测有入渗条件下的潜水面形状。

如图 B.8 所示，在潜水含水层中，在等势线上各点的水头都相等，即 B、C、D 各点测压水位分别与潜水面上 M、N、O 各点测压水位相等。由此可以按照以下具体步骤确定潜水面形状。

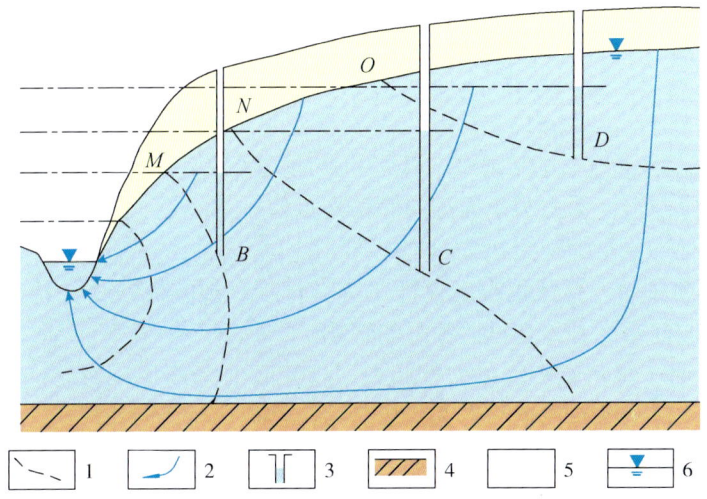

图 B.8　潜水含水层中等势线任一点水头示意图（剖面图）
1—等势线；2—流线；3—测压管（涂蓝色部分为测压管高度）；
4—隔水底板；5—含水层；6—河水位及潜水位

（1）中等强度降雨，保持两条河流同等低水位排水，待水位稳定后测定井水位和河水位，并按比例表示在 A 剖面图上（图 B.9）。

（2）在河流与分水岭之间选择 3～5 个测压点，注入示踪剂，观察流线特征，分析流网分布特征，在 A 剖面上画出流线和等势线。

（3）选择 3～5 个测压点与测压管连接（注意连接时不要进气），测定测压水位，按比例表示在 A 剖面图上。自各测压水位顶点作水平线交各测压点所在的等势线（各交点均在潜水位线上）。结合井水位和河水位以及各平行线与等势线的交点，在 A 剖面图上描绘潜水位线。

4. 观测地下分水岭的偏移。

在中等强度均匀降雨下，保持两条河流等值低水位排水，观察地下分水岭位置。

抬高一侧河水位。观察地下分水岭向什么方向移动。试分析为什么分水岭会发生移动？能否稳定？停止降雨，地下分水岭又将如何变化？认真观察停止降雨后地下分水岭的变化过程。

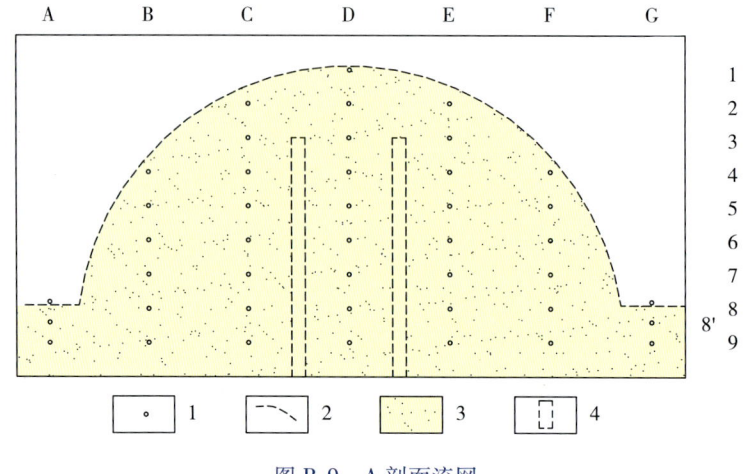

图 B.9　A 剖面流网

1—测压点；2—地形线；3—砂；4—井（虚线为滤水管部分）

5. 人为活动影响下地下水与河水的补给和排泄关系的变化（此项为选择内容）。

在中等强度降雨下，保持两条河流同等较高水位排水。选择 3~5 个测压点注入示踪剂。使地下水位处于稳定的初始状态。具体演示如下。

（1）集水廊道排水。打开集水廊道开关进行排水。观察流线变化特征，分析集水廊道排水对地下水与河水的补给和排泄关系的影响。

（2）完整井抽（注）水。恢复初始状态。打开两个完整井开关，一个抽水，一个注水。观察地下分水岭的变化及流线形态。

（3）非完整井抽水。恢复初始状态。打开两个非完整井的开关，通过开关控制两个非完整井等降深抽水。在适当的测压点上注入示踪剂，观察流线形态并在 B 剖面图（图 B.10）上描绘地下水流线。分析和讨论两个非完整井等降深抽水时，各井的抽水量是否相等？

五、实验成果

1. 在图 B.9 上根据步骤 3 绘制 A 剖面流网图；根据步骤 5（3）的演示，在图 B.10 上示意画出 B 剖面两个非完整井等降深抽水时的流网图。

2. 提交一份实验报告。

实验五　承压水模拟演示实验

一、实验目的

1. 熟悉与承压水有关的基本概念，增强对承压水的补给、排泄和径流的感性认识。

2. 练习运用达西定律的基本观点分析讨论水文地质问题。

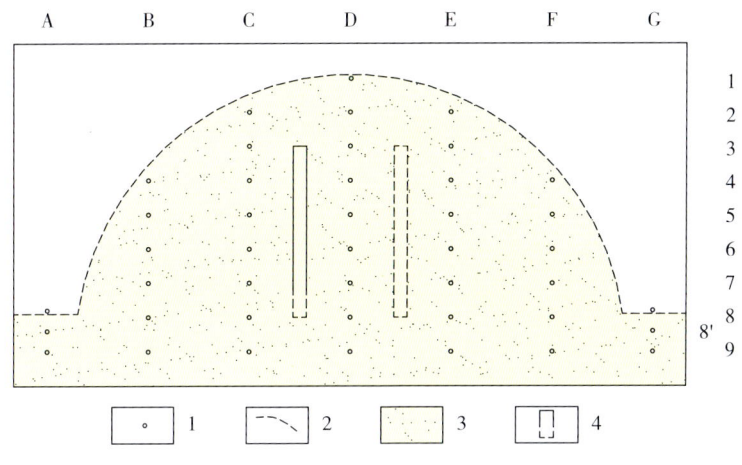

图 B.10　B 剖面流网

1—测压点；2—地形线；3—砂；4—井（虚线为滤水管部分）

二、实验内容

1. 分析讨论承压含水层补给与排泄的关系。
2. 观测天然条件下泉流量的衰减曲线。

三、实验仪器和用品

1. 承压水演示仪（图 B.11）。该仪器的主要组成部分和功能如下。

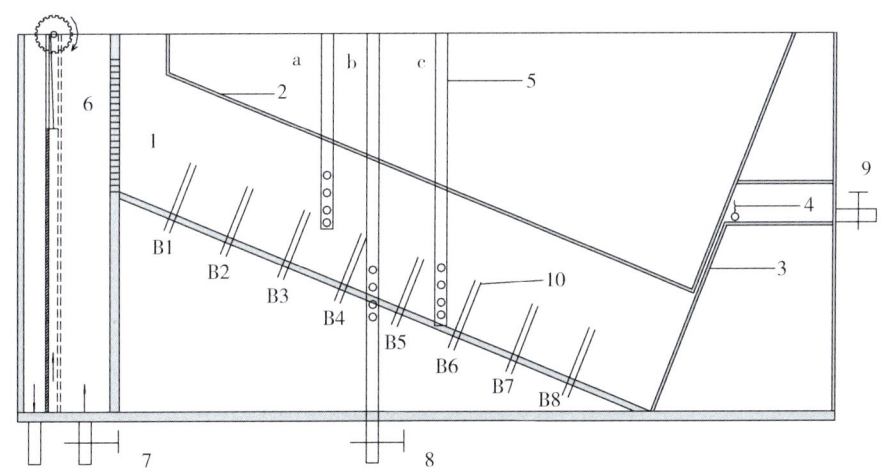

图 B.11　承压水演示仪装置图（截面图）

1—含水层；2—隔水层；3—导水断层；4—断层上升泉；5—模拟井；6—模拟河流；
7，8，9—开关；10—测压管

（1）含水层：用均质石英砂模拟。

（2）隔水层：用塑料板模拟，构成承压含水层的隔水顶板和底板。

（3）断层上升泉：承压含水层主要通过泉排泄，泉水通过开关 9 排出，可用秒表和量筒配合测量其流量。

表 B.5 承压水模拟演示实验数据表

姓名：　　　学号：　　　组号：　　　小组成员：　　　实验日期：　年　月　日

项目 数据 步骤	河水位 $H_{前}$(cm) (B_1)	泉水位 $H_{泉}$(cm) (B_8)	平均水力梯度 I	泉流量 $L \cdot s^{-1}$	井流量 $L \cdot s^{-1}$	备注
3						
4	抽水前					
	抽水后					
5	次数	1	2	3	4	5	6
	累计时间/s						
	泉流量/(L·s⁻¹)						
	次数	7	8	9	10	11	12
	累计时间/s						
	泉流量/(L·s⁻¹)						
	次数	13	14	15	16	17	18
	累计时间/s						
	泉流量/(L·s⁻¹)						

（4）模拟井（虚线部分为滤水管部分）：中间 b 井和开关 8 连通，通过开关 8 可以控制 b 井的抽（注）水。

（5）模拟河流：承压含水层接受河流补给，通过调整挡水板的高度控制补给承压含水层的河水水位。

（6）隔水板：上部穿孔，河水可以通过穿孔部分补给承压含水层。

2. 秒表。

3. 量筒：500 mL、50 mL、25 mL 各一个。

4. 直尺（50 cm）。

5. 计算器等。

四、实验步骤

1. 熟悉承压水演示仪的装置与功能。

2. 绘制测压水位线。抬升挡水板，使河水保持较高水位，以便补给含水层，待测压水位稳定后，分别测定河水、a、b、c 井水位和泉的位置（$H_泉$），在图 B.11 上绘制承压含水层的测压水位线，分析自补给区到排泄区水力梯度有什么变化？为什么会出现这些变化？

3. 绘制平均水力梯度与泉流量关系曲线。测定步骤 2 的泉流量、河水位（$H_河$）、泉水位（$H_泉$），计算平均水力梯度（I），记入表 B.5。分两次降低挡水板，调整河水位（但仍保持河水能够补给含水层）。待测压水位稳定后，测定各点水位，计算平均水力梯度，同时测定相应的泉流量，填入表 B.5 中。

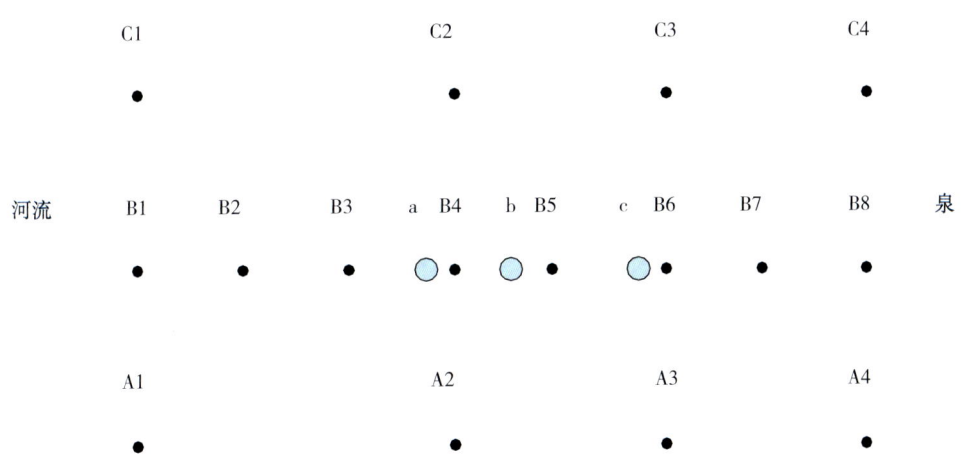

图 B.12 承压水演示实验平面图

4. b 井抽水时，测定泉流量及 b 井抽水量。为了保证 b 井抽水后，仍能测到各井水位，抽水前应抬高河水位（即抬高稳水箱）。待测压水位稳定后测定泉流量，填入表 B.5 中。b 井抽水，待测压水位稳定后，测定各点水位，标在图 B.12 上，画出 b 井抽水时的承压含水层平面示意流网；同时测定泉流量及 b 井抽水量并填入表 B.5 中。根据测定结果，分析抽水后泉流量的减量是否与 b 井抽水量相等？为什么？

5. 绘制泉流量随时间的衰减曲线。停止 b 井抽水（关闭开关 8），待水位稳定后，关闭开关 7，测量泉流量随时间的变化，将测量结果填入表 B.5 中。

五、实验成果

1. 提交实验数据表（表 B.5）。
2. 在图 B.11 上绘制承压水测压水位线。
3. 在图 B.12 上绘出 b 井抽水时的承压含水层平面示意流网。
4. 提交泉流量随时间的变化曲线图。

势　potential　26
酸度　acidity　105
水均衡　water balance/ budget　86
水力梯度　hydraulic gradient　27
水流连续性原理　principle of the continuity of flow　42
水头　hydraulic head　26
水头损失　head loss　44
水位　water level　25
水文过程线　hydrograph　83
水文循环　hydrological cycle　61
水循环　water cycle　61
水-岩作用　water-rock interaction　82
水源地　wellfield　2, 74
水云母　hydromica　97
衰减　recession　134, 140
衰减常数　recession constant　140
死端孔隙　dead-end pore　11

T

碳酸盐　carbonate　179
田间持水量　field moisture capacity　55
同位素　isotope　101
透镜体　lens　24
透水层　pervious formation　22
套管　casing　26
土水势（水土势）　soil moisture potential　54
突变界面　sharp interface　92
脱硫酸作用　desulphidation　110
脱碳酸作用　decarbonation　110

W

外源水　allogenic water　181
弯液面　menisci　7, 18
完整井　fully penetrated well　86
微量组分　trace element　98
温泉　hot spring, thermal spring　76
稳定流　steady-state flow　42
紊流　turbulent flow　42

X

吸着水　adhesive water　6

吸附　adsorption　5, 13
霞石　nephelite　97
下降泉　descending spring　79
咸水　saline water　92
陷落柱　collapse breccia pipe　193
向斜　syncline　34
斜长石　plagioclase　97
泄流　discharge　82
心滩　channel bar　157
悬挂泉　perched spring　77
玄武岩　basalt　13

Y

亚动态　microregime　141
压缩性　compressibility　8
岩溶（喀斯特）　karst　178
岩溶管道　solution channel　14
岩溶化　karstification　10, 180
岩溶作用　karst process　178
岩溶率　rate of karstification　14
岩溶泉　karst spring　182
岩溶水　karst water, groundwater in karstified rocks　178
岩溶塌陷　karst collapse　216
岩溶洼地　karst depression　67, 182
岩溶旋回　cycle of karst development　187
盐渍化　salinization　2, 218
阳离子　cation　96
阳离子交替吸附作用　cation exchange and adsorption　110
氧化还原电位　oxidation-reduction potential　102
遥感　remote sensing　3
页岩　shale　13
夷平面　peneplain surface　188
已知（给定）水头边界　prescribed head boundary　129
已知（给定）流量边界　prescribed flow boundary　129
溢流（出）泉　overflow spring　77
阴离子　anion　96
萤石　fluorite　213
硬度　hardness　103
应力　stress　2, 31
硬石膏　anhydrite　179

涌流（出）泉　up-flow spring　77
有效孔（空）隙度　effective porosity　11
有效应力　effective stress　31
游离二氧化碳　free CO_2　100
原生空隙　primary porosity　9
源　source　43
越流　leakage　23，72
月牙泉　crescent moon spring　79
云母　mica　213
运动黏滞系数　kinematic viscosity　8

蒸腾　transpiration　85
蒸发蒸腾　evapotranspiration　85
正断层　normal fault　252
质谱仪　mass spectrometer　3
滞后　lag　28，66
终端湖　terminal lake　93
重力给水度　gravitational specific yield　28
重力水　gravitational water　5
重碳酸根　bicarbonate　97
周期　period　62，133
自流井　artesian well　29
主要成分　major constituent　96
驻点（停滞点）　stagnation point　50
准平原　peneplain　190
总溶解固体　total dissolved solids　102
总有机碳　total organic carbon　104
钻井（孔）　well/ borehole/ boring　29

Z

沼泽化　swampiness　2
折射定律　refraction law　51
褶皱　fold　117，167
蒸发　evaporation　84